1+X职业技能等级证书
配套系列教材

能网络应用与优化（中级）

主编 新华三技术有限公司

高等教育出版社·北京

内容简介

本书为 1+X 职业技能等级证书配套系列教材之一，以《智能网络应用与优化职业技能等级标准（中级）》为依据，由新华三技术有限公司主编。本书作为对应的中级教程，采用项目式编写体例，以网络工程案例实施为主线，系统介绍了中大型智能园区网的部署及实施过程。

全书以项目为驱动，以任务为导向，遵循职业养成，注重学以致用。全书围绕真实工程案例介绍网络技术的部署与实施，共分为 15 章。第 1 章概述了传统网络技术和智能网络技术的应用与发展；第 2 章介绍了大型网络架构的规划与设计；第 3 章~第 11 章以网络仿真的形式详细讲解了中大型网络项目的部署实施过程；第 12 章和第 13 章对网络项目实施进行了联合调试，并对项目的实施做了总结与反思；第 14 章和第 15 章简单介绍了智能网络的应用场景和仿真软件的应用，为学习智能网络应用与优化（高级）提供知识储备。

本书配有微课视频、授课用 PPT、案例素材、习题答案等丰富的数字化教学资源。与本书配套的教学课程"智能网络应用与优化"已在"智慧职教"平台（www.icve.com.cn）上线，学习者可以登录平台进行在线学习及资源下载，授课教师可以调用本课程构建符合自身教学特色的 SPOC 课程，详见"智慧职教"服务指南。教师也可发邮件至编辑邮箱 1548103297@ qq.com 获取相关教学资源。

本书理论精练适度，实施详尽完整，适合作为中、高等职业院校和应用型本科院校计算机网络技术、计算机应用、网络工程等相关专业学生，以及中大型企事业单位从事系统集成技术服务、网络运维与监控等工作岗位的员工备考职业技能中级证书使用，也可以作为广大网络技术及管理人员、IT 技术爱好者学习网络技术的参考书。

图书在版编目（CIP）数据

智能网络应用与优化：中级／新华三技术有限公司主编 . -- 北京：高等教育出版社，2022.8
　　ISBN 978-7-04-057279-7

　　Ⅰ. ①智… Ⅱ. ①新… Ⅲ. ①计算机网络-职业技能-鉴定-教材 Ⅳ. ①TP393

中国版本图书馆 CIP 数据核字（2021）第 229707 号

Zhineng　Wangluo　Yingyong　yu Youhua

策划编辑	傅　波	责任编辑	许兴瑜	封面设计	王　鹏	版式设计	于　婕
插图绘制	李沛蓉	责任校对	马鑫蕊	责任印制	田　甜		

出版发行	高等教育出版社	网　　址	http://www.hep.edu.cn
社　　址	北京市西城区德外大街 4 号		http://www.hep.com.cn
邮政编码	100120	网上订购	http://www.hepmall.com.cn
印　　刷	北京市科星印刷有限责任公司		http://www.hepmall.com
开　　本	787 mm×1092 mm　1/16		http://www.hepmall.cn
印　　张	26.25		
字　　数	650 千字	版　　次	2022 年 8 月第 1 版
购书热线	010-58581118	印　　次	2022 年 8 月第 1 次印刷
咨询电话	400-810-0598	定　　价	65.00 元

编审委员会

"智慧职教" 服务指南

"智慧职教"（www.icve.com.cn）是由高等教育出版社建设和运营的职业教育数字教学资源共建共享平台和在线课程教学服务平台，与教材配套课程相关的部分包括资源库平台、职教云平台和 App 等。用户通过平台注册，登录即可使用该平台。

● 资源库平台：为学习者提供本教材配套课程及资源的浏览服务。

登录"智慧职教"平台，在首页搜索框中搜索"智能网络应用与优化"，找到对应作者主持的课程，加入课程参加学习，即可浏览课程资源。

● 职教云平台：帮助任课教师对本教材配套课程进行引用、修改，再发布为个性化课程（SPOC）。

1. 登录职教云平台，在首页单击"新增课程"按钮，根据提示设置要构建的个性化课程的基本信息。

2. 进入课程编辑页面设置教学班级后，在"教学管理"的"教学设计"中"导入"教材配套课程，可根据教学需要进行修改，再发布为个性化课程。

● App：帮助任课教师和学生基于新构建的个性化课程开展线上线下混合式、智能化教与学。

1. 在应用市场搜索"智慧职教 icve" App，下载安装。

2. 登录 App，任课教师指导学生加入个性化课程，并利用 App 提供的各类功能，开展课前、课中、课后的教学互动，构建智慧课堂。

"智慧职教"使用帮助及常见问题解答请访问 help.icve.com.cn。

序言（一）

　　1+X 证书制度在中国中央、国务院 2020 年 10 月印发的《深化新时代教育评价改革总体方案》和 2020 年 7 月发布的《关于构建更加完善的要素市场化配置体制机制的意见》中均作为重要内容提出，它是国家完善和落实技能人才培养、使用、评价、考核机制，提高技能人才待遇水平，畅通技能人才职业发展通道，完善技能人才激励政策，激励更多劳动者特别是青年人走技能成才、技能报国之路，培养更多高技能人才和大国工匠的重要手段。1+X 职业技能等级认定，是由企业等用人单位和职业教育培训评价组织按照有关规定开展的，1+X 证书制度精准指向"打造学生一技之长"这一职业教育的本质性要求，可以有效解决"教学脱离实际、专业脱离职业、学生脱离岗位"的难题，促进技能人才培养，增强就业能力。

　　2021 年 3 月 31 日，国家教育部职业技能等级证书信息管理服务中心发布新一批 159 个参与 1+X 证书制度试点的第四批职业技能等级证书及标准，新华三技术有限公司的智能网络应用与优化职业技能等级证书名列其中。新华三技术有限公司是根植我国、世界知名的数字化解决方案领导者，其 SDN 软件、云管理平台、IT 统一运维软件、国产品牌服务器虚拟化、刀片服务器和企业级 WLAN 等产品稳居中国市场份额第一，以太网交换机、企业网路由器、SD-WAN 基础架构等多项产品占据中国市场份额第二名。

　　2021 年 3 月公布的《国民经济和社会发展第十四个五年规划和 2035 年远景目标纲要》提出，坚持创新驱动发展，加快发展现代产业体系，加快数字化发展，打造数字经济新优势，协同推进数字产业化和产业数字化转型，加快数字社会建设步伐，提高数字政府建设水平，营造良好数字生态，建设数字中国……。智能网络将是建设数字中国的重要基础。在这个背景下，学习和掌握智能网络应用与优化相关技术，获得相应职业等级证书将是大量青年学子和社会在职人员的重要需求。

　　新华三技术有限公司的智能网络应用与优化 1+X 职业技能等级证书（中级）主要面向信息通信设备生产及制造厂商、大型计算机系统集成商、信息技术服务类企业及大中型互联网与企事业单位等的解决方案与市场营销部、技术服务部或信息中心从事智能网络升级改造、企业数字化转型咨询、网络部署与应用优化等工作岗位，能根据业务实际需求进行智能网络应用与优化，完成传统网络扩容、升级改造，性能与可靠性优化、自动化与智能管理等工作任务。

　　本书紧扣《智能网络应用与优化职业技能等级标准（中级）》，采用项目任务驱动模式，以一个真实大型智能网络建设与优化项目为背景，按照网络规划、设计、实施、测试的网络工程建设过程，将园区网、骨干网和数据中心网络建设所涉及的主要技术融入网络工程实施任务，步骤详尽清晰，能有效帮助读者掌握智能网络全网建设的相关技术，达到智能网络应用与优化 1+X 职业技能等级证书（中级）要求。

本书适用于高等职业教育和职教本科、应用型本科开展 1+X 证书相关课程教学，不仅为学习智能网络应用与优化奠定基础，也适用于社会在职人员用于自我提升。

我们相信本书的出版必将为培养智能网络技术人才打好扎实基础，为 1+X 证书制度行稳致远作出贡献！

邓文达

长沙民政职业技术学院

2022 年 6 月

序言（二）

随着人工智能、物联网等新技术的爆发式应用，5G 商用、新基建政策加速推进，云计算市场快速增长，网络数据呈几何倍数增长，现有互联网的可扩展性、移动性、安全性、可靠性正面临巨大的挑战，网络的可持续发展成为全球关注的焦点。在国内，新基建下网络的创新式发展和变革，将成为推动产业升级和转型的基础性生产力，而智能化网络的构建恰恰是提升生产力的突破口，毫无疑问，未来智能网络将成为又一国家战略技术。

"学历证书+若干职业技能等级证书"（简称 1+X 证书）能真实反映学习者的个人信息化素养，新华三技术有限公司的《智能网络应用与优化》是 1+X 证书制度试点的第四批职业技能等级证书及标准。新华三技术有限公司作为数字化解决方案领导者，深度布局"芯-云-网-边-端"全产业链，提供云计算、大数据、人工智能、工业互联网、信息安全、智能联接、AI视觉、边缘计算等在内的一站式数字化解决方案，以及端到端的技术服务，这使得该教材具备先进的编写理念，具体如下。

- 面向实际工程案例，突出综合实践技能培养。教材内容来源于大型工程组网案例，所需网络技术为实际工程场景常用技术。
- 面向学生综合素养，突出网络工程案例系统性。与传统教材按照学科知识点划分章节不同，教材以工程实施推进时度为顺序，突出网络工程项目案例的系统性和综合性，使学生能够综合认识技术应用场景。
- 面向智能网络前沿技术，突出技术的演进发展脉络。教材的开发紧密联系当前智能网络的发展，引入软件定义网络、运维开发一体化新技术章节，培养学生的终身学习意识。
- 面向 1+X 证书，产教协同共同开发。教材内容来自于产业、教育多学科交叉融合，团队成员均为双师型教师，凸显技术实战性和应用性。

本书以项目为驱动，以任务为导向，遵循职业养成，注重学以致用。经过精心设计，结构紧凑、重点突出，学生可以在较短时间内完成全部内容的学习，便于知识的贯通与理解，从而迅速进入高级课程的学习。

　　希望本书的出版能够促进智能网络应用与优化技能的推广，带动该领域 1+X 证书考核，使更多人受益。

任清华

济南工程职业技术学院

2022 年 6 月

序言（三）

计算机网络技术是万物互联信息社会的技术基础条件，新华三技术有限公司作为国内数字化解决方案的领导者，在网络产品市场占有率、专业技术规范、自主知识产权等方面，均具有领先优势。

习近平总书记说过"没有网络安全就没有国家安全"，发展具有自主知识产权的网络技术和网络产品，摒弃国外品牌带来的威胁因素，已经刻不容缓。

本书是配合教育部《关于推进 1+X 证书制度试点工作的指导意见》而开发的配套教材，其以培养计算机网络技术专业高技术技能应用型人才为目标，重点培养学生的理论基础知识和训练学生的实际操作能力。

教材体例新颖，具有鲜明特色，在内容的选取、组织与编排上强调先进性、技术性和实用性，突出实践、强调应用，秉承新华三技术有限公司先进的技术理念和多年的经验积累，按照教学规律和实际网络工程技术相结合的思路，理实结合、循序渐进、模块化组织、任务化推进，有效解决专业教学中的难题。

我们相信随着 1+X 证书制度试点工作的开展，本书将成为计算机网络技术专业学生、教师和相关企业员工学习的重要支撑。

曹炯清

贵州电子信息职业技术学院

2022 年 6 月

前　言

　　人工智能、大数据、云计算和物联网等现代信息技术推动数字经济的迅猛发展，在经济发展模式转变的同时也带来了人才需求结构的变化。当前，产业升级和经济结构调整加速，各行各业对技术技能人才的需求愈加紧迫，职业教育的重要地位和作用愈显突出。正如习近平总书记在2021年全国职业教育大会所作的重要指示强调，在全面建设社会主义现代化国家新征程中，职业教育前途广阔，大有可为。

　　早在2019年国务院印发了《国家职业教育改革实施方案》（以下简称《方案》）。《方案》提出，从2019年开始在职业院校、应用型本科高校启动"学历证书+若干职业技能等级证书"（简称1+X证书）制度试点工作。1+X证书制度体现了职业教育作为一种教育类型的重要特征，是落实立德树人根本任务、完善职业教育和培训体系、深化产教融合校企合作的一项重要制度设计，也是职业教育的重要改革部署和重大创新。

　　在这一背景下，新华三技术有限公司成功入选教育部第四批1+X证书职业教育培训评价组织名单，主持制定了《智能网络应用与优化职业技能等级标准》。智能网络应用与优化职业技能等级证书分别对应中、高等职业院校的计算机网络技术、计算机应用等专业，以及应用型本科院校的网络工程、计算机科学与技术等专业。

　　本书完全按照《智能网络应用与优化职业技能等级标准》的中级要求编著，具有如下特色。

　　① 以项目为驱动，注重实践能力培养。教材采用项目式编写体例，以网络工程案例的实施部署为主线，系统介绍了大中型网络的规划、部署及实施过程。全书由一个网络综合项目应用案例贯穿，供学生在系统学习分解任务部署实施之后，进行实践拓展练习，加深理解。

　　② 以任务为导向，践行"做中学"理念。在项目实施过程中，以工作任务为导向，任务的编排由浅到深、由简到繁、由易到难。每个任务从任务描述、知识准备、任务规划、任务实施、反思及测评等环节讲解相关技术的应用，作为学生必须掌握的内容。其中多数任务还设置了任务拓展环节，供学有余力的学生深入研究。

　　③ 遵循职业养成规律，任务由简入繁，层层递进。本书从知识、技能和价值3个维度定义教学目标和产出，融入课程育人理念，围绕职业素养巧妙融入课程思政内容，精心设计学习情境，促成新手到专家的蜕变。

④ 以"专业务实、学以致用"为宗旨，理论联系实际。本书内容力求理论精练适度、实施详尽完整，既关注网络技术的基础理论知识，又强调项目实战应用。

本书内容涵盖当前构建大中型网络的主流技术。通过本书的学习，学生不仅能够掌握路由与交换技术的配置技能，还可以全面理解实际工程项目的部署实施过程，掌握如何利用基本的网络技术设计和构建中大型企业网络。本书经过精心设计，结构紧凑、重点突出，知识连贯、便于理解，可以使学生在较短的时间内完成全部内容的学习，很快进入高级课程的学习。

依托新华三技术有限公司强大的研发和生产能力，本书涉及的技术均有对应的产品支撑，能够帮助学生更好地理解和掌握知识与技能，技术内容遵循国际标准，保证了良好的开放性和兼容性。

本书的读者群主要如下。

● 职业院校和应用型本科院校学生：计算机网络技术、计算机应用、网站建设与管理、网络安防系统安装与维护、软件与信息服务、数字广播电视技术、通信技术、通信系统工程安装与维护、通信运营服务、邮政通信管理、物联网技术应用、网络信息安全等专业。

● 企事业单位员工：中小型计算机系统集成商、小型企事业单位等的市场部、工程技术部或信息技术部，从事信息通信产品销售、系统集成售后技术服务、信息系统网络运维与监控等工作岗位。

本书共分为 15 章，共 36 个任务，其中有 2 个任务涉及软件定义网络相关技术，可为学习高级认证课程打下基础。

第 1 章主要介绍传统网络架构、特点，以及智能网络发展现状和趋势，同时介绍 HCL 在分布式组网仿真中的应用和智能网络仿真工具的应用。

第 2 章主要围绕某教育科技集团的网络互联需求，从园区网、骨干网与数据中心网络 3 个模块对该案例进行详细的规划与设计。

第 3~5 章，主要围绕园区网络路由、交换、安全、组播以及 QoS 技术的部署与实施展开讨论，重点掌握和理解不同网络技术的应用场景和综合运用。

第 6~9 章，主要围绕骨干网络域内和域间路由技术、MPLS VPN 技术以及 IPv6 技术的部署与实施展开讨论，重点掌握和应用不同路由协议之间的路由控制技术，以及 MPLS VPN 技术的部署实施。

第 10 章和第 11 章，主要围绕数据中心网络中的交换、路由以及接入技术进行部署和实施，重点掌握数据中心 IRF、IS-IS 路由协议的部署实施。

第 12 章和第 13 章，围绕园区网络、骨干网络和数据中心网络 3 个模块的综合联合调试方法、调试结果展开讨论，并对该大型网络案例的实施进行总结与反思。

第 14 章和第 15 章，围绕智能网络应用简单介绍软件定义网络相关应用场景，以及智能网络仿真软件的基本应用，为用户学习智能网络应用高级认证打下基础。

本书中的实验配置是在华三云实验室 HCL V2.1.2 仿真平台上实现的，选用的设备为该平台提供的 MSR36-20 路由器和 S5820 交换机。若读者使用其他版本的仿真软件或其他型号的设备，则操作、命令和信息输出可能存在差别，请参考相应软件和设备的使用手册。

全书由新华三技术有限公司主编，由天津职业技术师范大学张建勋、长沙民政职业技术学院邓文达、无锡职业技术学院肖颖和天津职业技术师范大学黄彦共同编写。其中第 1~5 章由张建勋和黄彦编写；第 6~9 章由邓文达编写；第 10~15 章由肖颖编写。全书由张建勋统稿，郝明明主审。

　　本书的编写还参考了诸多资料，在此向所引用文献的作者表示衷心感谢，同时也感谢新华三集团 400 客户服务热线后台工程师的技术支持。

　　由于水平有限和时间仓促，书中难免存在疏漏之处，欢迎读者批评指正。

编者

2022 年 4 月

目　录

第1章 传统网络技术和智能网络技术的应用与发展

目前，传统网络体系架构无论是在商业上还是在技术上都已经取得了巨大的成功。但是随着"互联网+"的蓬勃发展以及云计算、大数据、人工智能等新兴技术的深入应用，特别是数据中心和服务器虚拟化技术的广泛应用，使得传统适用于"客户-服务器"模型的静态分层协议体系结构已经无法满足如今企业数据中心、园区网络和运营商网络的动态需求。传统网络架构体系正在面临着转型发展的巨大挑战，甚至已经成为网络技术创新和发展的阻碍。在这一背景下，智能网络技术和体系架构应运而生，其主张脱离现有网络体系结构的束缚，从当前各种应用需求出发重新定义网络体系架构。本章将从传统网络技术的架构、应用与挑战开始讲起，然后介绍智能网络技术的应用和发展，最后介绍网络仿真软件 HCL 的分布式部署应用，以及常用的智能网络仿真工具。

学生通过本章的学习，应达成如下学习目标。

知识目标

- 了解传统网络技术的应用与发展。
- 了解智能网络技术的应用与发展。
- 掌握传统网络技术的三层架构。
- 理解传统和智能网络架构的优缺点。

技能目标

- 掌握 HCL 仿真软件的分布式环境应用。
- 能够分析传统和智能网络的异同及发展。

素质目标

- 以网络技术的人才发展需求激发求知欲。
- 以网络技术的演化发展激发终身学习意识。

随着云计算、大数据、人工智能、物联网、5G 通信技术和边缘计算等新技术的发展，当前的互联网呈现出云网融合一体化发展的趋势。传统的互联网络经过近半个世纪的发展，正在面临着严重的挑战。计算机网络的功能定位也在悄然发生着转变，从计算网络诞生时的科研型网络发展成消费型网络，现在正在向与实体经济相融合的生产型网络转变。生产型的互联网不仅为个人服务，同时也为企业服务，甚至是将整个产业链、价值链无缝整合。根据梅特卡夫定律，随着接入网络设备和用户的不断增加，网络的价值和重要性将呈现几何级数增加。特别是随着无人驾驶、虚拟现实（Virtual Reality，VR）、4K/8K 高清视频等应用的出现，网络的业务形态和业务需求也在发生着巨大的变化。例如，无人驾驶应用对网络的时延非常敏感，高清视频对网络的带宽需求比较敏感，传统"尽力而为"的网络架构难以支撑未来工业互联网等应用对差异性服务的保障，以及对确定性带宽/时延的需求。计算机网络正在向着安全可重构、高效可扩展和开放可定义的新型智能网络体系结构发展。

在云网融合时代，信息通信技术迅速发展，云网协同的重要性凸显。网络的主要应用转战于云上网络、云间网络、上云网络以及云内网络四大场景，云已经成为网络服务的重要载体。传统网络在弹性能力上的缺失制约了云计算技术的发展，云计算技术正在倒逼传统网络的演进升级。同样，在当前数字经济背景下企业的数字化转型发展过程中，业务上云已经成为不可阻挡的趋势，企业对于信息和通信技术（Information Communication Technology，ICT）人才的需求也在发生着重要变化，更多地体现在跨界和融合。ICT 技能人才除了掌握传统的路由与交换技能之外，还需要具备系统能力、软件能力，以及跨界融合能力。因此，未来有志于从事网络工程运维及应用的大学生要勇于面对挑战，在云网融合时代不断探索新知和挑战自我，积极提高自身技能，在知识、技能和态度上时刻做好准备。

1.1　传统网络技术的应用与发展

在设计企业网络时，对于规模不大的网络一般采用平面的设计方法，但是当网络规模进一步扩大时，最常用的方法就是采用层次化架构设计方法，称为分级的互联网络模型，通常是三层架构，即核心层、汇聚层和接入层。本小节将简要介绍传统网络架构及其发展。

1.1.1　传统网络的三层架构

传统中大型园区网络以及数据中心网络均采用三层网络结构，即层次化架构将网络分为接入层（Access Layer）、汇聚层（Aggregation Layer）和核心层（Core Layer）。各个层次的功能如下。

① 接入层。顾名思义，接入层的任务是将工作站接入网络。在园区网中，接入层主要为终端设备提供接入和转发，大型园区网络中往往拥有数量庞大的终端设备，因此接入层常常会部署端口密度很大的低端二层交换机，其目的主要是将终端设备连接到园区网中。但是在数据中心网络中，接入交换机通常位于机架顶部，所以也称之为置顶（Top of Rack，ToR）交换机。数据中心的接入层交换机通常也是使用二层交换机，主要负责接入服务器、标记 VLAN 以及转发二层的流量。

② 汇聚层。汇聚层也称为分布层，对于数据帧、包的处理应该在这一层。这一层的交换

机需要将接入层各台交换机发来的流量进行汇聚，并通过流量控制策略对园区网中的流量转发进行优化。在数据中心网络中汇聚层主要提供基于策略的连接。汇聚交换机通常使用三层交换机，主要负责同一分发点（Point of Delivery，POD）内的路由。POD是一个物理概念，是数据中心的基本部署单元。一台物理设备只能属于一个POD。汇聚层交换机连接接入层交换机，同时接入其他服务，如防火墙、SSL卸载、入侵检测和网络分析等。

③ 核心层。核心层是网络的高速交换主干，主要采用高性能的核心层设备提供流量的快速转发。该层不应该对数据帧、包进行任何处理，如处理访问控制列表和进行过滤等，因为这些会降低交换的速度。园区网中的核心通常使用高端模块化交换机，通过部署冗余提高核心层设备的高可用性。而在数据中心网络中，核心交换机通常使用业务路由器，为进出数据中心的包提供高速的转发，为多个POD之间提供连接通性，核心层通常为整个网络提供一个弹性的三层路由网络。

传统网络的三层架构如图1-1所示。需要说明的是，数据中心传统网络架构和园区网络架构均采用三层架构，因此在图1-1所示的接入层中接入的终端设备表示传统园区网络，接入服务器设备用来表示传统数据中心网络。

无论在园区网还是数据中心网络中，通常情况下，汇聚交换机是二层（Layer 2，L2）和三层（Layer 3，L3）网络的分界点。汇聚交换机以下是二层网络，以上是三层网络。在数据中心网络中，每组汇聚交换机管理一个POD，每个POD内都是独立的VLAN网络。服务器在POD内迁移不必修改IP地址和默认网关，因为一个POD对应一个二层广播域。在传统三层架构的网络规划中，接入层和汇聚层之间通常是二层网络，接入交换机双上联到汇聚交换机，并运行生成树协议（Spanning Tree Protocol，STP）来消除环路，汇聚交换机作为网关终结二层协议，并和核心交换机之间运行域内路由协议（Interior Gateway Protocol，IGP）来学习路由。

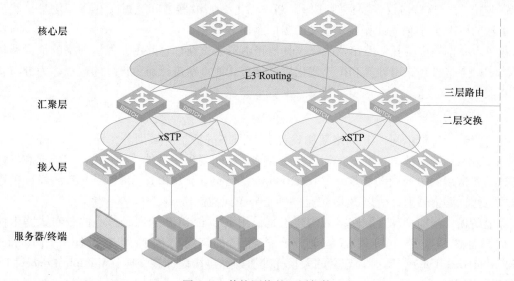

图 1-1 传统网络的三层架构

传统的园区网络和数据中心网络中，应用STP将冗余设备和冗余链路作为备份，在正常情况下被阻塞掉，只有当出现链路故障时冗余的设备端口和链路才会被打开。因此，STP的引入带来了更多的问题，如收敛慢、链路利用率低、规模受限、难以定位故障等。STP的这种机制导致了二层应用链路利用率不足，特别是在网络设备具有全连接拓扑关系时，这种缺陷尤为突出。一般情况下 STP 的网络规模不会超过 100 台交换机。

同样，数据中心网络是一个输入/输出设备更为密集的环境，网络对于自动化和扩展性的要求更高，这些都是 STP 难以实现的。随着数据中心业务的不断发展，STP 成为网络最为明显的短板，解决 STP 的瓶颈问题也就自然成为数据中心网络架构演进打响的第一枪。

1.1.2　传统网络架构的特点

IP 通信技术已经成为当今通信网络技术的核心技术。今天的通信网络，从庞大的全球互联网到大小不一的企业网、私有网络全部都是基于 IP 构建的，这些 IP 网络承载着各种各样的业务，包括数据业务、视频业务，以及传统的语音业务等，互联网已经渗透到生产、生活的各个领域。本小节将从传统网络的控制平面、数据平面和管理平面分析传统网络架构的特点。

1. 传统网络的控制平面

IP 技术之所以能够成为通信网络的核心技术，最重要的原因在于 IP 网络的简单性。通过全球统一的 IP 地址编址之后，任何两台主机就可以进行通信，通信的主机不用关心对方的具体位置，也无须关注对方的具体网络细节，同时 IP 技术的另一个重要的基因在于采用分布式控制架构。

（1）域内分布式控制

在网络的自治系统内部，通过引入动态路由协议方式来学习路由器的路由信息。在自治系统内部运行的路由协议称为域内路由协议，常用的主要有最短路径优先路由协议（Open Shortest Path First，OSPF）和中间系统-中间系统（Intermediate System-to Intermediate System，IS-IS）协议等。这些协议需要运行在每台路由器上，路由器之间通过交互拓扑信息，然后每台路由器的 IGP 分别独立计算转发报文所需的路由表数据，这是一个完全分布式计算的过程，没有集中点，网络中的任何路由器故障，其他路由器会重新计算路由，保持网络的最大通信连接能力。以上这种在路由计算和拓扑变化后全分布式地重新进行路由计算的过程称为分布式控制过程。

（2）域间分布式控制

为了能够大规模组网，IP 网络架构设计者对网络进行了区域划分，每个区域就是一个自治系统，自治系统内部运行 IGP 来完成路由计算，域间则采用另外一种路由协议传递和扩散路由信息，如常用的边界网关协议（Border Gateway Protocol，BGP）。BGP 和 IGP 一样，采用全分布式运行在路由器上，所以 BGP 也是一种全分布式控制协议。

综上所述，当前全球互联网络的构建正是采用 IGP 和 BGP 这两种核心的分布式路由协议来完成，而这两类路由协议都是全分布式控制的，同时因特网工程任务组（Internet Engineering Task Force，IETF）定义的大量标准协议如多协议标签交换（Multiple Protocol Label Switching，MPLS）协议、组播协议、IPv6 等也是采用全分布式控制架构，因此传统网络的架构是一种全分布式控制的网络架构。

2. 传统网络的管理平面

一个对外提供服务的中大型网络，必须考虑的问题是如何对网络进行运行维护管理。传统网络的管理平面主要负责网络设备管理和业务管理，主要功能包括业务配置管理、策略管理、设备管理、告警管理、性能管理、故障定位等操作维护功能。传统网络中通常会部署一个集中的网络管理系统作为管理平面，即网络管理平台，其主要包括网元管理系统（Element Management System，EMS）和操作支持系统（Operation Support System，OSS）。网元管理主要负责两部分工作：一部分负责网元设备管理，包括网元上的电源、风扇、温度、硬件板卡、指示灯等管理，这部分不涉及业务管理；另外一部分是负责对网元上的业务进行配置，主要包括安全数据配置、业务数据配置、网络协议配置等。

当网络管理员需要在网络中部署业务时，可以直接通过 EMS 对每台路由器进行配置，完成整网的业务部署，也可以通过 OSS 向网络发放业务，OSS 的主要工作就是实现策略管理、业务管理等。OSS 主要通过网元网络管理对接下面的路由器设备，有时 OSS 也会直接操作路由器的北向操作接口部署业务，并对业务进行监控。

3. 传统网络的数据平面

传统网络的数据平面也就是用户平面，是指设备根据控制平面生成的指令完成用户业务转发和处理的部分。传统网络的控制平面和数据平面都是分布式的，分布在每个网元设备上运行。当网络管理员把网络业务配置到路由器后，如果网络状态发生变化，分布式的控制平面会在网络中自动扩散这些网络状态变化，然后各自根据新的网络状态自动重新计算路由，并刷新转发面的转发表以确保受到影响的用户业务得以恢复。这种控制与数据紧密耦合的 IP 网络架构，经过产业界近 30 多年的努力已经成为当今全球各种通信系统的基础网络架构。

综上所述，在传统网络中，网络设备的控制平面、管理平面和数据平面是紧密耦合的。也就是说，每台设备均包含了完整的 3 个平面，设备配置与管理需要在每台设备上独立实施，因而必须由设备本身所提供的管理平面来完成，管理的工作量大，而且当应用业务多元和多变场景下，管理效率变得很低。随着 IP 通信网络发展到当今的云网融合时代，传统网络存在的一些不可克服的局限性使得传统网络正面临着巨大的挑战和被动式演进发展态势。

1.1.3 传统网络的主要技术

传统企业园区网络用到的网络技术主要包括接入层技术、二层技术、三层路由技术，以及可靠性、网络管理技术等。本小节结合 H3C 公司设备简要介绍不同网络技术及其主要应用场景。

1. 接入层技术

接入层作为网络的边缘，主要任务是实现终端业务的安全接入，因此网络接入层的技术主要是接入安全认证技术、根据接入用户的安全性需求可以选择不同的接入认证方式，如 IEEE 802.1X 认证、端口安全技术等。IEEE 802.1X 认证是目前以太网中应用最为广泛的接入认证技术，而 MAC 认证则是 IEEE 802.1X 认证的一种变化，简化了客户端的操作。端口安全则是综合接入认证的典型代表，它是 IEEE 802.1X 认证、MAC 认证以及 Voice VLAN 等应用的综合体，可以在同一端口实现多种认证方式的组合。

接入层根据业务的重要性，可以采用单链路上行或者双链路上行的连接方式（见图 1-1），在存在环路的情况下，需要使用二层的破坏技术。

2. 网络二层技术

当前园区网内主要用到的网络二层技术包括 VLAN 技术、xSTP 破环技术和快速环网保护协议（Rapid Ring Protection Protocol，RRPP）技术。

（1）VLAN 技术

虚拟局域网（Virtual Local Area Network，VLAN）技术主要用来在园区网络中限制广播流量的传播范围，隔离广播域。VLAN 技术通过利用特殊的报文头部特征对用户数据报文进行标识，从而可以将物理连接在一起的大型网络分割成逻辑上相互独立的多个小型局域网，这样在局域网上泛滥的广播流量将被限定在逻辑上相互独立的小型局域网内部。另一方面，VLAN 的 Trunk 链路共享给多个小型局域网带来了共享相同物理链路的便利性，降低了网络建设成本。

VLAN 在隔离广播域的同时，也限制了 VLAN 间的主机进行二层通信的需求。解决 VLAN 间通信的方法主要有 3 种。

① 传统的多臂路由的方法，每个 VLAN 的网关都需占用路由器的一个物理接口，当 VLAN 数量很多时，路由器的物理接口数量受到限制。

② 单臂路由实现 VLAN 间通信，多个 VLAN 的数据通过一条物理链路传送到路由器，大大节省了路由器物理端口占用数量。

③ 通过三层交换机的 VLAN 虚接口（Switced Virtul Interface，SVI）实现 VLAN 之间的通信。

（2）xSTP 破环技术

xSTP 表示交换网络中用于破除网络环路的各种生成树协议，主要包括三代：第一代为生成树协议（Spaning Tree Protocol，STP）；第二代为快速生成树协议（Rapid STP，RSTP）；第三代为多生成树协议（Multiple STP，MSTP）。此外，还有一些设备厂商支持 PVST（Per-VLAN Spanning Tree），即以每个 VLAN 为单位生成一棵树。在交换网络中，如果是由单设备、单链路组成的三层架构，网络中是不存在环路以及环路带来的广播风暴问题，也就不需要部署 xSTP 破环技术。但是这种网络的可靠性比较差，没有任何的备份设备和备份链路，一旦某个设备或者链路发生故障，故障点以下的所有主机将无法接入网络。

为了提高网络的可靠性，通常在网络中引入冗余设备和冗余链路，从而不可避免地在网络中将会形成二层环路，此时的二层网络处于同一个广播域，广播报文在环路中反复持续传送，无限循环下去就会形成广播风暴，瞬间就会造成端口阻塞和设备瘫痪。除此之外，二层环路还会引起重复单播帧、交换机 MAC 地址表振荡等问题。为了防止出现环路，又要保证网络的可靠性，需要将冗余设备和冗余链路变成备份设备和备份链路，冗余设备和链路在正常情况下处于待命状态，不参与数据报文的转发，只有当现在执行转发的设备、端口、链路出现故障时，冗余设备和链路转入工作状态，保证网络的可用性，实现这些自动控制的协议被称为破环协议，最常用的是 STP、RSTP、MSTP，统称为 xSTP。

（3）RRPP 技术

城域网和企业网大多采用环状组网来达到可靠性的目的，当前解决二层环路的技术除了 xSTP 技术之外，还有 RRPP。xSTP 应用比较成熟，但是收敛时间比较慢。

RRPP 是一个专门应用于以太网环的链路层协议。它在以太网环完整时能够防止数据环路引起的广播风暴，而当以太网上有一条链路断开时能迅速恢复环网上各个结点之间的通信通路。如图 1-2 所示，一个环状连接的以太网网络拓扑称为一个 RRPP 环。RRPP 环上的每台设备都称为一个结点，分别承担不同的角色，
主要有主结点、传输结点、边缘结点和辅助边缘结点 4 种，结点角色由用户的配置决定。其中主结点是环网状态主动检测机制的发起者，也是网络拓扑发生改变后执行操作的决策者。RRPP 具有比 STP 更快的收敛速度，并且 RRPP 的收敛时间与环网上结点数无关，可应用于网络直径较大的网络。

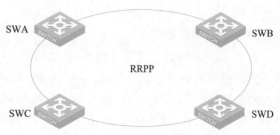

图 1-2　快速环网保护协议示意图

3. 三层技术

园区网络中的三层技术主要是指路由技术，主要包括静态路由技术和动态路由技术。动态路由技术又包括域内路由协议（Interior Gateway Protocol，IGP）和域间路由协议（Exterior Gateway Protocol，EGP）。

（1）静态路由协议

路由器能够自动发现直连路由并将其加载到路由表中，而对于到达非直连网络的路由，路由器就必须通过其他途径来获取，静态路由是一种最直接、最简单的方法。静态路由就是由网络管理员使用手工配置的方式为路由器添加的路由。

1）静态路由的优势

与动态路由相比，静态路由具有如下优势。

① 可以节省带宽。在静态路由工作模式下，网络管理员以手工方式将路由添加到每台路由器中，因此不存在路由器之间相互更新路由表的情况，用户可用的带宽会比动态路由场景下的可用带宽大，从而可以提升企业网络的性能。

② 静态路由的安全性会更高一些。这主要是因为在静态路由模式下，网络管理员可以有选择地允许路由只访问特定的网络。

③ 可以提高路由器的性能。在动态路由模式下，路由器每隔一段时间需要更新自己的路由表，这需要一定的资源开销。而在静态路由模式下，路由一经配置之后，不会自动更新。因此，静态路由模式下，路由器的 CPU 或者内存等没有管理性能方面的开销。

2）静态路由的缺陷

与动态路由相比，静态路由也有其难以掩饰的缺陷，主要体现在以下几个方面。

① 管理的工作量比较大。在静态路由模式下，网络管理员需要一一地配置所有的静态路由信息，因此配置工作量较大。

② 无法做到路由的自适应灵活调整。当网络中增加了一台路由器之后，路由环境就发生了改变，在静态路由模式下，不会进行自动更新，除非手工更新每台路由器的路由表。

③ 网络管理员在配置静态路由时存在的误操作可能引起路由环路。静态路由模式下，网络管理员需要对企业的网络状况有全面的了解，例如每台路由器该如何进行正确的连接，以正确配置静态路由信息。

因此，静态路由往往是应用在规模比较小的网络中，或者说对安全性有特别要求的网络应用中。但是对于大型网络，当路由条目达到几十万条的时候，这种手工静态配置的方法就无法实现，而适宜采用动态路由工作模式。

（2）动态路由协议

① 域内路由协议，又称为内部网关协议（IGP），是一种专用于一个自治网络系统中网关间交换数据流转通道信息的协议。网络层的 IP 或者其他的网络层协议常常通过这些通道信息来决断怎样传送数据流。目前最常用的内部网关协议主要有路由信息协议（Routing Information Protocol，RIP）和最短路径优先路由协议（OSPF）、中间系统-中间系统路由协议（IS-IS）。

② 域间路由协议，又称为外部网关协议（EGP），是一种在自治系统（Autonomous System，AS）之间交换路由信息的协议。当前 Internet 被划分为多个 AS，某个 AS 是一个实体，一般隶属于一个管理机构的路由器集合。EGP 通常用于在 Internet 不同自治系统间交换路由信息。每个自治系统可以制定自己的路由策略，自治系统边界路由器通过域间路由协议交换路由信息。目前 Internet 上的域间路由协议的事实标准是 BGP-v4。

4．网络可靠性技术

网络的可靠性技术主要通过引入冗余设备和链路解决网络中因设备故障和链路故障而导致的网络不可用问题，主要包括链路聚合技术、Smart Link/Monitor Link 技术，以及交换机虚拟化技术。

（1）链路聚合技术

随着网络规模的不断扩大，用户对骨干链路的带宽和可靠性提出了越来越高的要求。在传统技术中，常用更换高速率的接口卡或者更换支持高速率接口板设备的方式来增加带宽，但是这种方式往往需要付出高额的费用，而且不够灵活。采用链路聚合技术可以在不进行硬件升级的情况下，通过将多个物理接口捆绑为一个逻辑接口达到增加链路带宽的目的。在实现增大链路带宽的同时，链路聚合技术采用备份链路的机制，可以有效提高设备之间链路的可靠性。链路聚合技术可分为二层链路聚合和三层链路聚合，无论在哪一层次实现聚合，其本质上是一种通过链路冗余实现网络链路可靠性技术。

园区网络中，链路聚合可以在各个层次部署，一般部署在核心结点提升整个网络的吞吐量。企业网络中所有设备的流量在转发到其他网络前都会汇聚到核心层，再由企业核心层设备转发到其他网络，或者转发到外网。因此，在核心层设备负责数据的高速交换时，容易发生拥塞。因此，在核心层部署链路聚合可以提升整个网络的数据吞吐量。当汇聚层设备部署网络设备虚拟化技术时，可以将接入到汇聚层之间的冗余链路实现链路聚合。

（2）Smart Link/Monitor Link 技术

Smart Link，又叫作备份链路。一个 Smart Link 由两个接口组成，其中一个接口作为另一个的备份。Smart Link 常用于双上行组网，提供可靠、高效的备份和快速的切换机制。

Monitor Link，又叫作监控链路，是 Smart Link 的升级，是一种接口联动方案。它通过监控设备的上行接口，根据其 Up/Down 状态的变化来触发下行接口 Up/Down 状态的变化，从而触发下游设备上的拓扑协议进行链路的切换。Smart Link/Monitor Link 技术是通过人工控制阻塞某些链路，在某种程度上仍然属于破除环路的技术，因此，部署 Smart Link/Monitor Link 技术时，无须部署 xSTP 技术，二者无须同时部署。

（3）VRRP 技术

随着 Internet 的发展，人们对网络可靠性的要求越来越高。特别是对于终端用户来说，能够实时与网络其他部分保持联系是非常重要的。一般来说，主机通过设置默认网关来与外部网络联系，主机将发送给外部网络的报文发送给网关，由网关传递给外部网络，从而实现主机与外部网络的通信。正常情况下，主机可以完全信赖网关的工作，但是当网关发生故障时，主机与外部的通信就会中断。

要解决网关故障的问题，主要有以下解决方案。

- 方案 1：可以依靠再添加一个网关的方式来解决。不过，由于大多数主机只允许配置一个默认网关，此时需要用户进行手工干预网络配置，才能使得主机利用新的网关进行通信。
- 方案 2：可通过运用动态路由协议的方法来解决网络出现故障这一问题，如运行 RIP、OSPF 等。然而这些协议由于配置过于复杂，或者安全性能不好等原因都不能满足用户的需求。
- 方案 3：为了更好地解决接入终端网关中断的问题，网络开发者提出了虚拟路由冗余协议（Virtual Router Redundancy Protocol，VRRP）技术，它既不需要改变组网现状，也不需要在主机上做任何配置，只需要在相关路由器上配置极少的几条命令，就能实现下一跳网关的备份，并且不会给主机带来任何负担。

VRRP 技术主要应用于园区网内冗余网关的场景，它保证当主机的下一跳路由器出现故障时，由另一台路由器来代替出现故障的路由器进行工作，从而保持网络通信的连续性和可靠性。

（4）网络设备虚拟化技术

随着云计算的高速发展，虚拟化应用成为网络内部广泛实施的技术，除了服务器/存储虚拟化之外，各大厂商均推出了自家的网络设备虚拟化技术，例如思科（Cisco）的虚拟交换系统（Virtual Switching System，VSS）和虚拟设备环境（Virtual Device Contexts，VDC），华为的集群交换系统（Cluster Switching System，CSS），中兴的虚拟交换集群（Virtual Switching Clustering，VSC），H3C 的智能弹性架构（Intelligent Resillence Framwork，IRF）等。

IRF 是 H3C 自主研发的软件虚拟化技术，其核心思想是将多台设备连接在一起，进行必要的配置后，虚拟化成一台设备。使用这种虚拟化技术可以集合多台设备的硬件资源和软件处理能力，实现多台设备的协同工作、统一管理和不间断维护。其优势是可以通过增加设备来扩展端口数量和数据处理能力，同时也可以通过互相备份增强设备的可靠性。业内又常常将 IRF 称为堆叠。通过交换机堆叠，可以实现网络高可靠性和网络大数据量转发，同时简化网络管理。

网络设备虚拟化技术的主要应用场景有 3 种。

① 扩展端口数量场景。当接入的用户数增加到原交换机端口密度不能满足接入需求时，可以通过增加新的交换机并组成堆叠而得到满足。

② 扩展带宽场景。当交换机上行带宽增加时，可以增加新交换机与原交换机组成堆叠系统，将成员交换机的多条物理链路配置成一个聚合组，以提高交换机的上行带宽。

③ 简化组网结构的场景。网络中的多台设备组成堆叠，虚拟成单一的逻辑设备，简化后的组网不再需要使用 MSTP、VRRP 等协议，简化了网络配置，同时依靠跨设备的链路聚合，实现快速收敛，提高了可靠性。

5. 网络管理技术

安全可靠的网络离不开精心的设计，细心的建设，同样也离不开全面的管理。网络的全面管理是一个复杂的工作，管理工作的好坏直接决定网络的健康状况。采取有效的管理手段和管理技术是解放网络管理工作的必要手段。传统网络中应用的管理技术主要是简单网络管理协议（Simple Network Mangemant Protocol，SNMP）技术和远程网络监视（Remote Network Monitoring，RMON）技术。SNMP 提供了一种对多供应商、可协同操作的网络管理工具，成为应用广泛的 IP 网络管理协议。RMON 主要实现了统计和告警功能，用于网络中管理设备对被管理设备的远程监控和管理。

传统网络技术中，除以上所列技术之外，还有虚拟专用网（Virtul Private Network，VPN）技术、网络地址翻译（Net Work Translation，NAT）技术以及动态主机地址分配技术（Dynamic Host Configuration Protocol，DHCP）等，在此不赘述。

1.1.4   传统网络技术的发展

长期以来，网络技术总是以被动的方式进行演变，并且大量的技术革新都集中在网络设备本身，如带宽不断提升，从千兆比特每秒到万兆比特每秒、再到上百吉比特每秒。大二层网络技术通过消除环路因素，支持了云计算虚拟场景的大范围二层的迁移性计算等。下面简要介绍传统网络存在的问题以及传统网络的最新技术——分段路由技术。

1. 传统网络存在的问题

随着网络技术与应用需求相互驱动的创新节奏不断加快，网络的互联规模、分布性与多样性日益增长。同时，网络中的应用也日益多元化、复杂化和多变化。传统网络系统存在的问题凸显，主要表现在多元、多变的网络应用业务与相对稳定的网络架构设计以及系统运维管理之间的矛盾。

（1）传统网络应对上层应用灵活多变的快速适用性不足

随着 5G、多云、物联网的发展以及行业数字化进程的深入，网络需要服务的范围（从 5G 承载网的接入、汇聚、核心再到骨干网、云数据中心、虚拟化/容器化网元的调度）、规模（海量物联网终端）和颗粒度（区分同一租户的不同应用）都需要提升。同时，网络需要能用一种更灵活的方式被上层应用所使用或应用所驱动。特别是随着 5G 和 Wi-Fi6 等新一代高速移动接入技术的广泛应用，大量基于虚拟现实或增强现实的沉浸式应用不断出现，如何才能快速、动态地响应日益多样和快速变化的终端应用，为用户提供理想的应用体验，这给广域核心网络带来了巨大的压力和挑战。

（2）传统网络协议复杂，运行维护复杂

传统的分布式控制协议数量庞大，主要包括 IGP、BGP、MPLS、组播协议、IPv6 等，经过多年的发展，IETF 拥有数以千计的协议簇标准文稿体系，其中和网络设备相关的就有 2 000 多个，而且每年还在增加。传统网络如此庞大的协议体系，对运维人员的技能要求很高。另外，设备厂商在实现这些标准协议时，都进行了特定的私有扩展，使得设备的操作维护更加复杂，特别是各厂家的设备操作界面和命令集不同，进一步加剧了网络管理员操作维护网络的难

度，同时也加大了网络运营维护的成本。

（3）传统网络流量路径计算的灵活调整能力不足

传统网络从一开始就是一个分布式的网络，没有中心的控制结点，网路中的各个设备之间通过相互交互信息的方式学习网络的可达性信息，然后由每台设备自己决定要如何转发。传统网络这种分布式路由计算模式要求所有的路由器设备必须采用相同的算法，并且计算出来的路由不能存在环路。常用的分布式计算路由的算法都是基于最短路径算法，流量只能在最短路径上传输，当最短路由拥塞时，无法做出自动的、实时的流量调度和调整。在传统的 MPLS 流量工程应用中，不仅不能很好地解决大规模流量工程问题和实时流量调整问题，也不能很好地解决网络的利用率问题。

2. 传统网络新技术——Segment Routing

传统网络要应对灵活多变、多元的新应用需求存在很大困难，因此需要一种创新的传送技术来统一各个不同的应用领域，从而打破孤岛，提供一致的服务等级（Service Level Agreement，SLA），并通过统一的接口供上层调用，产业界公认的技术就是分段路由技术（Segment Routing，SR）。本小节将简要介绍传统网络的最新技术——SR，本节关注点并不在于 SR 的技术细节，而是要理解 SR 是传统网络面对 SDN 架构的发展而进行的进一步演化和发展，因此只介绍 SR 的基本思想。在介绍 SR 技术之前首先介绍源路由技术。

（1）传统网络源路由技术

源路由是指由网络中的源结点显式的指定流量的传输路径，后续的结点将参考这个指定的路径进行转发。相比于源和目的间做最短路径转发，源路由可以有效地满足业务流量对于时延、带宽等指标的要求。源路由的概念早在网络设计的初期就被提出，例如 IPv4 报文头部的可选项就有源路由选项，但是由于源路由和 IP 无连接的本质是有所冲突的，加之源路由会引入安全问题，因此 IP 源路由并没有得到广泛的应用。MPLS 技术为 IP 网络引入了有连接的特性，并将安全边界转移到了运营商网络，源路由才得以在 MPLS 的流量工程中找到了用武之地。但是传统网络实现源路由的代价非常大，如资源预留协议–流量工程（Resource ReSerVation Protocol–Traffic Engineering，RSVP-TE）需要维护十分复杂的路径状态，配置非常复杂，运维成本高，而且流量调度的效率也比较低。

（2）分段路由 SR 技术

2012 年，软件定义网络（Software Defined Network，SDN）在商用数据中心的落地，软件定义广域网 SD-WAN 还未形成大的应用示范。但是，同年谷歌公司在其全球规模的骨干网上部署了全球 SDN 广域网 B4 取得了巨大成功，使得运营商开始重新考虑广域网的设计，传统网络设备厂商也在跟进对广域网技术的更新。2013 年，IETF 成立了一个名为 SPRING（Source Packet Routing in Networking Group）的工作组，旨在实现一种简单、灵活的源路由技术，用于更好地规划网络中的路径。思科主导的 SR 技术迅速主导了 SPRING 的技术路线。相比于传统 RSVP-TE，SR 的核心设备上不需要维护复杂的路径状态，使用和维护成本大大降低。

SR 分段路由的核心思想就是将源和目的间的路径分成不同的小段，逐段来进行流量的转发，这和源路由的思想相一致。例如，如果从源 A 到目的 B 的路径总共 5 跳，依次为 R1、R2、R3、R4 和 R5，如果将 R1~R5 看成一段，这样 R1~R4 路由器都是直接根据 R5 为目的地进行路由,这和传统路由一样,相当于没有源路由;如果将 R1~R5 间的每一跳看作一段,即对应于严格源路由,R1 会以 R2 为目的,R2 以 R3 为目的,以此类推;如果在路径中间分段,如将 R1~R3 看作一段,R1 和 R2 形成路由时会以 R3 为目的地,将 R3~R5 看作一段,R3 和 R4 形成路由时会以 R5 为目的地,这相当于松散源路由。

SR 中的 Ingress Router 可以接收由集中式的控制器所生成的源路由,能够有效地提高流量调度的效率。因此,从网络架构的角度来说,SR 技术是分布式和集中式网络架构之间的一个平衡,SR 先通过分布式路由协议将拓扑和路由算好,然后找一个代表同步给控制器,控制器只要将计算出的目标路径下发给 Ingress Router 即可实现流量的调度功能。因此,SR 技术可以被看作传统网络架构应对 SDN 架构所做出的回应和演进,由于 SR 技术具有较强的可扩展性,可将其应用于运营商规模的网络。

(3)端到端 SR 设想

SR 技术在运营端网络得到应用之后,开始转向数据中心网络的发展。借助"云网协同"概念,一些设备厂商提出在数据中心实现端到端 SR 的目标和设想。目前,Linux 操作系统从 4.1.0 版本开始已经对 SR 提供了支持。在数据中心应用场景下,SR 设计了出口对等工程(BGP-Egress Peer Engineering,BGP-EPE)机制,用于优化数据中心多出口的 BGP 选路。如果能够实现端到端 SR 的设想,再结合控制器开放出来的北向接口,应用即可主动地规划网络路径,这也是众多设备厂商所提出的"应用驱动"网络和"意图网络"的愿景。

1.2 智能网络技术的应用与发展

新基建将推动 5G、物联网、工业互联网、AI、数据中心等新一代信息技术的演进和加速落地,同时为各行各业插上数字化和智能化的翅膀,赋能全行业的数字化转型,共促数字经济的变革。例如,新华三技术有限公司推出的"智能联接"方案旨在通过网络的重构加速基础设施的智能与创新,让客户从网络中解脱出来,把更多的精力聚焦于自身业务的发展与创新。在当前全面拥抱 AI 的"智能+"时代,预计到 2030 年,ICT 技术终将趋向融合,网络将进入管控编一体化的智能网络时代。简单来说,未来的智能网络将通过综合业务需求与网络状态,利用人工智能技术,演算出最适合业务需求的网络资源分配方案,并对业务趋势进行预测,能快速自动适应未来业务变化,为业务的可持续化打下了最坚实的基础。

1.2.1 智能网络架构

当今人类社会将逐步迈入智能社会,而作为智能社会中各个元素相互链接联系的底层基础网络也必然是智能网络。可编程交换机除了可以对数据进行快速转发,还可以对流量和网络状态信息进行彻底的探测,从而为构建智能网络提供坚实的基础。然而,究竟如何构建智能网络,这样的智能网络又需要什么样的交换机进行支撑呢?实际上,伴随网络智能化需求越来越迫切,当前以云巨头和互联网厂家为代表的大型数据中心越来越多地采购可编程交换机来满足其快速的业务变化要求,进而构建智能网络。

智能网络是计算机技术应用产生的一种成果,通过综合各种网络技术将相关设备连接起来，能够自动分析最佳结果，达到使用目的。智能网络需要将人工智能（Artificial Intelligence，AI）或者机器智能应用于网络，网络中 AI 的主要应用场景有流量预测、分类和路由、网络异常和故障预测、网络故障溯源、网络资源管理和调度、网络智能运营服务等。这些应用的实现都需要收集和分析大量的流量状态信息和网络状态信息，而传统交换机由于采用固定的专用集成电路（Application Specific Intergrated Circuit，ASIC）芯片，只能提供固定功能的检测信息，无法提供对网络进行彻底的或者弹性的检测信息，所以限制了 AI 在网络中的应用。

（1）智能网络的前提：全可编程交换机

交换机可编程分为控制平面可编程和数据平面可编程。全可编程交换机，是控制平面和数据平面都可以编程控制，使用者可以定义交换机处理数据包的方式，交换机没有绑定任何特定的网络协议。交换机出厂时所配置 ASIC 芯片的内容是空的，客户根据自己的需求自行编程完成定制化的需求，并可以根据业务需要随时进行在线编程升级。

相比传统交换机，全可编程交换机可以提供详细的网络检测信息，给网络分析提供必要的检测数据。全可编程交换机通过编程可以实现带内网络遥测技术（Inband Network Telemetry，INT）功能，可以采集数据路径中端到端的实时状态信息。通过编程在源端点交换机的包中嵌入指令，列出要从网络收集的网络状态类型，每台交换机在数据包通过时在包中插入请求的网络状态。图 1-3 所示为网络遥测 INT 功能示意图。一个 INT 域中包含 3 个主要的功能结点，分别是 INT 源、INT 汇聚和 INT 传输结点。其中，INT 源和 INT 汇聚结点可被认为遥测线路的起点和终点，INT 源结点负责指出需要收集信息的流量和将要收集的信息，INT 汇聚结点负责将收到的信息进行整理并上报给控制器监控设备，INT 传输结点则认为在线路上支持 INT 遥测的所有设备。

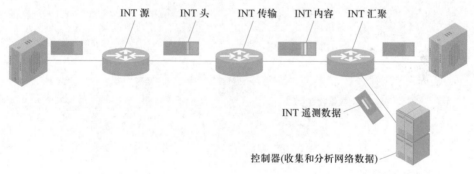

INT 源　INT 头　INT 传输　INT 内容　INT 汇聚

INT 遥测数据

控制器(收集和分析网络数据)

图 1-3　网络遥测 INT 功能示意图

对遥测管理者来说，针对需要进行遥测的业务流量会在 INT 源结点上增加一个 INT 头部，其中带有指明需要收集信息类型的指令集（INT Instruction），从而成为一个 INT 报文，在到达关心的 INT 输给结点时，会根据指令集把收集到的信息（INT Metadata）插入 INT 报文，最终在 INT 汇聚结点上弹出所有的 INT 信息并发送给控制器监测设备。对业务用户来说，上述 INT 对流量的处理过程是完全透明的，用户不能也不需要去感知这些信息。

全可编程交换机通过编程使用 INT 功能对每个数据包提供深入的可视性，可以检测出网络中几乎所有的异常情况，包括微突发、拥塞问题和负载均衡等问题，并可以具体知道网络中每个数据包的 4 方面信息：数据包经过了哪条路径；传输规则是什么；在每个结点延时了多久；一同排队的有哪些数据包。

全可编程交换机全面收集的流量和网络状态信息给网络智能提供了数据基础，网络 AI 通过这些基础数据的分析得出优化结果对网络进行反馈控制，流量控制、拥塞控制、负载均衡、安全防御、网络运维等功能都可以智能化决策控制，从而实现网络智能化。

（2）可编程的智能网络架构

智能网络有 3 个重要特征：弹性、自适应性和集成性。"弹性"指的是网络可以方便地进行规模上的扩容或缩小；"自适应性"包括识别应用、服务灵活、快速响应、自动防御和自动优化升级；"集成性"表现在设备模块化并实现系统级管理。智能网络赋予网络所有者"可控、可管、可查"，有助于降低总成本、提高网络效率、增加业务灵活性。

智能网络架构的拓扑和传统网络架构的拓扑基本一致，最大的区别是智能网络需要具有网络 AI 层功能，如图 1-4 所示。图中网络 AI 功能集中在一起，放在网络 AI 层中（每个交换机结点也可以配备有 AI 功能），图中的交换机为全可编程交换机。网络 AI 根据要实现的功能需求，收集需要的网络状态信息数据，对收集数据进行分析处理，并结合历史经验库，给出预测和处理建议，根据不同业务得出 AI 优化后的网络参数配置并反馈到网络中，实现网络的智能优化。网络 AI 可以对交换机进行全面的配置和编程，从收集数据到反馈配置网络的这一过程是不断地实时进行的，从而保证智能网络在每一时刻都保持最佳状态。

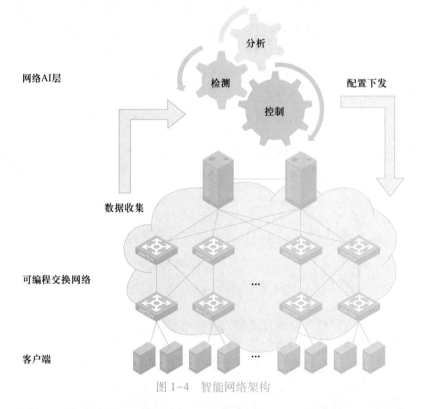

图 1-4   智能网络架构

网络智能化演进首先需要实现网络感知，积累网络知识，在网络控制面和数据面基础上形成知识面来指导网络自主高效运行。网络具备自主运行的智能，本质上是要形成感知、学习、决策和执行的闭环，通过感知网络状态和应用需求，智能适配网络和应用，提供自动化的网络服务策略，包括网络自主运维、网络自优化、网络可视化、态势预测和网络自保护，构建基于知识驱动的智能网络。

需要明确的是，未来智能网络相关技术尚未成熟，从实验室走向产业尚需一个过程，通过充分联合产业代表，以产学研合作推动科研成果高速转化，将是未来智能网络走向完善、成熟的关键一环。

1.2.2 软件定义网络技术

网络智能要落地网络设施，关键问题是网络的核心设备要能承载网络专用智能算法。同时智能网络的实现也离不开网络设备开放控制、管理和数据平面的可编程化，即软件定义网络。本节简单介绍软件定义网络技术。

1. SDN 体系架构

狭义上的 SDN 是指由开放网络基金会（Opnet Network Foundation，ONF）提出的一种控制与转发分离且直接可编程的新兴网络架构，其以核心技术 OpenFlow 协议将设备的控制平面与数据平面分离以实现更加灵活的网络流量控制，使网络变得更加智能。随着 SDN 的发展，SDN 体系架构方面不再局限于 ONF 提出的基于 OpenFlow 的三层架构，还出现了 IETF 提出的基于路由系统接口（Interface to the Routing System，I2RS）的 SDN 架构以及业界广泛使用的 Overlay 架构，从而可实现不同应用场景对架构选择的多样性。下面简要介绍以上几种 SDN 架构。

(1) ONF 定义的 SDN 架构

ONF 提出的 SDN 是一种全新型网络架构，其核心思想是通过管控软件化、集中化，使网络变得更加开放、灵活、高效。具体表现为将网络的控制平面与转发平面（即数据平面）相分离：在控制平面为用户提供标准的编程接口，便于集中部署网络管控应用；转发平面仍保留在硬件中，通过标准协议接口（如 OpenFlow）接收并执行转发策略。

如果将网络中所有的网络设备视为被管理的资源，那么参考操作系统的原理，可以抽象出一个网络操作系统的概念，这个网络操作系统（即控制平面）一方面抽象了底层网络设备（即数据平面）的具体细节，同时还为上层应用（应用平面）提供了统一的管理视图和编程接口，如图 1-5 所示。基于网络操作系统（控制器）这个平台，用户可以开发各种应用程序，通过软件来定义逻辑上的网络拓扑，以满足对网络资源的不同需求，而无须关心底层网络的物理拓扑结构。

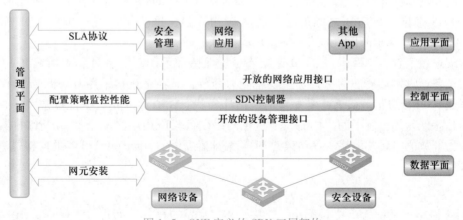

图 1-5 ONF 定义的 SDN 三层架构

管理平面贯穿于应用平面、控制平面和数据平面，每个应用、SDN 控制器和网元都为管理平面提供相应的功能接口，通过管理平面提供或实现一些通用的管理功能。例如，在应用平面签订服务等级协定 SLA；在控制平面，指定 SDN 控制器、定义 SDN 控制器、配置控制器策略、监控控制器性能等；在数据平面，实现网元安装、初始化设备等。

（2）IETF 定义的 SDN 架构

ONF 提出的全新 SDN 网络架构是对现有传统网络架构的彻底革命，但要将现有的网络转型成这种新型网络架构存在着诸多困难。许多设备厂商与解决方案供应商、网络服务提供商希望通过改造现有的网络来提供一种 SDN 解决方案。IETF 在 2012 年设立了 I2RS 工作组，并提出基于现有设备 API 的 SDN 架构，如图 1-6 所示。

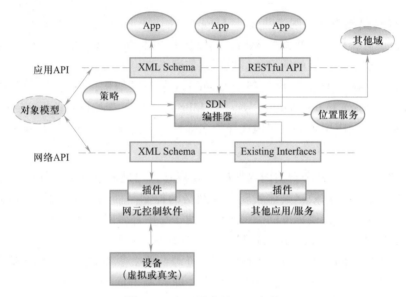

图 1-6　IETF 提出的 SDN 架构

IETF 提出的 SDN 架构中，自下而上分别是设备、插件、SDN 编排器、应用程序。位于插件和 SDN 编排器之间的接口称为网络接口，这些接口包括现有接口、XML 模式（XML Schema）等。现有接口包括命令行接口（Command Line Interface，CLI）、SNMP 提供的接口等。位于 SDN 编排器与应用之间的接口称为应用接口，这些接口通常包括 XML 模式以及 RESTful API（一种基于 HTTP 的跨网络调用的接口）等。

从实现思想上看，IETF 提出的 SDN 架构尽量保留和重用现有各种路由协议和 IP 网络技术，网络设备通过增加插件的方式实现设备能力开放，而不是直接采用 OpenFlow 协议进行设备能力开放。I2RS 的路由系统需要发布网络拓扑和状态，通过网元数据计算选路，并将相关结果传递给各网元的控制平面。同时，通过在网络设备与应用层之间增加 SDN 编排器实现底层设备能力开放的封装。网络程序员通过 SDN 编排器提供的 RESTful API 等北向接口进行应用程序的开发。

（3）Overlay 网络架构

Overlay 网络，又称为“覆盖网络”，主要由产业界的设备厂商主导。Overlay 在网络技术领域指的是一种网络架构上叠加的虚拟化技术模式，其大体框架是在对基础网络不进行大规模修改的条件下，实现应用在网络上的承载，并能与其他网络业务分离，并且以基于 IP 的基础网络技术为主。通常，Overlay 是根据某种特定需要，对底层（Underlay）网络使用特定的协议或技术进行抽象、封装之后建立起来的逻辑网络层。Overlay 覆盖在底层网络之上，给出Underlay 中的数据传输决策或转发规则，控制并决定 Underlay 中的数据传输行为，属于虚拟逻辑网络。在实际的数据通信过程中，数据仍然需要借助于底层网络所提供的基础设施，沿着物理网络路径进行传输。Overlay 与 Underlay 的关系类似于网络的逻辑拓扑与物理拓扑之间的关系。当前，VXLAN 技术是广受业界认可的 Overlay 技术，已成为市场上主流的 Overlay 技术。

2. SDN 的关键特性

下面简单介绍 ONF 提出的 SDN 架构的核心思想。ONF 提出的 SDN 架构的核心思想主要体现在 3 个方面，即转控分离、设备开放接口可编程，以及网络能力抽象。

（1）控制平面与转发平面分离

控制平面负责上层的控制决策，数据平面负责数据的交接转发。转控分离的设计思想为实现网络逻辑的集中控制提供了可能和前提条件，并且简化了数据平面上的网络设备。同时，转控分离使得各自可以独立完成体系结构和技术的发展演进。

（2）设备开放接口和网络可编程

SDN 打破了传统网络设备的封闭性，使得支持统一标准的设备均可完成网络转发功能，上层应用也可更加开放、多样。设备开放接口是实现网络可编程的关键，它通过逻辑与模型抽象、接口协议、API 等方式为网络可编程提供通道与接口的支持。例如，SDN 的编程接口划分为以 SDN 控制器为中心，主要分为南向接口、北向接口和东西向接口。南向接口对接数据转发平面，北向接口对接应用平面，东西向接口是控制平面中分布式控制器之间的通信接口。SDN 通过在控制平面编程实现对数据平面的行为管理。

（3）网络能力抽象

从用户的角度来看，SDN 是一个分层系统，底层硬件是通用的转发设备，中间层是由软件实现的控制器或网络操作系统，上层是网络应用程序，并在各层次上实现进一步的抽象。SDN系统中有 3 种重要的网络能力和行为抽象，分别是转发抽象、分布抽象和配置抽象。转发抽象是指借助对底层硬件实现的屏蔽，使转发行为与基础设施层的设备无关；分布抽象通过位于网络操作系统中逻辑集中的分布层，屏蔽控制平面中多个逻辑控制器对数据平面不同物理转发设备所进行的分布式控制实现细节；配置抽象基于简化抽象模型，通过网络程序设计语言实现网络配置与行为的表达，并由控制平面将程序设计语言表达的配置指令与行为规则下发到数据平面，从而将抽象配置映射为物理通道。

3. SDN 的应用场景

随着 SDN 的快速发展，SDN 已应用到各个网络场景中，从小型的企业网和校园网扩展到数据中心与广域网，从有线网扩展到无线网。无论应用在何种场景中，大多数应用都采用了SDN 控制层与数据层分离的方式获取全局视图来管理自己的网络。

（1）软件定义园区网

企业网或校园网的部署应用多见于早期的 SDN 研究中，为 SDN 研究发展提供了可参考的依据。在之后的实际部署中，由于不同企业或校园对 SDN 的需求存在差异性，无法根据自身的特点进行部署。针对该问题，研究人员完善了 SDN 的功能，支持对企业网和校园网的个性管理。

（2）软件定义数据中心

数据中心中成千上万的机器会需要很高的带宽，如何合理利用带宽、节省资源、提高性能，是数据中心的一个重要问题。SDN 具有集中式控制、全网信息获取和网络功能虚拟化等特性。利用这些特性，可以解决数据中心出现的各种问题。例如，在数据中心网络中，可以利用 SDN 通过全局网络信息消除数据传输冗余，也可利用 SDN 的虚拟化特性达到数据流可靠性与灵活性的平衡。

节能一直是数据中心研究中不容忽视的问题。由于数据中心需要具有大规模因特网服务稳定性和高效性等特性，因而常以浪费能源为代价。然而通过关闭暂时没有流量的端口，仅能节省少量能耗。最有效的办法是通过 SDN 掌握全局信息能力，实时关闭暂未使用的设备，当有需要时再打开，将会节省约一半的能耗。可以预见，SDN 在数据中心提升性能和绿色节能等方面将会扮演十分重要的角色。

（3）软件定义广域网

广域网连接着众多数据中心，这些数据中心之间的高效连接与传输等流量工程问题，是众多大型网络共同努力的目标。为了能够提供可靠的服务，应确保当任意链路或路由出现问题时仍能使网络高效运转。传统的广域网以牺牲链路利用率为代价，使得广域网的平均利用率仅为 30%~40%，繁忙时的链路利用率也仅为 40%~60%。为了提高利用率，谷歌公司搭建了基于 SDN 架构的 B4 系统。该系统利用 SDN 获取全局信息，并采用等价多路径（Equal-Cost Multipath Routin，ECMP）哈希技术来保证流量平衡，实现对每个单独应用的平等对待，确保每位用户的应用不会受到其他用户应用的影响。通过近些年实际的运行测试结果表明：该系统最高可达到几乎 100% 的资源使用率，长期使用率稳定在平均 70% 的水平上。此外，由于 B4 系统采用的是谷歌公司专用设备，从而能够保证利用率的提升效果达到最佳。

同样，微软公司的软件驱动广域网（Software-driven Wide Area Network，SWAN）系统也利用 SDN 体系结构，实现数据中心间高效的利用率。

（4）软件定义无线网络

SDN 技术研究初期就开始部署在无线网络之中，目前已广泛应用在无线网络的各个方面。美国斯坦福大学的 Kok-Kiong Yap 等人利用 OpenFlow 和 NOX（NOX 是一个 SDN 生态系统，也是用来构建网络控制应用的平台）在校园网搭建了无线 SDN 平台。该平台分别在 Wi-Fi 热点和 WiMAX 基站增加 OpenFlow 设备，并使用 NOX 控制器与 OpenFlow 设备进行无线通信。SDN 技术可以应用在企业网上搭建无线局域网（WLAN），将企业 WLAN 服务作为网络应用来处理，确保网络的可管可控特性。SDN 同样可以简化设计和管理 LTE 网络。

1.2.3 智能网络的发展

SDN 从根本上说是一个网络重构的概念，用来加速网络对业务的支持，确保整个数字化连接基础平台做得更扎实更稳，能够对上层智能应用、运维提供技术支持。从 SDN 到智能网络的发展，中间还存在一个先知网络，本小节借助 H3C 先知网络的发展简要介绍未来智能网络的发展方向。

新华三技术有限公司所提出了应用驱动网络解决方案 AD-NET 5.0。该方案的主要特点是基于大数据分析助力网络全生命周期管理、弹性训练，以及云原生融合开放架构。其中，先知网络架构（SeerNetwork Architecture，SNA）是 AD-NET 5.0 中的核心组件，而先知分析器 SeerAnalyzer 又是 SNA 的核心组件，主要是完成网络数据采集、分析，从而保障网络业务的可靠运行。在先知网络架构中，用户只需在单个界面，即可完成网络设计、仿真、部署、保障等全部运维管理的过程，帮助用户拉通 DC、园区、广域网等不同业务场景的网络解决方案，实现网络建设全生命周期的 AI 赋能与端到端的业务保障。

与传统架构相比，先知架构的智能主要体现在三大组件上：统一的网络全生命周期管理平台 SNA Center、SDN 控制器 SeerEngine、先知分析器 SeerAnalyzer。其中先知分析器 SeerAnalyzer 除了本地部署的方式外，还可以采用云端部署的方式，本地发送脱敏网络数据给云端的学习训练中心进行深度分析，利用机器学习技术探索处理未知问题的新模式和新方法，并将这些模式和方法同步回本地分析引擎，完成本地引擎的自动进化。也就是说，借助这一机制，任何一个单点威胁都会令全网用户获得免疫及解决的能力，这就是新华三技术有限公司所倡导的"云享模式"的网络智能化，通过共同训练，共享成果来实现"人人为我，我为人人"的网络智能化演进，共享网络智能化红利。

AI 在网络应用方面主要有智能运维、自动化部署、网络方案设计 3 步。

- 第 1 步关注的重点就是智能运维。运维占据了网络人力和物力消耗的 80%。海量数据的处理、网络业务的变更、日常的维护都耗费了大量的人力物力。如果通过 AI 能把这部分人力、物力省下来，对企业来说就是巨大的价值。例如，手机 Wi-Fi 上网，常见的问题就是上不了网，但是对网络运维来说，要找到原因就涉及很多因素，如信号有问题、没有认证通过、应用软件的问题，也可能是交换机、路由有问题。AI 如果能迅速识别原因，然后迅速处理好，就很有价值。

- 除了故障定位和处理等运维事务，AI 在网络应用层面的第 2 步，就是自动化部署。对于网络管理员来说，如果企业想做网络变更或者新业务部署时，设备设置好之后无法预知真正上线后的运行情况。AI 做的第 2 步就是把现网络运行所有关键的数据、信息和流量摸清楚，结合现网络的流量、数据、所做的业务需求，进行分析、预测和判定，可以极大地降低业务下发过程中失败的风险。

- AI 在网络应用方面的第 3 步，其实是设计网络方案、业务应用，借助 AI 利用行业最好的数据、最广泛的数据和业务需求匹配，设定好相应的网络。此时，AI 可以成为客户的智囊团，数字化联接开始有了"平台+生态"的架构。

1.3 网络仿真软件的使用

目前，HCL 仿真软件的最新版是新华三技术有限公司于 2021 年推出的 V3.0.1 版本，新的版本对 Windows 10 操作系统适配性更好，VirtulBox 软件升级到 6.0 版本。关于新华三 HCL 模拟器的使用，在《华三云实验室用户手册》中有详细而生动的介绍，推荐用户使用前仔细阅读。本节只是简要介绍如何应用新华三 HCL 模拟器进行分布式网络的联合仿真调试。

1.3.1　局域网中 HCL 分布式组网仿真

HCL 仿真软件受宿主机系统内存的容量限制，使得仿真的网络规模不可能无限增大。但是，新华三云实验室 HCL 软件能够通过远端虚拟网络代理 Remote 来实现异地多主机间网络仿真的联合调试，这为大规模网络的仿真创造了条件，下面简单介绍如何通过 HCL 实现跨主机间网络工程项目的仿真。

1. 分布式组网仿真案例

图 1-7 是一个简单的组网实例，P1-PC 所在网段为 10.10.1.1/24，P2-PC 所在网段为 10.10.2.1/24，两台 PC 通过路由器 P1-R1 进行通信。为了演示 HCL 分布式组网的使用，将该组网案例分成 2 个 HCL 项目 P1 和 P2，分别由同学 A 和同学 B 来完成。

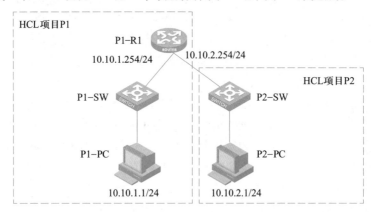

图 1-7　分布式网络仿真案例

P1-PC、P1-SW 和 P1-R1 属于一个 HCL 项目 P1，位于同学 A 的主机。同学 A 的主机接入局域网的 IP 地址为 192.168.0.55。P2-SW 和 P2-PC 属于另外一个 HCL 项目 P2，位于同学 B 的主机。同学 B 的主机接入局域网的 IP 地址为 192.168.0.73。同学 A 与同学 B 的物理主机属于同一个局域网，并且能够相互通信。

现要求同学 A 的主机 A 上的 HCL 项目 P1 中的 P1-PC 能够与同学 B 的主机 B 上的 HCL 项目 P2 中的 P2-PC 相互通信。

2. HCL 分布式组网仿真原理

如图 1-8 所示，将如图 1-7 所示的拓扑结构分解为两个 HCL 工程项目 P1 和 P2，分别运行在宿主机 A 和宿主机 B 上。原路由器 P1-R1 与 P2-SW 之间的链路现在通过在 HCL 项目中引入远程虚拟网络代理 Remote 来实现链路的连接。远端虚拟网络代理用来搭建在宿主机上的虚拟网络与其他物理主机上的虚拟网络间的通信通道，在配置时需要指明对方 HCL 项目所在宿主机的物理 IP 地址及 HCL 项目名称。远程虚拟网络代理 Remote 通过物理链路实现一条逻辑上的通信隧道，从而实现 HCL 项目中网络设备之间的通信。

图 1-8 中，Remote_to_P2 是主机 A（IP 地址：192.168.0.55）上 HCL 工程 P1 中的远程虚拟网络代理，代表运行在宿主机 B 上的虚拟网络；Remote_to_P1 是主机 B（IP 地址：192.168.0.73）上 HCL 工程 P2 中的远程虚拟网络代理，用于代表运行在主机 A 上的虚拟网络。

运行在主机 A 和主机 B 上 HCL 项目中的网络设备就可以通过远程虚拟网络代理之间打通的隧道进行通信。

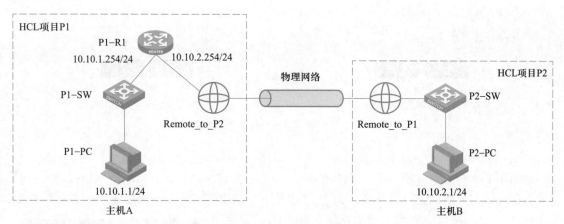

图 1-8　HCL 分布式组网仿真拓扑图

3. HCL 分布式组网仿真实施

在应用 HCL 仿真软件进行分布式组网仿真时，需要在主机 A 和主机 B 上分别完成 HCL 工程项目的创建，并分别命名为 P1 和 P2，按照拓扑图搭建仿真网络。

（1）添加远程虚拟网络代理

在 HCL 仿真软件中，单击左侧的"终端"按钮，然后在弹出的菜单中选择"Remote"菜单命令，然后在 HCL 工作区中单击即可添加一个远程虚拟网络代理，如图 1-9 所示。

（2）通信双方相互指定对端

在远程虚拟网络代理 Remote 处于停止状态下，双击网络代理虚拟设备或在设备上右击，在弹出的如图 1-10 所示菜单中选择"配置"命令，弹出如图 1-11 所示的远端配置对话框，输入通信远端网络所在主机的 IP 地址与远端虚拟网络的 HCL 工程名称，确定需要连接的对端网络。

图 1-9　添加远程虚拟网络代理

图 1-10　配置远程虚拟网络代理

(a) 主机A上的网络代理配置　　　(b) 主机B上的网络代理配置

图 1-11　远程虚拟网络代理配置

（3）搭建网络拓扑

根据图 1-8 分别在主机 A 和主机 B 的 HCL 项目中搭建拓扑，在连接远程网络代理设备时，需要创建通信双方协商的通信隧道，如图 1-12 所示。在如图 1-12 所示的隧道配置对话框中，分别在两个 HCL 项目中为两个虚拟网络代理之间配置使用相同的隧道名，此处 P1 和 P2 项目中均设置为 t1。两个不同宿主机上的虚拟网络的连接，通过相同的隧道名来确定连接对端虚拟网络的具体设备接口。

图 1-12　配置远程网络
代理的隧道名称

最终在宿主机 A 和宿主机 B 上搭建完成的拓扑图如图 1-13 所示。然后，在 HCL 中启动设备，完成设备的基本配置，在图 1-13 所示的拓扑中交换机 P1-SW 和 P2-SW 的配置保持默认即可。路由器 P1-R1 的 G0/0 接口的 IP 地址配置为 P1-PC 主机的网关，G0/1 接口的 IP 地址配置为 P2-PC 主机的网关，最后分别完成 P1-PC 和 P2-PC 主机 IP 地址的配置。

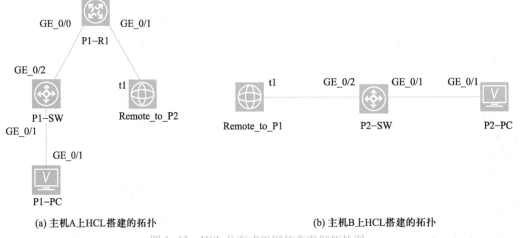

(a) 主机A上HCL搭建的拓扑　　　(b) 主机B上HCL搭建的拓扑

图 1-13　HCL 分布式组网仿真案例拓扑图

（4）HCL 分布式组网仿真测试

需要注意的是，在默认情况下，Windows 10 系统防火墙没有放行 ping 命令，在宿主机 A 和宿主机 B 上分别关闭 Windows 的防火墙，保证物理主机之间能够通过 ping 命令来测试连通性。此外，在完成 HCL 设备配置之后，在 Remote 网络代理配置正确的前提下，需要保证路由器或交换机连接远程虚拟网络代理的接口处于 Up 状态。如果 Remote 配置正确,路由器或交换机连接 Remote 的接口处于 Down 状态,可以通过多次重启 HCL 中的路由器或交换机设备使接口处于 Up 状态。

完成以上配置之后,在 HCL 项目 P1 的主机 P1-PC 上通过 ping 命令测试与 HCL 项目 P2 的主机 P2-PC 之间的连通性,测试结果如下。

```
<H3C>ping 10. 10. 2. 1
ping 10. 10. 2. 1(10. 10. 2. 1): 56 data bytes, press CTRL_C to break
56 bytes from 10. 10. 2. 1: icmp_seq=0 ttl=254 time=10. 000 ms
……(略)
--- ping statistics for 10. 10. 2. 1 ---
5 packet(s) transmitted, 5 packet(s) received, 0.0% packet loss
round-trip min/avg/max/std-dev = 8. 000/23. 400/71. 000/23. 947 ms
<H3C>
```

以上输出信息表明,主机 A 上 HCL 项目中的 P1-PC 能够成功与主机 B 上 HCL 项目中的 P2-PC 进行通信,也验证了 HCL 分布式组网仿真的可行性。

1.3.2 广域网中 HCL 分布式组网仿真

广域网环境下的 HCL 分布式组网仿真需要借助于一款 SD-WAN 的软件工具。本小节以上海贝锐信息科技股份有限公司的一款软件定义广域网(Software Defined-Wide Area Network, SD-WAN)软件《蒲公英》为例,介绍如何借助于《蒲公英》软件实现广域网环境下 HCL 的分布式仿真。

1. 蒲公英实现广域组网

软件定义广域网软件《蒲公英》可以为个人或企业提供智能组网整体解决方案,全面覆盖互联网、专线、无线网络等常见接入方式,帮助用户快速部署并引入多线动态 BGP 网络出口带宽,大幅提升网络连接品质,组建虚拟局域网,打破地域限制,无需公网 IP 地址,实现各地区间设备、信息互联互通。

(1)注册《蒲公英》账号

首先打开《蒲公英》软件的官网 https://pgy.oray. com,然后单击页面右上角的"注册"按钮,在弹出的用户许可及隐私协议对话框中,单击"同意"按钮,页面将转到如图 1-14 所示的注册界面,根据用户实际,设置自己的用户名称、登录密码以及手机号、验证码,完成用户注册。

(2)创建对等网络

创建网络操作需要用户登录蒲公英官方网站的管理后台进行操作,主要操作步骤包括登录后台、创建网络、添加成员、软件客户端登录等。

① 登录管理控制台。用户账号注册完成之后,通过《蒲公英》软件的官方网站登录管理后台,界面如图 1-15 所示。单击界面中的"创建网络"

图 1-14 《蒲公英》用户注册界面

按钮，界面转到创建网络界面，如图 1-16 所示。

图 1-15 蒲公英管理控制台

② 创建智能网络。在如图 1-16 所示的界面中，在"网络名称"文本框中输入网络的名称，网络名称可以由用户自定义，此处样例输入"znwl"。然后，选择创建网络的类型，在此个人用户只能选择"对等网络"，最后，单击界面中的"确定"按钮，完成网络的创建，系统将转到如图 1-17 所示的界面。

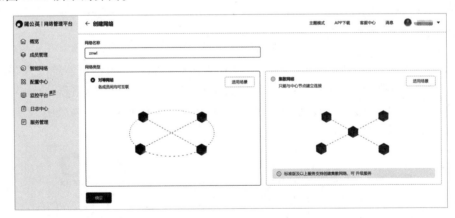

图 1-16 创建智能网络

图 1-17 智能网络创建成功界面

③ 添加网络成员。在如图 1-17 所示的界面中，单击"添加成员"按钮，添加网络成员，弹出如图 1-18 所示的界面。在如图 1-18 所示界面中，选择成员类型为"软件成员"，个人免费用户限于 3 个成员，可以逐个添加成员，也可以批量一次性创建 3 个成员，最后单击"确定"按钮，完成网络成员的添加操作，如图 1-19 所示。

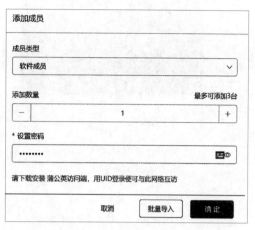

图 1-18 添加网络成员界面

④ 客户端软件登录。在《蒲公英》软件的官方网站下载并安装《蒲公英》软件访问端软件，运行客户端软件，界面如图 1-20 所示。在登录界面选择"账号登录"标签，在账号位置输入如图 1-19 所示界面中"SN/UID/SID"列的SID，密码栏输入添加网络成员时所设置的密码，然后单击"登录"按钮，完成《蒲公英》软件客户端登录。登录完成后，成员编号为 001 的客户端机器即配置了 172.16.1.66 的私网 IP地址。

图 1-19 网络成员添加成功界面

图 1-21 所示界面为成员编号为 002 的客户端机器登录《蒲公英》软件的客户端软件后的界面，此时两台客户端可以通过私网 IP 地址段进行通信，如果不能通信，则关闭 Windows 防火墙重试。

2. HCL 分布式组网仿真

在利用《蒲公英》软件实现跨越广域网实现主机互联之后，成员主机之间就像在一个局域网一样，成员主机就可以利用《蒲公英》软件的成员私网 IP 地址进行通信，在 HCL 仿真软件中配置远程虚拟网络代理 Remote 时，就可以选择蒲公英客户端软件提供的私网 IP 地址实现分布式组网。具体的仿真实现方法请参见 1.3.1 节局域网中 HCL 的分布式仿真实现。

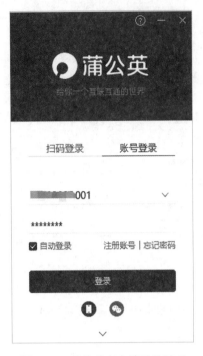

图 1-20   蒲公英客户端登录界面   图 1-21   蒲公英客户端登录完成界面

1.4   智能网络仿真工具

智能网络离不开软件定义，也离不开软件编程。本小节简单介绍软件定义网络技术中的 Mininet 仿真软件及几款开源的 SDN 控制器。

1.4.1   Mininet 仿真软件

Mininet 是由斯坦福大学基于 Linux Container 架构开发的一个进程虚拟化的网络仿真工具。由于基于容器技术开发，Mininet 是一个轻量级的软件定义网络研发和测试平台。

1. Mininet 功能特性

利用 Mininet 可以创建一个包含终端结点（End-Host）、交换机、控制器和链路的虚拟网络。Mininet 使一个单一的系统可以像一个完整的网络那样运行相关的内核系统和用户代码，也可以将其简单理解为 SDN 系统中一种基于进程的虚拟化平台。

Mininet 作为一个轻量级软件定义网络研发和测试平台，其主要特性如下。

- 支持 OpenFlow、Open vSwitch 等各种协议。
- 方便多人协同开发。
- 支持系统级的还原测试。
- 支持复杂拓扑和自定义拓扑结构。
- 提供 Python 语言编程 API。

- 很好的硬件移植性（Linux 兼容），仿真结果说服力强。
- 高扩展性，支持超过 4096 台主机的网络结构。

Mininet 仿真软件中自带交换机（Switch）、主机（Host）、控制器（Controller），同时，在 Mininet 上可以安装 Open vSwitch 和多种 SDN 控制器（如 NOX、POX、Ryu、Floodlight、Open-Daylight 等）。Mininet 可以运行在多种操作系统（如 Windows、Linux、Mac OS）之上，具有很强的系统兼容性。此外，在 Mininet 上运行的实验代码，可以无缝地迁移到真实的网络环境中。

2. Mininet 的安装

Mininet 的安装分为两种：一种是从网上直接下载安装 Mininet 的虚拟机镜像，然后再将镜像导入 VMware 或者 Virtualbox 软件，打开虚拟机就可以使用，非常方便快捷。

另一种是由用户自己手动安装和部署 Mininet，主要包括操作系统安装，下载相关源码，执行安装脚本，测试安装，仿真应用等步骤。有关 Mininet 的部署及应用读者可以参考本书第 15 章的相关内容。

1.4.2 开源控制器

当前已经实现的开源控制器很多，按照程序设计语言分类主要分为 3 类：第 1 类是 C 或 C++ 语言系列，如 Mul、Trema、NOX 控制器；第 2 类为 Python 语言系列，如 POX 和 Ryu 控制器；第 3 类为 Java 语言系列，如 Beacon、Floodlight、OpenDayligh 和 ONOS 控制器。表 1-1 给出了主流开源控制器及其开发语言，本节将简单介绍几类典型的控制器。

表 1-1 主要开源控制器及其开发语言

名称	编程语言	特 征 简 介
Mul	C	由 Kulcloud 公司开发，内核是一个基于 C 语言的多线程基础架构，用于托管应用的多层级北向接口
Trema	Ruby/C	NEC 开发，具有模块化的框架
NOX	C++	由 Nicira 开发，业界第一款 OpenFlow 控制器，是众多 SDN 研发项目的基础
POX	Python	由 Nicira 开发，是 NOX 的纯 Python 实现版本，支持控制器原型功能的快速开发
Ryu	Python	由 NTT 开发，能够与 OpenStack 平台整合，具有丰富的控制器 API，支持网络管控应用的创建
Beacon	Java	由 Stanford 大学开发，采用跨平台的模块化设计，支持基于事件和线程化的操作
Floodlight	Java	由 Big Switch Networks 开发，是企业级的 OpenFlow 控制器，基于 Beacon
OpenDaylight	Java	主要由设备厂商驱动，如思科、IBM、惠普、NEC 等
ONOS	Java	由开放网络实验室 ON. LAB 推出

1. NOX/POX 控制器

NOX 由 Nicira 于 2008 年发布，是 SDN 发展史上的第一个控制器。NOX 的底层使用 C++ 编写，支持 OpenFlow v1.0 协议，提供 C++ 版本的 OpenFlow 1.0 的 API 接口，具有高性能的异步网络 I/O。NOX 的功能架构可以分为核心层和外围组件两部分。核心层主要提供对组件、事件的管理，以及与底层网络的通信接口，包括事件分发、异步 I/O、文件 I/O 和 OpenFlow 接口等模块。外围组件主要用于实现基本的网络功能。目前，NOX 已经能够提供存储、路由、主机追踪及拓扑发现等组件供用户学习和使用。

POX 由 Python 编写，其基本结构同样包括内核（Core）和组件两部分。内核主要由 Open-Flow 模块和 Of_01 线程组成，负责组件的注册以及组件之间的交互。控制器通过 OpenFlow 模块控制所有的交换机，Of_01 是一个与交换机进行消息交互的线程。在功能方面，POX 的核心部分及其组件和 NOX 基本一致，POX 还可以使用 NOX 的 GUI 和虚拟化工具。在性能方面，POX 优于 NOX，特别是在使用 PyPy（Python 解释器）运行的情况下。

2. Ryu 控制器

Ryu 是由日本电报电话（Nippon Telegraph & Telephone，NTT）公司在 2012 年推出的开源 SDN 控制器。Ryu 在日语中与英语中的 Flow 是同一个意思。Ryu 基于 Python 语言开发，代码风格流畅，模块清晰，可扩展性强。Ryu 控制器得到了 SDN 初学者的青睐，成为目前主流的控制器之一。

Ryu 控制器在系统结构上分为控制层和应用层，在功能实现上采用了基于组件的模块化风格。控制层主要包括协议支持、OpenFlow 解析/序列化、事件分发器、网络报文库等模块。应用层包括 Ryu 的内建应用，用户利用 Ryu 所提供的 API 所开发的网络应用，以及其他支持 Ryu 和其他系统协同工作的第三方组件和模块。

3. Floodlight 控制器

Floodlight 的前身是由斯坦福大学于 2010 年推出的 Beacon 控制器。Beacon 控制器采用 Java 语言开发，相比 NOX 控制器更容易安装和运行，也是第一个自带 Web 界面的控制器。后来在 SDN 控制平面发展过程中，由 Big Switch Networks 公司主导开发了开源控制器 Floodlight。Floodlight 是一个非常经典的控制器，它几乎影响了后来所有采用 Java 语言编写的 SDN 控制器。许多控制器或直接采用其优秀的组件模块，或基于 Floodlight 进行二次开发。

Floodlight 控制器的系统结构同其他控制器一样，也分为控制层和应用层两部分。应用层通过北向 API 实现与控制层的信息交互，控制层通过南向接口和数据平面通信，实现对数据平面的控制。

4. OpenDaylight 控制器

NOX/POX 是 SDN 控制器发展初期的典型代表，而 Floodligth 和 Ryu 控制器则标志着纯 SDN 控制器进入了相对成熟期。随着 SDN 进入大规模产业化发展阶段，如何开发能够适合多元应用场景、承载复杂上层业务并兼容多种底层网络基础设施的通用且商业化 SDN 控制器成为重头戏。

2013 年，业内 18 家著名厂商共同发起了 OpenDaylight（ODL）组织，OpenDaylight 的发起者和赞助者基本上是互联网设备与解决方案提供商，这也决定了 OpenDaylight 关于 SDN 控制器的发展目标与此前 SDN 控制器不同，其目的是推出一个通用的 SDN 控制平台，能够通过对不同底层网络基础设施的有效管控，灵活适应不同应用场景下的各种复杂上层业务需求。

OpenDaylight 具有高度模块化、可扩展性强、易于升级、支持多协议等特性。其系统结构自下而上分为南向接口与协议插件层、平台层、控制器服务/应用层、北向接口层和应用程序层。OpenDayligth 已经成为业内最受人瞩目的开源控制器，相比之下，行业内部对以 Ryu 和 Floodlight 为代表的功能单一的 SDN 控制器的关注度明显下降。

5. ONOS 控制器

开放网络操作系统（Open Network Operating System，ONOS）由 ON.Lab 推出。该实验室是一个由斯坦福大学和加州大学伯克利分校的 SDN 发明者们创建的非营利组织，目标是培育一个开源社区，开发更多的工具以充分发挥 SDN 的潜能。ONOS 推出之后，改变了 OpenDaylight 一家独大的局势，成为另一个重量级的 SDN 控制器竞争对手。相比 Floodlight，最初版本的 ONOS 没有采用 YANG（RFC 6020 定义的数据建模语言），底层模块直接使用 Floodlight 的核心模块，分布式系统实现上也采用了开源架构。由于 ONOS 采用了许多成熟的代码模块和框架，因此 ONOS 更新换代更快，更易于扩展，也降低了对学习者的要求。

ONOS 在系统结构上采用了 SDN 控制器普遍采用的分层结构，自下而上分为协议层、适配层、南向接口层、分布式核心层、北向接口层和应用层。

随着 ONOS 版本的不断迭代，所支持的特性也越来越多。ONOS 在南向接口上还增加了对传统交换机的管理，特别是思科和 Arista 交换机的支持。此外，ONOS 还为设备提供了更好的 Netconf（基于 XML 的网络配置协议）支持。越来越多的特性支持体现了 ONOS 全面能力的提升以及良好的发展势头。

1.5 本章小结

随着人工智能、物联网等新技术的爆发式应用，5G 商用、新基建政策的加速推进，云计算市场的快速增长等都使网络数据呈几何级数增长。以互联网为基础形成的网络空间将继续发展成为继海、陆、空、太空之后的人类第五疆域，未来网络技术的发展正在向着异构、融合、泛化和智能的方向发展。

本章首先介绍了传统网络的架构、主要网络技术、特点，以及传统网络存在的问题和最新发展；在此基础上，介绍了智能网络的架构、软件定义网络技术，以及智能网络未来的发展方向；最后介绍了网络仿真软件的分布式组网，以及智能网络常用的开源仿真软件。计算机网络发展到云网融合时代，网络技术的快速发展演进和迭代更新，需要学生树立终身学习意识，不断学习才能够紧跟时代潮流，不断增长技能和才干才能够凝聚青春正能量，争当时代弄潮儿。

1.6 习题和解答

习题和解答

扫描二维码，查看习题和解答。

第 2 章　大型网络架构的规划与设计

随着计算机网络技术的飞速发展，计算机网络已经融入生产和生活的方方面面。计算机网络与实体经济的融合正在使网络向着生产型网络转变，企业通过网络建设也充分发挥了信息系统在生产中的作用。对于中大型企业网络建设而言，网络规划是整个网络工程项目建设的开端。良好的网络规划可为后续项目的顺利实施创造良好的前提条件。本章主要对某大型教育集团网络工程项目进行分析与规划。结合实际需求，对该教育集团的整体网络架构、园区和分支组网方案、骨干网络以及数据中心的网络进行了分析与设计，从而确定整个网络项目的技术方向和预期成果。

学生通过本章的学习，应达成如下学习目标。

知识目标

- 掌握大型网络架构的规划与设计内容。
- 掌握常用网络技术的应用场景。

技能目标

- 能够对大中型网络进行规划与分析。
- 能够应用常用网络技术进行网络设计。

素质目标

- 培养解决大型工程问题时的团队合作精神。
- 培养解决复杂工程问题时的综合能力和素养。

　　一个完整的网络工程项目主要包括网络规划、网络设计、网络实施、运行维护、持续优化等环节，其中网络规划是网络工程项目的起点。网络规划主要包括项目的可行性研究和用户需求分析，即解决"做什么"的问题。可行性研究主要考虑项目的技术可行性、资金可行性、人员可行性和时间可行性。用户需求主要分析和明确新的网络工程系统应具有的功能、性能，以及非性能特征。网络设计阶段主要包括网络的逻辑设计、物理设计，及设计方案的模拟测试，即解决"如何做"的问题，以满足网络规划阶段确定的用户需求为目的，通过网络设计，选择、集成合适的网络技术和设备，提出并完善网络系统的解决方案。网络工程项目实施是网络工程师交付项目的具体操作环节，系统的管理和高效的流程是确保项目实施顺利完成的基本要素。网络工程交付使用后，网络的运行与维护就是网络技术人员的日常工作，主要对网络状态（包括设备、用户、流量、应用等）的监控与管理来发现并排除网络的故障和隐患，确保网络系统可靠、高效地运行。

　　网络系统运行一定年限后，会因为不满足应用需求的变化而需要持续更新、升级和优化网络建设。网络系统这种从无到有，再到迭代或终止的过程，构成了网络系统的生命周期。

　　网络规划阶段需要调查掌握项目的背景，为项目的设计和实施提供良好的外部条件，保证项目的顺利进行。通常来说，网络规划阶段的工作更加宏观，注重于做什么的问题，而在怎么做的问题上仅仅指出总体的技术方向，而设计阶段的工作更关注具体技术和细节，注重点在于怎么做的问题。在网络生命周期中，网络规划和设计虽在总体上有一个先后次序，但在实际工作中两者的结合是比较紧密的，网络规划的各项内容都与后期具体的项目设计和操作有着紧密的关系，因此在规划阶段需要对设计阶段的具体实现有初步的估计。

　　本章将围绕某教育集团大型网络工程案例的规划与设计展开，主要介绍该教育集团的网络建设背景、网络架构，以及网络的整体路由规划和设计，从而为后续各章节项目的具体设计和实施提供一个总体的技术方向，便于读者对该大型网络有一个全局的认识和理解。

2.1　大型网络项目背景分析

　　网络工程项目并不是一个孤立的系统，它需要为具体的业务服务，需要有相关的配套设施，实施过程中需要得到相关系统的管理维护人员的配合和协助，项目的最终成果需要获得最终用户的认可和肯定。因此，在网络规划阶段需要确定网络的相关背景和外部条件的详细情况，为今后网络项目的顺利实施打下良好的基础。除此之外，网络规划的主要目标还包括确定网络需求和总的技术方向。

2.1.1　网络工程项目的背景分析

　　某教育科技集团（以下简称"教育集团"）成立于 1996 年，总部设在北京，是一家主要以从事线上和线下教育培训为核心业务的上市集团公司。公司成立初期，拥有包括财务部、培训部、人事部、后勤部、市场部以及 IT 运维部在内的 6 个部门，共有员工 1 000 多名。公司总部在产业园区拥有独立的办公楼群，主要有行政楼、线下培训楼、在线教育楼、语音中心、网络中心等建筑群。

　　随着业务的不断拓展和招生数量的不断增加，该教育集团从最初的初创公司发展为国内教育培训企业的上市龙头企业，在国内各大城市均设有分公司或办事处等分支机构。至目前为止，已经在全国 50 多座城市设立了 60 多所培训分公司、40 家书店，以及 800 家学习中心。在多元化业务发展战略下，如今公司已经拥有短期培训系统、基础教育系统、文化传播系统、科技产业系统、咨询服务系统等多个发展平台，是一家集教育培训、教育产品研发、教育服务等于一体的大型综合性教育科技集团。

教育集团成立之初就非常重视信息化建设，并始终强调信息化工作是公司竞争力的基础，是企业发展的原动力。集团信息化网络的建设也从最初的小型局域网发展到今天拥有总部园区网络、数据中心网络，以及和各地分支机构网络在内的大型互联网络。总部园区网络、数据中心网络和各地分支机构通过运营商网络实现互联。

2.1.2 网络工程项目的用户需求分析

网络规划阶段需要厘清用户的具体需求，在大多数情况下，用户对于网络建设只是一个模糊的、笼统的设想，并不能够全面、精确、详细地描述项目的目标。在用户需求分析时，网络工程售前技术人员要跟客户进行详细深入的交流，正确掌握客户的诉求，为网络设计等后续工作提供准确的目标信息。

1. 业务需求分析

该教育集团的总体业务种类较多，具体来说，有语音业务、广播视频、交互视频、事务处理、网络管理等主要业务，具体的业务需求见表 2-1。

表 2-1 教育集团总部业务需求

网 络 功 能	用 户 需 求
办公自动化系统	提高办公效率，提供无纸化办公，进行公司的文档管理，便于员工收发公文，文件共享
Web 服务	为集团提供门户网站，提供各应用服务的入口
DHCP 服务	为无线用户提供 IP 地址分配
人事管理系统	对公司员工信息进行管理
财务管理系统	进行工资管理
短期培训管理系统	为培训客户提供相关培训开班、培训计划、安排等信息服务
业务咨询管理系统	对公司线上线下培训教育业务提供语言咨询服务和管理
企业资源统一管理	企业资源管理（包括硬件、软件和资源的管理，如计算机、应用程序、用户登录等）
在线教育平台系统	为远程服务提供在线视频教育直播、录播、回放等服务
VPN 服务	供公司出差员工访问连接公司内网

2. 网络性能需求分析

网络的性能需求分析主要包括用户对网络的带宽、时延、抖动及响应时间和丢包率等性能指标的要求。对于园区网络来说，在实际网络工程中常凭经验和成本来考虑网络系统带宽需求。一般来说，接入层带宽为 1000 Mbit/s 汇聚层带宽为 1 Gbit/s 或 10 Gbit/s，核心层为 10 Gbit/s 是当前的主流带宽配置方案。

由于教育集团正在拓展在线教育业务，因此对于网络的出口带宽、时延、抖动及服务质量有严格要求，带宽需求分析相对要复杂一些，需要统计每项网络应用业务的使用位置、平均用户数、使用频率、平均事务大小、平均会话长度等数据后再做相应计算，本案例采用仿真来实现，因此通信量分析不做具体探讨，感兴趣的读者可以查阅相关网络规划与设计资料。

3. 网络非性能需求分析

网络的非性能需求可以包括网络的安全性、可管性、可靠性等方面的需求分析。

（1）安全需求

网络安全已经超过对网络可靠性、交换能力和服务质量的需求，成为企业网、政务网等用户最关心的问题。一般认为园区网络内部是安全的，威胁主要来自外界。但是统计表明，大约80%的网络威胁、安全漏洞来自网络内部。

园区网络安全主要分为网络监管、边界防御、内部安全及远程接入 4 大模块。网络监管是园区网络所有权单位通过网络监管软件对园区网络上的行为、内容进行的监管，如终端 QQ\MSN 的使用、屏幕显示内容，在终端机插 U 盘、敏感内容的检查和过滤等。边界防御通过防火墙、IPS、IDS、网闸等对园区网络出入口进行有效防护和隔离。内部安全是指园区内部的安全，包括部门之间的隔离，以及终端安全接入控制，在本案例中主要采用 802.1X 认证以及端口安全技术保证用户接入的安全性。远程安全接入涉及分支机构、出差人员对园区网络的安全访问控制。对于教育集团的分支机构，采用 IPSec VPN 技术实现内部数据的访问；对于园区总部与数据中心之间采用 MPLS VPN 技术实现业务的隔离和安全保证。

（2）可靠性需求

教育集团的园区网络接入到汇聚层采用双归接入方式，拟采用 MSTP+VRRP 组网方案保证接入终端网关的可靠性，核心设备采用双核心架构，园区内部采用口字形组网方案，园区出口实现多链路接入运营商网络，具体见第 2.2 节大型网络的架构分析与设计。

（3）可管性需求

按照国际标准化组织（International Standard Organization，ISO）定义的 5 种网络管理内容，即性能管理、故障管理、配置管理、安全管理和计费管理，与用户沟通和交流有关网络管理的需求。在本案例组网中，网络管理要求采用带内管理方式、在园区网络设备部署简单网络管理协议（Simple Network Mangement Protocol，SNMP）来实现网络设备的性能监测、故障报警、配置下发等管理。

2.1.3   网络项目的总体技术方向

在网络规划阶段虽然并不进行详细的技术设计，但是需要跟客户沟通确定技术的方向和路线，明确客户的技术倾向，掌握客户对于网络建设的关注点和禁忌要求，从而避免在后续设计中走弯路，浪费时间和人力等资源。

通过与用户的沟通和交流，该教育集团网络仍然采用传统网络的架构和相关技术实现总部园区和数据中心的组网。园区总部和数据中心仍然采用传统三层组网架构，总部园区网络的IGP 拟采用 RIP，园区出口采用静态路由与运营商网络实现互通。数据中心内部拟采用 IS-IS 路由协议，数据中心双归链路接入运营商网络。数据中心与总部园区网络之间的通信通过在运营商网络上构建多协议标签交换虚拟专网技术（Multiple Protocol Label Switch-Virtul Private Network，MPLS-VPN）隧道实现业务访问。

2.2　大型网络的整体架构设计

　　网络架构是一个网络的总体框架，主要包括网络的拓扑结构、层次结构及组成模块。园区网络的拓扑结构一般采用基于星状的混合拓扑结构。网络的层次结构更多的是体现一种设计思想，在解决大型复杂工程系统时最常用的方法就是"分而治之"和模块化设计思想。同样，在设计大型网络系统时，也可采用分层的设计方法。典型的层次模型结构就是三层层次模型，如第 1.1.1 节中的传统网络架构就是层次模型设计的经典。大型网络的组成模块可以包括网络主体（核心层、汇聚层和接入层）、网络安全、网络管理、接入网、数据中心、Extranet 等。本小节将主要介绍教育集团组网案例的整体网络架构设计，主要包括企业总部园区网络、分支机构网络、运营商网络以及数据中心网络的架构设计。

2.2.1　企业园区与分支网络

　　园区网络是一种高密度用户的非运营网络，网络的所有权归某个单位或机构私有，承载单位或机构内部的业务，通常止于公网（运营商网络）边缘。采用层次化网络设计方法向上可以扩展到 Internet，向下也可以用于交换式园区网络设计。园区网络的设计同样也可采用分层的设计思想，分层模型的每一层都有特定的作用，核心层提供两个场点之间的优化传输路径，汇聚层将网络服务连接到接入层，并且实现安全、流量负载和路由选择的策略。在广域网设计中，接入层由园区边界上的路由器组成。在企业园中，接入层为终端用户接入网络的交换机组成。

1. 总部园区网络架构

　　教育集团总部园区网络架构设计如图 2-1 所示，采用传统三层架构设计，即接入层、汇聚层和核心层。为了减少仿真设备数量，此园区网络架构是一个抽象化的园区网络架构，以两台交换机 S1 和 S2 表示接入层设备，交换机 S3 和 S4 表示汇聚层设备，交换机 S5 和 S6 表示核心层设备，CE1 和 CE2 表示总部企业园区网络的出口路由器，PE3 表示运营商网络的边界路由器。总部园区网络采用两条链路 CE1→PE3 和 CE2→PE3 实现出口链路的备份。园区内部汇聚层、核心层和出口路由器之间采用口字形组网架构。两台汇聚交换机

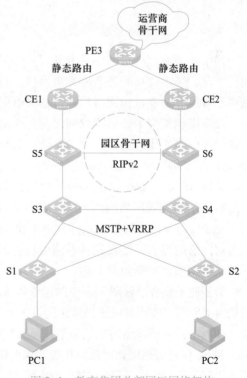

图 2-1　教育集团总部园区网络架构

与两台核心交换机之间组成口字形三层环网，两台核心交换机与两台出口路由器之间同样形成口字形三层环网。口字形组网方案是园区网络中非常经典的可靠性设计方案，适合各种规模的园区网络应用场景。

园区网络的接入层和汇聚层交换机之间的网络冗余结构设计通过部署 MSTP+VRRP 技术组合来实现网络链路和网关的冗余，最终提高终端用户接入网络的可靠性。

2. 分支机构网络架构

分支机构网络是典型的二层组网架构，拓扑结构如图 2-2 所示。该组网架构仅用出口路由器和接入交换机组网，整体用户数量承载不多，网络组网能力有限，通常适用的场景为小型园区网络和追求组网性价比的小型企业或分支机构。

在图 2-2 中，PE4 表示运营商网络的边界路由器（Provide Edge），CE5 是分支机构网络出口路由器，也是接入用户的网关所在位置。S13 代表分支机构网络接入层交换机中的一个，不同 VLAN 的用户通过单臂路由实现通信互访。分支机构出口路由器通过配置默认路由实现内部网络访问 Internet 的需求。

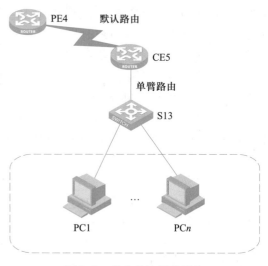

图 2-2　分支机构网络架构

2.2.2　运营商骨干网络

网络运营商是进行网络运营和提供服务的实体。网络运营商不仅需要从网络角度知道网络运行状况，还需要从服务角度知道网络运行状况。该教育集团组网案例中，公司总部网络与数据中心网络、分支机构网络均通过运营商骨干网实现互联互通。

在本案例组网中，运营商网络是一个高度抽象化的骨干网络，拓扑结构如图 2-3 所示。运营商骨干网络主要包括两个自治系统，分别是 AS100 和 AS200。路由器 PE1、PE2、RR1、P1、ASBR1 和 ASBR2 构成自治系统 AS100。路由器 PE3、PE4、RR2、P2、ASBR3 和 ASBR4 构成自治系统 AS200。每个自治系统的构成也是采用经典的三层架构组网，其中路由器 $PEx(x=1,2,3,4)$ 表示运营商网络的接入层，路由器 $RRx(x=1,2)$ 和 $Px(x=1,2)$ 表示运营商网络的汇聚层，$ASBRx(x=1,2,3,4)$ 表示运营商网络的核心路由器。为简化路由的部署与实施，本案例中运营商网络的接入、汇聚和核心路由器之间采用口字形组网方案，实际工程应用中可能是复杂的网状组网或米字形组网方案。

为了便于读者理解图 2-3 中的运营商骨干网络是如何抽象而成的，图 2-4 给出了该运营商网络的组网原型，该原型网络仍然采用口字形组网。从图 2-4 中可以看出，PE1 和 PE2 只是自治系统 AS100 中接入层路由器中的一组，还有其他路由器接入到汇聚层路由器。同样，汇聚层路由器 RR1 和 P1 仅是汇聚层路由器的代表，在汇聚层仍然还有其他不同组的路由器接入骨干核心路由器 ASBR1 和 ASBR2。同理，在自治系统 AS200 中也有类似的抽象。读者可以将接入层、汇聚层和核心层路由器分别理解为市区级路由器、省级骨干路由器和国家级骨干路由级。

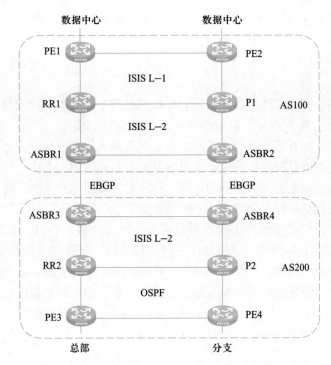

图 2-3　运营商骨干网络架构

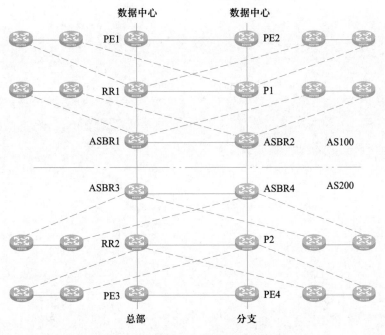

图 2-4　运营商骨干网络架构原型

　　例如，在图 2-4 中，PEx(x=1,2,3,4)路由器可以理解为市区级路由器、RRx 和 Px(x=1, 2)路由器可以理解为省级骨干路由器，而 ASBRx(x=1,2,3,4)路由器可以理解为国家级骨干路由器。而图 2-3 中的运营商骨干网络是图 2-4 的网络架构的高度抽象。

在自治系统 AS100 和 AS200 的核心路由器之间，通过运行边界网关协议（Border Gateway Protocol，BGP）来学习对方自治系统的路由。

2.2.3 企业数据中心网络

教育集团数据中心网络主要是自建自用，早期的数据中心的大部分流量仍然以南北向流量为主。大多应用归属于 Web 应用，供数据中心之外的客户端使用。但是，随着云计算和服务器虚拟化技术的发展，私有云配合公有云的混合云建设模式逐渐成为企业数据中心建设的主流解决方案，即涉及企业的保密数据和业务保存在私有云自建数据中心中，而公用数据和业务存放在公有云上。随着企业业务上云趋势的逐渐加剧，教育集团拟在未来升级数据中心网络，使当前数据中心向着智能化、绿色化数据中心网络演进。

在本组网案例中，仍然按照传统数据中心网络来进行仿真和设计，数据中心网络架构如图 2-5 所示。该数据中心网络中，仍然采用三层架构设计，接入层交换机 TOR 负责接入大量的业务服务器。需要说明的是，在图 2-5 中，PC3 和 PC4 是便于在 HCL 中仿真实现，以 PC 替代服务器，真实工程场景接入层以接入服务器为主。数据中心的汇聚层交换机 S7 和 S8 实现不同 TOR 之间的三层互连，路由器 CE3 和 CE4 可以理解为数据中心的核心层设备，通过接入运营商骨干网络实现数据中心与外部网络的互联互通。

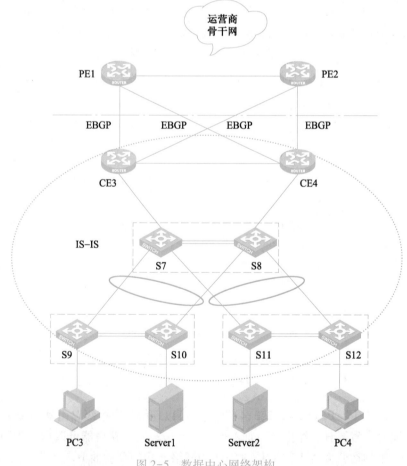

图 2-5 数据中心网络架构

2.2.4 网络综合联调测试

网络测试是网络工程技术链和网络工程生命周期中不可或缺的部分，从网络产品研发到网络系统建设运营，都需要网络测试工作的介入来获得判断与决策的依据。在测试工程实践中，针对特定的测试目标应采用不同的测试方法。以网络系统整体为测试目标的测试称为系统的集成测试。

从网络系统的维度来看，从网络的规划与设计开始到网络的部署与实施、运维与管理、评估与升级等环节构成网络系统规划设计与部署的系统工程链条。网络工程实施部署完成之后，有必要对网络系统整体进行合理的测试，以分析其在正常业务负载流量、压力业务流量负载以及突发业务负载流量等不同状况下的性能表现，以确认其是否符合网络建设的指标要求。系统集成测试主要包括网络建成后的验收测试、业务评估测试、服务运维测试等，这些测试工作主要用于判断业务网络是否正常运行，并为是否需要升级改造提供决策依据。

联调测试主要包括如下内容，但不限于以下内容。

（1）链路测试

链路测试主要在设备上通过 display interface brief 命令查看接口是否处于 UP 状态，如接口为 DOWN 状态，则检查线缆连接、端口协商模式及速率配置等。

（2）二层协议测试

二层协议测试主要检查 802.1Q 配置、生成树的配置及链路切换测试，同时还可以查看LLDP（Link Layer Discovery Protocol，链路层发现协议）邻居状态等内容。

（3）三层测试

三层测试主要包括直连互通测试，路由协议邻居状态检查，路由条目是否缺失，并模拟路径故障进行演练测试。

（4）双机热备测试

在网络部署双机热备情况下，主要测试链路和设备出现异常时，备用设备是否能够成功切换为主用状态，目的在于测试双机热备的可靠性。

（5）业务流量测试

业务流量测试主要是测试业务流量的走向和转发路径，一般可以通过 tracert 命令来跟踪数据包的转发路径。

（6）服务质量测试

服务质量（QoS）测试主要检查针对用户流量所做的 QoS 是否生效，是否达到预期效果。

（7）访问控制测试

在部署了认证或访问控制列表（Access Control List，ACL）等访问控制的网络中，需要测试用户具有访问网络的权限，如是否成功认证、授权、审计等。

（8）其他业务测试

其他业务测试主要包括组播、MPLS、SNMP 等根据用户需求而执行的联合调试。

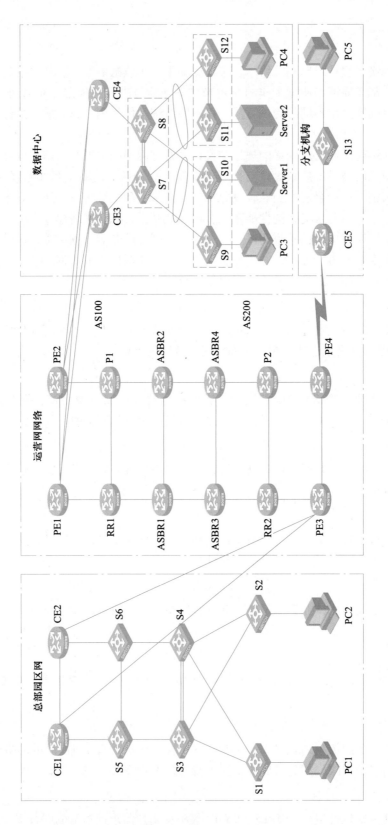

图 2-6 教育集团网络联合测试拓扑图

以上测试内容可将其归类于连通性测试、HA 能力调测以及业务性能调测三大类。本组网案例采用新华三 HCL 仿真软件实施，网络的综合联调测试主要是指网络的连通性测试和功能性测试。网络的压力测试和突发流量测试一般是指在真实工程场景所做的性能测试。受限于 HCL 仿真软件宿主机内存的限制，本案例可以分为 4 个主要模块（即总部园区网络、运营商网络、分支机构网络和数据中心网络）进行分布式仿真。

本案例的联合调试网络拓扑如图 2-6 所示，将总部园区网络、运营商网络、分支机构网络和数据中心网络之间实现互联互通联合调试。联合测试既包括网络局部单元测试，也包括多设备联合调试。局部单元测试主要是指各个网络单元内部的连通性测试，如总部园区网络内部的连通性测试。多设备联合调试是指总部园区网络与数据中心之间的连通性测试、总部园区网络与分支机构之间的连通性测试，以及总部网络与数据中心网络之间的连通性测试、网络的可靠性测试及路由测试等内容。

2.3 大型网络项目详细规划

大型网络工程项目的设计首先需要遵循现有的相关工程建设标准，以保障网络工程建设质量。除此之外，网络的设计还应选择先进且成熟稳定的技术，而不是很先进但尚不成熟的技术。实际网络工程项目不是新技术的试验室。网络工程项目规模越大，越需要考虑技术的成熟度。本小节主要介绍教育集团网络的详细规划与设计，主要包括 VLAN 规划、IP 地址规划设计、路由规划设计，以及 VPN 的规划与设计。

2.3.1 VLAN 规划

VLAN 是将交换型 LAN 内的设备逻辑地划分为若干独立网段，从而实现在一个交换型 LAN 内隔离广播域以及用户之间的安全隔离。根据 VLAN 的应用用途，VLAN 可以分为用户 VLAN、语音 VLAN、访客 VLAN、组播 VLAN 和管理 VLAN。用户 VLAN 即普通 VLAN，也就是通常所说的 VLAN；Voice VLAN 是为用户的语音数据流划分的 VLAN，用户通过创建 Voice VLAN 并将连接语音设备的端口加入 Voice VLAN；网络中用户在通过 802.1X 等认证之前接入设备会把该端口加入到一个特定的 VLAN，即访客 VLAN，用户访问该 VLAN 内的资源不需要认证，但只能访问有限的网络资源；组播交换机运行组播协议时需要组播 VLAN 来承载组播流；管理 VLAN 是网络管理专用的 VLAN，用以保障网络管理工作的安全性。

按照 IT 运维部、市场部（含营业厅）、财务部、人事部、后勤部及培训部（含培训教室）6 个业务部门，划分 VLAN 10、VLAN 20、VLAN 30、VLAN 40、VLAN 50 和 VLAN 60 共 6 个用户 VLAN，并分别使用相应的英文缩略语 IT、MD、FD、PD、LD 和 TD 命名。各个 VLAN 的 IP 地址段为私有地址段 10.30.1.0/24 ~ 10.30.6.0/24。同时，规划 VLAN 65 和 VLAN 66 为总部服务器 VLAN、IP 地址段为 10.30.65.0/24，规划 VLAN 98 为组播 VLAN，规划 VLAN 99 为管理 VLAN，IP 地址段为 10.30.99.0/24，详细见表 2-2。

表 2-2 VLAN 规划表

设备	编号	名称	IP 地址	说　明
S1，S2 S3，S4	VLAN 10	IT	10.30.1.0/24	IT 运维部
	VLAN 20	MD	10.30.2.0/24	市场部
	VLAN 30	FD	10.30.3.0/24	财务部
	VLAN 40	PD	10.30.4.0/24	人事部
	VLAN 50	LD	10.30.5.0/24	后勤部
	VLAN 60	TD	10.30.6.0/24	培训部
	VLAN 65	ZBS	10.30.65.0/24	总部服务器
	VLAN 66	ZBS	10.30.66.0/24	总部服务器
	VLAN 98	Multicast	—	组播 VLAN
	VLAN 99	MVLAN	10.30.99.0/24	管理 VLAN
S9，S10 S11，S12	VLAN 70	DC70	10.30.7.0/24	数据中心
	VLAN 80	DC80	10.30.8.0/24	数据中心
S13	VLAN 90	GD	10.30.9.0/24	总务部
	VLAN 100	TD	10.30.10.0/24	培训部

2.3.2　设备命名及 IP 地址规划

在进行 IP 编址设计时有多种方法，但不管采用哪种 IP 编址方法，都要求 IP 编址的结果要满足唯一性、连续性、扩展性和实意性的要求。唯一性要求规划的 IP 地址不能重复；连续编址有利于在层次网络中进行路径聚合，减少路由表的规模，提高路由算法的效率。同时，在 IP 编址设计时要适当留有余量，在网络规模扩展时能够保证新分配的地址在聚合时仍然能够满足聚合的条件。实意性是指 IP 地址表示实际的含义。例如，采用 A 类私网 IP 网段 $10.x.y.0$ 编址时，可以考虑 IP 地址第 2 个 8 位取值 x 与建筑楼宇编号一致，IP 地址第 3 个 8 位取值 y 与楼层编号相一致，从而达到"望址知意"的目的。

同样，在大型网络规划中，设备的命名也需要遵循一定的规范。设备命名的原则也应该具有唯一性和表意性。例如，设备的命名也可以按照"建筑物-楼层-设备角色"等规则命名，从而使得设备的命名代表一定的含义。在本组网案例中，为了简化设计，采用顺序编号的命名方法。

1. 整体 IP 网段规划

考虑到未来的扩展，在园区网络的 IP 地址设计时主要以易管理为主要目标。园区网络中的 DMZ 区或 Internet 出口区有少量设备使用公网 IP 地址，园区内部则使用私有保留 IP 地址。本组网案例中，各网络模块内部及互联所用的 IP 网段规划见表 2-3。

表 2-3　教育集团组网案例各模块所用网段

网络模块	VLAN 编号	VLAN 名称	说　明
总部园区网络	业务网段	10.30.x.0/24	集团内部业务网段，$x=1\sim6$
	设备互连网段	10.20.xy.0/30	设备互连地址，xy 为设备编号连接
	总部服务器网段	10.30.65.0/24 10.30.66.0/24	用于总部的服务器 IP 地址

续表

网络模块	VLAN 编号	VLAN 名称	说　明
总部园区网络	设备管理网段	10.30.99.0/24	用于园区设备管理
	环回地址段	172.17.1.x/32	用于标识设备，x 为设备编号
	公网地址段	100.20.11.0/24 100.20.22.0/24	集团从 ISP 获得的公网 IP 地址
分支机构	业务网段	10.30.9.0/24 10.30.10.0/24	用于分支机构业务办公
	公网地址段	100.30.25.0/30	用于接入 ISP
数据中心	服务器业务网段	10.30.7.0/24 10.30.8.0/24	用于内部接入服务器地址
	环回地址段	172.18.1.x/32	用于标识设备，x 为设备编号
	公网地址段	100.40.33.0/30 100.40.34.0/30 100.40.43.0/30 100.40.44.0/30	用于接入运营商网络
运营商骨干网络	互连地址	100.10.xy.0/30	设备互连地址，xy 为设备编号连接
	环回地址段	172.16.1.x/32	用于标识设备，x 为设备编号

2. 总部和分支网络 IP 地址规划

总部园区网络接入终端的网关在 S3 和 S4 交换机，各网段网关地址为每个网段可用 IP 地址范围的最后一个 IP 地址，即 10.30.x.254（x=1,2,3,4,5,6）。本组网规划中的 IP 地址根据设备编号进行编号，CE1、CE2、S3、S4、S5 和 S6 分别对应的设备编号为 1~6，设备间互联地址为 10.20.xy.0/30，xy 由设备编号从小到大连接而成。例如，CE1 与 S5 对应的设备编号分别对应 1 和 5，那么两者之间的链路编址为 10.20.15.0/30。园区网络和分支机构网络的 IP 地址的规划分别如图 2-7 和图 2-8 所示。

3. 运营商骨干网络 IP 地址规划

为了便于实施和记忆，现对运营商骨干网络的路由器设备进行编号，路由器 PE1、PE2、RR1、P1、ASBR1、ASBR2、ASBR3、ASBR4、RR2、P2、PE3 和 PE4 对应的编号分别为 1~12，依次对应图 2-9 中从上到下，从左到右的顺序。各设备的环回接口 0 地址为 172.16.1.x/32，x 为设备编号。运营商网络设备的互连 IPv4 地址段规划为 100.10.xy.0/30，xy 表示设备编号，由互连设备编号取个位数字由小到大连接而成，IPv4 地址具体规划如图 2-9 所示。

运营商骨干网络中，路由器设备之间的 IPv6 地址的前缀以 2021:3c5e:2005:db2::xy:0/126 形式，其中的 xy 仍然以设备的编号从小到大连接而成。环回接口 0 的 IPv6 地址前缀是以 2021:3c5e:2005:db1::x/128 来表示，其中 x 表示设备的编号，IPv6 地址具体规划如图 2-10 所示。

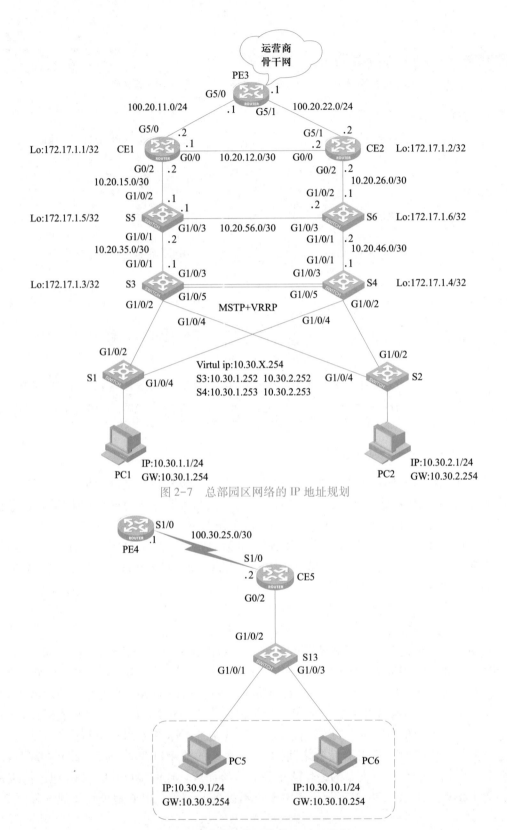

图 2-7 总部园区网络的 IP 地址规划

图 2-8 分支机构网络的 IP 地址规划

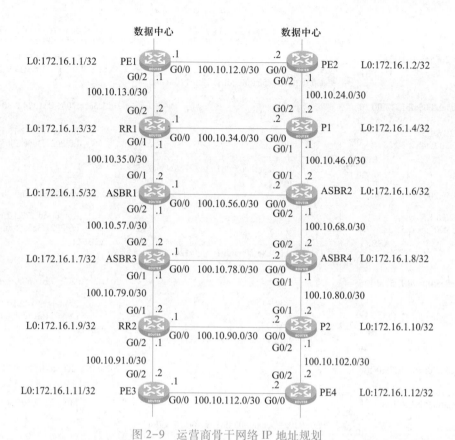

图 2-9 运营商骨干网络 IP 地址规划

4. 数据中心 IP 地址规划

数据中心内部服务器业务段的 IP 地址为 10.30.7.0/24 和 10.30.8.0/24 私有保留网段。设备互连网段为 10.40.xy.0/30，xy 为设备编号个位数的连接，路由器 CE3 和 CE4 对应于设备编号为 3 和 4，交换机 S7、S8、S9、S10、S11 和 S12 对应的设备编号分别为 7~12。在数据中心网络中，交换机 S7 和 S8 采用智能弹性框架（Intelligent Resilient Framework，IRF）做堆叠后会在逻辑上形成一台虚拟交换机，命名为 S78。同理，交换机 S9 和 S10 做 IRF 堆叠后命名为 S910，交换机 S11 和 S12 做 IRF 堆叠后命名为 S1112。有关数据中心 IP 地址的具体规划如图 2-11 所示。

2.3.3 三层路由技术规划

路由技术包括自治系统内部路由技术和自治系统之间路由技术。自治系统之间的路由协议的典型代表就是 BGP 路由协议。路由器选择路径的依据是路由表，路由表由人工设置或自动生成。不需要经常更新路由表的选径方法称为静态路由，需要根据网络变化而定期或动态更新路由表的选径方式称为动态路由。根据路由算法分类，动态路由技术被分为距离矢量路由技术和链路状态路由技术。其中距离矢量路由技术的典型代表是 RIP，链路状态路由技术的典型代表是 OSPF 协议和 IS-IS 协议。

图 2-10　运营商骨干网络 IPv6 地址规划

1. 总部及分支网络路由规划

如图 2-1 所示，总部园区内部运行 RIP 动态路由协议。园区出口通过部署静态路由实现与运营商骨干路由器进行互连互通。

如图 2-2 所示，分支机构网络通过单一的出口路由器接入运营商网络，属于典型的末端网络，又称为 Stub 网络。由于只有一个网络出口，网络结构简单，因此分支机构与运营商网络之间通过静态默认路由来部署。分支机构内部 VLAN 之间的通信规划通过单臂路由来实现。

2. 运营商骨干网络路由规划

运营商骨干网络的路由规划如图 2-12 所示。

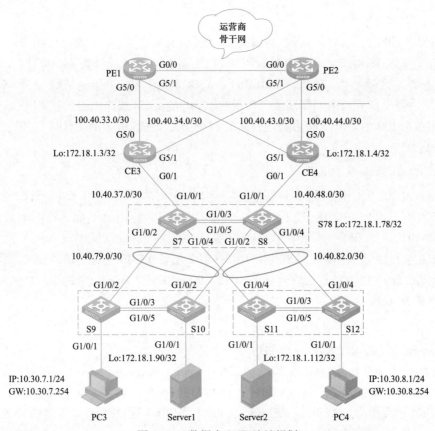

图 2-11　数据中心 IP 地址规划

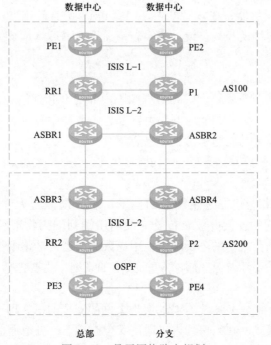

图 2-12　骨干网络路由规划

（1）自治系统 AS100 的 IGP 规划

自治系统 AS100 内，运行的 IGP 协议为 IS-IS 路由协议，各骨干路由器的 Loopback0 和互连接口全部开启 IS-IS 协议，其中 PE1、PE2 为 L1 路由器，区域号为 49.0001；RR1、P1 为 L-1-2 路由器，区域号为 49.0001；ASBR1、ASBR2 为 L2 路由器，区域号为 49.0002。在 RR1 和 P1 路由器上部署路由泄露功能，实现将 IS-IS 的 L2 区域路由引入到 L1 区域。

自治系统 AS100 中，IPv6 路由的规划同 IPv4 规划，IS-IS 分为两个区域，并在 IS-IS 中发布 IPv6 路由。

（2）自治系统 AS200 的 IGP 规划

自治系统 AS200 内，运行的 IGP 路由协议为 IS-IS 和多区域 OSPF 路由协议。其中路由器 ASBR3、ASBR4、RR2 和 P2 属于 L2 路由器。在 RR2 和 P2 路由器上部署路由的双向重发布，即将 IS-IS 路由引入到 OSPF 区域中，将 OSPF 路由引入到 IS-IS 区域中。

在 AS200 中路由器 ASBR3、ASBR4、RR2 和 P2 组成 IS-IS 区域，IPv6 路由规划同 IPv4，在 IS-IS 中发布 IPv6 路由即可。在路由器 RR2、P2、PE3 和 PE4 组成的 OSPF 区域中，运行 OSPFv3，发布 IPv6 路由。

（3）自治系统之间的 BGP 规划

在自治系统 AS100 和 AS200 之间的边界路由器部署 BGP。

在 AS100 和 AS200 内建立内部 BGP（Internal Border Gateway Protocol，IBGP）IPv4 邻居关系，其中 RR1 是 PE1、PE2、P1、ASBR1、ASBR2 的路由反射器，RR2 是 PE3、PE4、P2、ASBR3、ASBR4 的反射器。ASBR1～ASBR3、ASBR2～ASBR4 建立外部边界网关协议（External Border Gateway Protocol，EBGP）IPv4 邻居关系。

在 AS100 与 AS200 之间的边界路由器 ASBR1 和 ASBR3 之间部署 IPv6 BGP。在 AS100 内，RR1 是 IPv6 中 IBGP 的反射器，在 AS200 内，RR2 是 IPv6 中 IBGP 的路由反射器。

有关骨干网的具体详细的规划、设计与实施请参见本书后续章节。

3. 数据中心路由规划

数据中心路由规划如图 2-5 所示。在数据中心内部的 IGP 规划为 IS-IS 路由协议，数据中心出口路由器通过双归接入方式与运营商路由器互连。数据中心与运营商路由器之间运行 BGP 路由协议。具体的规划设计与实施请参见本书后续章节。

2.3.4   VPN 规划

VPN 是指在公用网络上建立专用网络的技术，之所以称之为虚拟专用网络是因为整个 VPN 的任意两个结点之间的连接并没有传统专线网络端到端的物理链路，而是架构在公用网络服务商所提供的网络平台之上的逻辑网络，用户数据在逻辑链路中传输。

具体到本组网案例主要涉及第 3 层的 VPN 技术的规划，主要包括 IPSec VPN 规划和 MPLS VPN 规划。

IPSec VPN 可以有两种模式来建立 VPN 实现公网的安全通信，即入口到入口通信安全模式和端到端分组通信安全模式。在入口到入口通信安全模式下，分组通信的安全性由单个设备结点为多台机器提供 VPN 通道服务，如异地分支机构与总部之间的 VPN。在端到端的分组通信安全模式下，由作为端点的两端计算机完成安全操作，如出差人员通过拨号方式远程访问总部服务器。具体到本组网案例，拟在总部园区出口路由器的 CE1 与分支机构出口路由器 CE5 之间采用入口对入口的通信安全模式搭建 IPSec VPN 隧道。

MPLS VPN 网络采用标签交换技术在公网上为不同用户搭建 VPN 隧道，有效地隔离了用户间的数据，可以方便地利用区分服务体系为用户提供网络质量服务（Quality of Service，QoS）。基于 MPLS 技术的 MPLS VPN 具有灵活性、扩展性和安全性，是当前应用很广泛的 VPN 技术。本组网案例拟在运营商骨干网络上为总部园区和数据中心网络之间的数据通信和资源共享搭建 MPLS VPN 隧道。

2.4　本章小结

网络规划与设计是大型网络工程项目最开始的两个工作阶段，主要工作包括网络工程项目的需求分析、可行性分析、工程项目的逻辑设计等内容。网络规划与设计工作的好坏直接影响工程项目建设的质量。本章以某大型教育集团网络工程项目为案例，详细介绍了该大型网络的规划与设计过程，主要包括网络的架构设计、VLAN 设计、IP 地址规划、路由设计及 VPN 设计等内容，从而使读者对本网络工程项目有一个整体的和系统的认识。

网络工程项目是一个系统工程，常常存在于复杂多变的环境中，项目的成功受各种因素的影响。网络工程技术人员除了掌握必要的规划与设计技能之外，还需要具备识别和防范风险的意识，能够在政策法规的约束下，正确识别和处理社会环境、健康安全、金融财务、项目协作等方面存在的风险，采取预防规避等方法进行控制，从而保证网络工程项目的顺利实施。

2.5　习题和解答

习题和解答

扫描二维码，查看习题和解答。

第 3 章　园区与分支网络交换技术部署

　　交换技术是企业园区网络的关键技术之一，其中交换机是园区网络交换技术用到的主要设备。为控制园区网络中广播域的规模，引入 VLAN 技术实现园区不同业务之间的逻辑隔离。为提高网络健壮性和避免单点故障问题，网络通过链路冗余和设备冗余在提高网络的可靠性的同时也引起了二层环路问题，需要部署多生成树协议（Multiple Spanning Tree Protocol，MSTP）来保证网络转发路径的唯一性。此外，园区网络中的链路聚合技术在拓展链路带宽的同时，也实现了链路之间的负载均衡和链路备份的目的。端口安全技术主要用于保证园区接入终端的安全接入和认证技术。本章主要围绕园区网络中用到的主要技术进行部署和规划，主要包括 VLAN 技术、MSTP 技术、端口安全技术及链路聚合技术。

　　学生通过本章的学习，应达成如下学习目标。

知识目标

- 理解 VLAN 的用途。
- 掌握 VLAN 的原理。
- 理解端口安全应用场景。
- 掌握链路聚合的原理。
- 掌握 MSTP 的原理。

技能目标

- 掌握交换机 VLAN 的配置与验证。
- 掌握交换机端口安全的配置。
- 掌握链路聚合的配置与验证。
- 掌握 MSTP 的配置与验证。

素质目标

- 培养解决复杂问题的能力。
- 培养综合职业素养。

随着企业应用业务的发展，业务对网络的需求不断涌现。作为企业信息系统基础的计算机网络，其未来的发展必须适应企业业务和应用对信息系统越来越高的要求。在网络的各个层次需要采取不同的技术来满足网络的需求，本章从网络业务的隔离、可靠性及安全等多方面的需求出发，阐释企业园区网络中相关网络技术的应用场景和应用优势，以利于对园区网络内主要业务类型的部署形成整体性认识。

为避免单点故障或者降低单点故障发生时的受影响范围，教育集团园区网络内通过在核心层设备部署双核心冗余来提高核心网络设备的可靠性。为增大核心设备之间转发数据的流量带宽，通过部署链路聚合技术实现提高物理带宽、负载分担和链路备份的目的。园区网络中，接入层交换机设备通过双归接入到汇聚层的方式实现链路的冗余设计，通过部署 MSTP 实现不同 VLAN 数据流量转发路径的负载分担目的。

本章围绕部署教育集团园区网络和分支机构网络的交换相关技术展开讨论，主要包括虚拟局域网、破除环路、端口安全以及链路聚合等技术。学生在实施本章任务的过程中，要深刻领悟相关技术的原理和应用场景，从本组网案例中，不断积累案例背景知识，最终达到举一反三、触类旁通的目的。

3.1 VLAN 部署实施

交换机可以根据 VLAN 信息在不同的范围内进行数据帧的转发，从而隔离广播帧的转发范围。本小节简单介绍交换机中 VLAN 数据帧转发的原理以及划分 VLAN 的方法，最后结合任务的实施过程加深对 VLAN 技术的理解和掌握。

3.1.1 任务描述

教育集团园区网络及分支机构网络中，为实现不同业务部门之间的网络隔离，限制广播域的大小，为企业内部的 IT 运维部、市场部、财务部、人事部、后勤部、培训部以及设备管理划分不同的 VLAN，VLAN 规划如 2.4.1 节所述。与 2.4.1 节不同的是，本任务实施中仅仅以企业园区网络中的 IT 运维部和市场部为例，实施园区网络中的 VLAN 划分，按照规划，两个部门分别属于 VLAN 10 和 VLAN 20。在分支机构网络中，在交换机上为总务部和培训部划分 VLAN 90 和 VLAN 100。

3.1.2 任务准备

为完成上述任务，学生需在理论知识和理解任务规划与分解两方面做好准备。

1. 知识准备

本任务相关的技术理论是 VLAN 技术。下面简单介绍 VLAN 的作用、交换机端口类型和 VLAN 的划分方法。

（1）VLAN 的作用

VLAN 技术可以把一个物理局域网划分成多个逻辑局域网，即 VLAN。处于同一 VLAN 的主机能直接通信，而处于不同 VLAN 的主机则不能直接通信。因此，VLAN 技术实现了不同 VLAN 之间的逻辑隔离，增强了局域网的安全性。

此外，VLAN 技术可以有效限制广播域范围，广播数据帧被限制在同一个 VLAN 内，即每个 VLAN 是一个广播域，广播域的缩小能够有效地控制交换网络中的广播风暴问题。同时，利用 VLAN 技术可以灵活地构建虚拟工作组，方便了网络设备的综合布线管理。

（2）VLAN 的划分方法

在交换机上实现 VLAN 划分的方法有基于端口、基于 MAC 地址、基于 IP 子网、基于协议和基于策略等，以下仅介绍常用的基于端口划分 VLAN 和基于 MAC 地址划分 VLAN。

① 基于端口划分 VLAN 的方法是将所有的端口都定义为相对应的 VLAN，从同一端口进入的 Untagged 帧添加相同的 VLAN Tag，在同一 VLAN 内进行转发处理。该方法配置简单，适用于终端设备物理位置比较固定的组网环境，因此又被称为静态的 VLAN 划分方法。缺点是不适应用户的动态移动，当用户设备从一个端口迁移到另一个端口时必须重新定义。

② 基于 MAC 地址划分 VLAN 的方法是根据每台主机的 MAC 地址来划分 VLAN，交换机维护一张 VLAN 映射表，记录 MAC 地址和 VLAN 的对应关系。当用户的物理位置移动时，如一台主机从一台交换机换到另一台交换机时，VLAN 也无须重新配置，属于动态划分方式。缺点是初始配置的工作量大。

（3）VLAN 技术原理

交换机转发原理主要是根据 MAC 地址表进行转发，主要涉及 MAC 地址表的增加、删除、修改、查询操作。MAC 地址表的增加操作即交换机 MAC 地址的学习机制；删除操作即 MAC 地址条目的老化机制；修改操作即 MAC 地址表的更新操作；查询操作即 MAC 地址表查询时存在 3 种行为，即转发、泛洪和丢弃。

引入 VLAN 技术之后，MAC 地址表中增加了 VLAN ID 列，交换机根据 MAC 地址表项进行数据帧转发时，只会在源端口所对应的 VLAN 内查找目的 MAC 地址，以确定数据帧的目的端口。同样，当交换机查询 MAC 地址表无命中 MAC 地址表项时，执行泛洪的范围也仅仅是向那些与入接口 VLAN ID 相同的所有接口泛洪。

当跨越交换机通信时，为了保证 VLAN 隔离的有效性，需要使网络设备能够分辨出不同 VLAN 的数据帧，需要在数据帧中添加标识 VLAN 的字段。IEEE 802.1Q 标准定义了该字段，用于给数据帧打上 VLAN 标签。

（4）交换机的端口类型

交换机的端口分为 Access、Trunk 和 Hybrid 三种类型。

① Access 端口是交换机直接连接客户终端的端口，每个 Access 端口只能属于一个 VLAN，Access 端口只允许属于该端口 VLAN 的帧通过。Access 端口发往用户终端的帧不携带 VLAN 标签。Access 端口的 PVID 就是它所在的 VLAN。

② Trunk 端口是交换机之间互连的端口，可以允许属于多个 VLAN 的数据帧通过，该端口只允许属于默认 VLAN（默认的 VLAN 为 VLAN 1，可使用命令 port trunk pvid vlan vlan-id 配置）的帧不打标签发送，即 Trunk 端口只允许 1 个 VLAN 的数据在发送时不打标签，这是 Trunk 端口与 Hybrid 端口的重要区别。

③ Hybrid 端口可以允许属于多个 VLAN 的帧通过，可用于交换机之间的连接，也可以用

于连接用户终端。发送数据时，Hybrid 端口可以允许多个 VLAN 的帧不打标签。Hybrid 端口的默认 PVID 也为 VLAN 1，可以使用命令 port hybrid pvid vlan vlan-id 配置端口默认 VLAN。

　　2. 任务规划与分解

　　在掌握了相关技术理论知识的基础上，要研究任务规划方案，明确任务实施的具体工作。

　　（1）任务规划方案

　　图 3-1 为某教育科技集团公司总部园区网络和分支机构网络的拓扑图，园区网络中交换机 S1 和 S2 表示接入层设备，交换机 S3 和 S4 为汇聚层设备，PC 为公司的办公设备。分支机构网络中交换机 S13 为接入设备。本任务采用基于端口的静态 VLAN 划分方法。

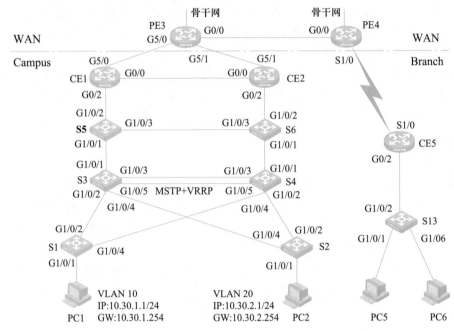

图 3-1　总部园区网络及分支机构网络拓扑结构

　　1）VLAN 规划

　　园区网络中，按照 IT 运维部、市场部（含营业厅）、财务部、人事部、后勤部及培训部（含培训教室）6 个业务部门，划分为 VLAN 10、VLAN 20、VLAN 30、VLAN 40、VLAN 50 和 VLAN 60 共 6 个 VLAN，并分别使用相应的英文缩略语 IT、MD、FD、PD、LD 和 TD 命名。规划 VLAN 99 为管理 VLAN。VLAN 的 IP 地址为私有地址段 10.30.1.0/24~10.30.6.0/24，分支机构网络中，将网络划分为 VLAN 90 和 VLAN 100，VLAN 的 IP 地址段分别为 10.30.9.0/24 和 10.30.10.0/24。具体规划见表 3-1。

表 3-1　VLAN 规划表

设备	编号	名称	设备/端口	IP 地址	说　明
S1、S2 S3、S4	VLAN 10	IT	S1 的 GE1/0/1	10.30.1.0/24	IT 运维部
	VLAN 20	MD	S2 的 GE1/0/1	10.30.2.0/24	市场部
	VLAN 30	FD	—	10.30.3.0/24	财务部

续表

设备	编号	名称	设备/端口	IP 地址	说　明
S1、S2 S3、S4	VLAN 40	PD	—	10. 30. 4. 0/24	人事部
	VLAN 50	LD	—	10. 30. 5. 0/24	后勤部
	VLAN 60	TD	—	10. 30. 6. 0/24	培训部
	VLAN 99	MVLAN	—	10. 30. 99. 0/24	管理 VLAN
S13	VLAN 90	GD	GE1/0/1	10. 30. 9. 0/24	总务部
	VLAN 100	TD	G1/0/6-G1/0/30	10. 30. 10. 0/24	培训部

2）交换机端口规划

交换机端口设定为 Access 和 Trunk 两种类型。

① 交换机 S1 和 S2 的 GE1/0/1 口为 Access 端口，分别连接终端计算机 PC1 和 PC2，分别属于 VLAN 10 和 VLAN 20。交换机 S1、S2、S3 和 S4 之间的互连链路配置为 Trunk 类型，并放行业务 VLAN，不允许 VLAN 1 流量通行。PC1 和 PC2 的 IP 地址见表 3-2。

表 3-2　计算机的 IP 地址

设备名称	IP 地址	网关地址
PC1	10. 30. 1. 1/24	10. 30. 1. 254
PC2	10. 30. 2. 1/24	10. 30. 2. 254
PC5	10. 30. 9. 1/24	10. 30. 9. 254
PC6	10. 30. 10. 1/24	10. 30. 10. 254

② 分支机构网络中，交换机 S13 的 G1/0/1 和 G1/0/6 口为 Access 端口，分别连接终端计算机 PC5 和 PC6，并将其端口分别划入 VLAN 90 和 VLAN 100。PC5 和 PC6 的 IP 地址如表 3-2。

（2）任务分解

根据任务规划方案，在任务实施阶段需要完成的工作如下。

① 拓扑搭建。按照图 3-1，完成园区网络和分支机构网络拓扑图的搭建，并根据表 3-2 完成接入终端计算机 IP 地址的配置。

② 园区网络 VLAN 划分及链路配置。根据图 3-1 和表 3-1，在交换机 S1、S2、S3 和 S4 上分别建立 VLAN，并将端口划归到相应 VLAN 中，完成交换机 VLAN 的划分及互连链路的配置。

③ 分支机构网络划分 VLAN 及链路配置。在交换机 S13 上完成 VLAN 的创建、VLAN 划分及链路的配置。

④ 测试 PC 之间的连通性，以验证 VLAN 的作用。

3.1.3　任务实施

为简化任务实施的过程，本案例仅以 IT 运维部和市场部 VLAN 为例实施整个任务，即本组网案例实施时针对 VLAN 10 和 VLAN 20 进行配置，其余 VLAN 的配置相同，在此忽略。

1. 拓扑搭建

在新华三 HCL 仿真软件中，根据图 3-1 搭建企业园区网络和分支机构网络的仿真拓扑结构。

（1）网络连接

设备选择时，拓扑图中的交换机选择 S5820 交换机，路由器选择 MSR-3620 路由器，不需要 DIY 设备。然后，根据图 3-1 的设备名称对各网络设备进行重命名，根据设备互连接口进行连线，完成网络拓扑的搭建。完成连接之后，启动园区网络中的所有交换机设备 S1~S4 和分支机构中的交换机 S13 及所有的 PC 设备。

（2）配置 IP 地址

根据表 3-2，配置拓扑图中所有 PC 的 IP 地址、子网掩码和默认网关。

2. 园区网络 VLAN 实施

根据图 3-1 和表 3-1，分别在交换机 S1、S2、S3 和 S4 上完成相关配置，主要包括创建 VLAN，基于端口划分 VLAN 以及设备之间互连链路的配置。

（1）配置交换机 S1

在交换机 S1 上执行以下命令，完成 VLAN 的划分和链路的配置。

① 命名设备。由用户视图进入系统视图，将交换机命名为 S1。

```
<H3C>system-view
System View: return to User View with Ctrl+Z.
[H3C]sysname S1          //命名交换机为 S1
[S1]
```

② 创建 VLAN。根据表 3-1 中 VLAN 的规划，分别为 IT 运维部、市场部创建 VLAN 10 和 VLAN 20，并分别命名为 IT 和 MD。

```
[S1]vlan 10              //创建 VLAN 10
[S1-vlan10]name IT       //命名 IT 运维部 VLAN 10 为 IT
[S1-vlan10]vlan 20       //创建 VLAN 20
[S1-vlan20]name MD       //命名市场部 VLAN 20 为 MD
[S1-vlan99]quit
[S1]
```

创建完成后显示 S1 上的 VLAN 信息。从显示结果可以看出，VLAN ID 的取值范围为 1~4094，默认 VLAN 为 VLAN 1，且所有端口都属于 VLAN 1。新建的 VLAN 10 和 VLAN 20，其名称分别为 IT 和 MD，此时还不包含任何端口。

```
[S1]display vlan brief              //显示 VLAN 信息
Brief information about all VLANs:
Supported Minimum VLAN ID: 1       //VLAN ID 的最小值为 1
Supported Maximum VLAN ID: 4094    //VLAN ID 的最大值为 4094
Default VLAN ID: 1                  //默认 VLAN ID 为 1
VLAN ID   Name                Port          //VLAN 1 中包含交换机上的所有端口
1         VLAN 0001           FGE1/0/53  FGE1/0/54  GE1/0/1
                              GE1/0/2   GE1/0/3   GE1/0/4   GE1/0/5
                              GE1/0/6   GE1/0/7   GE1/0/8   GE1/0/9
                              GE1/0/10  GE1/0/11  GE1/0/12
                              GE1/0/13  GE1/0/14  GE1/0/15
                              GE1/0/16  GE1/0/17  GE1/0/18
                              GE1/0/19  GE1/0/20  GE1/0/21
                              GE1/0/22  GE1/0/23  GE1/0/24
```

```
                                     GE1/0/25   GE1/0/26   GE1/0/27
                                     GE1/0/28   GE1/0/29   GE1/0/30
                                     GE1/0/31   GE1/0/32   GE1/0/33
                                     GE1/0/34   GE1/0/35   GE1/0/36
                                     GE1/0/37   GE1/0/38   GE1/0/39
                                     GE1/0/40   GE1/0/41   GE1/0/42
                                     GE1/0/43   GE1/0/44   GE1/0/45
                                     GE1/0/46   GE1/0/47   GE1/0/48
                                     XGE1/0/49   XGE1/0/50   XGE1/0/51
                                     XGE1/0/52
10        IT
20        MD
[S1]
```

③ 基于端口划分 VLAN。在交换机 S1 上将端口 GE1/0/1 加入到 VLAN 10 中。

```
[S1]interface g1/0/1
[S1-GigabitEthernet1/0/1]port link-type access    //指定端口类型为 Access 端口
[S1-GigabitEthernet1/0/1]port access vlan 10      //将端口划分入 VLAN 10
[S1-GigabitEthernet1/0/1]quit
[S1]
```

端口划分完成后，显示 S1 上的 VLAN 信息。从显示结果可以看出，GE1/0/1 端口已经从 VLAN 1 迁移到新建的 VLAN 10 中。

```
[S1]display vlan brief
Brief information about all VLANs:
Supported Minimum VLAN ID: 1
Supported Maximum VLAN ID: 4094
Default VLAN ID: 1
VLAN ID    Name                    Port
1          VLAN 0001               FGE1/0/53   FGE1/0/54   GE1/0/2
                                   GE1/0/3   GE1/0/4   GE1/0/5   GE1/0/6
                                   GE1/0/7   GE1/0/8   GE1/0/9   GE1/0/10
                                   GE1/0/11   GE1/0/12   GE1/0/13
                                   GE1/0/14   GE1/0/15   GE1/0/16
                                   GE1/0/17   GE1/0/18   GE1/0/19
                                   GE1/0/20   GE1/0/21   GE1/0/22
                                   GE1/0/23   GE1/0/24   GE1/0/25
                                   GE1/0/26   GE1/0/27   GE1/0/28
                                   GE1/0/29   GE1/0/30   GE1/0/31
                                   GE1/0/32   GE1/0/33   GE1/0/34
                                   GE1/0/35   GE1/0/36   GE1/0/37
                                   GE1/0/38   GE1/0/39   GE1/0/40
                                   GE1/0/41   GE1/0/42   GE1/0/43
                                   GE1/0/44   GE1/0/45   GE1/0/46
                                   GE1/0/47   GE1/0/48   XGE1/0/49
                                   XGE1/0/50   XGE1/0/51   XGE1/0/52
10         IT                      GE1/0/1
20         MD
[S1]
```

以图 3-1 中连接 PC1 的端口 G1/0/1 为例，显示交换机端口状态，显示结果：GE1/0/1 为 Access 类型，PVID 为 10。PC1 至 S1 的端口 GE1/0/1 之间的 Access 链路上传输的一定是剥离了 VLAN 10 标签的以太网帧。当 G1/0/1 端口接收来自 PC1 的数据时，要为该帧打上其 PVID

（VLAN 10）的标签；当端口将数据发送给 PC1 时，要剥离帧上的标签。

```
<S1>display interface g1/0/1
GigabitEthernet1/0/1
Current state: DOWN
Line protocol state: DOWN
IP packet frame type: Ethernet II, hardware address: 2a52-99f3-1300
Description: GigabitEthernet1/0/1 Interface
Bandwidth: 1000000 kbps              //端口带宽为 1000 Mbit/s
Loopback is not set
Unknown-speed mode, unknown-duplex mode
Link speed type is autonegotiation, link duplex type is autonegotiation
Flow-control is not enabled
Maximum frame length: 9216
Allow jumbo frames to pass
Broadcast max-ratio: 100%
Multicast max-ratio: 100%
Unicast max-ratio: 100%
PVID: 10                             //端口默认 VLAN 为 10,即端口属于 VLAN 10
MDI type: Automdix
Port link-type: Access               //端口类型为 Access
Tagged VLANs:   None
Untagged VLANs: 10       //VLAN 10 的帧剥离标签在链路上传输
Port priority: 2
Last link flapping: Never
......
<S1>
```

④ 配置交换机间的 Trunk 链路。按照拓扑图 3-1，将交换机 S1 连接交换机 S3 和 S4 的端口配置为 Trunk 类型，放行业务 VLAN 10 和 VLAN 20 流量，禁止 VLAN 1 数据通行（由于交换机出厂时所有端口默认属于 VLAN 1，禁止 VLAN 1 流量后可以避免网络上传输不必要的数据浪费网络带宽）。

```
[S1]interface GigabitEthernet 1/0/2
[S1-GigabitEthernet1/0/2]port link-type trunk             //配置端口类型为 Trunk
[S1-GigabitEthernet1/0/2]port trunk permit vlan 10 20     //放行业务 VLAN 流量
[S1-GigabitEthernet1/0/2]undo port trunk permit vlan 1    //禁止 VLAN 1 流量
[S1-GigabitEthernet1/0/2]quit
[S1]interface GigabitEthernet 1/0/4
[S1-GigabitEthernet1/0/4]port link-type trunk
[S1-GigabitEthernet1/0/4]port trunk permit vlan 10 20
[S1-GigabitEthernet1/0/4]undo port trunk permit vlan 1
[S1-GigabitEthernet1/0/4]quit
[S1]
```

（2）配置交换机 S2

与配置 S1 类似，在交换机 S2 上执行以下命令，完成 VLAN 的划分和链路的配置。

① 基于端口划分 VLAN。在交换机 S2 上首先创建 VLAN 10 和 VLAN 20，然后将接口 G1/0/1 划分入 VLAN 20，具体配置如下。

```
<H3C>system
System View: return to User View with Ctrl+Z.
[H3C]sysname S2
[S2]vlan 10                              //创建 VLAN 10
```

```
[S2-vlan10]name IT
[S2-vlan10]vlan 20                                    //创建 VLAN 20
[S2-vlan20]name MD
[S2-vlan20]interface GigabitEthernet 1/0/1            //进入端口配置视图
[S2-vlan20]quit
[S2]interface g1/0/1
[S2-GigabitEthernet1/0/1]port link-type access
[S2-GigabitEthernet1/0/1]port access vlan 20
[S2-GigabitEthernet1/0/1]quit
[S2]
```

② 配置交换机 S2 的 Trunk 链路。

```
[S2]interface   GigabitEthernet 1/0/2
[S2-GigabitEthernet1/0/2]port link-type trunk
[S2-GigabitEthernet1/0/2]port trunk permit vlan 10 20
[S2-GigabitEthernet1/0/2]undo port trunk permit vlan 1
[S2-GigabitEthernet1/0/2]quit
[S2]interface GigabitEthernet 1/0/4
[S2-GigabitEthernet1/0/4]port link-type trunk
[S2-GigabitEthernet1/0/4]port trunk permit vlan 10 20
[S2-GigabitEthernet1/0/4]undo port trunk permit vlan 1
[S2-GigabitEthernet1/0/4]quit
[S2]
```

（3）配置交换机 S3

参照交换机 S1 和 S2 的配置，在交换机 S3 上完成创建业务 VLAN 10 和 VLAN 20 的操作，完成交换机间互连链路的配置，具体配置如下。

```
<H3C>system-view
System View：return to User View with Ctrl+Z.
[H3C]sysname S3
[S3]vlan 10
[S3-vlan10]vlan 20
[S3-vlan20]quit
[S3]interface GigabitEthernet 1/0/2
[S3-GigabitEthernet1/0/2]port link-type trunk
[S3-GigabitEthernet1/0/2]port trunk permit vlan 10 20
[S3-GigabitEthernet1/0/2]undo port trunk permit vlan 1
[S3-GigabitEthernet1/0/2]quit
[S3]interface GigabitEthernet 1/0/4
[S3-GigabitEthernet1/0/4]port link-type trunk
[S3-GigabitEthernet1/0/4]port trunk permit vlan 10 20
[S3-GigabitEthernet1/0/4]undo port trunk permit vlan 1
[S3-GigabitEthernet1/0/4]quit
[S3]
```

（4）配置交换机 S4

与交换机 S3 类似，在交换机 S4 上创建业务 VLAN，并完成交换机 S4 与交换机 S1 和 S2 之间互连端口的配置，交换机 S3 与 S4 之间的链路类型配置将在 3.3 节实施链路聚合任务时进行配置。

```
<H3C>system-view
System View：return to User View with Ctrl+Z.
```

```
[H3C]sysname S4
[S4]vlan 10
[S4-vlan10]vlan 20
[S4-vlan20]quit
[S4]interface GigabitEthernet 1/0/2
[S4-GigabitEthernet1/0/2]port link-type trunk
[S4-GigabitEthernet1/0/2]port trunk permit vlan 10 20
[S4-GigabitEthernet1/0/2]undo port trunk permit vlan 1
[S4-GigabitEthernet1/0/2]quit
[S4]interface GigabitEthernet 1/0/4
[S4-GigabitEthernet1/0/4]port link-type trunk
[S4-GigabitEthernet1/0/4]port trunk permit vlan 10 20
[S4-GigabitEthernet1/0/4]undo port trunk permit vlan 1
[S4-GigabitEthernet1/0/4]quit
[S4]
```

3. 分支机构网络 VLAN 部署实施

如图 3-1 所示，在分支机构网络中交换机 S13 是接入层交换机的代表，在此交换机上完成业务 VLAN 的创建及端口 VLAN 划分，具体操作如下。

（1）交换机 S13 创建 VLAN

根据 2.4.1 节 VLAN 的总体规划及表 3-1，在交换机 S13 上创建业务 VLAN 90 和 VLAN 100，分别代表总务部和培训部，具体配置如下。

```
<H3C>system-view
System View: return to User View with Ctrl+Z.
[H3C]sysname S13
[S13]vlan 90
[S13-vlan90]name GD
[S13-vlan90]vlan 100
[S13-vlan100]name TD
[S13-vlan100]quit
[S13]
```

创建 VLAN 完成之后，可以通过 display vlan 命令显示已经创建的 VLAN，命令输出如下。虽然在创建 VLAN 时仅仅创建了 VLAN 90 和 VLAN 100，但是，系统输出 VLAN 信息时，显示总共存在 3 个 VLAN，在此包括了系统默认的 VLAN 1，管理员无法删除 VLAN 1。

```
[S13]display vlan
 Total VLANs: 3
 The VLANs include:
 1(default), 90, 100
[S13]
```

（2）交换机 S13 端口划分 VLAN

根据规划表 3-1，在交换机 S13 上将接入 PC5 和 PC6 终端的接口设置为 Access 类型，分别划分到 VLAN 90 和 VLAN 100，具体配置如下。

```
[S13]interface GigabitEthernet 1/0/1
[S13-GigabitEthernet1/0/1]port link-type access
[S13-GigabitEthernet1/0/1]port access vlan 90
[S13-GigabitEthernet1/0/1]quit
```

```
[S13]interface range GigabitEthernet 1/0/6 to GigabitEthernet 1/0/30    //批量配置多个端口
[S13-if-range]port link-type access                                     //配置端口类型
[S13-if-range]port access vlan 100                                      //划分 VLAN 100
[S13-if-range]quit
[S13]
```

3.1.4 任务反思

VLAN 技术在实现业务隔离的同时，缩小了局域网中广播域的范围，提高了网络性能。本任务主要围绕园区网络和分支机构网络部署和实施了 VLAN 相关技术，主要包括创建 VLAN、基于端口划分 VLAN 以及交换机之间互连链路的配置。

随着技术的不断发展，VLAN 技术也在不断地发展，Private VLAN 就是新华三技术有限公司在 Comware7 引入的一项改进技术，是在 Comware5 的 Isolate-user-VLAN 技术基础上改进而来，功能更加丰富。在实施完成本章任务后，读者应该能够对自己所掌握的知识查漏补缺，不断进行梳理总结，从而不断强化对理论知识的理解和掌握，拓展自身技能。

3.1.5 任务测评

扫描二维码，查看任务测评。

任务测评

3.2 端口安全部署实施

端口安全主要是指端口的接入控制，验证接入用户身份的合法性以及在认证的基础上对用户的网络接入行为进行授权和计费。目前有多种方式实现端口的接入控制，主要有 802.1X 认证、MAC 地址认证、端口安全认证等。本小节的任务将实施和部署端口安全相关技术。

3.2.1 任务描述

网络安全是一项综合性技术，除了外网数据安全之外，如何保证局域网内部的安全也是网络规划设计考虑的重要方面。端口安全技术就是保证局域网内部安全的一项重要技术。本任务以教育科技集团分支机构的端口安全设计为例，部署和实施端口接入安全技术。分支机构的主要业务是所管辖区域内的线下培训业务，培训部终端大多为培训教室的教学用计算机。在表 3-1 的规划中，交换机 S13 的 GE1/0/1 和 G1/0/6 分别划分至总务部 VLAN 90 和培训部 VLAN 100 中，PC6 是其中的一台计算机，连接到 S13 的 GE1/0/6 接口。考虑培训讲师授课时自带笔记本计算机的需求，对分支机构交换机 S13 的相关端口实施端口安全保护技术。

3.2.2 任务准备

为完成端口安全的部署任务，学生需首先了解和掌握端口安全相关的理论知识，然后对任务进行规划与分解。

1. 知识准备

园区网络常见的安全威胁包括非法接入网络、非法访问网络资源、MAC 地址欺骗和泛洪，以及报文窃听等。其中非法接入网络是非法访问网络资源的前提，主要是指在没有被授权的情况下访问局域网设备或数据，修改网络设备的配置和运行状态，从而达到非法获取数据的目的。端口安全是通过检测端口收到的数据帧中的源 MAC 地址来控制非授权设备或主机对网络的访问，通过检测从端口发出的数据帧中的目的 MAC 地址来控制对非授权设备的访问。端口安全是对 802.1X 认证和 MAC 地址认证的扩充。

（1）端口接入控制技术

端口接入控制技术包括 802.1X、MAC 地址认证和端口安全等基于端口的安全技术。

① 802.1X 协议是一种基于端口的网络接入控制协议，在局域网接入设备的端口一级对所接入的用户进行认证和控制。连接在端口上的用户如果能够通过认证，就可以访问局域网的资源；如果认证失败就无法访问局域网的资源。802.1X 系统为典型的客户端/服务器模式，主要包括 3 个实体：客户端、设备端和认证服务器。用户可以通过启动客户端软件发起 802.1X 认证请求；设备端是位于局域网链路一端的一个实体，对所连接的客户端进行认证，设备端通常为支持 802.1X 协议的网络设备；认证服务器用于实现对用户进行认证、授权和计费，通常为远程用户拨号认证（Remote Authentication Dial in User Service，RADIUS）服务器。

② MAC 地址认证是一种基于端口和 MAC 地址对用户的网络访问权限进行控制的认证方法，它不需要用户安装任何软件。设备在首次检测到用户的 MAC 地址后，即启动对该用户的认证操作。认证过程中也不需要输入用户名和密码。

③ 端口安全特性是一种基于 MAC 地址对网络接入进行控制的安全机制，是对已有的 802.1X 认证和 MAC 地址认证的扩充。通过定义各种端口安全模式，让设备学习到合法的安全 MAC 地址，以达到相应的网络管理效果。由于端口安全特性通过多种安全模式提供了 802.1X 和 MAC 地址认证的扩展和组合应用，因此在需要灵活使用 802.1X 和 MAC 地址认证方式的组网环境下，推荐使用端口安全特性来实现。

（2）端口安全相关概念

端口安全（Port Security）是一种基于 MAC 地址对网络接入进行控制的安全机制，是对已有的 802.1X 和 MAC 地址认证的扩充，这种安全机制通过检测数据帧中的源 MAC 地址来控制非授权设备对网络的访问，通过检测数据帧中的目的 MAC 地址来控制对非授权设备的访问。

① 端口安全的主要功能是通过定义各种端口安全模式，让设备学习到合法的源 MAC 地址，以达到相应的网络管理效果。启动了端口安全功能之后，当发现非法报文时，系统将触发相应特性，并按照预先指定的方式进行处理，既方便用户的管理又提高了系统的安全性。

② 端口安全的特性包括 NTK（Need to Know）特性、入侵检测（Intrusion Protection）特性和 Trap 警告特性。

NTK 特性通过检测从端口发出的数据帧的目的 MAC 地址，保证数据帧只能被发送到已经通过认证或被端口学习到的 MAC 所属的设备或主机上，从而防止非法设备窃听网络数据。

入侵检测特性指通过检测从端口收到的数据帧的源 MAC 地址，对接收非法报文的端口采取相应的安全策略，包括端口被暂时断开连接、永久断开连接或 MAC 地址被过滤，以保证端口的安全性。

Trap 警告特性是指在端口有特定的数据包（非法入侵，或有用户上、下线）传送时，确定设备是否发送 Trap 信息，便于网络管理员对这些特殊的行为进行监控。

③ 端口安全模式。根据用户认证上线方式的不同，可以将端口安全模式划分为 MAC 地址学习类型、802.1X 认证类型和 MAC 认证与 802.1X 认证组合类型 3 类。对端口安全模式的具体描述见表 3-3。

表 3-3　端口安全模式

安全模式类型	描　述	特性说明
noRestrictions	默认模式，表示端口的安全功能关闭，端口处于无限制状态	NTK 特性和入侵检测特性无效
autoLearn	端口通过配置或学习到的安全 MAC 地址被保存在安全 MAC 地址表项中；当端口下的安全 MAC 地址数超过端口允许学习的最大安全 MAC 地址数后，端口模式会自动转换为 secure 模式。之后，该端口停止添加新的安全 MAC 地址。只有源 MAC 地址为安全 MAC 地址时，已配置的静态 MAC 地址的报文时才能通过该端口	这两种模式为端口控制 MAC 地址学习情形的安全模式，当设备发现非法报文后，将触发 NTK 特性和入侵检测特性，autoLearn 模式下禁止学习动态 MAC 地址
secure	禁止端口学习 MAC 地址，只有源 MAC 地址为端口上的安全 MAC 地址时，已配置的静态 MAC 地址的报文才能通过端口	
userLogin	对接入用户采用基于端口的 802.1X 认证，此模式下，端口下一旦有用户通过认证，其他用户也可以访问网络	此模式下 NTK 特性和入侵检测特性不会被触发
userLoginSecure	对接入用户采取基于 MAC 的 802.1X 认证，此模式下端口最多只允许一个 802.1X 认证用户接入	在左侧列出的模式下，当设备发现非法报文后，将触发 NTK 特性和入侵检测特性
userLoginSecureExt	对接入用户采用基于 MAC 的 802.1X 认证，但此模式下允许端口下有多个 802.1X 认证用户	
userLoginWithOUI	与 userLoginSecure 模式类似，端口最多只允许一个 802.1X 认证用户接入，与此同时端口还允许源 MAC 地址为指定 OUI 的报文通过	
macAddressWithRadius	对接入用户采用 MAC 地址认证	
macAddressOrUserLoginSecure	端口同时处于 userLoginSecure 模式和 macAddressWithRadius 模式，但 802.1X 认证优先级大于 MAC 地址认证，对于非 802.1X 报文直接进行 MAC 地址认证；对于 802.1X 报文直接进行 802.1X 认证	
macAddressOrUserLoginSecureExt	与 macAddressOrUserLoginSecure 类似，但允许端口下有多个 802.1X 和 MAC 地址认证用户	
macAddressElseUserLoginSecure	端口同时处于 macAddressWithRadius 模式和 userLoginSecure 模式，但 MAC 地址认证优先级大于 802.1X 认证，对于非 802.1X 报文直接进行 MAC 地址认证；对于 802.1X 报文进行 MAC 地址认证，如果 MAC 地址认证失败进行 802.1X 认证	
macAddressElseUserLoginSecureExt	与 macAddressElseUserLoginSecure 类似，但允许端口下有多个 802.1X 和 MAC 地址认证用户	

表 3-3 中的 OUI（Organizationally Unique Identifier）是指组织唯一标识符，由 IEEE 签发给各类组织的唯一标识符。在任何一块网卡中烧录的 6B 的 MAC 地址中，前 3B 体现了 OUI，其表明了网卡的制造组织。通常情况下，该标识符是唯一的。

表 3-3 所列的安全模式种类较多，为便于记忆，部分端口安全模式的名称可按如下规则理解。

- userLogin 表示基于端口的 802.1X 认证。userLogin 之后，若携带 Secure，则表示基于 MAC 地址的 802.1X 认证；若携带 Ext，则表示可允许多个 802.1X 用户认证成功，否则表示仅允许一个 802.1X 用户认证成功。
- macAddress 表示 MAC 地址认证。
- Else 之前的认证方式先被采用，失败后根据请求认证的报文协议类型决定是否转为 Else 之后的认证方式。
- Or 之后的认证方式先被采用，失败后转为 Or 之前的认证方式。

当多个用户通过认证时，端口下所允许的最大用户数根据不同的端口安全模式，取配置的最大安全 MAC 地址数与相应模式下允许认证用户数两者之中的最小值。例如，userLoginSecureExt 模式下端口下所允许的最大用户数量为所配置的最大安全 MAC 地址数与 IEEE 802.1X 认证所允许的最大用户数的最小值。

在 userLogin 安全模式下，NTK 特性和入侵检测特性不会被触发。其他模式下，当设备发现非法报文或非法事件后，将触发 NTK 特性和入侵检测特性。

当端口工作在 userLoginWithOUI 模式下时，即使 OUI 地址不匹配，也不会触发入侵检测特性。

macAddressElseUserLoginSecure 或 macAddressElseUserLoginSecureExt 安全模式下工作的端口，对于同一个报文只有在 MAC 地址认证和 IEEE 802.1X 认证均失败后，才会触发入侵检测特性。

2. 任务规划与分解

在掌握了相关技术理论知识的基础上，要研究任务规划方案，明确任务实施的具体工作。

（1）任务规划

为了提高教育科技集团公司网络的安全性，以分支机构网络的端口安全部署为例，对关键接入端口部署端口安全技术。

分支机构网络中属于培训部 VLAN 100 的端口采用端口控制 MAC 地址学习方式部署端口安全。根据一个培训周期的时间跨度，将安全 MAC 地址的老化时间设置为 90 天（129600 min）。在该周期内有 10~15 名教师在培训教室授课，因此将最大安全 MAC 地址数设置为 16，并设置触发入侵检测特性后的保护动作为暂时禁用端口，禁用时间设为 5 min（300 s）。

（2）任务分解

根据网络规划方案，在任务实施阶段需要完成的工作是在交换机 S13 上配置端口安全，具体包括如下配置内容。

① 全局视图下启动端口安全。

② 设置安全 MAC 地址的老化时间为 129600 min。

③ 设置属于培训部 VLAN 100 的 G1/0/6~G1/0/30 端口安全允许的最大安全 MAC 地址数

为16，端口安全模式为autoLearn。

④ 设置触发入侵检测特性后的保护动作为暂时禁用端口，禁用时间为300 s。

⑤ 查看配置结果，以检验正确性。

3.2.3　任务实施

任务实施阶段将依次完成3.2.2节的分解任务，配置分支机构网络的交换机S13。

1. 配置基于控制 MAC 地址学习的端口安全

在交换机 S13 上部署基于控制 MAC 地址学习的端口安全。首先在全局视图下启动端口安全，设置安全 MAC 地址的老化时间为一个培训周期 90 天（129600 min）。然后对属于培训部 VLAN 100 的端口 G1/0/6～GE_0/30 进行批量配置，设置端口安全模式为 autoLearn，允许的最大安全 MAC 地址数为16，触发入侵检测特性后的保护动作为暂时禁用端口。最后设置暂时禁用端口的时间为 5 min（300 s）。

```
[S13]port-security enable                          //启动端口安全
[S13]port-security timer autolearn aging 129600    //安全 MAC 地址的老化时间为 129600 min
[S13]interface range GigabitEthernet 1/0/6 to GigabitEthernet 1/0/30
[S13-if-range]port-security max-mac-count 16       //设置端口安全允许的最大安全 MAC 地址数为 16
[S13-if-range]port-security port-mode autolearn    //设置端口安全模式为 autoLearn
[S13-if-range]port-security intrusion-mode disableport-temporarily
//设置触发入侵检测特性后的保护动作为暂时禁用端口
[S13-if-range]quit
[S13] port-security timer disableport 300          //禁用时间为 300 s
```

2. 验证端口安全配置

查看交换机 S13 中已设置了端口安全的 G1/0/6。从显示结果可以看出该端口的端口安全已开启。相关参数与配置相同，而且端口 G1/0/6 已自动学习了一个终端的 MAC 地址 18aa-b6e4-1006（连接 G1/0/6 终端的 MAC 地址，仿真环境不同，此 MAC 地址不同）。

```
[S13]display port-security interface Gigabitethernet 1/0/6
Global port security parameters：                  //端口安全全局参数
  Port security          : Enabled                 //端口安全已开启
  AutoLearn aging time   : 129600 min              //autoLearn 模式下的地址老化时间为 129600 min
  Disableport timeout    : 300 s                   //端口关闭时间为 300 s
  MAC move               : Denied
  …
GigabitEthernet1/0/6 is link-up
  Port mode                    : autoLearn          //端口安全模式为 autoLearn
  NeedToKnow mode              : Disabled
  Intrusion protection mode    : DisablePortTemporarily  //入侵检测特性模式为暂时禁用端口
  Security MAC address attribute
    Learning mode              : Sticky             //学习模式为粘滞
    Aging type                 : Periodical
  Max secure MAC addresses     : 16                 //最大安全 MAC 地址数为 16
  Current secure MAC addresses : 0
  Authorization                : Permitted
  NAS-ID profile               : Not configured
[S13] %May  8 22:40:16:725 2021 S13 PORTSEC/6/PORTSEC_LEARNED_MACADDR: -IfName=GigabitEther-
net1/0/6-MACAddr=18aa-b6e4-1006-VLANID=100; A new MAC address was learned.
```

//系统显示 GE_0/6 学习到一个新的 MAC 地址
〔S13〕

此时显示交换机的 G1/0/6 端口的配置信息时，在该接口下已粘滞了安全 MAC 地址为 18aa-b6e4-1006 属于 VLAN 100 的终端。

```
〔S13〕interface GigabitEthernet 1/0/6
〔S13-GigabitEthernet1/0/6〕display this
#
interface GigabitEthernet1/0/6
 port link-mode bridge
 port access vlan 100
 combo enable fiber
 port-security intrusion-mode disableport-temporarily
 port-security max-mac-count 16
 port-security port-mode autolearn
 port-security mac-address security sticky 18aa-b6e4-1006 vlan 100 //端口已粘滞一属于 VLAN 100 的安全地址
#
return
〔S13-GigabitEthernet1/0/6〕quit
〔S13〕
```

3.2.4　任务反思

综上，为保障教育科技集团公司内部网络的安全，可以应用多种安全技术。其中端口安全是防止非法接入的有效手段。端口安全的实现方式有很多种，需要根据用户需求加以选择。

本任务以分支机构网络端口安全部署为例，介绍了端口安全的相关技术原理及部署配置。端口安全特性具有不同的端口模式，管理员需要充分调研用户的需求，针对不同安全需求选择不同的端口安全模式及特性。

端口安全部署任务需要掌握不同的端口安全模式及特性所达到的认证效果，在网络规划过程中，要认真梳理用户需求，用最适合的技术来实现相应的目标。

【问题思考】

① 在表 3-3 中所列的端口安全模式中，采用 Else 方式（也就是多选一方式）的端口安全模式有哪些？请根据安全模式描述画出 Else 方式下端口收到报文时的处理流程。

② 在表 3-3 中所列的端口安全模式中，采用 Or 方式（也就是多选方式）的端口安全模式有哪些？请根据安全模式描述画出 Or 方式下端口收到报文时的处理流程。

3.2.5　任务测评

扫描二维码，查看任务测评。

任务测评

3.3　链路聚合部署实施

链路聚合是将多个物理以太网端口聚合在一起形成一个逻辑上的聚合组，使用链路聚合服务的上层实体把同一聚合组内的多条物理链路视为一条逻辑链路。链路聚合可以实现数据流量在聚合组内各个成员端口之间分担，以增加带宽。同时同一聚合组的各个成员端口之间彼此动态备份，提高了连接可靠性。

3.3.1　任务描述

如图 3-1 所示，教育集团总部园区网络内，交换机 S3 与 S4 之间通过各自的 G1/0/3 和 G1/0/5 端口相连，现要求将 S3 和 S4 之间的两条物理链路实现二层聚合，聚合方式为动态聚合方式。

3.3.2　任务准备

部署和实施链路聚合技术需要掌握链路聚合技术的基本概念，如聚合接口、聚合组、成员状态及操作 Key 等和链路聚合模式中各个端口状态的确定机制。

1. 知识准备

链路聚合技术是实现链路备份冗余和链路负载均衡的重要技术，也是一项重要的高可靠技术。

（1）链路聚合技术的优点

链路聚合技术能够增加链路带宽和可靠性、链路负载分担和可动态配置的优点，主要包括以下 4 点。

① 增加链路带宽。聚合链路的带宽最大为聚合组中所有成员链路的带宽和，目前 H3C 的交换机产品支持最多 64 条物理链路聚合，极大地拓展了链路带宽。

② 增加链路可靠性。聚合组存在多条成员链路的情况下，单条成员链路故障不会引起聚合链路传输失败，故障链路承载的业务流量可自动切换到其他成员链路进行传输。

③ 链路负载分担。业务流量按照一定的规则被分配到多条成员链路进行传输，提高了链路使用率。

④ 可动态配置。缺少人工配置的情况下，链路聚合组能够根据对端和本端的信息灵活调整聚合成员端口的选中/非选中状态。

正是由于链路聚合所具有的链路冗余性和负载分担性，使其在很多实际应用场景中，成为提供链路级 HA 的首选技术，与此同时其所具有的可动态配置性也保证了不需人为干预便可达到预期的高可用性效果。

（2）链路聚合的基本概念

① 聚合组、成员端口和聚合接口。

聚合组是一组以太网接口的集合。聚合组是随着聚合接口的创建而自动生成的，其编号与聚合接口编号相同。根据聚合组中可以加入以太网接口的类型，可以将聚合组分为二层聚合组和三层聚合组。

成员端口是指聚合组中的某个成员接口。

聚合接口是一个逻辑接口，它可以分为二层聚合接口和三层聚合接口。

② 聚合组内的成员端口具有以下 3 种状态。

● 选中（Selected）状态：此状态下的成员端口可以参与数据的转发，处于此状态的成员端口称为"选中端口"。

- 非选中（Unselected）状态：此状态下的成员端口不能参与数据的转发，处于此状态的成员端口称为"非选中端口"。
- 独立（Individual）状态：此状态下的成员端口可以作为普通物理口参与数据的转发。

③ 操作 Key 是系统在进行链路聚合时用来表征成员端口聚合能力的一个数值，它是根据成员端口上的一些信息（包括该端口的速率、双工模式等）的组合自动计算生成的，这个信息组合中任何一项的变化都会引起操作 Key 的重新计算。在同一聚合组中，所有的选中端口都必须具有相同的操作 Key。

（3）链路聚合的模式

H3C 按照是否与对端交互链路聚合控制协议（Link Aggregation Control Protocol，LACP）报文，链路聚合可分为静态聚合和动态聚合。静态聚合模式下的成员端口选中状态不受网络环境的影响，稳定性较高；动态聚合模式下的成员端口可根据对端相应成员端口的状态自动调整本端的选中状态，灵活性较高。

① 静态聚合模式下，Bridge-Aggregation 的建立、成员接口的加入由手工配置，没有 LACP 的参与。

② 动态聚合模式通过 LACP 实现，LACP 基于 IEEE802.3ad 标准，是一种实现链路动态聚合的协议，运行该协议的设备之间通过互发链路聚合控制协议数据单元（Link Aggregation Control Protocol Data Unit，LACPDU）来交互链路聚合的相关信息。

动态聚合组内的成员端口可以收发 LACPDU，本端通过向对端发送 LACPDU 通告本端的信息。当对端收到该 LACPDU 后，将其中的信息与所在端其他成员端口收到的信息进行比较，以选择能够处于选中状态的成员端口，使双方可以对各自接口的选中/非选中状态达成一致。

2. 任务规划与分解

链路聚合可部署为二层聚合与三层聚合，如果部署为二层 Bridge-Aggregation，要求捆绑为同一聚合链路两端所有物理端口速度、双工等物理参数必须具有相同的设置；捆绑为同一聚合链路两端所有物理端口必须具有相同的 VLAN 配置。

（1）链路聚合规划方案

针对教育集团组网案例，在交换机 S3 和交换机 S4 的 G1/0/3 和 G1/0/5 连接的两条链路之间部署二层链路聚合组。聚合组的编号规划为 34，表示连接交换机 S3 和交换机 S4。成员接口包括交换机的 G1/0/3 和 G1/0/5，聚合链路采用动态聚合模式。聚合链路类型为 Trunk 链路，放行除 VLAN 1 之外的所有 VLAN。

（2）任务分解

根据链路聚合任务规划方案，在任务实施阶段需要完成的活动如下。

① 部署聚合链路。主要包括创建聚合接口，配置聚合类型和添加成员端口。分别在交换机 S3 和 S4 上创建聚合接口 34，即创建链路聚合组，然后指定聚合链路的聚合类型为动态，最后将 G1/0/3 和 G1/0/5 添加为成员端口。

② 聚合接口的链路类型及 VLAN 配置。在分别进入交换机 S3 和 S4 的聚合接口 34，然后配置接口为 Trunk 类型及放行 VLAN 信息。

③ 验证和测试聚合链路。

3.3.3　任务实施

部署聚合链路分别在交换机 S3 和 S4 创建聚合端口，分配聚合端口类型，然后向聚合端口添加成员端口即可。本小节按照交换机 S3、S4 的顺序逐步部署。

1. 部署链路聚合

（1）配置交换机 S3

按照 3.3.2 节的规划，聚合端口的编号为 34，在交换机上执行"interface bridge–aggregation Port–number"即可创建一个二层聚合端口，具体配置如下。

```
<S3>sys
System View：return to User View with Ctrl+Z.
[S3]interface Bridge-Aggregation 34                          //创建聚合端口,端口号自定义
[S3-Bridge-Aggregation34]link-aggregation mode dynamic       //设置聚合类型为动态聚合
[S3-Bridge-Aggregation34]quit
[S3]interface GigabitEthernet 1/0/3                           //进入接口视图
[S3-GigabitEthernet1/0/3]port link-aggregation group 34      //将接口加入聚合组 34
[S3-GigabitEthernet1/0/3]quit
[S3]interface GigabitEthernet 1/0/5                           //进入接口视图
[S3-GigabitEthernet1/0/5]port link-aggregation group 34      //将接口加入聚合组 34
[S3-GigabitEthernet1/0/5]quit
[S3]
```

（2）配置交换机 S4

同样，在交换机 S4 上创建聚合端口，默认情况下聚合模式为静态聚合模式，如果需要动态聚合模式，需要在聚合端口视图下，应用命令脚本修改为动态聚合模式。

```
<S4>sys
System View：return to User View with Ctrl+Z.
[S4]interface Bridge-Aggregation 34                          //创建聚合端口,端口号自定义
[S4-Bridge-Aggregation34]link-aggregation mode dynamic       //设置聚合类型为动态聚合
[S4-Bridge-Aggregation34]quit
[S4]interface GigabitEthernet 1/0/3                           //进入接口视图
[S4-GigabitEthernet1/0/3]port link-aggregation group 34      //将接口加入聚合组 34
[S4-GigabitEthernet1/0/3]quit
[S4]interface GigabitEthernet 1/0/5                           //进入接口视图
[S4-GigabitEthernet1/0/5]port link-aggregation group 34      //将接口加入聚合组 34
[S4-GigabitEthernet1/0/5]quit
[S4]
```

在把规划端口 G1/0/3 和 G1/0/5 加入聚合端口之前，接口下边可以有配置信息，如果配置不同将不能形成聚合组。将端口加入聚合端口之后，需要在聚合端口视图下完成聚合链路的类型及 VLAN 配置，此时聚合端口下的成员端口配置信息会随着聚合端口配置的改变而改变。

2. 聚合端口链路类型及 VLAN 配置

按照规划需要将聚合端口类型配置为 Trunk 类型，然后放行除 VLAN 1 之外的所有 VLAN 数据。

（1）交换机 S3 聚合端口配置

在交换机 S3 上，需要进入聚合端口视图，和配置普通端口一样配置聚合端口的链路类型及允许通行的 VLAN 数据，具体配置如下。

```
[S3]interface Bridge-Aggregation 34              //进入聚合端口 34 的接口视图
[S3-Bridge-Aggregation34]port link-type trunk    //配置聚合端口类型为 Trunk
Configuring GigabitEthernet1/0/3 done.           //可以看到成员端口的配置被同步修改
Configuring GigabitEthernet1/0/5 done.
[S3-Bridge-Aggregation34]port trunk permit vlan all  //放行所有 VLAN 数据
Configuring GigabitEthernet1/0/3 done.           //上边的配置自动应用到成员接口
Configuring GigabitEthernet1/0/5 done.
[S3-Bridge-Aggregation34]undo port trunk permit vlan 1 //不允许 VLAN 1 数据通行
Configuring GigabitEthernet1/0/3 done.           //配置自动应用到成员接口
Configuring GigabitEthernet1/0/5 done.
[S3-Bridge-Aggregation34]quit
[S3]
```

（2）交换机 S4 聚合端口配置

同样，在交换机 S4 上，进入聚合端口 34 的接口视图，修改端口的类型为 Trunk，然后配置放行的 VLAN 信息，配置基本上和交换机 S4 一致。

```
[S4]interface Bridge-Aggregation 34              //进入聚合端口 34 的接口视图
[S4-Bridge-Aggregation34]port link-type trunk    //配置聚合端口类型为 Trunk
Configuring GigabitEthernet1/0/3 done.           //可以看到成员端口的配置被同步修改
Configuring GigabitEthernet1/0/5 done.
[S4-Bridge-Aggregation34]port trunk permit vlan all  //放行所有 VLAN 数据
Configuring GigabitEthernet1/0/3 done.           //上边的配置自动应用到成员接口
Configuring GigabitEthernet1/0/5 done.
[S4-Bridge-Aggregation34]undo port trunk permit vlan 1 //不允许 VLAN 1 数据通行
Configuring GigabitEthernet1/0/3 done.           //配置自动应用到成员接口
Configuring GigabitEthernet1/0/5 done.
[S4-Bridge-Aggregation34]quit
[S4]
```

3. 验证和测试链路聚合

（1）验证交换机 S3 和 S4 上聚合链路

在交换机 S3 上，使用 display interface Bridge-Aggregation 34 命令可以输出聚合端口 34 的详细信息，输出信息如下。

```
[S3]display interface Bridge-Aggregation 34
Bridge-Aggregation34
Current state：UP
IP packet frame type：Ethernet II, hardware address：2a1e-c1e8-0400
Description：Bridge-Aggregation34 Interface
Bandwidth：2000000 kbps
2Gbps-speed mode, full-duplex mode
Link speed type is autonegotiation, link duplex type is autonegotiation
PVID：1
Port link-type：Trunk
 VLAN Passing：  10, 20
 VLAN permitted：2-4094
```

```
Trunk port encapsulation：IEEE 802.1q
……
[S3]
```

从输出信息可以看出，交换机 S3 的二层聚合端口 34 已经处于 UP 状态，并且链路带宽为 2 Gbit/s，全双工模式，端口的链路类型为 Trunk，允许通行的 VLAN 是 2~4094，不包括 VLAN 1。用户还可以通过 display link-aggregation verbose 命令查看端口链路聚合的详细信息，输出信息如下。

```
[S3]disp link-aggregation verbose
Loadsharing Type：Shar -- Loadsharing, NonS -- Non-Loadsharing
Port：A -- Auto
Port Status：S -- Selected, U -- Unselected, I -- Individual
Flags：  A -- LACP_Activity, B -- LACP_Timeout, C -- Aggregation,
         D -- Synchronization, E -- Collecting, F -- Distributing,
         G -- Defaulted, H -- Expired

Aggregate Interface：Bridge-Aggregation34
Aggregation Mode：Dynamic
Loadsharing Type：Shar
System ID: 0x8000, 2a1e-c1e8-0400
Local：
  Port              Status  Priority Oper-Key  Flag
  ----------------------------------------------------------------------------
  GE1/0/3           S       32768    1         {ACDEF}
  GE1/0/5           S       32768    1         {ACDEF}
Remote：
  Actor             Partner Priority Oper-Key  SystemID              Flag
  ----------------------------------------------------------------------------
  GE1/0/3           4       32768    1         0x8000, 2a1e-c972-0500 {ACDEF}
  GE1/0/5           6       32768    1         0x8000, 2a1e-c972-0500 {ACDEF}
[S3]
```

从输出信息中可以看出，聚合组的聚合类型为动态聚合，负载分担方式，本端端口 G1/0/3 和 G1/0/5 均处于 Selected 状态。同样，用户可以在交换机 S4 上输出聚合端口的相关信息，可以使用 display interface bridge-aggregation 34 brief 命令显示聚合端口的简要信息，输出信息如下。

```
<S4>display interface Bridge-Aggregation 34 brief
Brief information on interfaces in bridge mode：
Link：ADM - administratively down；Stby - standby
Speed：(a) - auto
Duplex：(a)/A - auto；H - half；F - full
Type：A - access；T - trunk；H - hybrid
Interface         Link Speed    Duplex Type PVID Description
BAGG34            UP   2G(a)    F(a)   T    1
<S4>
```

从输出信息可以看出，在交换机 S4 上链路聚合端口也处于 UP 状态，链路带宽为 2 Gbit/s，自动协调为全双工模式，端口类型 T 表示 Trunk 类型。

(2) 验证聚合链路的备份功能

在交换机 S3 上，进入成员端口 G1/0/3，然后关闭成员端口模拟链路故障，然后再次显示聚合端口的详细信息，命令和输出信息如下。

```
[S3]disp link-aggregation verbose
Loadsharing Type: Shar -- Loadsharing, NonS -- Non-Loadsharing
Port: A -- Auto
Port Status: S -- Selected, U -- Unselected, I -- Individual
Flags:   A -- LACP_Activity, B -- LACP_Timeout, C -- Aggregation,
         D -- Synchronization, E -- Collecting, F -- Distributing,
         G -- Defaulted, H -- Expired

Aggregate Interface: Bridge-Aggregation34
Aggregation Mode: Dynamic
Loadsharing Type: Shar
System ID: 0x8000, 2a1e-c1e8-0400
Local:
  Port              Status   Priority Oper-Key   Flag
  --------------------------------------------------------------------------------
  GE1/0/3           U        32768    1          {AC}
  GE1/0/5           S        32768    1          {ACDEF}
Remote:
  Actor             Partner Priority Oper-Key   SystemID              Flag
  --------------------------------------------------------------------------------
  GE1/0/3           4        32768    1          0x8000, 2a1e-c972-0500 {ACEF}
  GE1/0/5           6        32768    1          0x8000, 2a1e-c972-0500 {ACDEF}
[S3]
```

从输出信息可以看到，成员端口 G1/0/3 关闭之后，该端口在链路聚合组中已经处于 Unse-lected 状态。当显示聚合端口的工作状态时，显示如下。

```
[S3]display interface Bridge-Aggregation 34 brief
Brief information on interfaces in bridge mode:
Link: ADM - administratively down; Stby - standby
Speed: (a) - auto
Duplex: (a)/A - auto; H - half; F - full
Type: A - access; T - trunk; H - hybrid
Interface          Link Speed    Duplex Type PVID Description
BAGG34             UP   1G(a)    F(a)   T    1
[S3]
```

交换机 S3 的聚合端口 34 仍然处于 UP 状态，并且链路带宽为 1 Gbit/s，从而起到了链路备份的目的。当开启端口 G1/0/3 时，聚合组再次回归到正常聚合的负载分担状态。

3.3.4   任务反思

链路聚合的基本原理就是多条成员链路共同分担了聚合链路的总流量。如果聚合链路中的某一条成员链路发生故障而中断，那么聚合链路的流量会继续由其他的成员链路来分担。本任务主要在教育集团总部园区网络中部署和实施了基于动态聚合模式的二层链路聚合技术，学生在完成部署之后，对于链路聚合的静态聚合和动态聚合是如何确定参考端口的知识点要熟练掌握，在掌握已有知识的基础上，深入探究知识的细节，如静态或动态聚合模式下，参考端口的确定有何不同？确定 Selected 端口的顺序是什么样的？

3.3.5   任务测评

扫描二维码，查看任务测评。

任务测评

3.4 MSTP 部署实施

基于可靠性的考虑，局域网中通常会存在冗余链路，网络中也就产生了路径环路问题，为了避免形成广播风暴，需要 MSTP 来阻塞冗余链路，消除环路。当主用链路故障时，又可以将冗余链路自动切换为转发状态。本小节围绕 MSTP 的部署和实施介绍相关技术的工作原理和规划实施要点。

3.4.1 任务描述

在本章 3.3 节，将园区网络中交换机 S3 和 S4 之间的两条链路聚合为一个聚合组（Bridge AGGregation，BAGG）34，聚合完成之后，交换机 S3 和 S4 之间就像存在一条逻辑链路一样工作。此时，交换机 S1、S3 和 S4 之间形成了环路 S1-S3-S4，交换机 S2、S3 和 S4 之间形成了环路 S2-S3-S4。本任务要求在总部园区网络内部署多生成树协议，在去除网络中的环路的同时，实现不同 VLAN 业务流量负载分担的目的。

3.4.2 任务准备

为完成上述任务，学生需要深入了解三代生成树协议的演进过程，理解 STP 的不足以及 RSTP 的快速收敛机制，在此基础上，理解 MSTP 的相关理论知识和规划配置要点。

1. 知识准备

（1）STP 的知识要点

STP 的主要思想是通过阻塞端口的方式使其中的冗余链路处于备用状态来实现破除环路的目的。

① STP 的工作过程主要包括根据桥 ID 选举根桥、在非根桥上选举根端口（Root Port，RP）、在每条链路两端选举指定端口（Designated Port，DP）、阻塞剩余的端口。

② STP 端口选举。STP 在选举根端口时，依照根路径开销、对端桥 ID、对端端口 ID、本端端口 ID 的顺序来选举根端口；选举指定端口时，依照根路径开销、对端桥 ID、对端端口 ID 的顺序来选择指定端口。

③ STP 端口状态。STP 将端口划分为 5 种状态，分别是禁止（Disabled）、阻塞（Blocking）、侦听（Listening）、学习（Learning）和转发（Forwarding）。

④ STP 端口类型。STP 端口类型分为 3 种，分别是 DP、RP 和阻塞端口。

⑤ STP 的不足。STP 的局限性在于收敛时间较长，收敛时间分析如下。

STP 为了避免临时环路的产生，每一个端口在确认为根端口或指定端口后仍然需要等待 30 s 才能进入转发状态，在此 30 s 内端口不能进行数据的收发，这对于一些时延敏感的应用是不可接受的。

以图 3-2 所示的拓扑为例，分情况介绍当发生链路故障时 STP 的收敛时间。

假设图 3-2 中，交换机 S1 优先级高于 S2，S2 高于 S3，因此交换机 S1 被选举为根桥。

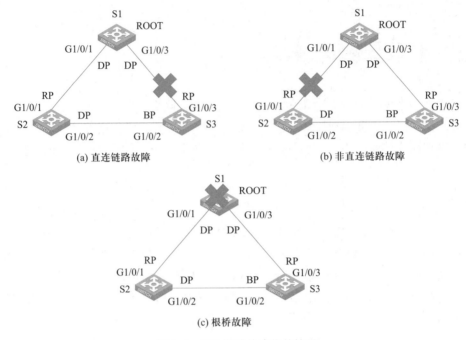

图 3-2   STP 链路故障收敛情况

- 如图 3-2（a）所示，发生直连链路故障时，交换机 S3 会马上感知到故障，交换机的 BP 端口（G1/0/2）会立即从阻塞状态进入到侦听状态，向交换机 S2 发送以自己为根桥的 BPDU，交换机 S2 收到后，会向 S3 转发来自根桥的最优 BPDU，交换机 S3 的 G1/0/2 端口被选举为根端口，经过 2 个转发延迟的时间，即 30 s 后网络收敛。

- 如图 3-2（b）所示，发生非直连链路故障时，交换机 S2 在 20 s 内收不到来自根桥 S1 的网桥协议数据单元（Bridge Protocol Data Unit，BPDU）报文时，交换机 S2 通过 G1/0/2 端口向交换机 S3 发送自身为根桥的 BPDU 报文，然而交换机 S3 缓存有最优的来自交换机 S1 的 BPDU 报文，不会理会来自交换机 S3 的 BPDU 报文。而交换机 S3 的 G1/0/2 端口因为无法收到 S2 转发的来自根桥 S1 的 BPDU 报文，交换机 S3 的 G1/0/2 端口保存的 BPDU 报文会经过 20 s 老化，这个时间几乎与 S2 超时同时发生，端口开始从阻塞状态进入到侦听状态，然后经过两个转发延迟 30 s 后进入到转发状态。因此，非直连链路故障发生时，网络的收敛时间为 50 s。

- 如图 3-2（c）所示，当根桥故障时，交换机 S2 和 S3 都收不到来自根桥的 BPDU，在等待 20 s 后各自以自身为根桥发送 BPDU 重新选举根桥，S2 优先级高于 S3，因此 S3 会以 S2 为根桥，各自的端口经过两个转发延迟后进入转发状态，因此网络中断最长 50 s 后重新收敛。

STP 定义了 TCN BPDU 可以使得网络拓扑变化时，在 50 s 之内实现收敛。

（2）RSTP 的知识要点

针对 STP 收敛速度慢，收敛机制不灵活的缺点，RSTP 作为 STP 的改进版本，实现了 STP 的所有功能，并在 STP 的基础上减少了端口状态，增加了端口角色，改变了配置 BPDU 的发送方式等，当网络拓扑发生变化时可以实现快速收敛。

① RSTP 端口状态。RSTP 中端口状态缩减为 3 种：丢弃（Discarding）、学习（Learning）和转发（Forwarding）。

② RSTP 端口的角色主要有 4 种，分别是 RP、DP、替代端口（Alternate Port，AP）、备份端口（Backup Port，BP）。

③ RSTP 的优化机制主要有边缘端口机制、根端口快速切换机制、P/A（Proposal/Agreement）机制、BPDU 处理机制、拓扑变化处理机制。

- 边缘端口机制：当端口配置为边缘端口后，用户终端相连后可以略过两个转发延迟的时间，直接进入转发状态，无须任何延时。
- 根端口快速切换机制：RSTP 定义了替代端口作为根端口的备份，当旧的根端口进入阻塞状态时，网桥会选择优先级最高的 AP 作为新的根端口，如果当前新的根端口连接的对端网桥的指定端口处于转发状态，则新的根端口可以立即进入转发状态。此外，RSTP 还定义了备份端口角色，作为指定端口的备份。
- P/A 机制：针对点对点链路，RSTP 定义了 P/A 机制通过指定端口与对端网桥进行一次握手，即可快速进入转发状态，期间不需要任何定时器，跳过了端口的转发延迟时间，加快链路的收敛。当新链路连接时，链路两端的端口初始都为指定端口并处于阻塞状态。当指定端口处于 Discarding 状态和 Learning 状态时，其所发送的 RST BPDU 报文中的 Proposal 位将被置位，端口角色为 11，表示端口为指定端口。当对端端口收到 Proposal 置位的 RST BPDU 后，网桥会判断接收端口是否为根端口，如果是，网桥会启动同步过程，阻塞掉该网桥除边缘端口之外的所有端口，然后，网桥向对方回应 Agreement 置位的 RST BPDU，同意对端端口立即进入转发状态。
- BPDU 处理机制：RSTP 中的非根交换机即使没有收到根交换机的 BPDU，也会每隔 Hello Time 时间发送包含自身信息的 BPDU 给下游交换机。对于下游交换机，如果根端口在 3 个 Hello Time 时间内没有收到任何 BPDU 报文，则交换机认为与上游交换机之间的链路发生故障，并进行老化处理，通过其他端口发送 TC BPDU，通知其他交换机进行老化处理。RSTP 取消了 TCN BPDU，大大缩短了收敛时间。

在如图 3-2（b）所示的网络中，当交换机 S2 连接根桥 S1 的链路发生故障后，交换机 S2 会在 3 个 Hello 间隔之后，从端口 G1/0/2 发送以自身为根的 BPDU 报文，该 BPDU 报文对交换机 S3 来说是一个次优 BPDU 报文，因为交换机 S2 能够收到来自根桥的 BPDU 报文。交换机 S2 并不是等待端口缓存的 BPDU 的 Max Age 超时，而是立刻接收并重新计算端口角色，加快收敛速度。需要注意的是，此处重新收敛的时候也是采用 P/A 机制加快收敛，交换机 S3 的端口角色被确定为 DP 后，交换机 S3 发出 P 置位的 RST BPDU，然后交换机 S2 的 G1/0/2 端口角色为根端口，交换机 S2 执行同步过程并会向交换机 S3 发出 A 置位为 1 的 RST BPDU，两个端口同时进入转发状态。之后交换机 S2 会在两倍的 Hello Time 时间内持续地向新的根端口 G1/0/2 端口及其余 DP 端口发送 TC 置位的 BPDU。

- 拓扑变化处理机制：在 STP 中，端口变为 Forwarding 状态或从 Forwarding 状态转换到 Blocking 状态均会触发拓扑改变处理过程。RSTP 改变了拓扑触发条件，只有当非边缘端口变为 Forwarding 状态时才会触发拓扑改变处理。在 RSTP 中链路中断不会直接触发拓扑改变处理过程。

RSTP 处理拓扑改变时，不再发送 TCN BPDU，而是使用 TC 置位的 BPDU 以泛洪的方式将拓扑改变快速通知到整个网络。RSTP 网桥收到 TC 置位的 BPDU 后,除接收到 TC 置位的端口和边缘端口之外,其余端口的 MAC 地址会被直接清除,而不是像 STP 的处理方法将 MAC 地址老化时间设置为 Forwarding 延迟。

(3) MSTP 知识要点

MSTP 是 IEEE 802.1S 中提出的一种 STP 和 VLAN 结合使用的新协议,它既继承了 RSTP 端口快速迁移的优点,又解决了 RSTP 中不同 VLAN 必须运行在同一棵生成树上的问题。MSTP 将生成树分为多个实例,将多个 VLAN 映射到不同的实例,实现了 VLAN 流量的负载分担和备份,保证了冗余性。

1) MST 域

针对大型网络中不同的交换机上可能有不同的 VLAN 映射需求,MSTP 将网络划分为多个 MSTP 域来解决此问题。MST 域是指网络中具有相同的域名、修订级别与相同的 VLAN 到生成树实例映射表摘要并运行 MSTP 的交换机构成的一个集合。如图 3-3 所示,整个交换网络被分成 3 个域,MSTP 区域 A、区域 B 和区域 C。

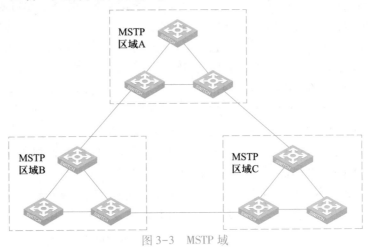

图 3-3 MSTP 域

同一 MST 域中所有的交换机必须具有相同的 VLAN 映射生成树实例关系、相同的区域名、相同的修订版本号。MST 域之间运行 RSTP。

2) MSTI、IST、CST 与 CIST

- 多生成树实例 (MSTI):每个 MST 区域内可以通过 MSTP 生成多个生成树实例,MST 区域内的每个生成树实例称为 MSTI,每个 MSTI 都拥有一个实例号,实例号值从 1 开始。
- 内部生成树 (Internal Spanning Tree, IST):是 MST 区域内的一个特殊的生成树实例,IST 的实例号为 0。MSTP 域中没有映射到其他 MSTI 的所有 VLAN 默认都映射到 IST 中。
- 公共生成树 (Common Spanning Tree, CST):每个 MST 区域可以被看作一个逻辑上的"网桥/交换机",CST 就是连接 MST 区域(即逻辑上的"网桥/交换机")的单生成树。
- 公共和内部生成树 (Common and Internal Spanning Tree, CIST):是连接一个交换网络内所有设备的单生成树,CIST 由 IST 和 CST 共同构成。

3) 总根、域根、CST 根桥和 Master 桥

由于 MSTP 增加了域的概念,因此 MSTP 中存在有总根、域根、CST 根桥和 Master 桥等网

桥角色。

- 总根：是指整个交换网络中 BID 值最小的网桥/交换机，它是 CIST 的根桥，在一个交换网络只有一个总根。
- 域根：也称区域根网桥，MST 域内 MSTI 的根桥就是域根。MST 域内各棵生成树的拓扑不同，区域根也可能不同，也称之为 "MST 区域根"。
- CST 根桥：总根所在的 MST 域为 CST 的 "根桥"。
- Master 桥：IST 中最靠近总根的网桥/交换机称为 Master 桥。

4）MSTP 工作原理

MSTP 将整个二层网络划分为多个 MST 域，各域之间通过计算生成 CST；域内则通过计算生成多棵生成树，每棵生成树都被称为一个 MSTI，其中的 MSTI 0 也被称为内部生成树 IST。MSTP 同 STP 一样，使用 BPDU 进行生成树的计算，只是 BPDU 中携带的是设备上 MSTP 的配置信息。

① CIST 的计算。通过比较 BPDU 后，在整个网络中选择一个优先级最高的设备作为 CIST 的根桥。在每个 MST 域内 MSTP 通过计算生成 IST；同时 MSTP 将每个 MST 域作为单台设备对待，通过计算在域间生成 CST。CST 和 IST 构成了整个网络的 CIST。

② MSTI 的计算。在 MST 域内，MSTP 根据 VLAN 与 MSTI 的映射关系，针对不同的 VLAN 生成不同的 MSTI。每棵生成树独立进行计算，计算过程与 STP 计算生成树的过程类似。

MSTP 中，一个 VLAN 报文将沿着如下路径进行转发。

- 在 MST 域内，沿着其对应的 MSTI 转发。
- 在 MST 域间，沿着 CST 转发。

5）MSTP 的保护机制

MSTP 的保护机制主要有 4 种，包括边缘端口保护机制、环路保护机制、根防护机制，及 TC BPDU 泛洪攻击防护。

2. 任务规划与分解

（1）任务规划

在掌握了 MSTP 相关技术理论知识的基础上，要对实际组网案例的 MSTP 域的划分、域名、修订级别、VLAN 与 MSTI 的对应关系等技术细节做出规划和分析，明确任务实施的具体工作。

针对如图 3-1 所示的教育集团网络拓扑图，本案例以 IT 部 VLAN 10 和市场部 VLAN 20 为例规划 MSTP 实现负载分担。由于网络规模较小，规划所有的交换机都属于一个 MST 域，具体 MSTP 各参数规划见表 3-4。

表 3-4　MSTP 规划配置表

规 划 项 目	取　　值	说　　明
MST 区域名称	H3C	MST 域的名称，MSTP 域中每个域名称唯一，不同域名网桥属于不同域
修订级别	1	目前保留，取值范围 0~65535，默认为 0
VLAN 与 MSTI 映射关系	<ul><li>VLAN 10（实例 10）</li><li>VLAN 20（实例 20）</li></ul>	MST 域内各交换机配置的 VLAN 与 MSTI 映射关系要完全一致

续表

规 划 项 目	取　值	说　明
负载分担规划	• S3 MSTI 10（主根桥）、MSTI 20（次根桥） • S4 MSTI 20（主根桥）、MSTI 10（次根桥）	主要用于实现不同 VLAN 数据转发路径不同，达到负载分担的目的

（2）任务分解

根据任务规划方案，在任务实施阶段需要完成的活动如下。

① 根据 MSTP 规划表 3-4，在交换机 S1~S4 上分别完成 MSTP 的配置与部署。

② 配置生成树实例 10 和 20 的首选根桥和备选根桥。

③ 验证 MSTP 的部署配置结果。

3.4.3　任务实施

任务实施阶段将依次完成 3.4.2 节的分解任务，需要说明的是在任务实施中只涉及新增命令的配置，其余的配置保持之前章节的配置不变。

1. MSTP 的部署

根据 MSTP 参数规划（表 3-4），在交换机 S1、S2、S3 和 S4 上开启 MSTP，并配置 MST 域名为 H3C，修订级别为 1，VLAN 10 映射到生成树实例 10，VLAN 20 映射到生成树实例 20，最后激活 MSTP 的区域配置信息。需要注意的是，在所有的交换机上配置完全相同的区域配置信息（包括区域名称、修订级别、VLAN 对应关系）才可以保证交换机能够正确地计算出生成树实例。

（1）配置 S1

在交换机 S1 上根据表 3-4 完成 MSTP 的区域配置，完成相关参数配置之后，需要激活区域配置信息才能使得区域配置立即生效，否则不生效。同样，当需要修改区域配置信息时，也需要进入区域配置视图，修改完相应的参数之后，仍然需要激活区域配置信息才使得修改配置生效。

```
<S1>sys
System View: return to User View with Ctrl+Z.
[S1]stp mode mstp                          //修改 STP 的模式为 MSTP,默认模式为 MSTP
[S1]stp region-configuration               //进入 MSTP 区域配置
[S1-mst-region]region-name H3C             //配置区域名称为 H3C
[S1-mst-region]revision-level 1            //配置修订级别为 1,默认为 0,暂无实际意义
[S1-mst-region]instance 10 vlan 10         //配置 VLAN 10 对应 MSTI 10
[S1-mst-region]instance 20 vlan 20         //配置 VLAN 20 对应 MSTI 20
[S1-mst-region]active region-configuration //激活区域配置信息
[S1-mst-region]quit
[S1]
```

配置完成 MST 区域信息后，可以使用 display stp region-configuration 命令显示已经生效的 MST 域的配置信息。

```
<S1>display stp region-configuration
```

```
Oper Configuration
  Format selector    : 0
  Region name        : H3C
  Revision level     : 1
  Configuration digest : 0x87957342f6b0029d887baaec6212b0bf
  Instance    VLANs Mapped
  0           1 to 9, 11 to 19, 21 to 4094
  10          10
  20          20
<S1>
```

从以上输出信息可以看出，MST 区域的名称是 H3C，修订级别为 1，实例与 VLAN 之间的对应关系分别是实例 10 对应 VLAN 10，实例 20 对应 VLAN 20，其余的 VLAN 对应到实例 0，实例 0 是一个特殊的生成树实例，又被称为内部生成树实例 IST。

（2）配置 S2

交换机 S2 上的配置信息和交换机 S1 完全一致，可以在交换机 S1 上通过 display current-configuration 命令显示 MSTP 的区域配置信息，然后复制相应的配置脚本，直接在 S2 交换的系统视图下粘贴脚本即可。

```
<S2>sys
System View：return to User View with Ctrl+Z.
[S2]stp mode mstp                        //修改 STP 的模式为 MSTP,默认模式为 MSTP
[S2]stp region-configuration             //进入 MSTP 区域配置
[S2-mst-region]region-name H3C           //配置区域名称为 H3C
[S2-mst-region]revision-level 1          //配置修订级别为 1,默认为 0,暂无实际意义
[S2-mst-region]instance 10 vlan 10       //配置 VLAN 10 对应 MSTI 10
[S2-mst-region]instance 20 vlan 20       //配置 VLAN 20 对应 MSTI 20
[S2-mst-region]active region-configuration  //激活区域配置信息
[S2-mst-region]quit
[S2]
```

（3）配置 S3

在交换机 S3 上完成 MSTP 的区域配置信息，并激活区域配置。

```
<S3>sys
System View：return to User View with Ctrl+Z.
[S3]stp mode mstp                        //修改 STP 的模式为 MSTP,默认模式为 MSTP
[S3]stp region-configuration             //进入 MSTP 区域配置
[S3-mst-region]region-name H3C           //配置区域名称为 H3C
[S3-mst-region]revision-level 1          //配置修订级别为 1,默认为 0,暂无实际意义
[S3-mst-region]instance 10 vlan 10       //配置 VLAN 10 对应 MSTI 10
[S3-mst-region]instance 20 vlan 20       //配置 VLAN 20 对应 MSTI 20
[S3-mst-region]active region-configuration  //激活区域配置信息
[S3-mst-region]quit
[S3]
```

（4）配置 S4

在交换机 S4 上完成 MSTP 的区域配置信息，并激活区域配置。

```
<S4>sys
System View：return to User View with Ctrl+Z.
[S4]stp mode mstp                        //修改 STP 的模式为 MSTP,默认模式为 MSTP
```

```
[S4]stp region-configuration              //进入 MSTP 区域配置
[S4-mst-region]region-name H3C            //配置区域名称为 H3C
[S4-mst-region]revision-level 1           //配置修订级别为 1,默认为 0,暂无实际意义
[S4-mst-region]instance 10 vlan 10        //配置 VLAN 10 对应 MSTI 10
[S4-mst-region]instance 20 vlan 20        //配置 VLAN 20 对应 MSTI 20
[S4-mst-region]active region-configuration //激活区域配置信息
[S4-mst-region]quit
[S4]
```

2. 指定 MSTI 的首选根桥

网络管理员可以通过 **stp instance** *instance-id* **priority** *priority* 命令修改网桥在某实例中的优先级来控制根桥的选举，也可以直接将网桥设置为某生成树实例的首选根桥或备选根桥。

在本案例中，在交换机 S3 和 S4 上，配置生成树实例 10 的首选根桥为 S3，备选根桥为 S4；配置生成树实例 20 的首选根桥为 S4，次选根桥为 S3，具体配置如下。

（1）配置 S3

将交换机 S3 配置为生成树实例 10 的首选根桥，将 S3 配置为生成树实例 20 的备选根桥。

```
[S3]stp instance 10 root primary          //配置交换机 S3 为实例 10 的首选根桥
[S3]stp instance 20 root secondary        //配置交换机 S3 为实例 20 的备选根桥
[S3]
```

（2）配置 S4

将交换机 S4 配置为生成树实例 10 的备选根桥，将 S4 配置为生成树实例 20 的首选根桥。

```
[S4]stp instance 20 root primary          //配置交换机 S4 为实例 20 的首选根桥
[S4]stp instance 10 root secondary        //配置交换机 S4 为实例 10 的备选根桥
[S4]
```

配置完成以后，本质上两条命令和修改 MSTI 实例优先级效果是一样的。当配置某交换机为首选网桥时，实际上是修改该交换机的 STP 实例优先级为 0，当配置某交换机为备选根桥时，其实例优先级被修改为 4096。

3. 验证 MSTP 部署

配置完成后，在交换机 S1、S3 和 S4 上显示生成树的简要信息，本小节以生成树实例 10 为例，通过理论知识来解释任务部署结果。

（1）交换机 S3 上的生成树简要信息

根据此案例的规划配置信息，交换机 S3 应该是生成树实例 10 的根桥，生成树根桥上的所有端口角色应该是指定端口 DP。在交换机 S3 上显示生成树实例 10 的信息，输出信息如下。

```
[S3]display stp instance 10
-------[MSTI 10 Global Info]-------
Bridge ID          :0. 2a1e-c1e8-0400
RegRoot ID/IRPC    : 0. 2a1e-c1e8-0400, 0
RootPort ID        : 0. 0
Root type          :Primary root
Master bridge      : 32768. 2a1e-c1e8-0400
Cost to master     : 0
TC received        : 0
```

```
----[Port1409(Bridge-Aggregation34)][FORWARDING]----
Port protocol        : Enabled
Port role            :Designated Port
Port ID              : 128. 1409
Port cost(Legacy)    : Config=auto, Active=18
Desg. bridge/port    : 0. 2a1e-c1e8-0400, 128. 1409
Protection type      : Config=none, Active=none
Rapid transition     : True
Num of VLANs mapped : 1
Port times           : RemHops 20
----[Port3(GigabitEthernet1/0/2)][FORWARDING]----
Port protocol        : Enabled
Port role            :Designated Port
Port ID              : 128. 3
Port cost(Legacy)    : Config=auto, Active=20
Desg. bridge/port    : 0. 2a1e-c1e8-0400, 128. 3
Protection type      : Config=none, Active=none
Rapid transition     : True
Num of VLANs mapped : 1
Port times           : RemHops 20
----[Port5(GigabitEthernet1/0/4)][FORWARDING]----
Port protocol        : Enabled
Port role            :Designated Port
Port ID              : 128. 5
Port cost(Legacy)    : Config=auto, Active=20
Desg. bridge/port    : 0. 2a1e-c1e8-0400, 128. 5
Protection type      : Config=none, Active=none
Rapid transition     : True
Num of VLANs mapped : 1
Port times           : RemHops 20
[S3]
```

从输出信息可以看出，S3 的桥 ID 为 0.2a1e-c1e8-0400，根桥类型为 Primary，BAGG34、端口 G1/0/2、G1/0/4 均处于转发状态，端口角色均为指定端口，这与规划设计的要求一致。同时，管理员还要可以通过 display stp brief 命令显示生成树的简要信息，输出结果如下。

```
<S3>display stp brief
MST ID   Port                         Role   STP State       Protection
0        Bridge-Aggregation34         DESI   FORWARDING      NONE
0        GigabitEthernet1/0/2         DESI   FORWARDING      NONE
0        GigabitEthernet1/0/4         DESI   FORWARDING      NONE
10       Bridge-Aggregation34         DESI   FORWARDING      NONE
10       GigabitEthernet1/0/2         DESI   FORWARDING      NONE
10       GigabitEthernet1/0/4         DESI   FORWARDING      NONE
20       Bridge-Aggregation34         ROOT   FORWARDING      NONE
20       GigabitEthernet1/0/2         DESI   FORWARDING      NONE
20       GigabitEthernet1/0/4         DESI   FORWARDING      NONE
<S3>
```

从 MSTP 的简要信息输出可以看出，在 S3 上运行了 3 个生成树实例，从 MST ID 栏可以看出分别是 IST 0 和 MSTI 10 及 MSTI 20。在实例 20 中，S3 的 BAGG34 聚合端口的端口角色为根端口 RP。同理，可以推断，在交换机 S4 的生成树实例 10 中，聚合端口 BAGG34 的端口角色为 RP 角色。

（2）交换机 S1 上的生成树简要信息

当在交换机 S1 上显示生成树简要信息时，可以发现在生成树实例 10 中，S1 的 G1/0/2 口是根端口，G1/0/4 口是替代端口 AP，说明在 S1，S3 和 S4 组成的环路中，生成树实例 10 阻塞了 G1/0/4 端口，而生成树实例 20 中，G1/0/2 端口是替代端口，处于丢弃状态，G1/0/4 是根端口，处于转发状态。也就是说，从交换机 S1 发出的数据帧，来自于 VLAN 10 的数据帧优先从 G1/0/2 端口转发，来自于 VLAN 20 的数据帧优先从 G1/0/4 端口转发，从而达到了负载分担的目的。

```
<S1>display stp brief
MST ID    Port                            Role   STP State      Protection
0         GigabitEthernet1/0/1            DESI   FORWARDING     NONE
0         GigabitEthernet1/0/2            ROOT   FORWARDING     NONE
0         GigabitEthernet1/0/4            ALTE   DISCARDING     NONE
10        GigabitEthernet1/0/1            DESI   FORWARDING     NONE
10        GigabitEthernet1/0/2            ROOT   FORWARDING     NONE
10        GigabitEthernet1/0/4            ALTE   DISCARDING     NONE
20        GigabitEthernet1/0/2            ALTE   DISCARDING     NONE
20        GigabitEthernet1/0/4            ROOT   FORWARDING     NONE
<S1>
```

（3）验证链路故障切换

在交换机 S1 上将端口 G1/0/2 关闭（在接口视图下执行 shutdown 命令），然后再显示交换机 S1 的生成树情况，可以看到生成树实例 10 中被阻塞的链路已经成功切换为转发链路。

```
[S1]interface GigabitEthernet 1/0/2
[S1-GigabitEthernet1/0/2]shutdown
[S1-GigabitEthernet1/0/2]quit
[S1]disp stp brief
MST ID    Port                            Role   STP State      Protection
0         GigabitEthernet1/0/1            DESI   FORWARDING     NONE
0         GigabitEthernet1/0/4            ROOT   FORWARDING     NONE
10        GigabitEthernet1/0/1            DESI   FORWARDING     NONE
10        GigabitEthernet1/0/4            ROOT   FORWARDING     NONE
20        GigabitEthernet1/0/4            ROOT   FORWARDING     NONE
[S1]
```

在以上输出信息中可以看到，交换机 S1 的 G1/0/4 端口从之前的 AP 角色转换到了 RP 角色，同时端口状态也从丢弃状态转换到了转发状态，说明交换机 S1 上来自 VLAN 10 的数据帧将从 G1/0/4 端口转发。因此，在交换网络中引入链路冗余保证了组网的可靠性。

由此得出验证结论，交换网络中的 MSTP 通过在交换网络中创建多个生成树实例，既实现了链路冗余环路的消除，又实现了数据流量负载分担的问题。MSTP 向下兼容传统 STP 和RSTP，因此 MSTP 还具有 RSTP 的快速收敛特性。

3.4.4　任务反思

从 STP 到 RSTP、MSTP，生成树协议经历了三代的发展，每一代的生成树协议都针对前一代协议存在的问题做了相应的改进，呈现了一个螺旋式上升、逐步递进的发展过程，从而满足了网络建设和发展的需要。同样，技能的提升和知识的学习过程也是一个螺旋式上升的过程，通过不断地积累，实现由量变到质变的过程。本任务虽然是实施和部署的 MSTP 任务，但是对于 STP 和 RSTP 的工作原理、存在问题以及技术的演进过程要熟练掌握，特别是 MSTP 中如何实现负载分担的设计以及与 VRRP 的配合是园区网络中典型的组网应用。

【问题思考】

请读者思考 MSTP+VRRP 方案为什么能很好地实现链路冗余以及负载均衡等效果，该方案存在哪些缺点？现阶段有没有相关的技术来替代该方案？

3.4.5 任务测评

扫描二维码，查看任务测评。

任务测评

第 4 章　园区与分支网路由技术部署

当前园区网内部一般采用域内路由协议 IGP 为主，根据路由算法 IGP 分为距离向量协议和链路状态协议，前者以 RIP 为代表，后者以 OSPF 和 IS-IS 为代表。本章主要围绕企业园区网络三层技术的部署和实施展开讨论，主要包括实现 VLAN 间通信的单臂路由技术、虚拟冗余路由协议（VRRP）、路由信息协议（RIP）、IPv6 技术以及组播技术的部署。

学生通过本章的学习，应达成如下学习目标：

知识目标

- 掌握单臂路由的原理。
- 掌握 VRRP 的原理。
- 掌握 RIP 的原理。
- 掌握组播协议的原理。

技能目标

- 掌握单臂路由的配置。
- 掌握 VRRP 的配置与验证。
- 掌握 RIPv2 的配置与验证。
- 掌握 IPv6 的配置与验证。
- 掌握组播路由的配置与验证。

素质目标

- 树立解决综合复杂问题的信心。
- 激发排除复杂网络故障的兴趣与信念。

　　虚拟局域网（VLAN）、生成树协议（STP）、快速环保护协议（RRPP）、SmartLink 等技术都针对二层网络而设计，但实际的大型网络并非纯二层网络，其在边缘接入层多采用二层网络，而在核心和汇聚层则采用三层网络，以便将二层网络控制在可以接受的范围内，来降低广播报文对网络传输效率的影响。

　　在三层网络中，常用于指导数据转发的则是路由表，它是由多种路由协议计算生成或手工配置完成。在网状或半网状链接的三层网络中，利用路由协议的自动选路则很容易实现链路的冗余备份和倒换。动态路由协议除了选路的冗余备份之外，大多数路由协议还可以实现等价多路径（Equal Cost Multiple Path，ECMP）负载分担功能，可以为同一目的地同时选择多条路由完成报文传送，从而提高链路利用率。

　　本章将围绕某教育科技集团总部园区网络和分支网络的三层技术进行部署，主要包括 VRRP、汇聚与核心之间的动态路由协议部署、组播路由技术等内容。在任务的实施过程中，读者需要领会解决综合复杂问题的思路，可以采用模块化分步实施的思想，由简到繁，各个击破。同样针对任务实施过程中出现的故障现象，不要轻易放弃，要珍惜网络故障的机会，保持有错必纠的信念，从理论上加以分析，按照模块化思想逐渐缩小故障范围，直至发现故障点并完美解决问题，提升自身的综合职业素养。

4.1　单臂路由部署实施

　　单臂路由（Router-on-a-Stick）是指在路由器的一个接口上通过配置子接口或逻辑接口的方式，实现原来相互隔离的不同 VLAN 之间的互联互通。单臂路由是实现 VLAN 通信的一种方法，在园区网络中更多的是通过三层交换机来实现 VLAN 间通信。单臂路由节省了路由器物理接口数量，适合应用在小规模网络或分支机构。

4.1.1　任务描述

　　分支机构网络由于规模较小，采用典型的二层组网架构，路由器 CE5 既是分支机构网络的出口路由器，又充当其网络核心，是接入用户网关的所在位置，不同 VLAN 的用户通过单臂路由实现通信互连。本任务需要在路由器 CE5 和交换机 S13 上部署单臂路由实现分支机构 VLAN 90 和 VLAN 100 之间的通信。在本章之前的 VLAN 任务部署中，已经在交换机 S13 完成了 VLAN 创建以及连接终端的接口 VLAN 划分任务，本任务在此基础上进一步拓展。

4.1.2　任务准备

　　为完成上述任务，需要理解单臂路由的工作原理及规划配置要点。

1. 知识准备

　　本任务涉及的理论知识是 VLAN 间路由的实现方法和原理。

　　VLAN 间的通信需要借助三层设备来实现。在传统模式下，将路由器的一个接口连接到一个 VLAN，路由器接口的 IP 地址为所连 VLAN 的默认网关地址，这种方式也称为多臂路由实现 VLAN 间的通信方式。如图 4-1 所示，VLAN 10 和 VLAN 20 的默认网关 IP 地址分别占用路由器 R1 的两个物理接口，当完成路由器上端口配置后，路由器就可以实现两个 VLAN 间的通信。

但是传统采用多臂路由的方式实现 VLAN 间通信，对路由器的端口数量要求较高，如果在网络中创建数十个 VLAN，就需要数十个物理端口。当局域网内部 VLAN 数量较多时，路由器的端口数量不能胜任。传统多臂路由一个端口对应一个 VLAN 实现 VLAN 间的通信方式变得不现实。

为了解决路由器物理端口数量不足的问题，采用 IEEE 802.1Q 封装协议和逻辑子接口，使用一条物理线路将路由器与交换机相连实现 VLAN 之间的通信，这种方式也称为单臂路由。逻辑子接口是一个物理接口中的一个逻辑接口，它是通过协议和技术从物理接口虚拟出来的。路由器的一个物理接口可以有多个逻辑子接口，逻辑子接口的标识在原来物理接口后加 "." 再加上表示逻辑接口的序号。

如图 4-2 所示，交换机 S13 和路由器 CE5 之间只有一条链路互连，为实现分支机构网络内部 VLAN 90 和 VLAN 100 的互通，采用将两个子接口 G0/2.9 和 G0/2.10 的 IP 地址分别设置为 VLAN 90 和 VLAN 100 的网关，为子接口配置 IP 地址和子网掩码，从而在 CE5 中产生直连路由，实现 VLAN 间的互通。

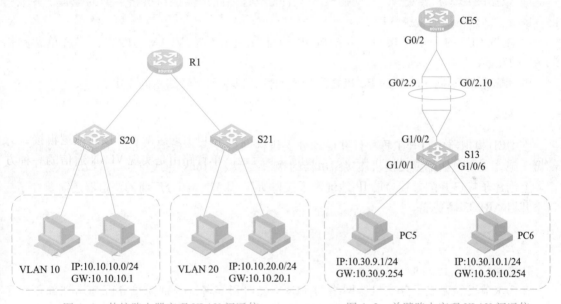

图 4-1 传统路由器实现 VLAN 间通信　　　　图 4-2 单臂路由实现 VLAN 间通信

2. 任务规划与分解

在掌握了相关技术理论知识的基础上，要研究任务规划方案，明确任务实施的具体工作。

(1) 任务规划方案

随着教育科技集团公司业务的不断扩张，在异地开设的多家分支机构要分别组建自己的局域网。分支机构的业务以线下培训为主，部门设置相对简单，主要包括总务部和培训部。图 4-2 中以一个分支机构为代表，绘制了典型小型机构的拓扑结构。其中交换机 S13 代表分支机构网络接入层交换机中的一个，CE5 兼做分支机构网络的核心设备和出口路由器。

对于分支机构内部网络的规划如下。

① 链路规划。交换机 S13 连接路由器 CE5 的 G0/2 端口设置为 Trunk 类型，放行除 VLAN 1

之外的所有业务 VLAN 流量。

② 规划逻辑子接口的编号及 IP 地址。一般来说，单臂路由中逻辑子接口的编号取值范围为 1~4094，可以任意对逻辑子接口进行编号不必与接口所对应的 VLAN ID 一致，但是为了便于记忆，推荐子接口编号与接口所属的 VLAN ID 一致。分支机构网络逻辑接口规划见表 4-1。

表 4-1   分支机构网络逻辑接口规划

子接口编号	VLAN ID	接口 IP 地址
G0/2.9	VLAN 90	10. 30. 9. 254
G0/2.10	VLAN 100	10. 30. 10. 254

路由器 CE5 作为分支机构网络的核心，是 VLAN 90 和 VLAN 100 网关的所在位置，两个 VLAN 间的用户通过单臂路由实现通信互联。

（2）任务分解

根据任务规划方案，在任务实施阶段需要完成的工作如下。

① 根据图 4-2 和表 4-1，在交换机 S13 上完成连接路由器接口链路类型的配置，并放行除 VLAN 1 之外的所有业务 VLAN。

② 配置 CE5 的两个子接口，并配置 IP 地址分别为对应 VLAN 的网关，实现单臂路由 VLAN 的互通。

③ 测试位于不同 VLAN 的 PC 机之间的连通性，以验证单臂路由的作用。

4.1.3   任务实施

在 HCL 模拟器中打开工程项目并启动分支机构网络设备，根据任务分解完成单臂路由的部署实施，主要包括配置交换机连接路由器的接口类型为 Trunk 并放行业务 VLAN，然后在路由器上创建子接口并配置接口的 IP 地址及子接口所属 VLAN，部分厂商的路由器还需要在子接口下开启 ARP 广播功能。

1. 配置交换机链路

在交换机 S13 上，执行以下命令。

在 3.1 节已经完成了分支机构网络的 VLAN 规划和部署，分别为总务部和培训部创建了 VLAN 90 和 VLAN 100，并命名为 GD 和 TD。本任务在此基础上，需要将交换机连接路由器的接口配置为 Trunk 类型并放行业务流量。

将 S13 与路由器 CE5 相连的端口设置为 Trunk 类型，并允许除 VLAN 1 之外的所有 VLAN 流量通行。

```
[S13-vlan100]interface GigabitEthernet 1/0/2
[S13-GigabitEthernet1/0/2]port link-type trunk
[S13-GigabitEthernet1/0/2]port trunk permit vlan all
[S13-GigabitEthernet1/0/2]undo port trunk permit vlan 1
[S13-GigabitEthernet1/0/2]quit
[S13]
```

2. 配置路由器子接口

在 CE5 的端口 G0/2 上分别创建子接口 9 和 10，作为 VLAN 90 和 VLAN 100 的网关，IP 地址与子网掩码见表 4-1。在配置过程中，注意要显式指定当前子接口与 VLAN 一一对应的关系。

```
[CE5]interface GigabitEthernet 0/2.9                    //创建 G0/2 的子接口 2.9
[CE5-GigabitEthernet0/2.9]ip address 10.30.9.254 24    //设置 G0/2 的子接口 2.9 的 IP 地址和子网掩码
[CE5-GigabitEthernet0/2.9]vlan-type dot1q vid 90
                        //指定该子接口与 VLAN 90 对应,并按照 IEEE 802.1Q 协议规定处理帧
[CE5-GigabitEthernet0/2.9]int GigabitEthernet 0/2.10   //设置 G0/2 的子接口 10
[CE5-GigabitEthernet0/2.10]ip address 10.30.10.254 24  //设置 G0/2 的子接口 10 的 IP 地址和子网掩码
[CE5-GigabitEthernet0/2.10]vlan-type dot1q vid 100
                        //指定该子接口与 VLAN 100 对应,并按照 IEEE 802.1Q 协议规定处理帧
[CE5-GigabitEthernet0/2.10]quit
[CE5]
```

3. 测试 VLAN 间通信

查看 CE5 的路由表，VLAN 90、VLAN 100 网段成为表中的直连路由条目。

```
<CE5>display ip routing-table
Destinations : 16        Routes : 16
Destination/Mask    Proto   Pre Cost        NextHop          Interface
0.0.0.0/32          Direct  0   0           127.0.0.1        InLoop0
10.30.9.0/24        Direct  0   0           10.30.9.254      GE0/2.9
10.30.9.0/32        Direct  0   0           10.30.9.254      GE0/2.9
10.30.9.254/32      Direct  0   0           127.0.0.1        InLoop0
10.30.9.255/32      Direct  0   0           10.30.9.254      GE0/2.9
10.30.10.0/24       Direct  0   0           10.30.10.254     GE0/2.10
10.30.10.0/32       Direct  0   0           10.30.10.254     GE0/2.10
10.30.10.254/32     Direct  0   0           127.0.0.1        InLoop0
10.30.10.255/32     Direct  0   0           10.30.10.254     GE0/2.10
……
<CE5>
```

在 PC5 上输入命令 ping -c 1 10.30.10.1（PC6），测试分别位于 VLAN 90 和 VLAN 100 的 PC 之间的连通性。结果显示两主机连通，说明单臂路由成功实现了 VLAN 间的互通，单臂路由配置部署成功。

```
<H3C>ping -c 1 10.30.10.1
Ping 10.30.10.1 (10.30.10.1): 56 data bytes, press CTRL_C to break
56 bytes from 10.30.10.1: icmp_seq=0 ttl=254 time=2.000 ms
--- Ping statistics for 10.30.10.1 ---
1 packet(s) transmitted, 1 packet(s) received, 0.0% packet loss
round-trip min/avg/max/std-dev = 2.000/2.000/2.000/0.000 ms
<H3C>
```

4.1.4 任务反思

本任务主要部署分支机构网络通过单臂路由的方法来实现 VLAN 间的通信互连，方法是将物理端口划分为多个逻辑上的子接口，每个子接口对应一个 VLAN，配置子接口 IP 地址作为各 VLAN 的网关，从而路由器生成各 VLAN 网段的直连路由。在任务部署完成之后，如果出现故障，排错的思路首先是收集故障信息，其次定位故障点，最后提出解决方案并测试。如果属于不同 VLAN 的主机不能通信，先看主机能否与其默认网关通信，如果不能，请检查路由器子接口的 IP 地址、子网掩码及 VLAN 配置是否正确，检查交换机连接路由器接口是否放行相关 VLAN，最后检查 PC 的 IP 地址和网络掩码是否配置正确。在任务实施过程中，要学会仔细观察设备界面的输

出，即时掌握配置生效信息，从而做到实施工程时能够保持有条不紊，规范有序。

【问题思考】

尽管单臂路由的引入大大节省了路由器物理接口的数量，但是请思考单臂路由有哪些缺点？

4.1.5   任务测评

扫描二维码，查看任务测评。

任务测评

4.2   VRRP 部署实施

一般来说，主机通过设置默认网关来与外部网络联系，但是当网关发生故障时，主机与外部的通信就会中断。要解决网关故障带来的网络中断问题，可以依靠再增加网关的方式解决，但是由于大多数主机只允许配置一个默认网关，此时需要网络管理员进行手工干预网络配置，才能使得主机使用新的网关进行通信，无法实现网关的自动切换。为此引入 VRRP 技术，既不需要改变组网现状，也不需要在主机上做任何配置，只需要在相关路由器上配置极少的几条命令，就能实现下一跳网关的自动备份和切换。

4.2.1   任务描述

在 3.4 节完成了园区网络中接入层交换机与汇聚层交换机之间的 MSTP 部署，生成树实例 MSTI 10 的主根桥是 S3，备用根桥是 S4，同样，MSTI 20 的主用根桥是 S4，备用根桥是 S3。本任务要求结合 MSTP 的主备网桥的规划，在如图 4-3 所示的教育集团总部园区网络中汇聚层交

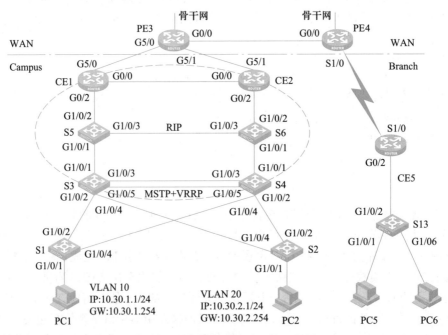

图 4-3   总部园区路由及 VRRP 部署

换机 S3 和 S4 上部署实施虚拟网关冗余协议 VRRP，并要求 VRRP 能够根据上行链路的状态的变化完成 VRRP 主备网关之间的动态切换。即交换机 S3 监测到交换机 S5 的链路状态，当该链路故障时，自动将网关切换至 S4；交换机 S4 监测与交换机 S6 之间的链路状态，当链路故障发生时，将网关切换至交换机 S3。当 VRRP 组中的 Master 设备恢复后，1 s 之后成为主设备角色。

4.2.2 任务准备

VRRP 是一种容错协议，具有简化网络管理、适应性强和网络开销小等优点，它保证当主机的下一跳路由器出现故障时，由另一台路由器代替出现故障的路由器进行工作，从而保持网络通信的连续性和可靠性。

1. 知识准备

本任务的实施需要了解 VRRP 的基本概念和工作原理、VRRP 与 Track 的动态联动机制，掌握在 VRRP 部署实施过程中的注意事项。

（1）VRRP 基本概念

VRRP 通过交互报文的方法将多台路由器组成的路由器组模拟成一台虚拟路由器，网络上的终端主机与虚拟路由器进行通信。一旦 VRRP 组中的主用物理路由器失效，其他路由器自动接替工作，从而保证了当用户终端设备的下一跳路由器失效时，可以及时地由另一台路由器替代，从而保持通信的连续性和可靠性。和 TCP 和 UDP 一样，VRRP 也有自己的协议号（112）。VRRP 协议具有如下几个基本术语。

① VRRP 路由器（VRRP Router），是指运行 VRRP 协议的设备，它可能属于一个或多个虚拟路由器组。

② 虚拟路由器（Virtual Router），是指由 VRRP 管理的抽象设备，又称为 VRRP 备份组，被当作一个共享局域网内主机的默认网关，包括一个虚拟路由器标识符和一组虚拟 IP 地址。

③ 虚拟 IP 地址（Virtual IP Address），是指虚拟路由器的 IP 地址，一个虚拟路由器可以有一个或多个 IP 地址，由用户配置。

④ IP 地址拥有者（IP Address Owner），如果一个 VRRP 路由器将虚拟路由器的 IP 地址作为真实的接口地址，则该设备是 IP 地址拥有者。当这台设备正常工作时，它会响应目的地址是虚拟 IP 地址的报文，如 ping、TCP 连接等。IP 地址拥有者在 VRRP 备份组的优先级最高，优先级为 255。

⑤ 虚拟 MAC 地址，是虚拟路由器根据虚拟路由器 ID 生成的 MAC 地址。一个虚拟路由器拥有一个虚拟 MAC 地址，格式为 00-00-5E-00-01-｛VRID｝。当虚拟路由器回应 ARP 请求时，将使用这个虚拟 MAC 地址，而不是接口的真实 MAC 地址，通过虚拟 MAC 地址的后 8 位，也能够推断出 VRRP 备份组的 ID。

⑥ Master 和 Backup 路由器。Master 路由器是 VRRP 备份组中实际承担转发报文或者应答 ARP 请求的 VRRP 路由器，转发报文都是发送到虚拟 IP 地址。如果 IP 地址拥有者是可用的，通常它将成为 Master。VRRP 组中，其余没有承担转发任务的 VRRP 路由器成为 Backup，当 Master 设备出现故障时，它们将通过竞选成为新的 Master。

（2）VRRP 工作原理

VRRP 将局域网的一组路由器构成一个备份组，相当于一台虚拟路由器。局域网内的主机只需要知道这个虚拟路由器的 IP 地址，并不需知道具体某台设备的 IP 地址，将网络内主机的默认网关设置为该虚拟路由器的 IP 地址，主机就可以利用该虚拟网关与外部网络进行通信。而对于这个虚拟网关则需要进行如下工作。

① 根据优先级的大小挑选主路由器，优先级最大的为主路由器，若优先级相同，则比较接口的主 IP 地址，主 IP 地址大的成为主路由器，由它提供实际的路由服务。

② 其他路由器作为备份路由器，随时监测主路由器的状态。当主路由器正常工作时，每隔一段时间（Advertisement Interval，默认为 1 s）它会发送一个 VRRP 组播报文，以通知组内的备份路由器，主路由器处于正常工作状态。当组内的备份路由器长时间（Master Down Interval，3 个通告间隔+微调时间）没有接收到来自主路由器的报文，则将自己转为主路由器。当组内有多台备份路由器时，将有可能产生多个主路由器。这时每一个主路由器就会比较 VRRP 报文中的优先级（priority）和自己本地的优先级，如果本地的优先级小于 VRRP 报文中的优先级，则将自己的状态转为备份路由器，否则保持自己的状态不变。通过这样一个过程，就会将优先级最大的路由器选成新的主路由器，完成 VRRP 的备份功能。

③ 当 Backup 路由器转变为 Master 路由器时，会广播一个免费 ARP 请求报文，内部封装是虚拟 MAC 和虚拟 IP 的对应关系，用来通知下游的二层交换机学习 VRRP 虚拟 MAC 的端口发生改变。

（3）VRRP 联动机制

VRRP 监视功能通过网络质量分析（Network Quality Analyzer，NQA）、双向转发检测（Bidirectional Forwarding Detection，BFD）等监测 Master 路由器和上行链路的状态，并通过 Track 功能在 VRRP 设备状态和 NQA/BFD 之间建立联动机制。

监视上行链路，根据上行链路的状态，改变路由器的优先级。当 Master 路由器的上行链路出现故障，局域网内的主机无法通过网关访问外部网络时，被监视 Track 项的状态变为 Negative，Master 路由器的优先级降低指定的数值。使得当前的 Master 路由器不是组内优先级最高的路由器，而其他路由器成为 Master 路由器，保证局域网内主机与外部网络的通信不会中断。

在 Backup 路由器上监视 Master 路由器的状态，当 Master 路由器出现故障时，监视 Master 路由器状态的 Backup 路由器能够迅速成为 Master 路由器，以保证通信不会中断。

① Track 与接口管理联动。接口管理用来监视接口的链路状态和网络层协议状态。如果在 Track 项和接口之间建立了关联，则当接口的链路状态或网络层协议状态为 up 时，接口管理通知 Track 模块将与接口关联的 Track 项的状态置为 Positive。当接口的链路状态或网络层协议状态为 down 时，接口管理通知 Track 模块将 Track 项的状态置为 Negative。

② Track 项与 BFD 联动。如果在 Track 项和 BFD 会话之间建立了关联，则当 BFD 判断出对端不可达时，BFD 会通知 Track 模块将与 BFD 会话关联的 Track 项的状态置为 Negative；否则，通知 Track 模块将 Track 项的状态置为 Positive。

BFD 会话支持两种工作方式：Echo 报文方式和控制报文方式。Track 项只能与 Echo 报文方式的 BFD 会话建立关联，不能与控制报文方式的 BFD 会话建立联动。配置 Track 与 BFD 联动时，VRRP 备份组的虚拟 IP 地址不能作为 BFD 会话探测的本地地址和远端地址。

（4）实施 VRRP 注意事项

在规划和实施 VRRP 时，需要注意以下事项。

- 同一备份组的交换机上必须配置相同的备份组号（Virtual-Router-ID）。
- 不同备份组之间的虚拟 IP 地址不能重复，并且必须和接口的 IP 地址在同一网段。
- 如果 VRRP 备份组内各交换机上配置的 VRRP 协议版本不同，可能导致 VRRP 报文不能互通。
- 不能将 VRRP 的虚拟 MAC 地址配置为静态 MAC 地址或黑洞 MAC 地址。

2. 任务规划与分解

在学习掌握了相关技术理论知识的基础上，要研究任务规划方案，明确任务实施的具体工作。

（1）任务规划

教育科技集团在汇聚层交换机 S3 和 S4 上实现 VRRP 协议，在 S3 和 S4 上分别配置主用和备用网关，实现网关的负载均衡，需要完成虚拟网关的 IP 地址规划以及和 MSTP 生成树实例的配合。

针对本组网案例，针对 VLAN 10 和 VLAN 20 在交换机 S3 和 S4 之间运行两个 VRRP 备份组，从而实现流量的负载分担。通过调整 VRRP 组的优先级，使得交换机 S3 作为 VLAN 10 的主用网关、VLAN 20 的备用网关，交换机 S4 作为 VLAN 10 的备用网关、VLAN 20 的主用网关。通过监测上行链路状态实现 VRRP 之间的主备及时切换。VRRP 及 SVI（Switch Virtual Interface）接口地址具体规划见表 4-2。

表 4-2　VRRP 规划部署表

交换机	VLAN	SVI 接口 IP	VRID	优先级	虚拟 IP
S3	VLAN 10	Vlanif 10：10.30.1.252	10	120	10.30.1.254
S3	VLAN 20	Vlanif 20：10.30.2.252	20	默认（100）	10.30.2.254
S4	VLAN 10	Vlanif 10：10.30.1.253	10	默认（100）	10.30.1.254
S4	VLAN 20	Vlanif 20：10.30.2.253	20	120	10.30.2.254

（2）VRRP 任务分解

根据任务规划方案，在任务实施阶段需要完成的活动如下。

① 配置接口 IP 地址。根据表 4-2 中的规划地址，在交换机 S3 上配置 VLAN 10 和 VLAN 20 的 SVI 接口 IP 地址，为交换机 S4 上的 VLAN 10 和 VLAN 20 配置 SVI 接口地址。

② 实施 VRRP 基础部署。根据规划表，分别在交换机 S3 和 S4 创建 VRRP 备份组，设置 VRID 及虚拟 IP，并根据规划配置 VRRP 组的优先级。

③ 实施 VRRP 联动机制。配置 VRRP 与 Track 的联动机制，使得交换机 S3 和 S4 的上行链路发生故障时执行 VRRP 主备之间的切换。

④ 验证和测试 VRRP 的部署。验证 VRRP 备份组的主用网关及备用网关部署的正确性，验证 VRRP 的切换机制。

4.2.3　任务实施

本小节将根据任务的分解，逐条完成各个配置子任务。

1. 配置接口 IP 地址

(1) 在 S3 上配置 SVI 接口地址

根据表 4-2，为交换机 S3 的 VLAN 10 和 VLAN 20 的 SVI 接口配置 IP 地址，配置代码如下。

```
[S3]interface Vlan-interface 10
[S3-Vlan-interface10]ip address 10.30.1.252 24
[S3-Vlan-interface10]quit
[S3]interface Vlan-interface 20
[S3-Vlan-interface20]ip address 10.30.2.252 24
[S3-Vlan-interface20]quit
[S3]
```

(2) 在 S4 上配置 SVI 接口地址

为交换机上各个 VLAN 的 SVI 接口配置 IP 地址，即 VRRP 路由器接口的物理地址。

```
[S4]interface Vlan-interface 10
[S4-Vlan-interface10]ip address 10.30.1.253 24
[S4-Vlan-interface10]quit
[S4]interface Vlan-interface 20
[S4-Vlan-interface20]ip address 10.30.2.253 24
[S4Vlan-interface20]quit
[S4]
```

在部署 VRRP 时，需要注意的是虚拟网关的 IP 地址和交换机 SVI 接口的 IP 地址要在同一个网段。

2. 部署 VRRP 备份组

在交换机 S3 和 S4 上，分别进入不同 VLAN 的 SVI 接口视图中，创建 VRRP 备份组，根据表 4-2 设置 VRRP 的虚拟路由器编号和 VRRP 备份组的虚拟 IP。在交换机 S3 上，配置 VRRP 备份组 10 的优先级为 120。在交换机 S4 上，配置 VRRP 备份组 20 的优先级为 120。

(1) 配置 S3 的 VRRP

```
[S3]interface Vlan-interface 10
[S3-Vlan-interface10]vrrp vrid 10 virtual-ip 10.30.1.254    //创建 VRRP 备份组 10,并配置虚拟 IP
[S3-Vlan-interface10]vrrp vrid 10 priority 120              //配置 VRRP 备份组 10 的优先级为 120,为主网关
[S3-Vlan-interface10]vrrp vrid 10 preempt-mode delay ?
   INTEGER<0-180000>   Preemption delay in centiseconds
[S3-Vlan-interface10]vrrp vrid 10 preempt-mode delay 100 //配置抢占延迟为 100 厘秒,相当于 1 s
[S3-Vlan-interface10]quit
[S3]interface Vlan-interface 20
[S3-Vlan-interface20]vrrp vrid 20 virtual-ip 10.30.2.254 //创建 VRRP 备份组 20,并配置虚拟 IP,优先级默认为 100
[S3-Vlan-interface20]quit
[S3]
```

(2) 配置 S4 的 VRRP

```
[S4]interface Vlan-interface 10
[S4-Vlan-interface10]vrrp vrid 10 virtual-ip 10.30.1.254//创建 VRRP 备份组 10,并配置虚拟 IP,优先级默认为 100
[S4-Vlan-interface10]quit
```

```
[S4]interface Vlan-interface 20
[S4-Vlan-interface20]vrrp vrid 20 virtual-ip 10.30.2.254    //创建 VRRP 备份组 20,并配置虚拟 IP
[S4-Vlan-interface20]vrrp vrid 20 priority 120              //配置 VRRP 备份组 20 的优先级为 120,为主网关
[S4-Vlan-interface20]vrrp vrid 20 preempt-mode delay 100 //配置抢占延迟为 100 厘秒,相当于 1 s
[S4-Vlan-interface20]quit
[S4]
```

在创建 VRRP 组时,需要注意的是同一个虚拟备份组中的 VRID 编号要设置为一致,如 S3 上 VRID 为 10 的备份组与 S4 上 VRID 为 10 的备份组,表示 S3 和 S4 属于同一备份组 10,并为每个备份组中身份为 Master 的设备配置抢占延迟为 1 s。

在配置 VRRP 备份组内各设备的延迟方式时,建议将 Backup 配置为立即抢占,即不延迟(延迟时间为 0),而将 Master 配置为抢占,并且配置一定的延迟时间。这样配置的目的是为了在网络环境不稳定时,为上、下行链路的状态恢复一致性等待一定时间,以免出现双 Master 或由于双方频繁抢占导致用户设备学习到错误的 Master 设备地址。

3. 部署 VRRP 联动机制

在此部署两种 VRRP 与 Track 的联动机制:一是 VRRP 备份组中的 Master 设备监测其上行链路,当上行链路发生故障时,执行 VRRP 主备切换;二是每个 VRRP 备份组中的 Backup 设备通过 BFD 监测 Master 主设备的状态,当监测到主设备故障后,马上进行 VRRP 主备切换。VRRP 备份组中主设备故障时,默认 VRRP 协议在 3 个通告间隔之后(即 3 s 左右)才进行切换,采用与 BFD 联动后,可以实现在毫秒级别检测到主设备故障的目的。

(1) VRRP 备份组中 Master 监测上行链路

首先创建监视跟踪项,在此监视项编号为 10,监测上行直连端口的状态,并且在上行端口发生故障 10 s 后执行 VRRP 主备切换,防止接口状态临时故障引起频繁的 VRRP 主备切换。此处以 Track 项与接口状态联动为例来实施本任务,之后在 VRRP 备份组中,主设备的 VRRP 配置中,通过配置 vrrp vrid 10 track 命令参数来实现联动,配置如下。

① 配置 S3 的 VRRP 联动机制。

```
[S3]track 10 interface GigabitEthernet 1/0/1          //创建跟踪项编号为 10,监视接口状态
[S3-track-10]delay negative ?
  INTEGER<1-300>   Delay in seconds                   //此处 10 s 仅为配置演示,使用时需结合工程实际
[S3-track-10]delay negative 10                        //指定 Track 项状态变化时通知应用模块的延迟为 10 s
[S3-track-10]interface vlan 10
[S3-Vlan-interface10]vrrp vrid 10 track 10 priority reduced 30   //当上行接口变化时降低 Master 设备优先级
[S3-Vlan-interface10]quit
[S3]
```

② 配置 S4 的 VRRP 联动机制。

```
[S4]track 20 interface GigabitEthernet 1/0/1          //创建跟踪项编号为 20,监视接口状态
[S4-track-20]delay negative 10                        //指定 Track 项状态变化时通知应用模块的延迟为 10 s
[S4]interface Vlan-interface 20
[S4-Vlan-interface20]vrrp vrid 20 track 20 priority reduced 30   //当上行接口变化时降低 Master 设备优先级
[S4-Vlan-interface20]quit
[S4]
```

(2) 主备设备之间 BFD 监测联动

Track 项与 BFD 联动时,BFD 只能采用 echo 工作方式,并且仅支持单跳检测的方法,本例

中 S3 和 S4 之间为单跳链路，因此可以实施 BFD echo 工作方式，具体配置如下。

① 配置 S3 的 VRRP 备份组中的 Backup 联动。

```
[S3]bfd echo-source-ip 33.33.33.33          //指定 BFD echo 报文的源地址(不属于任何接口地址)
[S3]track 20 bfd echo interface Vlan-interface 20 remote ip 10.30.2.253 local ip 10.30.2.252
                                            //创建 Track 项编号 20,与 BFD 会话联动
```

为了避免对端发送大量的 ICMP 重定向报文造成网络拥塞，建议不要将 echo 报文的源 IPv4 地址配置为属于该设备任何一个接口所在网段，此处 IP 地址 33.33.33.33 为一个不属于设备上任何接口真实 IP 地址的一个任意地址。

以上配置完成后，系统会有提示信息，指示 BFD 会话已经由 init 状态转换为 up 状态。当用命令显示 BFD 会话时，输出信息如下，由此可以看到，在 Vlanif 20 接口上的 BFD 会话处于 up 状态，源 IP 地址是交换机 S3 的 Vlanif 20 的地址，目的 IP 地址为交换机 S4 的 Vlanif 20 的 IP 地址。

```
[S3]disp bfd session
   Total Session Num：1      Up Session Num：1      Init Mode：Active
IPv4 session working in echo mode：

LD              SourceAddr      DestAddr        State   Holdtime    Interface
  129           10.30.2.252     10.30.2.253     Up      1782ms      Vlan20
[S3]
```

然后，需要在交换 S3 的 Vlanif20 接口下，配置 VRRP 的 Track 参数，监视项为 20，动作为立即执行切换。

```
[S3]int vlanif 20
[S3-Vlan-interface20]vrrp vrid 20 track 20 switchover       //配置当主设备故障后,立即执行切换
[S3-Vlan-interface20]quit
[S3]
```

② 配置 S4 的 VRRP 备份组中的 Backup 联动。

在 VRRP 备份组 10 中，交换机 S4 处于 Backup 状态，配置监控项 10 通过 BFD 会话监测主设备状态，从而实现主设备故障时快速切换。VRRP 协议本身设计定期发布通告报文来实现设备状态的监测，但是当主设备发生故障时，默认情况下，最快的切换时间为 3 s 左右，因此通过部署 BFD 能够加快 VRRP 主备之间的快速切换，切换时间达到毫秒级别。

```
[S4]bfd echo-source-ip 44.44.44.44                         //指定 BFD echo 报文的源地址(不属于任何接口地址)
[S4]track 10 bfd echo interface Vlan-interface 10 remote ip 10.30.1.252 local ip 10.30.1.253
                                                           //创建 Track 项编号 10,与 BFD 会话联动
[S4]int vlanif 10
[S4-Vlan-interface10]vrrp vrid 10 track 10 switchover  //配置当主设备故障后,立即执行切换
[S4-Vlan-interface10]quit
[S4]
```

4. 验证和测试 VRRP

(1) 验证交换机 S3 的 VRRP 配置

在交换机 S3 上完成 VRRP 备份组的创建及优先级的配置后，使用 display vrrp 命令即可显示 VRRP 的配置结果，输出信息如下。

```
[S3]disp vrrp
IPv4 virtual router information：
Running mode：Standard
Total number of virtual routers：2
Interface          VRID   State       Running Adver       Auth     Virtual
                                      pri     timer(cs)   type     IP
--------------------------------------------------------------------------------
Vlan10             10     Master      120     100         None     10.30.1.254
Vlan20             20     Backup      100     100         None     10.30.2.254
[S3]
```

从以上输出中可以看出，交换机 S3 为 VRRP 备份组 10 的主用网关，在 VRRP 备份组 20 中，S3 的状态为备份网关。通过 display vrrp verbose 命令显示 VRRP 备份组的详细参数，交换机 S3 上输出信息如下。

```
[S3]disp vrrp verbose
IPv4 virtual router information：
 Running mode：Standard
 Total number of virtual routers：2
   Interface Vlan-interface10
     VRID              : 10            Adver timer    : 100 centiseconds
     Admin status      : Up            State          : Master
     Config pri        : 120           Running pri    : 120
     Preempt mode      : Yes           Delay time     :100 centiseconds
     Auth type         : None
     Virtual IP        : 10.30.1.254
     Virtual MAC       : 0000-5e00-010a
     Master IP         : 10.30.1.252

   Interface Vlan-interface20
     VRID              : 20            Adver timer    : 100 centiseconds
     Admin status      : Up            State          : Backup
     Config pri        : 100           Running pri    : 100
     Preempt mode      : Yes           Delay time     : 0 centiseconds
     Become master     : 2810 millisecond left
     Auth type         : None
     Virtual IP        : 10.30.2.254
     Master IP         : 10.30.2.253
[S3]
```

在交换机 S3 上 VRRP 备份组的详细参数中，可以看到 VRRP 备份组 10 和备份组 20 的通告报文间隔为 100 厘秒，交换机 S3 在备份组 10 的优先级为 120，而在备份组 20 中的优先级为默认的 100。两个备份组均为强占模式，Master 的抢占延时为 100 厘秒。

（2）验证交换机 S4 的 VRRP 配置

在交换机 S4 上，使用 display vrrp 命令显示 VRRP 备份组的配置信息如下。

```
[S4]disp vrrp
IPv4 virtual router information：
 Running mode：Standard
 Total number of virtual routers：2
 Interface          VRID   State       Running Adver       Auth     Virtual
                                       pri     timer(cs)   type     IP
---------------------------------------------------------------------------------
```

Vlan10	10	Backup	100	100	None	10. 30. 1. 254
Vlan20	20	Master	120	100	None	10. 30. 2. 254

[S4]

从以上输出中可以看到，在 VRRP 备份组 10 中，S4 处于 Backup 状态，即 VLAN 10 的备用网关，而在 VRRP 备份组 20 中，S4 处于 Master 状态，即 VLAN 20 的主用网关。同样可以通过 display vrrp verbose 命令显示交换机 S4 上 VRRP 备份组的详细信息，由于篇幅限制，这里输出信息不再列出。

（3）验证 VRRP 的切换机制

在如图 4-4 所示的拓扑图中，用终端主机 PC1 来测试 VRRP 网关的自动切换机制。在 PC1 上使用 ping 命令测试网关的连通性，-c 1000 参数表示发送 1000 个 ICMP 数据包。在 HCL 仿真软件中，右击交换机 S3 将其关机。在 PC1 的终端窗口观察输出信息如下（此处仅为演示目的，具体 ICMP 数据包的数量可能不同）。

```
<H3C>ping -c 1000 10. 30. 1. 254
Ping 10. 30. 1. 254 (10. 30. 1. 254)：56 data bytes, press CTRL_C to break
56 bytes from 10. 30. 1. 254：icmp_seq = 0 ttl = 255 time = 3. 000 ms
56 bytes from 10. 30. 1. 254：icmp_seq = 1 ttl = 255 time = 2. 000 ms
56 bytes from 10. 30. 1. 254：icmp_seq = 2 ttl = 255 time = 1. 000 ms
56 bytes from 10. 30. 1. 254：icmp_seq = 48 ttl = 255 time = 1. 000 ms
Request time out
Request time out
56 bytes from 10. 30. 1. 254：icmp_seq = 51 ttl = 255 time = 1. 000 ms
56 bytes from 10. 30. 1. 254：icmp_seq = 52 ttl = 255 time = 2. 000 ms
56 bytes from 10. 30. 1. 254：icmp_seq = 53 ttl = 255 time = 2. 000 ms
……
```

从输出信息可以看出，当交换机 S3 停机，发生了几个 ICMP 丢包（Request time out）后，ping 命令随即显示能够从网关中收到 ICMP 返回的数据包，即终端用户的网关发生了自动切换。

为进一步验证终端主机 VLAN 10 的网关已经切换到交换机 S4，在交换机 S4 上显示 VRRP 配置信息如下。

```
<S4>disp vrrp
IPv4 virtual router information：
 Running mode：Standard
 Total number of virtual routers：2
 Interface       VRID   State     Running  Adver      Auth      Virtual
                                  pri      timer(cs)  type      IP
 ---------------------------------------------------------------------------
 Vlan10          10     Master    100      100        None      10. 30. 1. 254
 Vlan20          20     Master    120      100        None      10. 30. 2. 254
<S4>
```

在交换机 S4 上，VRRP 备份组 10 和备份组 20 中 S4 均处于 Master 状态，表明 VRRP 备份组 10 中，交换机 S4 为主用网关，在 VRRP 协议的支持下，VLAN 10 的网关发生了切换。

再次到 HCL 仿真软件中，启动交换机 S3，由于交换机 S3 和 S4 均处于抢占模式，并且在 VRRP 备份组 10 中，交换机 S3 的优先级为 120，高于交换机 S4 在备份组 10 中的优先级，交换机 S3 在启动 1 s 后将抢占成为备份组中的主用设备。交换机 S3 启动完成后，在交换机 S4 上再次显示 VRRP 备份组配置信息，输出信息如下，可见 VRRP 备份组 10 中，交换机 S4 由于选举失败而处于 Backup 状态。

```
<S4>display vrrp
IPv4 virtual router information：
 Running mode : Standard
 Total number of virtual routers : 2
 Interface       VRID   State    Running Adver    Auth     Virtual
                                 pri     timer(cs) type     IP
 ------------------------------------------------------------------
 Vlan10          10     Backup   100     100       None     10. 30. 1. 254
 Vlan20          20     Master   120     100       None     10. 30. 2. 254
<S4>
```

同样，基于以上测试方法，可以将交换机 S3 或 S4 的 G1/0/1 端口分别关闭，查看 VRRP 组的切换情况。由于 VRRP 配置了上行接口链路的联动机制，上行接口链路故障后，由于 VRRP 备份组的主用设备将其 VRRP 优先级减少了 30 从而发生了 VRRP 切换，成为备用设备。例如，当交换机 S3 的 G1/0/1 端口关闭后，显示交换机 S3 的 VRRP 信息如下，交换机 S3 在 VRRP 组 10 中的优先级变成了 90。

```
[S3]display vrrp
IPv4 virtual router information：
 Running mode : Standard
 Total number of virtual routers : 2
 Interface       VRID   State    Running Adver    Auth     Virtual
                                 pri     timer(cs) type     IP
 ------------------------------------------------------------------
 Vlan10          10     Backup   90      100       None     10. 30. 1. 254
 Vlan20          20     Backup   100     100       None     10. 30. 2. 254
[S3]
```

4.2.4 任务反思

综上，虚拟冗余路由协议能够在不改变组网架构的情况下实现用户终端无感知的网关高可靠性设计。本任务通过部署 VRRP 与 Track 的联动机制来实现监测网关上行链路的目的，当上行链路发生故障时能够及时切换 VRRP 组中的主备网关。在部署 VRRP 的过程中，有些配置和部署是相互制约，相互配合实现的。例如，VRRP 可以配置主用网关的抢占延迟，这个配置是延缓主备网关的切换时间，主要考虑当网络环境不稳定时，通过合理设置抢占延迟时间，可以避免频繁的设备状态转换。而与 BFD 联动是加快 VRRP 故障检测，加速主备故障切换，同样当网络链路不稳定时，BFD 的引入也会导致频繁切换问题。网络工程师在配置和部署 VRRP 时，要根据实际网络的组网需求，综合考虑各个参数的设置，从而能够满足应用的需求。

【问题思考】

① 在配置 VRRP 备份组时，为什么建议 Master 设备配置为抢占延迟，而 Backup 设备配置为立即抢占？

② 交换机 S3 与 S4 之间的 BAGG34 整体故障后，S3 与 S4 之间的 VRRP 备份组能否正常工作？为什么？

4.2.5   任务测评

扫描二维码，查看任务测评。

任务测评

4.3   RIP 路由技术部署实施

RIP 路由技术是基于距离氏量算法的域内路由协议之一，它是一种较为简单的内部网关协议，主要用于规模较小的网络中，如校园网以及结构较简单的地区性网络。对于更为复杂的环境和大型网络，一般不使用 RIP。

4.3.1   任务描述

如图 4-3 所示，在教育集团总部园区网络内部部署 RIP 路由协议，实现园区网络内部各业务网段的互连互通。主要部署任务包括在汇聚层交换机 S3 和 S4，核心层交换机 S5 和 S6，网络出口路由器 CE1 和 CE2 上部署 RIP 路由协议，要求规划部署 RIPv2 版本，在 RIP 进程中声明各个直连网段的路由，并且要求在业务网段内收不到 RIP 更新报文。

4.3.2   任务准备

为完成上述任务，学生需在掌握理论知识和理解任务规划与分解两方面做好准备，主要包括 RIP 路由协议的基本概念、RIP 的启动和运行过程以及 RIP 的防环机制、规划与配置要点等内容。

1. 知识准备

由于 RIP 的实现较为简单，在配置和维护管理方面也远比 OSPF 和 IS-IS 容易，因此在实际组网中有一定的应用，但是随着网络复杂度的提高，不同带宽网络的接入，由于 RIP 协议自身设计的缺陷等原因，RIP 在实际工程中的应用逐渐减少。

（1）RIP 工作机制

RIP 协议是基于 D-V 算法（又称为 Bellman-Ford 算法）的内部动态路由协议，它通过 UDP 数据报交换路由信息，端口为 520。

RIP 协议使用跳数衡量到达目标主机的距离称为路由度量。为限制收敛时间，RIP 规定度量值取 0~15 的整数，大于或等于 16 的跳数被定义为无穷大，即目的网络或主机不可达。由于这个限制，使得 RIP 不适合应用于大型网络。

RIP 协议使用两种形式的报文：路径信息请求报文和路径信息响应报文。在路由器端口第一次启动时，将会发送请求报文。路径信息响应报文包含了实际的路由信息，以每 30 s 的间隔发送给相邻端口。在 RIP 协议中，还使用了水平分割、毒性逆转机制来防止路由环路的形成，并且使用触发更新和路由超时机制确保路由的正确性。

（2）RIP 的版本

RIP 有 RIPv1 和 RIPv2 两个版本。

① RIPv1 是有类别路由协议（Classful Routing Protocol），只支持以广播方式发布协议报文。RIPv1 的协议报文无法携带掩码信息，只能识别 A、B、C 类别网段的路由，因此 RIPv1 不支持不连续子网（Discontiguous Subnet）。

② RIPv2 是一种无类别路由协议（Classless Routing Protocol），与 RIPv1 相比，具有以下优势。

- 支持路由标记，在路由策略中可根据路由标记对路由进行灵活的控制。
- 报文中携带掩码信息，支持路由聚合和无类域间路由（Classless Inter-Domain Routing，CIDR）。
- 支持指定下一跳，在广播网上可以选择到最优下一跳地址。
- 支持组播路由发送更新报文，只有 RIPv2 路由器才能收到更新报文，减少资源消耗。
- 支持对协议报文进行验证，并提供明文验证和 MD5 验证两种方式，增强安全性。

RIPv2 支持广播和组播两种报文传送方式，默认采用组播方式发送报文，使用的组播地址为 224.0.0.9。当端口运行 RIPv2 广播方式时，也可接收 RIPv1 的报文。

（3）RIP 的运行过程

RIP 的运行过程如下。

① 路由器启动 RIP 后，便会向相邻的路由器发送请求报文（Request Message），相邻的 RIP 路由器收到请求报文后，响应该请求，回送包含本地路由表信息的响应报文（Response Message）。

② 路由器收到响应报文后，更新本地路由表，同时向相邻路由器发送触发更新报文，通告路由更新信息。相邻路由器收到触发更新报文后，又向其各自的相邻路由器发送触发更新报文。在一连串的触发更新广播后，各路由器都能得到并保持最新的路由信息。

③ 路由器周期性向相邻路由器发送本地路由表，运行 RIP 协议的相邻路由器在收到报文后，对本地路由进行维护，选择一条最佳路由，再向其各自相邻网络发送更新信息，使更新的路由最终能达到全局并有效。同时，RIP 采用老化机制对超时的路由进行老化处理，以保证路由的实时性和有效性。

（4）RIP 防环机制

RIP 是一种基于 D-V 算法的路由协议，由于它向邻居通告的是自己的路由表，存在路由循环的可能性。

RIP 通过以下机制来避免路由环路的产生。

① 水平分割（Split Horizon）：RIP 从某个接口学到的路由，不会从该接口再发回给邻居路由器，这样不但减少了带宽消耗，还可以防止路由循环。

② 毒性反转（Poision Reverse）：RIP 从某个接口学到路由后，将该路由的开销设置为 16（不可达），并从原接口发回邻居路由器。利用这种方式，可以清除对方路由表中的无用信息。

2. 任务规划与分解

RIP 路由协议的主要规划要点包括确定运行的版本号、确定需要发布进 RIP 进程的接口、确定静默接口及决定是否下发默认路由等。RIPv2 支持安全认证，如需认证还需要规划认证的方式等内容。

在教育科技集团公司的总部园区网络中部署 RIP 动态路由协议，实现总部内网的连通。本任务部署规划中，由于 RIPv2 良好特性支持，以部署 RIPv2 为主。

（1）IP 地址配置与部署

根据图 2-7 所示的教育集团园区网络 IPv4 地址规划，完成各个设备接口 IP 地址的配置和部署。

（2）RIPv2 部署

① 在交换机 S3、S4、S5 和 S6 上启用 RIPv2 协议，声明直连网络和环回接口地址 0，并关闭 RIPv2 的自动汇总功能。

② 在出口路由器 CE1 和 CE2 上启用 RIPv2 协议，声明直连网络和环回接口地址 0，并关闭 RIPv2 的自动汇总功能，分别在 CE1 和 CE2 上发布默认路由。

③ 在交换机 S3 和 S4 上配置业务 Vlanif 为静默接口。

④ 测试和分析 RIP 路由配置。

4.3.3　任务实施

任务实施阶段将依次完成 4.3.2 节的分解任务。

1. IP 地址部署

4.2 节在交换机 S3 和 S4 上完成了各业务网络网关 IP 地址的配置，本小节主要实施交换机 S3、S4、S5、S6、CE1 和 CE2 之间互连接口 IP 地址的配置。由于篇幅有限，IP 地址配置部署不再详细列出，请读者自行完成。最终完成 IP 地址部署后，保证各个设备通过直连链路能够正常通信。

2. 交换机部署 RIP

（1）配置 S3 的 RIP 进程

S3 的 RIP 配置采用默认进程号 1，运行版本 2，并发布直连和环回接口路由，配置如下。

```
[S3]rip                      //进入 RIP 配置视图,默认进程号为1,也可指定进程号
[S3-rip-1]version 2          //指定 RIP 版本为v2
[S3-rip-1]net 10.0.0.0       //发布直连网络
[S3-rip-1]net 172.17.0.0     //发布环回接口
[S3-rip-1]
```

从以上配置中可以看出，虽然 RIPv2 支持 VLSM，但在使用 network 通告子网时，管理员仍可使用主类网络进行宣告，如 network 10.0.0.0 这条命令表示把所有主类网络为 10.0.0.0 的接口全部宣告进 RIP 进程中。此时，交换机 S3 中包括 10.30.1.0/24、10.30.2.0/24 以及 10.20.35.0/30 网段在内的 3 个接口都会定时向外发出 RIP 通告的组播报文。RIPv2 的配置中也可以使用 network 发布明细路由。

（2）配置 S4 的 RIP 进程

在交换机 S4 上以发布明细路由的方式来配置 RIP 协议，在 RIPv2 中的发布明细路由与发布主类网络效果相同，配置如下。

```
[S4]rip                              //进入 RIP 配置视图,默认进程号为 1,也可指定进程号
[S4-rip-1]version 2                  //指定 RIP 版本为 v2
[S4-rip-1]net 10.30.1.0  0.0.0.255   //发布业务网段 1
[S4-rip-1]net 10.30.2.0  0.0.0.255   //发布业务网段 2
[S4-rip-1]net 10.20.46.0  0.0.0.3    //发布互连网段
[S4-rip-1]net 172.17.1.4  0.0.0.0    //发布环回接口
[S4-rip-1]
```

(3) 配置 S5 的 RIP 进程

```
[S5]rip                      //进入 RIP 配置视图,默认进程号为 1,也可指定进程号
[S5-rip-1]version 2          //指定 RIP 版本为 v2
[S5-rip-1]net 10.0.0.0       //发布直连网络
[S5-rip-1]net 172.17.0.0     //发布环回接口
[S5-rip-1]
```

(4) 配置 S6 的 RIP 进程

```
[S6]rip                      //进入 RIP 配置视图,默认进程号为 1,也可指定进程号
[S6-rip-1]version 2          //指定 RIP 版本为 v2
[S6-rip-1]net 10.0.0.0       //发布直连网络
[S6-rip-1]net 172.17.0.0     //发布环回接口
[S6-rip-1]
```

完成以上 4 台交换机的 RIP 进程部署后,当在其中任何一台设备上显示 RIP 路由的路由表项时,如交换机 S3 通过 RIP 路由协议学习的路由表项如下。

```
[S3]display ip routing-table protocol rip
Summary count : 11
RIP Routing table status : <Active>
Summary count : 7
Destination/Mask    Proto    Pre Cost        NextHop          Interface
10.20.15.0/30       RIP      100 1           10.20.35.2       GE1/0/1
10.20.26.0/30       RIP      100 2           10.20.35.2       GE1/0/1
                                             10.30.1.253      Vlan10
                                             10.30.2.253      Vlan20
10.20.46.0/30       RIP      100 1           10.30.1.253      Vlan10
                                             10.30.2.253      Vlan20
10.20.56.0/30       RIP      100 1           10.20.35.2       GE1/0/1
RIP Routing table status : <Inactive>
Summary count : 4
Destination/Mask    Proto    Pre Cost        NextHop          Interface
10.20.35.0/30       RIP      100 0           0.0.0.0          GE1/0/1
10.30.1.0/24        RIP      100 0           0.0.0.0          Vlan10
10.30.2.0/24        RIP      100 0           0.0.0.0          Vlan20
172.17.1.3/32       RIP      100 0           0.0.0.0          Loop0
[S3]
```

虽然在各台交换机上通告了各自环回接口所在的网段,但是各台交换机上并没有通过 RIP 路由协议学习到各个交换设备的环回接口 0 的明细路由。其原因在于 RIPv2 协议在接口的自动汇总功能默认处于开启状态,当开启了路由自动汇总功能后,RIP 在向其他网络通告同一个主类网络中的子网路由时,在网络边界会自动汇总为一条有类网络的路由进行通告。例如,以 S3 和 S5 之间的 RIP 通告为例,交换机 S3 和 S5 分别向对方通告到达网络 172.17.0.0/16,开销是 1 跳,然而当两个设备收到来自对方的通告报文后,会比较路由协议的优先级 Preference

值，直连路由的优先级大于 RIP 路由协议，所以对方设备通告的报文无法进入路由表。

因此，需要在交换机 S3、S4、S5 和 S6 上的 RIP 进程中关闭自动汇总功能，配置如下。

```
[S3]rip
[S3-rip-1]undo summary
----------------------------------------------
[S4]rip
[S4-rip-1]undo summary
----------------------------------------------
[S5]rip
[S5-rip-1]undo summary
----------------------------------------------
[S6]rip
[S6-rip-1]undo summary
```

再次显示交换机 S3 的路由表时，输出如下。

```
[S3]display ip routing-table protocol rip
Summary count : 17
RIP Routing table status : <Active>
Summary count : 13
Destination/Mask    Proto    Pre Cost      NextHop         Interface
10.20.15.0/30       RIP      100 1         10.20.35.2      GE1/0/1
10.20.26.0/30       RIP      100 2         10.20.35.2      GE1/0/1
                                           10.30.1.253     Vlan10
                                           10.30.2.253     Vlan20
10.20.46.0/30       RIP      100 1         10.30.1.253     Vlan10
                                           10.30.2.253     Vlan20
10.20.56.0/30       RIP      100 1         10.20.35.2      GE1/0/1
172.17.1.4/32       RIP      100 1         10.30.1.253     Vlan10
                                           10.30.2.253     Vlan20
172.17.1.5/32       RIP      100 1         10.20.35.2      GE1/0/1
172.17.1.6/32       RIP      100 2         10.20.35.2      GE1/0/1
                                           10.30.1.253     Vlan10
                                           10.30.2.253     Vlan20

RIP Routing table status : <Inactive>
Summary count : 4
Destination/Mask    Proto    Pre Cost      NextHop         Interface
10.20.35.0/30       RIP      100 0         0.0.0.0         GE1/0/1
10.30.1.0/24        RIP      100 0         0.0.0.0         Vlan10
10.30.2.0/24        RIP      100 0         0.0.0.0         Vlan20
172.17.1.3/32       RIP      100 0         0.0.0.0         Loop0
[S3]
```

从以上输出中可以看出，来自交换机 S4、S5 和 S6 的环回接口路由已经成功加入到交换机 S3 的路由表中。同理，交换机 S4、S5 和 S6 的路由表也正确学习到各个设备环回接口的路由。

3. 路由器 CE1 和 CE2 部署 RIP

本小节将在出口路由器 CE1 和 CE2 上部署 RIP 路由协议，并在 CE1 和 CE2 路由器上下发默认路由，作为园区网访问公网的路由。配置之前，首先在 CE1 和 CE2 上配置静态默认路由，指向运营商路由器的相关接口，然后完成 CE1 和 CE2 的 RIP 配置如下。

（1）配置 CE1 的 RIP 进程

```
[CE1]rip                          //进入 RIP 配置视图,默认进程号为 1,也可指定进程号
[CE1-rip-1]version 2              //指定 RIP 版本为 v2
[CE1-rip-1]net 10.0.0.0          //发布直连网络
[CE1-rip-1]net 172.17.0.0        //发布环回接口
[CE1-rip-1]undo summary           //关闭自动汇总
[CE1-rip-1]default-route originate //发布默认路由,用于园区内部访问外部网络
[CE1-rip-1]
```

（2）配置 CE2 的 RIP 进程

```
[CE2]rip                          //进入 RIP 配置视图,默认进程号为 1,也可指定进程号
[CE2-rip-1]version 2              //指定 RIP 版本为 v2
[CE2-rip-1]net 10.0.0.0          //发布直连网络
[CE2-rip-1]net 172.17.0.0        //发布环回接口
[CE2-rip-1]undo summary           //关闭自动汇总
[CE2-rip-1]default-route originate //发布默认路由,用于园区内部访问外部网络
[CE2-rip-1]
```

为防止环路，配置了发布默认路由的 RIP 路由器不再接收来自 RIP 邻居的默认路由。例如，CE1 和 CE2 通过二者之间的直连链路形成邻居关系，尽管 CE1 和 CE2 各自都下发了默认路由，但是 CE1 不接收 CE2 通告的默认路由，CE2 也不接收 CE1 通告的默认路由。

4. 交换机 S3 和 S4 的静默接口

在完成上述第 1 步和第 2 步后，教育集团总部园区网络内部已经实现总部内网互通，还可以进一步对 RIP 的实施进行优化。在交换机 S3 和 S4 的 RIP 进程中，向外通告各个业务网段的目的是为了其余三层设备能够学习到达业务网段的路由，而由于业务网段处于汇聚层交换机 S3 和 S4 的下游，下游设备均为二层交换机，因此不需要通过连接下游交换机的接口向外通告 RIPv2 组播报文，可以在 RIP 进程中配置静默接口来实现。在 RIP 进程中配置了静默接口后，RIP 进程将不会通过该接口向外发送 RIP 通告报文，但是能够通过静默接口接收 RIP 更新报文。

（1）交换机 S3 的 RIP 静默接口配置

在交换机 S3 的 RIP 协议视图下，通过 silent-interface 命令配置 RIP 进程不向 Vlan 10 和 Vlan 20 的接口发送 RIP 组播报文，配置如下。

```
[S3]rip
[S3-rip-1]silent-interface Vlan-interface 10
[S3-rip-1]silent-interface Vlan-interface 20
[S3-rip-1]
```

（2）交换机 S4 的 RIP 静默接口配置

同样，在交换机 S4 上完成 RIP 静默接口的配置，从而使得交换机 S4 也不再通过 Trunk 端口向外通告 RIPv2 的组播报文。

```
[S4]rip
[S4-rip-1]silent-interface Vlan-interface 10
[S4-rip-1]silent-interface Vlan-interface 20
[S4-rip-1]
```

在交换机 S3 和 S4 上配置完静默接口后，交换机 S3 和 S4 之间的聚合链路上将不再有 RIPv2 组播报文，从而使得交换机 S3 与 S4 之间的聚合链路为纯二层链路。当在交换机 S3 上用 display rip 1 neighbor 命令显示邻居信息时，只有一个邻居信息（即 10.20.35.2），输出信息如下。

```
[S3]display rip 1 neighbor
 Neighbor address：10.20.35.2
     Interface    : GigabitEthernet1/0/1
     Version      : RIPv2      Last update：00h00m02s
     Relay nbr    : No         BFD session：None
     Bad packets：0            Bad routes  : 0
 [S3]
```

此时在交换机 S4 上，查看到达交换机 S3 环回接口 1 的路由条目时，输出信息如下。根据最长匹配原则，交换机 S4 会匹配明细路由需要绕行至交换机 S6，然后通过 S5 到达 S3，此时的传输路径为 S4→S6→S5→S3，因此存在次优路径问题。

```
<S4>display ip routing-table 172.17.1.3
Summary count：2
Destination/Mask   Proto   Pre Cost        NextHop        Interface
0.0.0.0/0          RIP     100 2           10.20.46.2     GE1/0/1
172.17.1.3/32      RIP     100 3           10.20.46.2     GE1/0/1
<S4>
```

静默接口实际上是禁止接口向外发送广播（RIPv1）或组播（RIPv2）报文，当管理员又配置了单播更新后，如果单播更新的邻居子网与该静默接口属于相同的子网，那么该静默接口会以单播形式向指定邻居发送更新消息。要解决次优路径问题，此时可以在交换机 S3 和 S4 上配置单播更新的功能。

具体配置如下。

```
[S3]rip
[S3-rip-1]peer 10.30.1.253
[S3-rip-1]peer 10.30.2.253
[S3-rip-1]
---------------------------------------
[S4]rip
[S4-rip-1]peer 10.30.1.252
[S4-rip-1]peer 10.30.2.252
[S4-rip-1]
```

完成以上配置后，再次显示交换机 S3 的 RIP 邻居时，增加了通过单播更新的两个邻居：10.30.1.253 和 10.30.2.253。

5. RIP 路由的测试和分析

（1）查看交换机 S3 的路由表

在交换机 S3 上输出由 RIP 学习到的路由信息如下。

```
[S3]display ip routing-table protocol rip
Summary count：23
RIP Routing table status：<Active>
Summary count：19
```

```
Destination/Mask   Proto   Pre Cost      NextHop          Interface
0. 0. 0. 0/0       RIP     100 2         10. 20. 35. 2    GE1/0/1
10. 20. 12. 0/30   RIP     100 2         10. 20. 35. 2    GE1/0/1
10. 20. 15. 0/30   RIP     100 1         10. 20. 35. 2    GE1/0/1
10. 20. 26. 0/30   RIP     100 2         10. 20. 35. 2    GE1/0/1
                                         10. 30. 1. 253   Vlan10
                                         10. 30. 2. 253   Vlan20
10. 20. 46. 0/30   RIP     100 1         10. 30. 1. 253   Vlan10
                                         10. 30. 2. 253   Vlan20
10. 20. 56. 0/30   RIP     100 1         10. 20. 35. 2    GE1/0/1
172. 17. 1. 1/32   RIP     100 2         10. 20. 35. 2    GE1/0/1
172. 17. 1. 2/32   RIP     100 3         10. 20. 35. 2    GE1/0/1
                                         10. 30. 1. 253   Vlan10
                                         10. 30. 2. 253   Vlan20
172. 17. 1. 4/32   RIP     100 1         10. 30. 1. 253   Vlan10
                                         10. 30. 2. 253   Vlan20
172. 17. 1. 5/32   RIP     100 1         10. 20. 35. 2    GE1/0/1
172. 17. 1. 6/32   RIP     100 2         10. 20. 35. 2    GE1/0/1
                                         10. 30. 1. 253   Vlan10
                                         10. 30. 2. 253   Vlan20
RIP Routing table status : <Inactive>
Summary count : 4
Destination/Mask   Proto   Pre Cost      NextHop          Interface
10. 20. 35. 0/30   RIP     100 0         0. 0. 0. 0       GE1/0/1
10. 30. 1. 0/24    RIP     100 0         0. 0. 0. 0       Vlan10
10. 30. 2. 0/24    RIP     100 0         0. 0. 0. 0       Vlan20
172. 17. 1. 3/32   RIP     100 0         0. 0. 0. 0       Loop0
[S3]
```

从以上信息可以看出，交换机 S3 去往出口路由器是通过 S5 转发，去往 10. 20. 26. 0/30 网段有两条路径，两条路径实现负载分担。交换机 S3 到 S4 的环回接口 0 直接一跳可达，而不必再绕行到 S5，从而既解决了业务网段多余的 RIP 组播流量问题，又解决了次优路径问题。

（2）设备冗余设计分析

当汇聚层交换机 S3 故障时，由于 VRRP 的存在，汇聚层下游交换机的接入网关会切换到汇聚层交换机 S4；当核心交换机 S5 故障时，由于 VRRP 联动机制的存在，园区内部网关也会切换至 S4，使得园区业务访问外部网络的路径为 S4→S6→CE2。例如，将交换机 S5 关机后，交换机 S3 的 VRRP 备份组 10 的主设备已经切换至 Backup 状态，VRRP 备份组信息如下。

```
<S3>disp vrrp
IPv4 virtual router information:
 Running mode : Standard
 Total number of virtual routers : 2
 Interface       VRID   State    Running Adver     Auth    Virtual
                                 pri     timer(cs) type    IP
 ------------------------------------------------------------------------
 Vlan10          10     Backup   90      100       None    10. 30. 1. 254
 Vlan20          20     Backup   100     100       None    10. 30. 2. 254
<S3>
```

当出口路由器 CE1 故障时，交换机 S3 上去往外网的路由为通过交换机 S4 或 S5 的两条路径可达，一条是 S3→S4→S6→CE2，另一条路径是 S3→S5→S6→CE2。在交换机 S3 上显示默认路由的表项信息如下。

```
<S3>display ip routing-table 0.0.0.0
Summary count : 4
Destination/Mask    Proto   Pre   Cost      NextHop          Interface
0.0.0.0/0           RIP     100   3         10.20.35.2       GE1/0/1
                                            10.30.1.253      Vlan10
                                            10.30.2.253      Vlan20
0.0.0.0/32          Direct  0     0         127.0.0.1        InLoop0
<S3>
```

从以上信息可以看出，交换机 S3 学习的默认路由的 Cost 为 3，即交换机 S3 距离发布默认路由的路由器 CE2 为 3 跳。当一台出口路由器故障后，RIP 动态路由协议自动选择最短路径到达目的网络，实现了设备的冗余设计。

4.3.4　任务反思

综上，本任务在教育集团总部园区网络内部部署和实施了 RIPv2 路由协议，RIPv2 是一个无类域内路由协议，默认情况下在主类网络边界的自动汇总功能处于打开状态，通过关闭自动汇总功能，园区内各设备学习到各设备环回接口 0 的路由。通过在出口路由器 CE1 和 CE2 的 RIP 进程中下发默认路由的方式，使得园区内部业务网络能够通过 CE1 或 CE2 访问外部网络。通过静默接口解决了业务网段不接收 RIPv2 组播报文的问题，同时也使得交换机 S3 与 S4 无法通过其间的聚合链路形成 RIP 邻居，这样交换机 S3 或 S4 访问部分网段时存在次优路由问题。通过单播更新的配置解决了 S3 与 S4 之间的次优路由问题。

【问题思考】

（1）如图 4-4 所示，两台路由器 R1 和 R2 分别运行的 RIP 版本不一致，在路由器 R1 上的 RIP 配置中，未明确指明运行的 RIP 版本，声明了直连网络和环回接口所在网段。路由器 R2 上的 RIP 配置中，明确指明运行 RIPv2 版本，并声明直连网络，请据此思考以下问题。

①路由器 R1 能否学习到 R2 直连的 193.193.1.0/24 的路由？为什么？

②路由器 R2 能否学习到 R1 直连的 193.193.0.0/24 的路由？为什么？

（2）教育集团总部园区网络 CE1 未来

图 4-4　RIP 版本不一致情形下的路由学习

要考虑通过 MPLS VPN 隧道与数据中心 DC 实现内网互通，如果与骨干网路由器 PE3 形成 RIP 邻居关系，请思考如何控制 CE1 上的 RIP 进程只指 PE3 通告指定的网段。

4.3.5　任务测评

扫描二维码，查看任务测评。

任务测评

4.4　IPv6 技术部署实施

早在 IPv6 技术形成之初，人们就开始对 IPv4/IPv6 网络的过渡、共存、互通等进行了技术研究与论证，更多的是集中在基础网络层面从传统的 IPv4 网络如何平滑地迁移到终极的 IPv6

网络。目前，网络中 IPv6 应用以 FTP、Web 服务、视频点播、文件共享等服务为主，这类服务对网络带宽有一定要求，对服务器本身的计算能力并无较高要求，从更为成熟的行业化应用计算角度来看，一般的应用都是多层（N-tier）架构，如常见的 C/S 架构和 B/S 多层应用方式。本节将介绍教育集团总部园区网络的 IPv6 相关技术部署和实施。

4.4.1 任务描述

随着教育集团业务的发展，拟在公司总部园区网络内部部署和实施 IPv6 实验网，本任务首先需要完成总部园区网内各网络设备和终端的 IPv6 地址配置，然后在汇聚层之上的三层设备之间完成 IPv6 路由协议的配置，路由协议选用 RIPng。本任务只关注 IPv6 路由实现全网互连互通，暂时不考虑 VRRP 的 IPv6 部署。公司申请到的 IPv6 地址段为 2001:3333:CCCC::/48，请依据此网段完成 IPv6 地址及路由的规划及配置，各个设备环回接口地址为 2001:3333:CCCC:17::x/128，其中 x 表示各个设备的序号。

4.4.2 任务准备

当前 IPv4 向 IPv6 过渡已经是大势所趋，但是在相当长一段时间内 IPv4 和 IPv6 是共同存在的，在 IPv6 的过渡技术中，双协议栈技术是主流技术，即在设备上同时启用 IPv4 和 IPv6 协议栈。此外，隧道技术和协议转换技术也是 IPv4 向 IPv6 过渡的两种技术。隧道技术是利用一种网络协议传输另一种网络协议的技术，该技术主要用于过渡的初期或结束期；附带协议转换器的网络地址转器（Network Address Translation-Protocol Translation，NAT-PT）通过修改协议报文头来转换网络地址，通过与应用层网关相结合实现 IPv6 结点和 IPv4 结点之间大部分应用相互通信。

1. 知识准备

在知识准备部分，需要掌握 IPv6 的 NDP 协议和 RIPng 路由的工作原理及相关配置。邻居发现协议（Neighbor Discovery Protocol，NDP）是 IPv6 的一个关键协议，它综合了 IPv4 中的一些协议功能（如 ARP、ICMP 路由发现和 ICMP 重定向等），并对它们做了改进。RIPng 是对原来的 IPv4 网络中 RIPv2 协议的扩展，工作机制与 RIPv2 基本相同。

（1）IPv6 邻居发现

IPv6 技术通过 NDP 协议来发现链路上的邻居，NDP 主要包括如下功能。

- 地址解析：已知目的结点的网络地址，确定链路层地址的方法。IPv6 的地址解析过程包括两部分：一部分解析链路上目的 IP 地址所对应的链路层地址，另一部分是邻居可达性状态的维护过程，即邻居不可达检测。
- 邻居不可达检测功能：在获取到邻居结点的链路地址后，通过发送消息来验证邻居结点是否可达。
- 地址重复检测（Duplicate Address Detection，DAD）：根据前缀信息生成 IPv6 地址或手工配置 IPv6 地址后，为保证地址的唯一性，在该地址可以使用之前主机需要检测此 IPv6 地址是否已经被链路上其他结点所使用。
- 无状态地址自动配置功能：指主机根据路由器发现/前缀发现所获取的信息，自动配置 IPv6 地址。IPv6 同时定义了无状态与有状态地址自动配置机制，有状态地址自动配置使用 DHCPv6 协议来给主机动态分配 IPv6 地址，工作机制与 IPv4 的 DHCP 协议一样，而无状态地址配置是 IPv6 独有的地址配置机制，实现真正即插即用、迁移方便的优点。

- 路由器重定向功能：当主机启动时，其路由表中可能只有一条到默认网关的默认路由。当在本地链路上存在一个到达目的网络的更好的路由器时，默认网关会向源主机发送 ICMPv6 重定向消息，通知主机选择更好的下一跳进行后续报文的发送。

NDP 协议使用了路由器请求（Router Solicitation，RS）报文、路由器公告（Router Advertisement，RA）报文、邻居请求（Neighbor Solicitation，NS）报文、邻居公告（Neighbor Advertisement，NA）报文和重定向（Redirect）报文，共 5 种报文来实现上述功能。其中，NS/NA 报文主要用于地址解析，RS/RA 报文主要用于无状态地址自动配置，Redirect 报文用于路由器重定向功能。

（2）RIPng 协议

RIPng 又称为下一代 RIP 协议（RIP next generation），它是对原来的 IPv4 网络中 RIPv2 协议的扩展，大多数 RIP 的概念都可以用于 RIPng。

1）RIPng 概述

为了在 IPv6 网络中应用，RIPng 对原有的 RIP 协议进行了如下修改。

- UDP 端口号：使用 UDP 的 521 端口发送和接收路由信息。
- 组播地址：使用 FF02::9 作为链路本地范围内的 RIPng 路由器组播地址。
- 前缀长度：目的地址使用 128 比特的前缀长度。
- 下一跳地址：使用 128 比特的 IPv6 地址。
- 源地址：使用链路本地地址 FE80::/10 作为源地址发送 RIPng 路由信息更新报文。

2）RIPng 工作机制

RIPng 协议是基于距离矢量（Distance-Vector）算法的协议。它通过 UDP 报文交换路由信息，使用的端口号为 521。

RIPng 使用跳数来衡量到达目的地址的距离（也称为度量值或开销）。在 RIPng 中，从一个路由器到其直连网络的跳数为 0，通过与其相连的路由器到达另一个网络的跳数为 1，其余以此类推。当跳数大于或等于 16 时，目的网络或主机就被定义为不可达。

RIPng 每 30 s 发送一次路由更新报文。如果在 180 s 内没有收到网络邻居的路由更新报文，RIPng 将从邻居学习到的所有路由标识为不可达。如果再过 120 s 内仍没有收到邻居的路由更新报文，RIPng 将从路由表中删除这些路由。

为了提高性能并避免形成路由环路，RIPng 既支持水平分割也支持毒性逆转。此外，RIPng 还可以从其他路由协议引入路由。每个运行 RIPng 的路由器都管理一个路由数据库，该路由数据库包含了到所有可达目的地的路由项，这些路由项包含下列信息。

- 目的地址：主机或网络的 IPv6 地址。
- 下一跳地址：为到达目的地，需要经过的相邻路由器的接口 IPv6 地址。
- 出接口：转发 IPv6 报文通过的出接口。
- 度量值：本路由器到达目的地的开销。
- 路由时间：从路由项最后一次被更新到现在所经过的时间，路由项每次被更新时，路由时间重置为 0。

- 路由标记（Route Tag）：用于标识外部路由，以便在路由策略中根据 Tag 对路由进行灵活的控制。

3）RIPng 报文处理过程

① Request 报文。

当 RIPng 路由器启动后或者需要更新部分路由表项时，便会发出 Request 报文，向邻居请求需要的路由信息。通常情况下，以组播方式发送 Request 报文。收到 Request 报文的 RIPng 路由器会对其中的 RTE（Router Entries）进行处理。如果 Request 报文中只有一项 RTE，且 IPv6 前缀和前缀长度都为 0，度量值为 16，则表示请求邻居发送全部路由信息，被请求路由器收到后会把当前路由表中的全部路由信息，以 Response 报文形式返回给请求路由器。如果 Request 报文中有多项 RTE，被请求路由器将对 RTE 逐项处理，更新每条路由的度量值，最后以 Response 报文形式返回给请求路由器。

② Response 报文。

Response 报文包含本地路由表的信息，一般在下列情况下产生。

- 对某个 Request 报文进行响应。
- 作为更新报文周期性地发出。
- 在路由发生变化时触发更新。

收到 Response 报文的路由器会更新自己的 RIPng 路由表。为了保证路由的准确性，RIPng 路由器会对收到的 Response 报文进行有效性检查，如源 IPv6 地址是否是链路本地地址、端口号是否正确等，没有通过检查的报文会被忽略。

4）RIPng 与 RIP 的异同点

RIPng 的工作机制与 RIPv2 基本相同，但为了使其能够适应 IPv6 网络环境下的选路要求，RIPng 对 RIPv2 进行了改进，主要体现在以下方面。

① 报文不同。RIPng 在报文长度、报文格式及路由信息中的目的地址和下一跳地址的长度方面与 RIPv2 存在不同。RIPv2 报文中路由信息中的目的地址和下一跳地址只有 32 比特，而 RIPng 均为 128 比特。RIPv2 对报文的长度有限制，规定每个报文最多只能携带 25 个路由条目，而 RIPng 对报文长度、路由条目的数量都不作规定，报文的长度与发送接口设置的 IPv6 MTU 有关。

② 安全认证不同。RIPng 自身不提供认证功能，而是通过使用 IPv6 提供的安全机制来保证自身报文的合法性。因此，RIPv2 报文中的认证 RTE 在 RIPng 报文中被取消。

③ 与网络层协议的兼容性不同。RIP 不仅能在 IP 网络中运行，也能在 IPX 网络中运行，而 RIPng 只能在 IPv6 网络中运行。

2. 任务规划与分解

在掌握了相关技术理论知识的基础上，要研究任务规划方案，明确任务实施的具体工作，主要包括园区网络 IPv6 地址的规划及 RIPng 路由的实施。

（1）任务规划方案

在教育科技集团公司的总部网络中部署 RIPng，实现总部 IPv6 网络的连通，本任务需要用户为园区内部各设备接口规划 IPv6 地址。

1）IPv6 地址规划

参照 IPv4 地址的规划配置原则，教育集团总部内终端及互连 IPv6 地址的规划如图 4-5 所示。

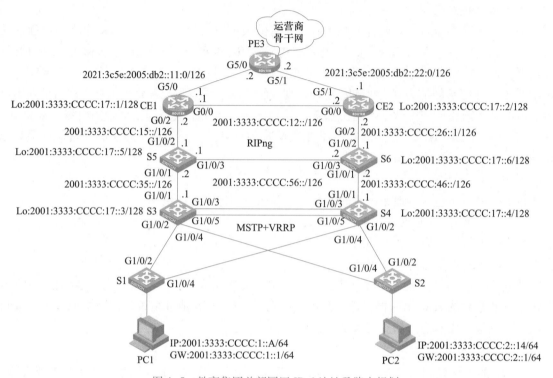

图 4-5   教育集团总部园区 IPv6 地址及路由规划

2）RIPng 协议规划

在配置 RIPng 基本功能之前，需要在路由上启用 IPv6 报文转发功能，并配置接口的网络层地址，使相邻结点的网络层可达。

① 确定开启 RIPng 进程的路由器和交换机，本案例中主要包括交换机 S3、S4、S5 和 S6，路由器 CE1 和 CE2。

② 规划 RIPng 的进程号为 10，如果没有指定进程 ID，系统的默认进程 ID 为 1。

③ 确定运行 RIPng 设备的哪个接口使能 RIPng。在本案例中除交换机 S3 和 S4 包括业务网段外，在大多数设备的互连接口上开启 RIPng 即可。

（2）任务分解

根据任务规划方案，在任务实施阶段需要完成的工作如下。

① 设备接口 IPv6 地址的配置和部署。

② 在交换机和路由器上启用 RIPng 协议，并在相关接口使能 RIPng。

③ 测试公司总部 IPv6 网络的连通性。

4.4.3   任务实施

任务实施阶段将依次完成 4.4.2 节的分解任务。

1. IPv6 地址配置

IPv6 地址的配置相对较简单，与 IPv4 相比，仅仅是命令不同，命令的格式参数与 IPv4 相同。根据如图 4-5 所示的 IPv6 地址，为各个网络设备和终端接口配置 IPv6 地址。

(1) 终端配置 IPv6 地址

根据表 4-3 完成园区总部接入终端 PC 的 IPv6 地址配置，其中，PC1 所在网段为 2001：3333：CCCC：1：:/64 段对应于 VLAN 10，PC2 所在网段为 2001：3333：CCCC：2：:/64 段对应于 VLAN 20。

表 4-3　教育集团园区网络终端 IPv6 地址

设 备 名 称	IPv6 地址	网 关 地 址
PC1	2001：3333：CCCC：1：:A/64	2001：3333：CCCC：1：:1/64
PC2	2001：3333：CCCC：2：:14/64	2001：3333：CCCC：2：:1/64

(2) 网络设备 IPv6 地址部署

① 交换机 S3 的 IPv6 地址配置。

```
[S3]interface LoopBack 0
[S3-LoopBack0]ipv6 address 2001:3333:cccc:17::3 128
[S3-LoopBack0]int vlan 10
[S3-Vlan-interface10]ipv6 add 2001:3333:cccc:1::1 64
[S3-Vlan-interface10]int vlan 20
[S3-Vlan-interface20]ipv6 add 2001:3333:cccc:2::3 64
[S3-Vlan-interface20]quit
[S3]interface GigabitEthernet 1/0/1
[S3-GigabitEthernet 1/0/1]ipv6 address 2001:3333:cccc:35::1126
[S3-GigabitEthernet 1/0/1]quit
[S3]
```

② 交换机 S4 的 IPv6 地址配置。

```
[S4]interface LoopBack 0
[S4-LoopBack0]ipv6 address 2001:3333:cccc:17::4 128
[S4-LoopBack0]int vlan 10
[S4-Vlan-interface10]ipv6 address 2001:3333:cccc:1::3 64
[S4-Vlan-interface10]int vlan 20
[S4-Vlan-interface20]ipv6 address 2001:3333:cccc:2::1 64
[S4-Vlan-interface20]quit
[S4]interface GigabitEthernet 1/0/1
[S4-GigabitEthernet1/0/1]ipv6 address 2001:3333:cccc:46::1 126
[S4-GigabitEthernet1/0/1]quit
[S4]
```

③ 交换机 S5 的 IPv6 地址配置。

```
[S5]interface LoopBack 0
[S5-LoopBack0]ipv6 add 2001:3333:cccc:17::5 128
[S5-LoopBack0] int g1/0/1
[S5-GigabitEthernet1/0/1]ipv6 add 2001:3333:cccc:35::2 126
[S5-GigabitEthernet1/0/1]int g1/0/2
```

```
[S5-GigabitEthernet1/0/2]ipv6 address 2001:3333:cccc:15::1 126
[S5-GigabitEthernet1/0/2]int g1/0/3
[S5-GigabitEthernet1/0/3]ipv6 add 2001:3333:cccc:56::1 126
[S5-GigabitEthernet1/0/3]quit
[S5]
```

④ 交换机 S6 的 IPv6 地址配置。

```
[S6]interface LoopBack 0
[S6-LoopBack0]ipv6 address 2001:3333:cccc:17::6 128
[S6-LoopBack0]int g1/0/1
[S6-GigabitEthernet1/0/1]ipv6 add 2001:3333:cccc:46::2 126
[S6-GigabitEthernet1/0/1]int g1/0/2
[S6-GigabitEthernet1/0/2]ipv6 address 2001:3333:cccc:26::1 126
[S6-GigabitEthernet1/0/2]int g1/0/3
[S6-GigabitEthernet1/0/3]ipv6 address 2001:3333:cccc:56::2 126
[S6-GigabitEthernet1/0/3]quit
[S6]
```

⑤ 路由器 CE1 的 IPv6 地址配置。

```
[CE1]interface LoopBack 0
[CE1-LoopBack0]ipv6 address 2001:3333:cccc:17::1 128
[CE1-LoopBack0]int g0/0
[CE1-GigabitEthernet0/0]ipv6 address 2001:3333:cccc:12::1 126
[CE1-GigabitEthernet0/0]int g0/2
[CE1-GigabitEthernet0/2]ipv6 address 2001:3333:cccc:15::2 126
[CE1-GigabitEthernet0/2]int g5/0
[CE1-GigabitEthernet5/0]ipv6 address 2021:3c5e:2005:db2::11:1 126
[CE1-GigabitEthernet5/0]quit
[CE1]
```

⑥ 路由器 CE2 的 IPv6 地址配置。

```
[CE2]interface LoopBack 0
[CE2-LoopBack0]ipv6 address 2001:3333:cccc:17::2 128
[CE2-LoopBack0]int g0/0
[CE2-GigabitEthernet0/0]ipv6 address 2001:3333:cccc:12::2 126
[CE2-GigabitEthernet0/0]int g0/2
[CE2-GigabitEthernet0/2]ipv6 address 2001:3333:cccc:26::2 126
[CE2-GigabitEthernet0/2]int g5/1
[CE2-GigabitEthernet5/1]ipv6 address 2021:3c5e:2005:db2::22:1 126
[CE2-GigabitEthernet5/1]
```

2. RIPng 路由部署

教育集团总部园区网络内的三层设备上部署 RIPng，按照规划在各台设备上启用 RIPng 进程，进程号为 10，声明网段是在相应的接口使能 RIPng。

（1）交换机 S3 的 RIPng 配置

```
[S3]ripng 10
[S3-ripng-10]quit
[S3]interface LoopBack 0
[S3-LoopBack0]ripng 10 enable
[S3-LoopBack0]int vlan 10
[S3-Vlan-interface10]ripng 10 enable
```

```
[S3-Vlan-interface10]int vlan 20
[S3-Vlan-interface20]ripng 10 enable
[S3-Vlan-interface20]int g1/0/1
[S3-GigabitEthernet1/0/1]ripng 10 enable
[S3-GigabitEthernet1/0/1]quit
[S3]
```

（2）交换机 S4 的 RIPng 配置

```
[S4]ripng 10
[S4-ripng-10]quit
[S4]interface LoopBack 0
[S4-LoopBack0]ripng 10 enable
[S4-LoopBack0]int vlan 10
[S4-Vlan-interface10]ripng 10 enable
[S4-Vlan-interface10]int vlan 20
[S4-Vlan-interface20]ripng 10 enable
[S4-Vlan-interface20]int g1/0/1
[S4-GigabitEthernet1/0/1]ripng 10 enable
[S4-GigabitEthernet1/0/1]quit
[S4]
```

（3）交换机 S5 的 RIPng 配置

```
[S5]ripng 10
[S5-ripng-10]quit
[S5]interface LoopBack 0
[S5-LoopBack0]ripng 10 enable
[S5-LoopBack0]int g1/0/1
[S5-GigabitEthernet1/0/1]ripng 10 enable
[S5-GigabitEthernet1/0/1]int g1/0/3
[S5-GigabitEthernet1/0/3]ripng 10 enable
[S5-GigabitEthernet1/0/3]int g1/0/2
[S5-GigabitEthernet1/0/2]ripng 10 enable
[S5-GigabitEthernet1/0/2]quit
[S5]
```

（4）交换机 S6 的 RIPng 配置

```
[S6]ripng 10
[S6-ripng-10]quit
[S6]interface LoopBack 0
[S6-LoopBack0]ripng 10 enable
[S6-LoopBack0]int g1/0/1
[S6-GigabitEthernet1/0/1]ripng 10 enable
[S6-GigabitEthernet1/0/1]int g1/0/3
[S6-GigabitEthernet1/0/3]ripng 10 enable
[S6-GigabitEthernet1/0/3]int g1/0/2
[S6-GigabitEthernet1/0/2]ripng 10 enable
[S6-GigabitEthernet1/0/2]quit
[S6]
```

（5）路由器 CE1 的 RIPng 配置

与交换机 S3、S4、S5 和 S6 配置不同的是，需要在出口路由器中向园区网络内部下发默认路由，以实现园区内部业务网段访问外部网络的需求。

```
[CE1]ripng 10
[CE1-ripng-10]quit
[CE1]interface LoopBack 0
[CE1-LoopBack0]ripng 10 enable
[CE1-LoopBack0]int g0/0
[CE1-GigabitEthernet0/0]ripng 10 enable
[CE1-GigabitEthernet0/0]int g0/2
[CE1-GigabitEthernet0/2]ripng 10 enable
[CE1-GigabitEthernet0/2]ripng default-route originate          //发布 IPv6 缺省路由
[CE1-GigabitEthernet0/2]quit
[CE1]
```

（6）路由器 CE2 的 RIPng 配置

```
[CE2]ripng 10
[CE2-ripng-10]quit
[CE2]interface LoopBack 0
[CE2-LoopBack0]ripng 10 enable
[CE2-LoopBack0]int g0/0
[CE2-GigabitEthernet0/0]ripng 10 enable
[CE2-GigabitEthernet0/0]int g0/2
[CE2-GigabitEthernet0/2]ripng 10 enable
[CE2-GigabitEthernet0/2]ripng default-route originate          //CE2 下发 IPv6 默认路由
[CE2-GigabitEthernet0/2]quit
[CE2]
```

3. 测试公司总部 IPv6 网络的连通性

下面分别在路由器 CE1 和交换机 S3 上显示 IPv6 路由表，检验配置结果。

（1）查看路由器 CE1 路由表

首先显示 CE1 路由表，看到 CE1 生成了目的网络为 VLAN 10 和 VLAN 20 的 IPv6 动态路由条目，路由来源为 RIPng 协议，优先级为 100，度量值为 2 跳，本地出口为 GE_0/2，下一跳地址为 FE80::281D:9DFF:FE04:207，即交换机 S5 的 GE_0/2 的链路本地地址。

```
<CE1>display ipv6 routing-table
Destinations : 19        Routes : 22

Destination : ::1/128                          Protocol  : Direct
NextHop     : ::1                              Preference : 0
Interface   : InLoop0                          Cost       : 0

Destination : 2001:3333:CCCC:1::/64            Protocol  : RIPng
NextHop     : FE80::281D:9DFF:FE04:207         Preference : 100
Interface   : GE0/2                            Cost       : 2

Destination : 2001:3333:CCCC:2::/64            Protocol  : RIPng
NextHop     : FE80::281D:9DFF:FE04:207         Preference : 100
Interface   : GE0/2                            Cost       : 2
......（省略）
<CE1>
```

（2）查看交换机 S3 路由表

当显示交换机 S3 路由表中由 RIPng 产生的路由条目时，结果表明 S3 的路由表中生成了各个互连网段及其余设备环回接口的动态路由，来源为 RIPng 协议。此外还有一条来自路由器 CE1 下发的默认路由，下一跳是 S5 的链路本地地址。

扫描二维码，查看路由表。

（3）测试内网连通性

在查看路由表后，测试公司总部内网的连通性。在交换机 S3 上 ping 路由器 CE1 的环回接口 0 的 IPv6 地址，结果显示能够互通，说明部署 RIPng 协议后，公司总部内网实现了 IPv6 的互通。

路由表

```
[S3]ping ipv6 2001:3333:cccc:17::2
Ping6(56 data bytes) 2001:3333:CCCC:35::1 --> 2001:3333:CCCC:17::2, press CTRL_C to break
56 bytes from 2001:3333:CCCC:17::2, icmp_seq=0 hlim=62 time=4.902 ms
56 bytes from 2001:3333:CCCC:17::2, icmp_seq=1 hlim=62 time=2.808 ms
56 bytes from 2001:3333:CCCC:17::2, icmp_seq=2 hlim=62 time=1.951 ms
56 bytes from 2001:3333:CCCC:17::2, icmp_seq=3 hlim=62 time=3.314 ms
56 bytes from 2001:3333:CCCC:17::2, icmp_seq=4 hlim=62 time=1.873 ms
--- Ping6 statistics for 2001:3333:cccc:17::2 ---
5 packet(s) transmitted, 5 packet(s) received, 0.0% packet loss
round-trip min/avg/max/std-dev = 1.873/2.970/4.902/1.106 ms
[S3]
```

当正确部署 IPv6 VRRP 协议后，在 HCL 模拟器中的 PC1 上能够完成与交换机 S3 网关之间的连通性测试。受限于 HCL 仿真器 2.1 版本中 PC 实现的功能限制，可以使用 HCL 模拟器中的 Host 终端连接到交换机 S3，并设置交换机 S3 连接 Host 的接口属于 VLAN 10，完成 PC 终端到路由器 CE1 的环回接口 0 之间的连通性测试，测试结果如图 4-6 所示。

图 4-6 IPv6 终端连通性测试

4.4.4 任务反思

在 IPv4 向 IPv6 的长期过渡周期内，双栈技术会成为基本的建设模式，深入探索、不断实践是当前 IPv6 时代新 IT 建设能够有效持续的最佳方式。本任务实施了教育集团总部园区网络内的 IPv6 相关技术部署，主要包括 IPv6 地址的规划与实施和 RIPng 路由协议的实施。在深入学习和实践中，建议读者对比 IPv4 相关技术来加深理解，理解对 IPv4 网络进行 IPv6 化升级改造时为什么双栈化是首选技术（其主要原因在于双栈化方案不仅能支持已有的 IPv4 网络、保护大量投资，还有助于新的 IPv6 业务系统大规模扩展），还需要关注 IPv6 技术中的差异性，养成不断探索和追求卓越的网络工程师职业素养。

4.4.5 任务测评

扫描二维码，查看任务测试。

任务测评

4.5　组播技术部署实施

IP 组播技术实现数据在 IP 网络中点到多点的高效传送，能够节约大量网络带宽、降低网络负载。通过 IP 组播技术可以很方便地在 IP 网络之上提供一些增值业务，包括在线直播、网络电视、远程教育、远程医疗、IP 监控、实时视频会议等对带宽和数据交互的实时性要求较高的信息服务。

4.5.1　任务描述

教育集团发展在线教育业务，需要保证教师上课直播数据的实时传送业务，目前拥有两个视频源：Multicast1 通过组播组 G1（239.0.0.1）传送课程 1，Multicast2 通过组播组 225.0.0.2 传送课程 2。组播源 1 和组播源 2 分别连接在园区网核心交换机 S5 和 S6 上，如图 4-7 所示。本任务要求在园区核心网通过使用 PIM-SM 协议实现视频流的组播转发，RP 由动态选举产生。企业内部接入交换机 S1 和 S2 上不同部门有不同的点播需求，交换机 S1 和 S2 下均有课程 1 和课程 2 的接收者。要求在接入交换机 S1 和 S2 上通过 IGMP、IGMP Snooping 和组播 VLAN 结合使用，使视频流按需送达各点播者，提高带宽利用率。

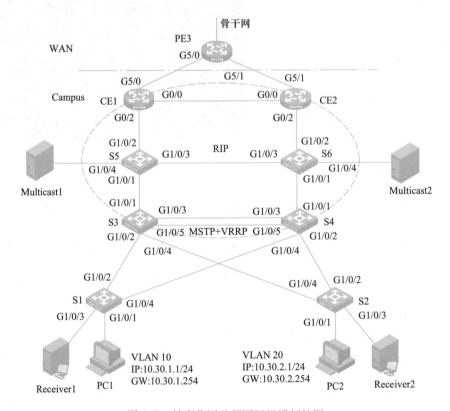

图 4-7　教育集团总部园区组播拓扑图

4.5.2 任务准备

组播的实现机制较单播复杂，需要一系列机制来实现，主要包括组播地址的基本概念以及组播组管理协议、组播分发树模型、组播转发机制和组播路由协议的基本原理等内容。

1. 知识准备

本任务需要了解和掌握的概念和原理包括组播的基本架构、组播地址、组播组管理协议（Internet Group Management Protocol，IGMP）及组播路由协议等内容。

（1）组播基本架构

IP 组播属于端到端的服务，组播的基本架构包括组播源到源 DR（Direct Routing，直接路由）、组播路由器到路由器、组播路由器到接收端 3 部分组成。对于 IP 组播，需要关注下列问题。

- 组播源将组播信息传输到哪里？即组播寻址机制。
- 网络中有哪些接收者？即主机注册。
- 这些接收者需要从哪个组播源接收信息？即组播源发现机制。
- 组播信息如何传输？即组播路由。

1）组播机制

① 寻址机制：借助组播地址，实现信息从组播源发送到一组接收者。

② 主机注册：允许接收者主机动态加入和离开某组播组，实现对组播成员的管理。

③ 组播路由：构建组播报文分发树（即组播数据在网络中的树型转发路径），并通过该分发树将报文从组播源传输到接收者。

④ 组播应用：组播源与接收者必须安装支持视频会议等组播应用的软件，TCP/IP 协议栈必须支持组播信息的发送和接收。

2）组播模型

根据接收者对组播源处理方式的不同，组播模型分为以下 3 类

① 任意信源组播（Any-Source Multicast，ASM）模型，就是任意源组播模型。在 ASM 模型中，任意一个发送者都可以作为组播源向某个组播组地址发送信息，接收者通过加入由该地址标识的组播组，来接收发往该组播组的组播信息。在 ASM 模型中，接收者无法预先知道组播源的位置，但可以在任意时间加入或离开该组播组。

② 信源过滤组播（Source-Filtered Multicast，SFM）模型，其继承了 ASM 模型，从发送者角度来看，两者的组播组成员关系完全相同。SFM 模型在功能上对 ASM 模型进行了扩展。在 SFM 模型中，上层软件对收到的组播报文的源地址进行检查，允许或禁止来自某些组播源的报文通过。因此，接收者只能收到来自部分组播源的组播数据。从接收者的角度来看，只有部分组播源是有效的，组播源被经过了筛选。

③ 指定信源组播（Source-Specific Multicast，SSM）模型。在现实生活中，用户可能只对某些组播源发送的组播信息感兴趣，而不愿接收其他源发送的信息。SSM 模型为用户提供了一种能够在客户端指定组播源的传输服务。

SSM 模型与 ASM 模型的根本区别在于：SSM 模型中的接收者已经通过其他手段预先知道

了组播源的具体位置。SSM 模型使用与 ASM/SFM 模型不同的组播地址范围，直接在接收者与其指定的组播源之间建立专用的组播转发路径。

（2）组播地址

组播的接收者是数目不定的一组接收者，无法像单播一样使用主机 IP 地址来进行标识，所以首先要解决如何在网络中标识一组接收者。组播通信中使用组播地址来标识一组接收者，使用组播地址标识的接收者集合称为组播组。

1）组播地址范围

互联网编号分配委员会（Internet Assigned Numbers Authority，IANA）将 D 类地址空间分配给 IPv4 组播使用，范围为 224.0.0.0~239.255.255.255，具体分类及其含见表 4-4。

表 4-4　IPv4 组播地址的范围及含义

地 址 范 围	含 义
224.0.0.0~224.0.0.255	永久组地址。除 224.0.0.0 保留不做分配外，其他地址供路由协议、拓扑查找和协议维护等使用。对于以该范围内组播地址为目的地址的数据包来说，不论其生存时间（Time to Live，TTL）值为多少，都不会被转发出本地网段
224.0.1.0~238.255.255.255	用户组地址，全网范围内有效，包含以下两种特定的组地址： ● 232.0.0.0/8：SSM 组地址 ● 233.0.0.0/8：GLOP 组地址（GLOP 是一种自治系统之间组播地址分配机制）
239.0.0.0~239.255.255.255	本地管理组地址，仅在本地管理域内有效。使用本地管理组地址可以灵活定义组播域的范围，以实现不同组播域之间的地址隔离，从而有助于在不同组播域内重复使用相同组播地址而不会引起冲突。（详情请参见 RFC 2365）

2）以太网 IPv4 组播 MAC 地址

组播地址解决了 IP 报文在网络层寻址的问题，但通信最终还是要依赖于数据链路层和物理层，因此和单播通信一样，组播也需要考虑在数据链路层如何寻址。以太网组播 MAC 地址用于在链路层上标识属于同一组播组的接收者。IANA 规定，IPv4 组播 MAC 地址的高 24 位为 0x01005E，第 25 位为 0，低 23 位为 IPv4 组播地址的低 23 位，组播 MAC 地址格式为 01-00-5E-XX-XX-XX。

IPv4 组播地址与 MAC 地址的映射关系如图 4-8 所示。

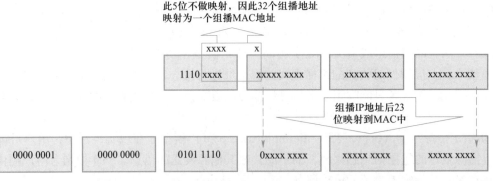

图 4-8　IP 组播地址与 MAC 地址映射关系

由于 IPv4 组播地址的高 4 位固定为 1110，而低 28 位中只有 23 位被映射到 IPv4 组播 MAC 地址上，从而导致有 5 位信息丢失。于是，将有 32 个 IPv4 组播地址被重复映射到同一个 IPv4 组播 MAC 地址上，因此设备在进行二层处理时，可能会收到一些本不需要的组播数据，这些多余的组播数据就需要上层协议进行过滤处理。

（3）组播组成员管理

组播地址实现了对组的标识，还需要解决接收者如何加入和离开这个组，路由设备又如何维护组成员的信息。组播组管理协议是主机和路由设备之间的协议，主机通过组播组管理协议加入或离开某些组播组，路由设备通过组播组管理协议管理和维护本地的组播组信息。常用的组播组管理协议为 IGMP。

IGMP 是运行于主机和路由器之间的协议，主要工作机制包含成员加入和离开组播组、路由器维护组播组、查询器选举机制以及成员报告抑制机制。目前，IGMP 有 3 个版本：IGMPv1 定义了基本的查询和成员报告过程，IGMPv2 在此基础上添加了组成员快速离开机制和查询器选举机制，IGMPv3 在 IGMPv2 基础上增加了指定组播源的功能。所有版本的 IGMP 都支持 ASM 模型，IGMPv3 可以支持 SSM 模型。

当主机与路由器之间的交换机为二层交换机时，其无法识别路由器发来的组播报文，因此会作为未知报文在网段内进行广播，导致不属于该组播组成员的主机也收到组播报文，浪费了网络带宽，并增加了非接收者的处理负担。通过在二层交换机上部署互联网组管理协议侦听（Internet Group Management Protocol Snooping，IGMP Snooping）功能可以解决组播报文在二层被广播发送的问题。

IGMP Snooping 是运行在二层设备上的组播约束机制，用于管理和控制组播组。运行 IGMP Snooping 的二层设备通过对收到的 IGMP 报文进行分析，为端口和 MAC 组播地址建立映射关系，并根据这样的映射关系转发组播数据。

（4）组播转发机制

组播数据转发路径如何建立和维护的问题由组播路由协议来解决，组播传输中，接收者可能是一组分布于网络中任何位置的主机，这就决定了组播数据的转发路径是点到多点的一棵树，因此组播报文的转发路径又称为组播分发树。

1）组播分发树

组播分发树指组播数据在网络中的转发路径，由组播路由协议建立。根据树根结点的不同，组播分发树可分为最短路径树（Shortest Path Tree，SPT）和共享树（Renzdezvous Point Tree，RPT）。SPT 的树根为组播源所连接的指定路由器，RPT 的树根为汇聚点（Renzdezvous Point，RP）。

在 SPT 模型中，组播源到达任何一个接收者所经过的路径都是最优的，SPT 上的每一台路由器都会维护（S，G）表项，用于组播报文的转发，其中 S 表示 SPT 的根（即组播源），G 表示该 SPT 组播组地址。

在 RPT 模型中，RPT 由接收者发起建立，由于接收者不了解组播源的位置，所以需要在网络中指定一个特殊的结点，作为所有接收者共享的树根，这个根结点就是汇聚点 RP。RPT 树上每一台路由器都会维护（*，G）表项，用于组播报文的转发，其中 * 表示任意源，G 指组播组地址。

2）逆向路径转发 RPF 机制

组播数据包的目的地址是组播地址，该组播地址标识了网络中的一组接收者，这些接收者可能处于网络中的任意位置，仅通过目的地址无法确保组播报文沿着正确的路径转发。此外，组播接收者位置的不确定可能会导致路径环路的产生。通过引入逆向路径转发（Reverse Path Forwarding，RPF）机制来解决该问题。

RPF 检查依据的是组播数据包的源地址，进行 RPF 检查时，以组播数据包的源 IP 地址为目的地址查找单播路由表，选取一条最优单播路由。对应表项中的出接口为 RPF 接口，下一跳为 RPF 邻居。路由器认为来自 RPF 邻居且由该 RPF 接口收到的组播包所经历的路径是从"报文源"到本地的最短路径。如果 RPF 检查失败，即组播包不是从到达"报文源"的下一跳出接口到达，则丢弃收到的组播包。

根据组播分发树模型的不同，"报文源"所代表的含义不同，如果当前组播包沿着从组播源到接收者或组播源到 RP 的 SPT 进行传输，则以真正的组播源为"报文源"进行 RPF 检查；如果当前报文沿着从 RP 到接收者的 RPT 进行传输，则以 RP 为"报文源"进行 RPF 检查。

3）组播转发表

路由器转发组播基于组播转发表项进行，表项包含报文源、组播组地址、入接口和出接口等信息。对于 SPT，此处的报文源为组播源；对于 RPT，此处的报文源为 RP。以（S，G）代表组播转发表项，S 代表报文源，G 代表组播组。

当路由器收到组播数据报文后，查找组播转发表。

- 如果组播转发表中不存在对应的（S，G）表项，则对该报文执行 RPF 检查，将得到的 RPF 接口作为（S，G）表项的入接口，并结合路由信息得到（S，G）表项的出接口列表。若该报文实际到达的接口正是其 RPF 接口，则 RPF 检查通过，向出接口列表的所有出接口转发该报文；若该报文实际到达的接口不是其 RPF 接口，则 RPF 检查失败，丢弃该报文。
- 如果组播转发表中已存在（S，G）表项，且该报文实际到达的接口与入接口相匹配，则向出接口列表中的所有出接口转发该报文。
- 如果组播转发表中已存在（S，G）表项，但该报文实际到达的接口与表项中的入接口不匹配，则对此报文执行 RPF 检查。如果 RPF 接口与表项的入接口一致，说明当前（S，G）表项正确，若 RPF 检查失败，则丢弃来自错误路径的报文。如果 RPF 接口与表项中的入接口不一致，说明当前（S，G）表项已过时，以当前的 RPF 接口更新（S，G）组播表项。

（5）组播路由协议

路由器在转发组播报文时需要查找组播路由表，组播路由表的生成又依赖于组播路由协议得到。组播路由协议建立从一个数据源到多个接收端的无环数据传输路径，即组播分发树。

1）组播路由协议分类

① 根据不同的组播模型，组播路由协议可以分为基于 ASM 的组播路由协议和基于 SSM 的组播路由协议。

② 根据组播应用环境中组播接收者疏密程度的不同，组播路由协议有密集（Dense Mode，DM）和稀疏（Sparse Mode，SM）两种模式。

- 在密集模式下，组播数据流采用"推"方式从组播源泛洪发送到网络中每一个角落，组播接收者采用被动接收的方式接收组播报文。密集模式适用于网络环境中成员众多的场景，如股票交易大厅、网上教学等。
- 在稀疏模式下，组播数据流采用"拉"方式从组播源发送到组播接收者，组播接收端路由器主动向组播源发送接收请求，组播报文只会发送到真正有接收需求的网段。稀疏模式适用于网络接收成员较少的场景，如 VOD 点播、IP 智能监控等。

③ 对于 ASM 组播模型，组播路由协议又可分为域内组播路由协议和域间组播路由协议。域内组播路由协议包括距离矢量组播路由协议（Distance Vector Multicast Routing Protocol，DVMRP）、组播 OSPF 协议（Multicast Extensions to OSPF，MOSPF）、协议无关组播（Protocol Independent Multicast，PIM）。域间组播路由协议包括组播源发现协议（Multicast Source Discovery Protocol，MSDP）、多协议边界网关协议（MultiProtocol-Border Gateway Protocol，MP-BGP）。

2）PIM 协议

PIM 协议报文基于 UDP 协议，端口号为 103，使用专门的组播 IP 地址 224.0.0.13。根据实现机制的不同，PIM 协议可以分为 PIM-DM、PIM-SM、PIM-SSM 这 3 种。

① PIM-DM 原理。

PIM-DM 基于 SPT 模型，通过 PIM-DM 可以构建以组播源为根、接收者为叶子的组播分发树，组播报文沿着最优路径到达每一个接收者。PIM-DM 使用"推"方式传送组播数据，其工作原理如下。

PIM-DM 假设网络中的每个子网都存在至少一个组播成员，因此组播数据被扩散（Flooding）到网络中的所有结点。然后，PIM-DM 对没有组播数据转发的分支进行剪枝（Prune），只保留包含接收者的分支。这种"扩散-剪枝"现象周期性地发生，被剪枝的分支也可以周期性地恢复为转发状态。当被剪枝分支的结点上出现组播组成员进入时，PIM-DM 使用嫁接（Graft）机制主动恢复其对组播数据的转发。

PIM-DM 还包括邻居发现、断言（Assert）、状态刷新等处理机制。PIM 路由器周期性地以组播方式发送 PIM Hello 消息，目的组播地址为 224.0.0.13，所有 PIM 路由器都是该组播组的成员。通过 Hello 消息，路由器可以发现 PIM 邻居并建立和维护各路由器之间的 PIM 邻居关系。如果网段内存在多台组播路由器，则相同的组播报文会被重复发送到该网段，引入断言（Assert）机制用于选定网段内唯一的组播数据转发者。状态刷新机制主要用于降低组播报文扩散的频率，节省网络带宽。

② PIM-SM 原理。

PIM-SM 是稀疏模式的组播路由协议，采用"拉"方式，根据接收者的需求，在组播接收者和组播源之间建立组播转发树。PIM-SM 使用汇聚点 RP 作为共享树的根，其基本原理如下。

- PIM-SM 假设所有主机都不需要接收组播数据，只向明确提出需要组播数据的主机转发。
- 使用 RP 作为共享树的根。连接接收者的 DR 向某组播组对应的 RP 发送加入（Join）消息，该消息被逐跳送达 RP，所经过的路径就形成了 RPT 的分支。

- 组播源如果要向某组播组发送组播数据，首先由组播源 DR 负责向 RP 进行注册，然后组播源把组播数据发向 RP，当组播数据到达 RP 后被复制并沿着 RPT 发送给接收者。

PIM-SM 邻居发现过程和 PIM-DM 相同，都是通过组播方式发送 Hello 报文，从而建立和维护 PIM 邻居关系。在 PIM-DM 中，只有当接收者有多台路由器连接到共享网段且路由器运行 IGMPv1 时，才需要 DR 的选举。而在 PIM-SM 中，无论路由器运行哪个 IGMP 版本，接收者或发送源都需要进行 DR 的选举，选举出的 DR 将作为共享网络中组播数据的唯一转发者。接收者 DR 负责向 RP 发送加入报文，组播源 DR 负责向 RP 发送注册报文。DR 选举时，先比较 Hello 报文中的优先级，大者优先成为 DR；如果优先级相同，则比较路由器接口 IP 地址的大小，大者优先成为 DR。

在 PIM-SM 中存在两棵树，从组播源到 RP 是 SPT 树，从 RP 到组播接收者是 RPT 树，所有组播数据都需要经过 RP 转发，因此 RP 会成为网络性能的瓶颈，增加报文转发延迟。为获得更小的报文延迟，接收者 DR 会发起 RPT 到 SPT 的切换过程。引入这个过程的主要目的是保证组播报文经过最优路径到达接收者，而不需要 RP 的中转，提高了报文转发效率，减少了报文转发延迟。

RP 是 PIM-SM 运行的关键，RP 可以通过静态指定也可以通过动态选举产生。PIM-SM 域中可以配置多个候选 RP（Candidate-RP，C-RP），通过 BootStrap 机制来动态选举 RP，使不同的 RP 服务于不同的组播组，此时需要配置自举路由器（BootStrap Router，BSR）。BSR 是 PIM-SM 域的管理核心，一个域内只能有一个 BSR，但可以配置多个候选自举路由器（C-BSR）。

③ PIM-SSM 原理。

SSM 为指定源组播，IANA 为 SSM 分配了特定的组播地址段 232.0.0.0~232.255.255.255，采用 PIM-SM 的一部分技术可以实现 PIM-SSM 模型，PIM-SSM 可以看成是 PIM-SM 的一个子集，其邻居发现和 DR 选举机制与 PIM-SM 相同，但是由于接收者事先已经通过某种途径知道了组播源的 IP 地址，可以直接向组播源发起加入组播组，所以不需要在网络中选举 RP，简化了协议的处理，并且组播报文一开始就沿着 SPT 传送，不需要 RPT 到 SPT 的切换过程，提高了报文转发效率。

2. 任务规划与分解

在掌握了相关技术理论知识的基础上，要研究任务规划方案，明确任务实施的具体工作。

（1）任务规划方案

为实现在 HCL 中模拟组播的功能，首先根据实际网络场景规划两个组播源的 IP 地址及组播组，然后确定核心网络中运行 PIM-SM 的接口及汇聚点 RP 的选举规划，最后在接入层交换机配置 IGMP、IGMP Snooping 等技术。

① 规划组播源的 IP 地址及组播组地址。如图 4-7 所示，拓扑中的组播源 Multicast1 和 Multicast2、组播接收者 Receiver1 和 Receiver2 分别用 HCL 仿真软件中的两台 Host 代替。组播源的 IP 地址、网关及汇聚点 RP 规划见表 4-5。

表 4-5　组播源 IP 地址及组播组规划

组播设备	IPv4 地址网关	网关地址	组播组	汇聚点 RP
Multicast1	10.30.65.100/24	10.30.65.1	239.0.0.1	S5 的 Loopback0
Multicast2	10.30.66.200/24	10.30.66.1	225.0.0.2	S6 的 Loopback0
Receiver1	10.30.1.100/24	10.30.1.254	239.0.0.1 225.0.0.2	-
Receiver2	10.30.2.100/24	10.30.2.254	239.0.0.1 225.0.0.2	-

② PIM-SM 组播路由规划。在核心交换机 S5 和 S6，汇聚交换机 S3 和 S4 上分别开启 PIM-SM 协议，并在 S3 和 S4 上完成 DR 的优先级配置。

③ 二层组播规划。在交换机 S1 和 S2 上开启 IGMP Snooping 功能。

（2）任务分解

根据任务规划方案，在任务实施阶段需要将任务分解为如下几步。

① 拓扑搭建及 IP 地址配置。根据图 4-7，在 HCL 中完成拓扑图的搭建。组播源 1 和组播源 2 分别用终端 Host 代替，组播接收者同样采用 Host 终端代替。

② 组播路由部署。在交换机 S3、S4、S5 和 S6 上分别完成 PIM-SM 的部署。在交换机 S3 和 S4 上部署时，考虑到 VRRP 的主备网关场景，在交换机 S3 上设置 VLAN 10 的组播 DR 优先级为 100、VLAN 20 的组播 DR 优先级为 0，在交换机 S4 上设置 VLAN 10 的组播 DR 优先级为 0、VLAN 20 的组播 DR 优先级为 100。

③ IGMP 部署。在接入交换机 S1 和 S2 上部署组播管理协议，并模拟主机加入和退出组播组。

④ 组播的测试和验证工作。使用 Wsend 和 Wlisten 组播测试小工具分别充当组播源和组播接收者验证和测试组播的部署和配置。

4.5.3　任务实施

根据 4.5.2 节的任务分解，在教育集团总部园区网络内部署组播技术。

1. 拓扑搭建和 IP 地址配置

（1）Host 终端 IP 地址配置

根据图 4-7 完成终端 Host 的接线操作，为了验证组播的部署，在本任务中组播源和组播接收者均采用 HCL 中的 Host 终端桥接宿主机网卡来实现。由于宿主机物理网卡数量有限，可以在 Oracle VM VirtulBox 虚拟化软件中，选择"管理"→"主机网络管理器"菜单命令，打开"主机网络管理器"对话框，在其中单击"创建"按钮，连续创建几块"VirtualBox Host-Only Ethernet Adapter"网卡。在本任务中，网卡 VirtualBox Host-Only Ethernet Adapter#3 对应于组播源 1，网卡 VirtualBox Host-Only Ethernet Adapter#4 对应于组播源 2，网卡 VirtualBox Host-Only Ethernet Adapter#2 对应于 Receiver1，网卡 VirtualBox Host-Only Ethernet Adapter#5 对应于 Receiver2，并给各网卡配置如图 4-9 所示的 IP 地址。

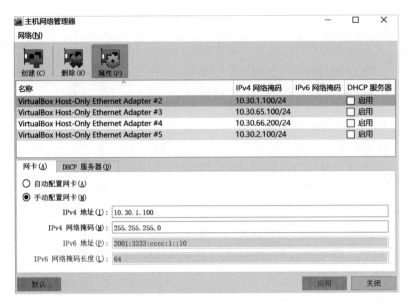

图 4-9 Oracle VM VirtulBox 软件的主机网络管理器

（2）组播源网关 IP 地址配置

① 配置交换机 S5。

```
[S5]int g1/0/4
[S5-GigabitEthernet1/0/4]ip add 10.30.65.1 24
[S5-GigabitEthernet1/0/4]
```

② 配置交换机 S6。

```
[S6]int g1/0/4
[S6-GigabitEthernet1/0/4]ip add 10.30.66.1 24
[S6-GigabitEthernet1/0/4]
```

2. 三层组播路由部署

本拓扑中的两个组播源分别接入核心交换机 S5 和 S6，因此组播路由 PIM-SM 主要在核心及汇聚层的三层设备上部署。在配置组播路由之前，需要确保 IGP 单播路由全网互通，前面章节已经部署 RIPv2 实现了全网互通，此任务无需配置单播路由，只需完成组播路由的部署即可。

（1）交换机 S5 的 PIM-SM 配置

交换机 S5 上 PIM-SM 的配置主要包括在各个接口使能 PIM-SM 组播路由协议、配置候选汇聚点（C-RP）以及候选自举路由器（C-BSR）。

① 使能组播路由及 PIM-SM。只有在接口上使能 PIM-SM 后，路由器之间才能建立 PIM 邻居，从而对来自 PIM 邻居的协议报文进行处理。

```
[S5]multicast routing              //全局使能组播路由
[S5-mrib]quit
[S5]interface GigabitEthernet 1/0/4
[S5-GigabitEthernet1/0/4]pim sm     //接口视图下使能 PIM-SM 组播路由模式
```

```
[S5-GigabitEthernet1/0/4]int g1/0/3
[S5-GigabitEthernet1/0/3]pim sm
[S5-GigabitEthernet1/0/3]int g1/0/1
[S5-GigabitEthernet1/0/1]pim sm
[S5-GigabitEthernet1/0/1]interface Loopback 0
[S5-LoopBack0]pim sm
[S5-LoopBack0]quit
[S5]
```

② 配置 C-RP 和 C-BSR。在交换机 S5 上配置 RP 通告的服务范围，以及 C-BSR 和 C-RP 的位置。RP 的服务范围以访问控制列表 2000 来限定，即 C-RP 仅为所限定的组播组服务。

```
[S5]acl basic 2000
[S5-acl-ipv4-basic-2000]rule 5 permit source 239.0.0.0 0.0.0.255   //限制组播组为 239.0.0.0/24
[S5-acl-ipv4-basic-2000]quit
[S5]pim                               //进入 PIM 配置视图
[S5-pim]c-bsr 172.17.1.5 scope 239.0.0.0 8    //配置 C-BSR 服务范围为 239.0.0.0/8
[S5-pim]c-rp 172.17.1.5 group-policy 2000      //配置 C-RP 并限定服务范围
```

（2）交换机 S6 的 PIM-SM 配置

与交换机 S5 配置相似，交换机 S6 部署 PIM-SM 需要配置各个接口使能 PIM-SM 组播路由协议、配置 C-RP 以及 C-BSR。

① 接口使能 PIM-SM。

```
[S6]multicast routing                 //全局使能组播路由
[S6-mrib]quit
[S6]interface GigabitEthernet 1/0/4
[S6-GigabitEthernet1/0/4]pim sm        //接口视图下使能 PIM-SM 组播路由模式
[S6-GigabitEthernet1/0/4]int g1/0/3
[S6-GigabitEthernet1/0/3]pim sm
[S6-GigabitEthernet1/0/3]int g1/0/1
[S6-GigabitEthernet1/0/1]pim sm
[S6-GigabitEthernet1/0/1]interface Loopback 0
[S6-LoopBack0]pim sm
[S6-LoopBack0]quit
[S6]
```

② 配置 C-RP 和 C-BSR。在交换机 S6 上配置 RP 通告的服务范围为 225.0.0.2，并配置 C-BSR 和 C-RP 的位置为交换机 S6 的环回接口 0 的 IP 地址。RP 的服务范围以访问控制列表 2000 来限定，即 C-RP 仅为所限定的组播组服务。

```
[S6]acl basic 2000
[S6-acl-ipv4-basic-2000]rule 5 permit source 225.0.0.0 0.0.0.255   //限制组播组为 225.0.0.0/24
[S6-acl-ipv4-basic-2000]quit
[S6]pim                               //进入 PIM 配置视图
[S6-pim]c-bsr 172.17.1.6               //配置 C-BSR 为 172.17.1.6
[S6-pim]c-rp 172.17.1.6 group-policy 2000    //配置 C-RP 并限定服务范围为 225.0.0.0/24
```

（3）交换机 S3 的 PIM-SM 配置

```
[S3]multicast routing                 //全局使能组播路由
[S3-mrib]quit
[S3]int g1/0/1
[S3-GigabitEthernet1/0/1]pim sm        //接口使能 PIM-SM
```

```
[S3-GigabitEthernet1/0/1]quit
[S3]interface Vlan-interface 10
[S3-Vlan-interface10]pim sm
[S3-Vlan-interface10]pim hello-option dr-priority 100      //配置接收者 DR 优先级为 100 对应 VRRP 主网关
[S3-Vlan-interface10]igmp enable                //接收者三层接口开启 IGMP 功能
[S3-Vlan-interface10]quit
[S3]interface Vlan-interface 20
[S3-Vlan-interface20]pim sm
[S3-Vlan-interface20]pim hello-option dr-priority 0        //配置接收者 DR 优先级为 0 对应 VRRP 备份网关
[S3-Vlan-interface20]igmp enable                //接收者三层接口开启 IGMP 功能
[S3-Vlan-interface20]quit
```

在以上配置中，DR_Priority（仅用于 PIM-SM）是 PIM 中 Hello 报文配置选项，表示竞选 DR 的优先级，优先级高的设备被选举为 DR。默认情况下，竞选 DR 的优先级为 1。可以在与组播源或接收者直连的共享网段中的所有路由器上都配置此参数。在 VRRP 应用场景中，系统默认选举出的 DR 可能会与 VRRP 的主备网关状态不一致，在此通过控制 DR 的优先级，使得 VLAN 10 的组播 DR 与 VLAN 10 的主用网关保持一致，而 VLAN 20 的主用网关为交换机 S4，因此在交换机 S3 上配置 DR 的优先级为 0。接收者 DR 主要负责向组播成员转发组播报文，并负责向 RP 发起 RPT 加入过程。

（4）交换机 S4 的 PIM-SM 配置

```
[S4]multicast routing                     //全局使能组播路由
[S4-mrib]quit
[S4]int g1/0/1
[S4-GigabitEthernet1/0/1]pim sm           //接口使能 PIM-SM
[S4-GigabitEthernet1/0/1]quit
[S4]interface Vlan-interface 10
[S4-Vlan-interface10]pim sm
[S4-Vlan-interface10]pim hello-option dr-priority 0        //配置接收者 DR 优先级为 0 对应 VRRP 备份网关
[S4-Vlan-interface10]igmp enable          //接收者三层接口开启 IGMP 功能
[S4-Vlan-interface10]quit
[S4]interface Vlan-interface 20
[S4-Vlan-interface20]pim sm
[S4-Vlan-interface20]pim hello-option dr-priority 100      //配置接收者 DR 优先级为 100 对应 VRRP 主网关
[S4-Vlan-interface20]igmp enable          //接收者三层接口开启 IGMP 功能
[S4-Vlan-interface20]quit
```

3. 二层组播配置

互联网组管理协议侦听（IGMP Snooping）运行在二层设备上，通过侦听三层设备与主机之间的 IGMP 报文生成二层组播转发表，从而管理和控制组播数据报文的转发，实现组播数据报文在二层的按需分发。

（1）交换机 S1 组播配置

```
[S1]igmp                           //全局使能 IGMP 功能
[S1-igmp]quit
[S1]igmp-snooping                  //全局使能 IGMP Snooping
[S1-igmp-snooping]quit
[S1]vlan 10
[S1-vlan10]igmp-snooping enable    //VLAN 视图下使能 IGMP Snooping
```

```
[S1-vlan10]igmp-snooping drop-unknown              //配置丢弃未知组播报文
[S1-vlan10]vlan 20
[S1-vlan20]igmp-snooping enable
[S1-vlan20]igmp-snooping drop-unknown
[S1-vlan20]quit
[S1] int g1/0/3
[S1-GigabitEthernet1/0/3] igmp-snooping host-join 239.0.0.1 vlan 10   //配置模拟主机加入组播组 239.0.0.1
[S1-GigabitEthernet1/0/3] igmp-snooping host-join 225.0.0.2 vlan 10   //配置模拟主机加入组播组 225.0.0.2
[S1-GigabitEthernet1/0/3]
```

当二层设备没有运行 IGMP Snooping 时，组播数据在二层网络中被广播。当二层设备运行了 IGMP Snooping 后，已知组播组的组播数据不会在二层网络中被广播，而被组播给指定的接收者。

（2）交换机 S2 组播配置

```
[S2]igmp                                //全局使能 IGMP 功能
[S2-igmp]quit
[S2]igmp-snooping                        //全局使能 IGMP Snooping
[S2-igmp-snooping]quit
[S2]vlan 10
[S2-vlan10]igmp-snooping enable          //VLAN 视图下使能 IGMP Snooping
[S2-vlan10]igmp-snooping drop-unknown    //配置丢弃未知组播报文
[S2-vlan10]vlan 20
[S2-vlan20]igmp-snooping enable
[S2-vlan20]igmp-snooping drop-unknown
[S2-vlan20]quit
[S2] int g1/0/3
[S2-GigabitEthernet1/0/3] igmp-snooping host-join 239.0.0.1 vlan 20   //配置模拟主机加入组播组 239.0.0.1
[S2-GigabitEthernet1/0/3] igmp-snooping host-join 225.0.0.2 vlan 20   //配置模拟主机加入组播组 225.0.0.2
[S2-GigabitEthernet1/0/3]
```

4. 测试和验证组播部署

本小节测试组播任务用到了 WSend 和 WListen 组播测试小工具，读者可以从本书所提供的链接中下载相关软件资源。

（1）组播环境搭建及效果测试

1）配置组播源 WSend

双击打开 WSend 软件，该软件用来模拟组播源，在如图 4-10 所示界面中，选择 Sessions→New Multicast 菜单命令，打开创建组播源对话框，如图 4-11 所示。

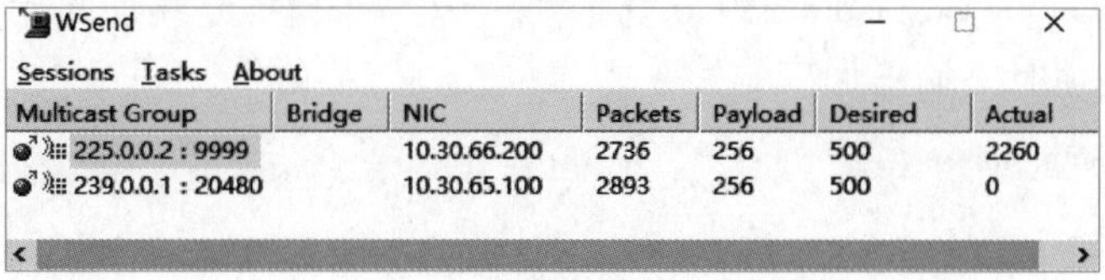

图 4-10　WSend 软件界面

在如图 4-11 所示界面中，IP address 文本框用于输入组播 IP 地址；Port 选择一个未知端口即可，这里针对 239.0.0.1 组播组选择 20480 号端口；NIC 下拉列表框中选择组播源所在网卡的 IP 地址，这里以组播源 1 为例，选择 10.30.65.100 网卡发起组播；TTL 保持默认设置 8；选中 Throttle 复选框，用于限制组播报文的发送速率，过大的发送速率会使 HCL 仿真软件中的设备过载，导致无法正常仿真，因此一定要设置该选项，且不能设置过大的发送速率。

参照以上步骤，完成组播源 2 的设置，组播 IP 为 225.0.0.2，网卡 NIC 为 10.30.66.200，端口为 9999（任意端口），限速 500 bit/s。配置完成后，在组播任务上右击，在弹出的快捷菜单中选择 Start 命令，即可开始发送组播数据。

2）配置组播接收者 WListen

双击打开 WListen 软件，如图 4-12 所示，选择 Multicasts→New 菜单命令，新建组播接收任务，弹出如图 4-13 所示的对话框。在图 4-13 中，IP 文本框用于输入要接收的组播 IP 地址，Port 文本框用于输入组播源的 UDP 端口，与组播源保持一致即可，这里输入 20480 端口号，然后选择 HCL 仿真软件中接收者 1 所桥接的网卡，以 IP 地址区分不同网卡，这里选择 10.30.1.100 网卡，最后单击 Add 按钮，即可完成组播接收任务的创建。

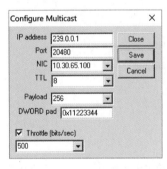

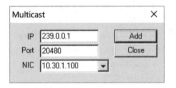

图 4-11　WSend 创建组播任务　　　　图 4-12　WListen 软件界面　　　　图 4-13　WListen 添加接收任务

同样，由于组播接收者可以接收来自不同组播组的数据，可以为网卡 10.30.1.100 添加接收来自组播组 225.0.0.2 的组播数据，如图 4-13 所示。

3）组播效果测试

在图 4-12 中，右击组播接收任务，在弹出的快捷菜单中选择 Join 命令，组播软件 WListen 即可开始接收组播数据。如果在 WListen 软件中无法接收组播数据，请尝试在交换机 S1 连接终端 Host 的端口使用手动命令模拟终端的加入，即先使用 undo 命令删除 igmp-snooping host-join 239.0.0.1 vlan 10 配置，然后再次添加该条命令，可以多尝试几次。如果所有配置正常，在 WListen 界面会看到能够接收来自不同组播组的数据，如图 4-12 所示，WListen 软件会显示接收到的组播数据报文个数。

在执行 igmp-snooping host-join 239.0.0.1 vlan 10 命令模拟终端加入后，在交换机 S1 上显示 IGMP Snooping 表项时，输出如下。

```
[S1]display igmp-snooping group
Total 3 entries.
VLAN 10: Total 3 entries.
  (0.0.0.0, 225.0.0.2)
    Host slots (0 in total):
    Host ports (1 in total):
      GE1/0/3                                    (00:02:26)
  (0.0.0.0, 239.0.0.1)
```

```
   Host slots (0 in total):
   Host ports (1 in total):
      GE1/0/3                                (00:02:26)
   (0.0.0.0, 239.255.255.250)
   Host slots (0 in total):
   Host ports (1 in total):
      GE1/0/3                                (00:02:27)
[S1]
```

（2）查看 PIM 路由的 RP 信息

在交换机 S3 上显示组播路由的 RP 信息，输出如下。从中可以看出，在整个组播 PIM 域中，PIM-SM 为不同的组播组选举了不同的 RP，225.0.0.2 组播组对应 172.17.1.6，239.0.0.1 组播组对应 172.17.1.5，这与规划和配置相符合。

```
<S3>disp pim rp-info
  BSR RP information：
    Scope：non-scoped
      Group/MaskLen：225.0.0.0/24
        RP address            Priority   HoldTime   Uptime      Expires
        172.17.1.6            192        180        03:46:23    00:02:09
    Scope：239.0.0.0/8
      Group/MaskLen：239.0.0.0/24
        RP address            Priority   HoldTime   Uptime      Expires
        172.17.1.5            192        180        03:46:53    00:02:34
<S3>
```

（3）查看 PIM-SM 路由表项

在核心交换机 S5 上查看 PIM-SM 路由表中关于组播组 239.0.0.1 的路由表项时，输出信息如下，可以看到在交换机 S5 的 PIM-SM 路由中存在（S，G）表项，下游接口是 G1/0/1，即发送到了交换机 S3。

```
<S5>disp pim routing-table 239.0.0.1
 Total 1 (*, G) entries; 3 (S, G) entries
Total matched 1 (*, G) entries; 1 (S, G) entries
(*, 239.0.0.1)
     RP：172.17.1.5 (local)
     Protocol：pim-sm, Flag：WC
     UpTime：00:00:28
     Upstream interface：Register-Tunnel0
         Upstream neighbor：NULL
         RPF prime neighbor：NULL
     Downstream interface information：
     Total number of downstream interfaces：1
         1：GigabitEthernet1/0/1
             Protocol：pim-sm, UpTime：00:00:28, Expires：00:03:03
(10.30.65.100, 239.0.0.1)
     RP：172.17.1.5 (local)
     Protocol：pim-sm, Flag：SPT 2MSDP LOC ACT
     UpTime：00:00:43
     Upstream interface：GigabitEthernet1/0/4
         Upstream neighbor：NULL
         RPF prime neighbor：NULL
     Downstream interface information：
```

```
        Total number of downstream interfaces：1
            1：GigabitEthernet1/0/1
                Protocol：pim-sm, UpTime：00：00：28, Expires：00：03：04
<S5>
```

在交换机 S3 上查看 PIM-SM 路由表中关于 239.0.0.1 的路由表项时，输出信息如下。在交换机 S3 的 239.0.0.1 的路由表项中，下游接口包括 VLAN 10 和 VLAN 20 的终端成员。

```
<S3>disp pim routing-table 239.0.0.1
 Total 3 (＊, G) entries；3 (S, G) entries
Total matched 1 (＊, G) entries；1 (S, G) entries
(＊, 239.0.0.1)
    RP：172.17.1.5
    Protocol：pim-sm, Flag：WC
    UpTime：00：02：22
    Upstream interface：GigabitEthernet1/0/1
        Upstream neighbor：10.20.35.2
        RPF prime neighbor：10.20.35.2
    Downstream interface information：
    Total number of downstream interfaces：2
        1：Vlan-interface10
            Protocol：igmp, UpTime：00：02：22, Expires：-
        2：Vlan-interface20
            Protocol：igmp, UpTime：00：01：59, Expires：00：02：31
(10.30.65.100, 239.0.0.1)
    RP：172.17.1.5
    Protocol：pim-sm, Flag：SPT ACT
    UpTime：00：01：58
    Upstream interface：GigabitEthernet1/0/1
        Upstream neighbor：10.20.35.2
        RPF prime neighbor：10.20.35.2
    Downstream interface information：
    Total number of downstream interfaces：2
        1：Vlan-interface10
            Protocol：pim-sm, UpTime：00：01：58, Expires：-
        2：Vlan-interface20
            Protocol：pim-sm, UpTime：00：01：58, Expires：00：02：32
<S3>
```

在交换机 S3 上查看组播组的信息如下。

```
<S3>disp igmp group
IGMP groups in total：6
Vlan-interface10(10.30.1.252)：
  IGMP groups reported in total：3
  Group address     Last reporter     Uptime      Expires
  225.0.0.2         10.30.1.100       03：46：43    00：04：17
  239.0.0.1         10.30.1.100       03：46：47    00：04：17
  239.255.255.250   10.30.1.100       03：46：40    00：04：17
Vlan-interface20(10.30.2.252)：
  IGMP groups reported in total：3
  Group address     Last reporter     Uptime      Expires
  225.0.0.2         0.0.0.0           03：44：34    00：04：17
  239.0.0.1         0.0.0.0           03：44：41    00：04：17
  239.255.255.250   10.30.2.100       03：44：38    00：04：14
<S3>
```

说明：设备的路由表项及组播组信息与设备的运行状态密切相关，在实验过程中，设备的输出与以上输出可能会有所区别。在实验调试过程中，一定是先尝试分析 PIM 路由报文的路由表项及 IGMP 组播组的输出信息，然后根据输出信息推测判断故障所在点，逐一排除故障后才能保证组播测试的最终效果显示正常。

4.5.4 任务反思

利用组播技术可以方便地提供一些新的增值业务，包括在线直播、网络电视、远程教育、远程医疗、网络电台、实时视频会议等对带宽和数据交互的实时性要求较高的信息服务。本任务在教育集团总部园区内实现在线课程以组播的形式来实现和部署，大大节省了网络内部带宽，提高了网络利用率。本任务的配置工作量较小，但是需要掌握和理解的理论知识较多。在部署任务的过程中，一定要掌握相应的理论，从组播体系架构的构成入手，从组播源、组播路由器和组播接收者 3 部分来理解各个部分所涉及的知识。在实施过程中，在解决复杂问题时，可以先实现和验证小任务，然后再逐步组合，完成一个大任务，逐步养成模块化解决问题的思维能力。

【问题思考】

① 试分析本任务中在交换机 S3 和 S4 之间配置 PIM Hello 选项 DR 优先级的目的。

② 本任务中 PIM-SM 中 C-RP 能否选择其他路由器，请尝试修改并调试组播网络。

4.5.5 任务测评

扫描二维码，查看任务测评。

任务测评

第 5 章　园区与分支网络接入及QoS技术部署

随着企业应用的不断发展，分布式接入、集中处理的业务模式已经广泛应用，并高度依赖于网络通信。面对这种趋势，企业园区网络面临的最大挑战就是广域网连接的可靠性。相对于园区局域网建设，广域线路由于其自身的特殊性，具有费用带宽高、跨地域、协议复杂、通常需要租用运营商线路等特点，这增加了广域互连技术的实现难度。园区接入广域网的方式众多，网络层次复杂，本章主要围绕企业园区网络和分支网络接入广域网的技术进行探讨，其主要任务包括园区接入广域网路由协议、网络地址翻译（NAT）、策略路由、QoS 等技术的规划部署；在分支网络方面，主要包括分支网络接入技术的选择以及分支与园区之间 IPSec VPN 技术的部署实施等。

学生通过本章的学习，应达成如下学习目标。

知识目标

- 掌握静态和浮动路由的原理。
- 掌握策略路由的转发原理。
- 掌握 NAT 技术的原理。
- 掌握 IPSec VPN 的原理。
- 掌握 QoS 技术的原理。

技能目标

- 掌握静态和浮动路由的配置。
- 掌握策略路由的配置与验证。
- 掌握 NAT 的配置与验证。
- 掌握 IPSec VPN 的配置与验证。
- 掌握 QoS 技术的配置。

素质目标

- 培养解决复杂网络工程问题的思维方法。
- 激发提高自身技能水平的兴趣和动力。

随着企业信息化建设及企业网络建设的纵深化，对于跨地区的广域网接入需求也在不断扩大，企业均大力发展自己的业务系统和管理信息系统。这些业务系统对于企业广域网的接入要求越来越高。因此，园区网络出口的设计与部署是园区网络建设非常关键的一环，也是经常产生网络拥塞和性能瓶颈的一环。其中，园区网络的出口设备相关技术的规划和部署至关重要。出口设备一般上连互联网、下接园区核心交换机，最大的作用就是将局域网私有 IP 地址翻译成公共 IP 地址，从而使得局域网内所有用户能够访问互联网。此外，对园区网络出口设备的可靠性技术部署要求也很高。

本章将围绕某教育科技集团总部园区网络和分支网络的接入骨干网技术进行部署，主要包括 NAT 技术、浮动路由、默认路由、策略路由以及分支与园区之间 VPN 技术的部署。随着园区网络复杂程度的不断增加，在任务实施过程中要善于总结和分析，不断提高自身的技能水平。

5.1　园区出口浮动路由部署实施

静态路由实现路由备份时，当故障发生时，没有路由收敛时间，故障恢复时间短，因此，本节以最常见的静态浮动路由来实现路由备份与负载分担。

5.1.1　任务描述

图 5-1 所示为教育集团园区及分支网络拓扑图，本任务要求在园区网络的出口路由器 CE1 和 CE2 上完成浮动路由备份的部署和实施，实现园区访问外部网络时，CE1 和 CE2 直连骨干网的链路为主用链路，CE1 与 CE2 之间的链路为备用链路，即当直连主用链路发生故障时，可以使用备用链路保障园区访问外部网络的通信正常。例如，当 CE1→PE3 链路故障时，CE1→CE2 链路为备份链路。任务实施时，需要考虑当连接骨干网的主用链路出现线路问题但物理链路仍为 up 状态时，如果仍然通过主用链路转发就会出现网络服务不可达的问题，此时需要将相应的数据流量导至备用链路，由另一出口转发相应的数据流量。

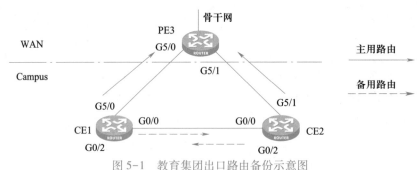

图 5-1　教育集团出口路由备份示意图

5.1.2　任务准备

在企业网中，如果离开本园区有两个出口到达运营商网络的情况，最先想到的是采用路由备份的方式来部署网络，即一条链路主用，一条链路备用。本任务的实施属于路由备份的一种。

1. 知识准备

本任务需要首先了解基于静态路由的浮动路由的工作原理，然后深入了解园区内部动态路由实现负载分担的原理。

(1) 静态路由

静态路由是由网络管理员采用手工方法在路由器中配置而成，即在路由表中设置固定的路由条目。除非网络管理员干预，否则静态路由不会发生变化。静态路由不能自动适应网络拓扑结构的变化。当网络发生故障或者拓扑发生变化后，必须由网络管理员手工修改配置。这种方法适合于在规模较小、路由表也相对简单的网络中使用。但是静态路由具有简单、容易实现，可以精确控制路由选择，改进网络性能的优点。由于不需要动态路由协议参与，这将会减少路由器的开销，为重要的应用保证带宽。

在大规模网络中，路由器的数量多，路由表的条目多且复杂。如果网络拓扑结构改变或网络链路发生故障，那么路由器的路由表就应该发生相应变化。显然在这种环境下，采用静态路由，用手工方法配置及修改路由表不太现实，所以静态路由不适宜在大型网络中应用。

静态路由的默认优先级为 60，开销与直连路由相同，都为 0。

(2) 特殊的静态路由

特殊的静态路由包括静态默认路由和浮动路由，它们的路由开销均为 0。默认路由（又称缺省路由）是在路由器没有找到匹配的路由表项时使用的路由。在静态路由配置中将目的地址与掩码配置为全 0（0.0.0.0 0.0.0.0），即为静态默认路由。静态默认路由是局域网连接 Internet 的常用方法。浮动路由是为备份路由设计的一种静态路由，其优先级低于主路由。

(3) 路由备份—浮动路由

浮动路由（又称为路由备份）是作为备份路由存在的一种静态路由。当网络中存在两条或多条链路到达相同的目的网络时，可以组成浮动路由。多条静态路由具有相同的目的地址，不同的下一跳地址，通过配置静态路由的不同优先级来实现路由备份的目的。浮动静态路由比主用路由拥有更大管理优先级（Preference）数值的静态路由。Preference 数值越大，优先级越小。Preference 数值小的成为优选线路，数值大的成为备用线路。

浮动静态路由是一种特殊的静态路由，保证在网络中主路由失效的情况下，提供备份路由。只有当主路由失效后，浮动静态路由才会被插入到路由表中。如果存在多条浮动静态路由，路由器仍然会依据 Preference 数值大小来决定优先的路由。

(4) 负载分担

负载分担（Load Sharing），当数据有多条可选路径前往同一目的网络，多条路径的度量值相同，也称为多路径等价路由（Equal-Cost Multi-Path Routing，ECMP）。可以通过配置相同优先级的静态路由实现流量的负载均衡，使得数据的传输均衡地分配到多条路径上，从而实现数据分流，减轻单条路径负载过大的情况。当其中某一条路径失效时，其他路由仍然能够正常传输数据，也起到了冗余作用。同样，当路由协议动态发现几条等值的路由时，也可实现负载分担的部署。

路由器对数据报文进行转发时，如果发现到目的地有多条最优路径，会将数据按照一定的策略在多路径上依次发送，通过 ECMP 实现 IP 流量的负载分担。负载分担的方式有基于流和基于包两种。

① 基于流的负载分担。路由器根据 IP 报文中的 5 元组信息将数据分成不同的流。具有相同 5 元组信息的 IP 报文属于同一个流。转发数据时，路由器把不同的数据流根据算法从多条路径上依次发送出去。

② 基于包的负载分担。转发数据时，路由器把数据包从多条路径上依次发送出去。基于包转发能够做到更精确的负载分担，但是由于路由器要对每一个包都进行路由查表与转发操作，无法使用快速转发缓存来转发数据，所以转发效率降低了。此外，Internet 应用都是基于流的应用，如果路由器采用基于包的负载分担，一条流中的数据包会经过不同路径到达目的地，可能会造成接收方的乱序接收，影响应用程序的正常运行。

（5）网络质量分析

网络质量分析（Network Quality Analyzer，NQA），通过各种探测方式对网络或服务进行质量分析，并提供测试结果。目前 NQA 支持的测试类型包括 TCP、UDP、Jitter、ICMP、HTTP、FTP、DHCP、DLSw 和 SNMP 测试。NQA 的基本探测方式为客户端向对端发送不同类型的测试报文，根据对端是否回应报文以及报文的往返时间等参数，来判断协议的可用性和网络性能。

NQA 可以对多种协议进行测试，每种测试都需要创建一个测试组，且每个测试组只能是某一种类型的 NQA 测试。每个测试组都有一个管理员名称和一个操作标签，管理员名称和操作标签可以唯一确定一个测试组。在创建测试组并进入该测试组视图后，可以根据要进行的测试配置相关的测试参数，不同测试类型对应的测试参数也不同。NQA 与 Track 跟踪项配合，Track 项可以根据 NQA 的测试结果，用于实现各种联动机制。

2. 任务规划与分解

本任务是一个相对简单的实施任务，主要通过静态浮动路由来实现，需要综合考虑默认路由及其优先级的规划。

（1）任务规划方案

针对本组网案例，在出口路由器 CE1 和 CE2 上部署静态浮动路由实现路由备份的目的。通过 CE1 到达运营商网络的链路有两条：一条是 CE1 的直连链路到达 PE3，规划为主用链路，优先级保持默认 60；另一条是 CE1 到 CE2 之间的链路，当主用链路故障时，CE1 可以通过与 CE2 之间的链路访问运营商网络，规划为浮动路由，优先级为 70。在 CE2 出口路由器上做出同样的规划，直连链路为主用链路，优先级默认，CE2→CE1 链路为备用链路，优先级为 70。具体规划见表 5-1。

表 5-1　路由备份规划表

规 划 设 备	规 划 内 容
路由器 CE1	CE1 主用路由：目标网络 0.0.0.0，下一跳 100.20.11.1，优先级 60 CE1 备用路由：目标网络 0.0.0.0，下一跳 10.20.12.2，优先级 70 NQA 规划：NQA 管理员 admin，操作标签 wan1，测试类型 ICMP，测试频率 100 ms Track 项：编号 1
路由器 CE2	CE2 主用路由：目标网络 0.0.0.0，下一跳 100.20.22.1，优先级 60 CE2 备用路由：目标网络 0.0.0.0，下一跳 10.20.12.1，优先级 70 NQA 规划：NQA 管理员 admin，操作标签 wan2，测试类型 ICMP，测试频率 100 ms Track 项：编号 1

(2) 任务分解

根据任务规划方案，本任务需要完成以下子活动。

① 路由器 CE1 部署路由备份。由于本园区网络属于典型的 Stub 网络，园区出口采用静态默认路由访问运营商网络即可。

② 路由器 CE2 部署路由备份。通过 CE2 出口路由器上部署浮动路由实现园区出口路由备份的目的。

③ 验证和测试。通过切换链路验证出口路由器上部署的路由备份是否有效。

5.1.3　任务实施

根据 5.1.2 节的任务分解，本小节实施任务主要包括浮动路由的创建和验证、测试路由备份与负载分担的部署效果。

1. 路由器 CE1 部署浮动路由

为了解决主用链路线路出现问题，但是端口仍然为 up 状态造成的网络不可达问题，可以在路由器上配置 Track 联动 NQA 来实现链路检测，当主用链路出现线路问题时，可以自动将所有数据流量使用备用链路。

(1) 配置 Track 联动 NQA

在路由器 CE1 上配置 NQA 分析项，然后创建跟踪项 Track 1，最后将 Track1 和 NQA 绑定，配置如下。

```
[CE1]nqa entry admin wan1                  //创建管理员名为 admin、操作标签为 wan1 的 NQA 测试组
[CE1-nqa-admin-wan1]type icmp-echo    //配置测试类型为 ICMP-ECHO(ping 测试)
[CE1-nqa-admin-wan1-icmp-echo]destination ip 100.10.10.3
                                    //配置测试目的地址,(PE3 环回接口 1 地址)地址根据实际选定
[CE1-nqa-admin-wan1-icmp-echo]next-hop ip 100.20.11.1
                         //配置下一跳地址为 100.20.11.1,以便测试报文经过指定的下一跳设备到达目的端
[CE1-nqa-admin-wan1-icmp-echo]frequency 100              //配置测试频率为 100 ms
[CE1-nqa-admin-wan1-icmp-echo]reaction 1 checked-element probe-fail threshold-type consecutive 3 action-type
trap-only                                        //配置联动项 1,连续失败 3 次触发联动
[CE1-nqa-admin-wan1-icmp-echo]quit
[CE1]nqa schedule admin wan1 start-time now lifetime forever        //启动 ICMP-ECHO 测试方案进行测试
[CE1]track 1 nqa entry admin wan1 reaction 1
                        //配置 Track 项 1,关联 NQA 测试组(管理员 admin、标签 wan1)的联动项 1
[CE1-track-1]quit
[CE1]
```

(2) 配置 CE1 的浮动路由

在出口路由器 CE1 上部署两条静态默认路由实现路由备份的目的，从 CE1 直连到达 PE3 链路的优先级保持默认 60，下一跳 IP 地址为 100.20.11.1；CE1 与 CE2 之间的链路为备用链路，优先级修改为 70，下一跳 IP 地址为 10.20.12.2，在 CE1 路由器上配置如下两条静态路由配置信息。

```
[CE1]ip route-static 0.0.0.0 0 100.20.11.1 track 1          //配置主用路由,优先级保持默认 60
[CE1]ip route-static 0.0.0.0 0 10.20.12.2 preference 70      //配置备用路由,优先级修改为 70
```

在 CE1 上显示有关默认路由的路由表项时，输出信息如下。

```
[CE1]display ip routing-table 0.0.0.0
Summary count : 2
Destination/Mask    Proto    Pre Cost         NextHop          Interface
0.0.0.0/0          Static    60   0           100.20.11.1      GE5/0
0.0.0.0/32         Direct    0    0           127.0.0.1        InLoop0
[CE1]
```

从路由表的输出可以看出，下一跳接口为 10.20.12.2 的静态浮动路由并未加载进入路由表，只有当主用路由失效后浮动路由才从路由表中浮现。

2. 路由器 CE2 部署浮动路由

(1) 配置 Track 联动 NQA

在路由器 CE2 上配置 NQA 分析项，然后创建跟踪项 Track 1，最后将 Track1 和 NQA 绑定，配置如下。

```
[CE2]nqa entry admin wan2                        //创建管理员名为 admin、操作标签为 wan2 的 NQA 测试组
[CE2-nqa-admin-wan2]type icmp-echo    //配置测试类型为 ICMP-ECHO(ping 测试)
[CE2-nqa-admin-wan2-icmp-echo]destination ip 100.10.10.3      //配置测试目的地址,地址根据实际选定
[CE2-nqa-admin-wan2-icmp-echo]next-hop ip 100.20.22.1
                        //配置下一跳地址为 100.20.22.1,以便测试报文经过指定的下一跳设备到达目的端
[CE2-nqa-admin-wan2-icmp-echo]frequency 100      //配置测试频率为 100 ms
[CE2-nqa-admin-wan2-icmp-echo]reaction 1 checked-element probe-fail threshold-type consecutive 3 action-type
trap-only                                        //配置联动项 1,连续失败 3 次触发联动
[CE2-nqa-admin-wan2-icmp-echo]quit
[CE2]nqa schedule admin wan2 start-time now lifetime forever      //启动 ICMP-ECHO 测试方案进行测试
[CE2]track 1 nqa entry admin wan2 reaction 1
                        //配置 Track 项 1,关联 NQA 测试组(管理员 admin、标签 wan2)的联动项 1
[CE2-track-1]quit
[CE2]
```

(2) 路由器 CE2 配置浮动路由

同样，在 CE2 出口路由器上，选择直连到 PE3 的链路为主用链路，优先级保持默认，下一跳地址为 100.20.22.1；使用 CE2 与 CE1 之间的链路为备用链路，优先级修改为 70，下一跳地址为 10.20.12.1。

```
[CE2]ip route-static 0.0.0.0 0 100.20.22.1 track 1      //配置主用路由,优先级保持默认 60
[CE2]ip route-static 0.0.0.0 0 10.20.12.1 preference 70      //配置备用路由,优先级修改为 70
```

部署完成后，在 CE2 的路由表中会优选直连链路加载进路由表，显示输出与路由器 CE1类似。

3. 验证和测试路由备份

本小节主要测试和验证教育集团内部路由备份功能的有效性。

在出口路由器 CE1 上，关闭端口 G5/0 来模拟链路故障，查看园区网络各网络设备路由的变化情况。路由器 CE1 的路由表中匹配默认路由 0.0.0.0 的路由条目有两条：一条是自动生成的路由，一条是配置的静态浮动路由。

```
[CE1]display ip routing-table 0.0.0.0
Summary count : 2
```

Destination/Mask	Proto	Pre	Cost	NextHop	Interface
0. 0. 0. 0/0	Static	70	0	10. 20. 12. 2	GE0/0
0. 0. 0. 0/32	Direct	0	0	127. 0. 0. 1	InLoop0

[CE1]

从以上输出信息可以看出，路由条目已经由原来的主用链路切换至备用链路。同样，读者可以自行验证路由器 CE2 上的浮动路由部署。

5.1.4　任务反思

本小节主要完成了教育集团园区出口路由器设备的路由备份部署，主要在园区出口路由器 CE1 和 CE2 上分别配置了两条静态默认路由，通过配置静态路由的优先级 Preference 值来实现路由备份的目的。本任务部署完成后，仅仅是在出口设备上为园区用户访问外部网络指明了一条路径，即园区通往外部网络的路径，但是外部网络返回园区的路径还没有打通。因此，园区内部的用户暂时还无法访问骨干网，如 PE3 的环回接口 0。请读者针对该问题进行思考，应该采取什么措施解决？

5.1.5　任务测评

扫描二维码，查看任务测评。

任务测评

5.2　分支出口路由部署实施

点对点协议（Point-to-Point Protocol，PPP）是被广泛应用、支持多种广域网线路类型的数据链路层协议，也是 H3C 路由器串行端口默认封装的协议。分支机构出口路由器 CE5 与骨干网 PE4 之间通过串行链路互连，在部署实施出口路由前需要首先完成串行链路的配置，再考虑出口路由的实施。

5.2.1　任务描述

教育集团分支机构出口路由器 CE5 通过串行链路接入到骨干网络的路由器 PE4。本任务需要完成分支出口路由器 CE5 到骨干网路由器 PE4 之间 PPP 链路的部署，包括配置接口 IP 地址，PPP 链路采用 CHAP 认证方式，在认证通过的基础上，通过配置静态默认路由实现出口路由器到骨干网的路由。

5.2.2　任务准备

为完成上述任务，学生需在理解理论知识和任务规划与分解两个方面做好准备。

1. 知识准备

本任务相关的技术理论是 PPP 的相关知识。PPP 是在点到点链路上承载网络层数据包的一种链路层协议，它能够提供用户认证，易于扩充，并且支持同、异步通信，因而获得广泛应用。

（1）PPP 协议的构成

PPP 定义了一整套协议，主要包括链路控制协议、网络控制协议以及认证协议 3 部分。

① 链路控制协议（Link Control Protocol，LCP）主要用来建立、拆除和监控数据链路。

② 网络控制协议（Network Control Protocol，NCP）主要用来协商在数据链路上所传输的数据包的格式与类型。

③ 认证协议主要用于网络安全方面，常用的认证方式主要包括密码认证协议（Password Authentication Protocol，PAP）和质询握手认证协议（Challenge Handshake Authentication Protocol，CHAP）两种。

（2）PPP 认证方式

PPP 支持的认证方式包括 PAP、CHAP、MS-CHAP 和 MS-CHAP-V2。本小节主要介绍 PAP 和 CHAP 认证方式。

① PAP 认证。

PAP 为两次握手协议，通过用户名和密码来对用户进行认证。PAP 在网络上以明文的方式传递用户名和密码。认证报文如果在传输过程中被截获，便有可能对网络安全造成威胁。因此，适用于对网络安全要求相对较低的环境。

② CHAP 认证。

CHAP 为三次握手协议，周期性校验对端身份。CHAP 在网络上明文传输用户名，密文方式传输用户密码（用 MD5 算法将用户密码与一个随机报文 ID 一起计算的结果），因此安全性要比 PAP 高。CHAP 认证分为单向认证和双向认证。CHAP 单向认证过程又分为认证方配置用户名和认证方没有配置用户名两种方式。推荐使用认证方配置用户名的方式，这样被认证方可以对认证方的身份进行确认。

2. 任务规划与分解

在掌握了相关技术理论知识的基础上，要研究任务规划方案，明确任务实施的具体工作。

（1）任务规划

在教育科技集团分支机构网络与运营商网络相连的串行链路上配置 PPP 协议。

① 在串行链路的两端端口封装 PPP。

② 选择 PPP 认证方式为安全性较高的 CHAP 认证。在分支机构网络外连运营商网络的链路上，实现 CHAP 的双向认证。其中骨干网路由器 PE4 为认证方，而分支机构的出口路由器 CE5 为被认证方。在 PPP 建立链路时，认证方 PE4 会对被认证方 CE5 的身份进行认证。这里的双向认证中，认证方和被认证方是相对的，每台设备既是认证方，又是被认证方。

③ 分支机构出口路由器 CE5 上配置静态默认路由访问骨干网。

（2）任务分解

根据网络规划方案，在任务实施阶段需要完成的工作如下。

① 在路由器 PE4 和 CE5 的 Serial1/0 端口分别配置 IP 地址及封装方式 PPP。

② 在认证方路由器 PE4 上，创建用户 CE5、密码为 znwl，设置认证方案为本地认证，PPP 认证方式为 CHAP，并配置向对方发送认证用户名为 PE4 和相应密码。

③ 在被认证方路由器 CE5 上，为认证方创建本地用户 PE4、密码为 znwl，设置 PPP

CHAP 认证时的用户名，注意此设置要与 PE4 上的保持一致。

④ 在 CE5 上配置静态默认路由，实现分支网络内部访问骨干网的需求。

⑤ 测试路由器 PE4 和 CE5 的连通性，以检验配置的正确性。

5.2.3　任务实施

任务实施阶段将依次完成 5.2.2 节的分解任务。

1. 配置 PE4 的 PPP 认证

在认证方路由器 PE4 上，为串口 S1/0 配置 IP 地址，创建本地用户、设置认证方案和 PPP 认证方式。

（1）配置 PE4 串口 IP 地址

```
[PE4]int s1/0
[PE4-Serial1/0]ip add 100.30.25.1 30        //配置 IP 地址
[PE4-Serial1/0]link-protocol ppp            //配置链路封装方式为 PPP,默认为 PPP,此命令可以不用配置
[PE4-Serial1/0]
```

（2）创建被认证用户

路由器 PE4 为认证方，需将对端用户 CE5 加入自己的本地用户列表，即设置本地用户 CE5、密码为 znwl、服务类型为 PPP。

```
[PE4]local-user CE5 class network           //创建本地用户 CE5,用户类型为 network
New local user added.
[PE4-luser-network-CE5]password simple znwl  //指定认证密码
[PE4-luser-network-CE5]service-type ppp      //指定服务类型为 PPP
[PE4-luser-network-CE5]quit
[PE4]
```

（3）配置接口 CHAP 认证

在端口视图下，设置链路认证方式为 CHAP，并设置采用 CHAP 认证时需要认证的用户名为 PE4。

```
[PE4]interface Serial 1/0
[PE4-Serial1/0]ppp authentication-mode chap  //设置 PPP 认证方式为 CHAP
[PE4-Serial1/0]ppp chap user PE4             //向对端发送要认证的用户名
[PE4-Serial1/0]
```

2. 配置 CE5 的 PPP 认证

在被认证方路由器 CE5 上，配置 IP 地址、创建被认证方的用户名、设置 PPP CHAP 认证时的用户名和密码。

（1）配置 CE5 串口 IP 地址

```
[CE5]int s1/0
[CE5-Serial1/0]ip add 100.30.25.2 30         //配置 IP 地址
CE5-Serial1/0]link-protocol ppp              //配置链路封装方式为 PPP,默认为 PPP,此命令可以不用配置
[CE5-Serial1/0]
```

（2）创建被认证用户

双向认证中，路由器 CE5 既为认证方又为被认证方，需将被认证方 PE4 加入自己的本地用户列表，即设置本地用户 PE4、密码为 znwl、服务类型为 PPP。

```
[CE5]local-user PE4 class network
New local user added.
[CE5-luser-network-PE4]password simple znwl
[CE5-luser-network-PE4]service-type ppp
[CE5-luser-network-PE4]quit
[CE5]
```

（3）配置端口的 CHAP 认证

在端口视图下，设置采用 PPP CHAP 认证时的用户名为 CE5，向对端发送的用户名与认证方 PE4 配置的用户名相同，才能确保认证成功。

```
[CE5]interface Serial 1/0
[CE5-Serial1/0]ppp authentication-mode chap      //设置 PPP 认证方式为 CHAP
[CE5-Serial1/0]ppp chap user CE5                  //向对端发送要认证的用户名
[CE5-Serial1/0]
```

3. 配置 CE5 的默认路由

CE5 路由器上，配置一条静态默认路由，为分支网络访问外部网络提供路由。网络出口只有一个路由器出口时，这种网络称为 Stub 网络，一般采用静态默认路由指向运营商网络即可。在运营商网络的 PE 路由器上也可以回指 Stub 网络的明细路由，从而实现互连互通。

```
[CE5]ip route-static 0.0.0.0 0 100.30.25.1
[CE5]
```

4. 测试 PPP 链路配置

（1）验证 PPP 认证

在路由器 CE5 的 S1/0 接口下，执行 shutdown 命令关闭链路，然后执行 undo shutdown 命令重新打开链路，显示路由器 CE5 的 Serial1/0 信息输出如下。

```
[CE5]display interface Serial 1/0
Serial1/0
Current state：UP
Line protocol state：UP
Description：Serial1/0 Interface
Bandwidth：64 kbps
Maximum transmission unit：1500
Hold timer：10 seconds，retry times：5
Internet address：100.30.25.2/30（primary）
Link layer protocol：PPP              //链路层协议为 PPP
LCP：opened，IPCP：opened           //LCP 和 NCP 的状态均为 opened 状态
Output queue - Urgent queuing：Size/Length/Discards 0/100/0
……（略）
[CE5]
```

以上信息显示，链路层协议为 PPP，LCP 和 IPCP（即此时 NCP 中的网络层协议为 IP）的状态均为开启（opened）状态，说明 PPP 链路工作正常。

（2）测试 CE5 和 PE4 的连通性

在路由器 CE5 上使用命令 ping 100.30.25.1（路由器 PE4 的 Serial1/0 端口 IP 地址），测试与 PE4 的连通性，结果可以连通，说明 PE4 认证 CE5 成功。

```
<CE5>ping -c 1 100.30.25.1
Ping 100.30.25.1 (100.30.25.1): 56 data bytes, press CTRL_C to break
56 bytes from 100.30.25.1: icmp_seq=0 ttl=255 time=1.000 ms
--- Ping statistics for 100.30.25.1 ---
1 packet(s) transmitted, 1 packet(s) received, 0.0% packet loss
round-trip min/avg/max/std-dev = 1.000/1.000/1.000/0.000 ms
<CE5>
```

5.2.4　任务反思

综上，为实现分支机构接入运营商网络，在路由器 CE5 接入到运营商网络路由器 PE4 的串行链路上部署了 PPP 协议，并成功实现 PE4 与 CE5 之间的双向 CHAP 认证。配置认证方的内容包括在端口下选择数据链路层协议，确定认证方式；在全局视图中配置用户列表，指定服务类型等。被认证方的配置略为简单，只需在端口视图下，设置自己参与 CHAP 认证的用户名即可，但要与认证方对用户的配置相同。

完成任务后，园区和分支机构网络去往骨干网的路由都采用静态默认路由的形式，但是数据通信的过程是双向的，骨干网设备需要有对园区或分支网络的路由才可以通信。请读者思考，园区或分支网络部署 NAT 后骨干网上主机能否与教育集团公司内部主机通信？在任务部署过程中，要不断发现和思考新的问题，并对方案进行梳理总结，从而提高自己的工程实践经验。

5.2.5　任务测评

扫描二维码，查看任务测评。

任务测评

5.3　NAT 技术部署实施

网络地址转换（NAT）技术实现了私有网络中的主机与公共网络中的资源之间的通信，还提供了一定的安全功能，并且会在网络迁移时成为管理员的首选方案。本节会围绕 NAT 部署任务详细介绍 NAT 的用途、工作原理以及转换类型，最后介绍 NAT 的部署和配置。

5.3.1　任务描述

NAT（又称网络地址翻译）是一种可以使专用网内拥有本地 IP（私有 IP）的主机通过NAT 转换设备连接到 Internet 上和外界通信的技术。所有使用本地地址的主机在和外界通信时，在 NAT 设备的作用下将其本地私有地址转换成全球公网 IP 地址，从而实现和互联网上的主机进行通信的目的。本任务主要实现教育集团园区和分支网络对外访问的需求，在总部园区出口路由器 CE1 和 CE2 上部署 NAPT，在分支机构出口路由器 CE5 上部署 Easy IP 方式的地址翻译。

5.3.2 任务准备

为完成上述任务，学生需在 NAT 工作原理、转换类型、应用场景等方面做好知识储备，并能够根据理论知识规划与分解任务。

1. 知识准备

NAT 是将 IP 数据报文头中的 IP 地址转换为另一个 IP 地址的过程。在实际应用中，NAT 主要应用在连接两个网络的边缘设备上，用于实现允许内部网络用户访问外部公共网络以及允许外部公共网络用户访问部分内部网络资源（如内部服务器）的目的。

（1）NAT 工作原理

借助于 NAT 技术，私有（保留）IP 地址的内部网络通过路由器发送数据包时，私有地址被转换成合法的公有 IP 地址，而一个局域网只需使用少量公有 IP 地址（甚至是一个）即可实现私有地址网络内所有计算机与 Internet 的通信需求。

一台 NAT 设备连接内网和外网，连接外网的端口为 NAT 端口，当有报文经过 NAT 设备时，NAT 的基本工作过程如图 5-2 所示。

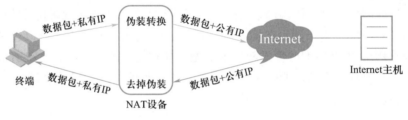

图 5-2　NAT 工作示意图

① 终端要向 Internet 传递数据包，经过 NAT 路由器设备时，该路由器会将该数据包的私有 IP 地址转换成一个可路由的公有 IP 地址，并将该报文发送给外部网络服务器，同时在 NAT 设备上建立表项记录这一映射。

② 由 Internet 传回的数据包会由该 NAT 设备接收，NAT 设备使用报文信息匹配建立的表项，然后查找匹配到的表项记录，将数据包的目标 IP 由公共 IP 地址转换回原来的私有 IP 地址，最后由该 NAT 设备将数据包传给原先发送数据的终端。

上述的 NAT 过程对终端（如图 5-2 所示中的终端和 Internet 主机）来说是透明的。对外网 Internet 主机而言，它认为内网用户主机的 IP 地址就是公网 IP 地址，并不知道还存在私有 IP 地址。因此，NAT"隐藏"了企业的私有网络。

在实际应用中，可能希望某些内部网络的主机可以访问外部网络，而某些主机不允许访问，或者希望某些外部网络的主机可以访问内部网络，而某些主机不允许访问。即 NAT 设备只对符合要求的报文进行地址转换。利用访问控制列表（Access Control List，ACL）可以对地址转换的使用范围进行控制，通过定义 ACL 规则，并将其与 NAT 配置相关联，实现只对匹配指定的 ACL permit 规则的报文才进行地址转换的目的。

（2）NAT 转换方式

常用的 NAT 包括静态、动态和内部服务器 3 种转换方式。

1）静态 NAT 方式

静态 NAT 转换（又称为 Static NAT）是指私有 IP 地址转换为公有 IP 地址，两者是一对一的转换，即一个私有 IP 地址对应一个公有 IP 地址。

2）动态 NAT 方式

动态地址转换是指内部网络和外部网络之间的地址映射关系在建立连接时动态产生。该方式通常适用于内部网络有大量用户需要访问外部网络的组网环境。

① 在 NO-PAT（Not Port Address Translation）模式下，一个外网地址同一时间只能分配给一个内网地址进行地址转换，不能同时被多个内网地址共用。当使用某外网地址的内网用户停止访问外网时，NAT 会将其占用的外网地址释放并分配给其他内网用户使用。该模式下，NAT 设备只对报文的 IP 地址进行 NAT 转换，同时会建立一个 NO-PAT 表项用于记录 IP 地址映射关系，并可支持所有 IP 协议的报文。

② PAT（Port Address Translation）模式，又称 NAPT（Network Address Port Translation）。在该模式下，一个 NAT 地址可以同时分配给多个内网地址共用。NAT 设备需要对报文的 IP 地址和传输层端口同时进行转换，且只支持 TCP、UDP 和 ICMP 查询报文。当多个内部私有地址映射到出口路由器接口地址上的不同端口时，又称为 Easy IP 地址转换方式，是 PAT 的特殊形式。

3）内部服务器方式

在实际应用中，内网中的服务器可能需要对外部网络提供一些服务，如给外部网络提供 Web 服务或 FTP 服务。这种情况下，NAT 设备允许外网用户通过指定的 NAT 地址和端口访问这些内部服务器，NAT 内部服务器的配置就定义了 NAT 地址和端口与内网服务器地址和端口的映射关系，此方式又被称为 NAT Server。

2. 任务规划与分解

在掌握了相关技术理论知识的基础上，要研究任务规划方案，明确任务实施的具体工作。

（1）任务规划

教育集团公司总部和分支机构内网的 IP 地址均使用了私有地址，因此在总部和分支机构的出口路由器上都要配置 NAT，才能实现访问外网的目的。

1）分支网络出口 NAT 规划

在路由器 CE5 上部署 NAT，具体如下。

① NAT 设备为路由器 CE5。CE5 连接分支机构网络为 NAT 内部网络，IP 地址段为 10.30.9.0/24 和 10.30.10.0/24；出口路由器 CE5 上连骨干网络的链路为 NAT 外部网络，IP 地址段为 100.30.25.0/30。CE1 的 G0/2 口为内部 NAT 端口，Serial1/0 为外部 NAT 端口。

② 对于分支机构内部主机访问外网的需求，NAT 需实现私有地址到公有地址的转换。由于分支机构规模较小，访问外网的流量有限，宜使用 Easy IP 转换方式。

③ 将分支机构内网子部门的私有地址段 10.30.0.0/16 转换为 Serial1/0 端口地址 100.30.25.2。

2）公司总部出口 NAT 规划

在 4.3 节中实施 RIP 路由任务时，公司总部出口路由器 CE1 和 CE2 的 RIP 进程中分别向园区内部发布了默认路由。在 5.1 节的 CE1 和 CE2 上配置了去往运营商网络的静态默认路由，从而实现了总部网络去往运营商网络的路径。本任务中总部园区网络需要在 CE1 和 CE2 上规划部署 NAT。

① 园区内部网络有上网业务需求的网段为 6 个，即 10.30.1.0/24～10.30.6.0/24。

② 路由器 CE1 和 CE2 上的 NAT 转换方式均采用 NAPT 方式，CE1 上 NAT 转换地址池为 100.20.11.3～100.20.11.10，CE2 上 NAT 转换地址池为 100.20.22.3～100.20.22.10。

③ 对于公司总部内部主机访问外网的需求，NAT 需实现私有地址到公有地址的转换。路由器 CE1 的 G5/0 端口为外部 NAT 端口，路由器 CE2 的 G5/1 端口为外部 NAT 端口。

④ 规划 ACL 编号为 3000，CE1 和 CE2 上地址池编号均为 1。

（2）任务分解

根据网络规划方案，在任务实施阶段需要完成的工作如下。

1）分支机构的任务

① 在路由器 CE5 上建立基本 ACL 3000，规则为允许 10.30.0.0/16 网段的终端通过 NAT 转换访问外网。此处将分支机构网络进行了聚合，对 10.30.0.0/16 网段进行转换。

② 将 ACL 3000 与端口 Serial1/0 关联，并在出方向上应用 NAT。

③ 分支机构内部主机访问运营商网络时，验证和测试 NAT 的地址转换。

2）公司总部的任务

① 在路由器 CE1 和 CE2 上建立高级 ACL 编号为 3000，规则为允许各业务网段终端通过 NAT 转换访问外网，主要包括 10.30.1.0/24～10.30.6.0/24 网段的数据流量。

② 在路由器 CE1 和 CE2 上分别创建公有地址池 100.20.11.3 ～ 100.20.11.10 和 100.20.22.3～100.20.22.10，地址池编号为 1。

③ 在路由器 CE1 端口 G5/0 的出方向，设置 NAPT，将 ACL 3000 与公有地址段 100.20.11.3～100.20.11.10 绑定。

④ 在路由器 CE2 端口 G5/1 的出方向，设置 NAPT，将 ACL 3000 与公有地址段 100.20.22.3～100.20.22.10 绑定。

⑤ 验证和测试 NAT 地址转换的部署。

5.3.3　任务实施

根据 5.3.2 节的任务规划与分解，分别在园区和分支网络出口设备实施 NAT 转换部署任务。

1. 分支网络 NAT 部署

配置分支机构网络的工作是在出口路由器 CE5 上配置 Easy IP。

（1）创建 ACL

在路由器 CE5 上创建高级 ACL，匹配指定规则的报文进行 NAT 转换。本任务是允许源网段为 10.30.0.0/16 的流量进行 NAT 转换。需要说明的是，如果仅仅在出口路由器做 NAT 转换，而没有其他流量限制时，此处也可以采用基本 ACL 实现。

```
[CE5]acl advanced 3000                                          //创建高级 ACL,编号为 3000
[CE5-acl-ipv4-adv-3000]rule 15 permit ip source 10.30.0.0 0.0.255.255   //允许源网段 10.30.0.0/16
[CE5-acl-ipv4-adv-3000]rule 20 deny ip                          //拒绝其他网段
[CE5-acl-ipv4-adv-3000]quit
[CE5]
```

（2）在端口上应用 NAT

在路由器 CE5 端口 Serial1/0 的出方向上应用 NAT，并与 ACL 3000 关联。即源网段 10.30.0.0/16 的报文发往外网时，均转换为端口 Serial1/0 的 IP 地址 100.30.25.2，但来自不同 IP 源主机的报文可转换为该地址的不同端口，可见 Easy IP 是 NAPT 的特例。

```
[CE5]interface Serial 1/0
[CE5-Serial1/0]nat outbound 3000        //端口出方向上应用 NAT 并关联 ACL 3000
[CE5-Serial1/0]quit
[CE5]
```

（3）测试 NAT 转换

为了测试方便，在 PE4 路由器上以环回接口 1 模拟运营商网络上的一台服务器，并配置 IP 地址为 100.10.10.4/32。

```
[PE4]interface LoopBack 1
[PE4-LoopBack1]ip address 100.10.10.4 32
[PE4-LoopBack1]quit
[PE4]
```

为监测 NAT 的转换，在路由器 CE5 上先使能路由器显示调试（debug）信息的功能，然后 debug NAT 报文。

```
<CE5>terminal monitor                   //打开终端显示调试/日志/告警信息功能
The current terminal is enabled to display logs.
<CE5>terminal debugging                 //打开 debugging 信息显示
The current terminal is enabled to display debugging logs.
<CE5>debugging nat packet               //debug NAT 报文
<CE5>
```

在分支机构总务部终端 PC5 上，使用 ping 100.10.10.4 命令测试分支机构内网主机与运营商网络服务器的连通性，输出信息显示如下，网络工作正常。

```
<H3C>ping -c 1 100.10.10.4
Ping100.10.10.4 (100.10.10.4): 56 data bytes, press CTRL_C to break
56 bytes from100.10.10.4: icmp_seq=0 ttl=254 time=3.000 ms
--- Ping statistics for 100.10.10.4 ---
1 packet(s) transmitted, 1 packet(s) received, 0.0% packet loss
round-trip min/avg/max/std-dev = 3.000/3.000/3.000/0.000 ms
<H3C>
```

在出口路由器 CE5 上查看 NAT 转换报文信息。从中可以看出，NAT 将源地址为 PC5 的 IP 地址 10.30.9.1、目的地址为运营商网络服务器 IP 地址 100.10.10.4 的 ICMP 请求报文，转换成源地址为公有 IP 地址 100.30.25.2、目的地址为 100.10.10.4 的报文，从路由器 CE5 的 Serial1/0 端口发送出去；NAT 将源地址为 100.10.10.4、目的地址为 100.30.25.2 的 ICMP 响应报文，转换成源地址为 100.10.10.4、目的地址为 10.30.9.1 的报文，由 CE5 的 Serial1/0 端口接收进分支机构内网。

```
<CE5> * May 30 10:42:22:211 2021 CE5 NAT/7/COMMON:
PACKET: (Serial1/0-out) Protocol: ICMP                          //从 Serial1/0 端口发出的 ICMP 请求报文
    10.30.9.1:      0 -100.10.10.4:     0(VPN:      0) ------>  //源 IP 地址为私有地址 10.30.9.1
    100.30.25.2:    0 -100.10.10.4:     0(VPN:      0)          //转换为出端口 IP 地址 100.30.25.2
 * May 30 10:42:22:217 2021 CE5 NAT/7/COMMON:
PACKET: (Serial1/0-in) Protocol: ICMP                           //从 Serial1/0 端口收到的 ICMP 响应报文
100.10.10.4:      0 -  100.30.25.2:    0(VPN:      0) ------>   //目的 IP 地址为公有地址 100.30.25.2
100.10.10.4:      0 -  10.30.9.1:      0(VPN:      0)           //转换为私有地址 10.30.9.1
<CE5>
```

除显示调试信息外，还可以在路由器 CE5 上显示 NAT 会话详细信息，输出如下。

```
<CE5>disp nat session verbose
Slot 0:
Initiator:
   Source          IP/port: 10.30.9.1/164          //请求报文的源 IP 地址是 10.30.9.1,源端口是 164
   Destination IP/port:100.10.10.4/2048            //请求报文的目的 IP 地址是 100.10.10.4,目的端口是 2048
   DS-Lite tunnel peer: -
   VPN instance/VLAN ID/Inline ID: -/-/-
   Protocol: ICMP(1)
   Inbound interface: GigabitEthernet0/2.9         //ICMP 数据包从路由器 G0/2.9 到达路由器
Responder:
   Source          IP/port:100.10.10.4/5           //响应报文的源 IP 地址是 100.10.10.4,源端口是 5
   Destination IP/port: 100.30.25.2/0              //响应报文的目的 IP 地址为 100.30.25.2,目的端口是 0
   DS-Lite tunnel peer: -
   VPN instance/VLAN ID/Inline ID: -/-/-
   Protocol: ICMP(1)
   Inbound interface: Serial1/0                    //Serial1/0 口收到的 ICMP 响应报文
State: ICMP_REPLY
Application: OTHER
…(略)
Total sessions found: 1
<CE5>
```

从输出信息可以看出，Initiator 是指路由器 CE5 的 G0/2.9 子端口收到的来自 PC5 的 ICMP 报文，源 IP 地址是 10.30.9.1，源端口是 164。Responder 是指从目标 100.10.10.4 返回的 ICMP 响应报文从 CE5 的 Serial1/0 端口到达，目的地址是 100.30.25.2，表明 NAT 转换时原来的内网 IP 地址 10.30.9.1 被转换成了 100.30.25.2。因此，Easy IP 转换方式在 NAT 转换时，转换的公网 IP 是设备连接骨干网的出口 IP 地址，不同的 NAT 会话映射的端口不同，从而实现不同 NAT 会话的区分。Easy IP 工作原理和 NAPT 类似，不同的是 Easy IP 不建立地址池，直接使用网关路由器连接外网接口的 IP 地址，采用的也是"公网地址+端口号"，应用于局域网规模较小的环境。

2. 公司总部网络 NAT 部署

公司总部有两台出口路由器 CE1 和 CE2，在两台路由器上均部署 NAT 转换，从而实现园区内部网段访问外网时能够在两个出口路由器上进行负载均衡。

（1）路由器 CE1 部署 NAPT

根据 5.3.2 任务规划及分解，依次完成 ACL、地址池及出端口 NAT 转换的配置。

① 创建 ACL。

为便于后期针对不同业务流量的调度控制，此处 ACL 选择使用高级 ACL。创建高级 ACL 编号为 3000，匹配指定规则的报文进行 NAT 转换。本任务是允许源网段为 10.30.1.0/24 ~ 10.30.6.0/24 共 6 个网段的报文进行 NAT 转换，在本任务实施仿真实验时，以 VLAN 10 和 VLAN 20 两个网段为例进行实施。按照教育集团网络规划需求，总部网络内的服务器网段 10.30.65.0/24 和 10.30.66.0/24 不需要进行 NAT 地址转换。

```
[CE1]acl advanced 3000                                          //创建高级 ACL,编号为 3000
[CE1-acl-ipv4-adv-3000]rule 5 permit ip source 10.30.1.0 0.0.0.255   //允许源网段 10.30.1.0/24
[CE1-acl-ipv4-adv-3000]rule 10 permit ip source 10.30.2.0 0.0.0.255  //允许源网段 10.30.2.0/24
[CE1-acl-ipv4-adv-3000]rule 15 deny ip source any              //拒绝其他网段
[CE1-acl-ipv4-adv-3000]
```

② 创建 NAT 地址池。

设地址池的编号为 1，地址范围为 100.20.11.3 ~ 100.20.11.10，共 8 个地址，具体配置如下。

```
[CE1]nat address-group 1                                        //地址池编号为 1
[CE1-address-group-1]address 100.20.11.3 100.20.11.10   //配置地址池地址范围
[CE1-address-group-1]quit
[CE1]
```

③ 配置 NAT 端口。

由于出口路由器 CE1 的 GE5/0 端口为连接运营商网络的端口，因此在 GE5/0 端口的出方向上应用 NAT 转换。命令中指明将 ACL 3000 控制的私有地址范围转换为地址池 1 限定的公网地址范围。

```
[CE1]interface GigabitEthernet 5/0
[CE1-GigabitEthernet5/0]nat outbound 3000 address-group 1  //在端口出方向对匹配 ACL 的流量进行 NAT 转换
[CE1-GigabitEthernet5/0]quit
[CE1]
```

（2）路由器 CE2 的 NAT 部署

参照 CE1 的 NAT 部署步骤，在 CE2 上完成 NAT 的部署，同样包括创建 ACL 匹配需要做 NAT 转换的网段、创建 NAT 转换地址池、在端口应用 NAT 转换 3 个步骤，配置脚本如下。

① 创建 ACL。

创建高级 ACL，匹配感兴趣的流量用于 NAT 转换，根据规划，此处匹配网段与 CE1 配置相同，正常应该为 6 个网段，此处以 VLAN 10 和 VLAN 20 网段为例。

```
[CE2]acl advanced 3000                                          //创建高级 ACL,编号为 3000
[CE2-acl-ipv4-adv-3000]rule 5 permit ip source 10.30.1.0 0.0.0.255   //允许源网段 10.30.1.0/24
[CE2-acl-ipv4-adv-3000]rule 10 permit ip source 10.30.2.0 0.0.0.255  //允许源网段 10.30.2.0/24
[CE2-acl-ipv4-adv-3000]rule 15 deny ip source any              //拒绝其他网段
[CE2-acl-ipv4-adv-3000]quit
[CE2]
```

② 创建 NAT 地址池。

根据规划，CE2 上 NAT 地址池的编号为 1，地址范围为 100.20.22.3 ~ 100.20.22.10，共 8 个地址，具体配置如下。

```
[CE2]nat address-group 1                                        //地址池编号为 1
[CE2-address-group-1]address 100.20.22.3 100.20.22.10   //配置地址池地址范围
```

```
[CE2-address-group-1]quit
[CE2]
```

③ 接口配置 NAT。

由于出口路由器 CE2 的 G5/1 端口为主用链路，因此在端口 G5/1 上应用 NAT 转换，具体配置如下。

```
[CE2]interface GigabitEthernet 5/1
[CE2-GigabitEthernet5/1]nat outbound 3000 address-group 1    //在接口出方向对匹配 ACL 流量做 NAT 转换
[CE2-GigabitEthernet5/1]quit
[CE2]
```

（3）验证和测试 NAT 转换

为了验证总部园区内网访问外网的 NAT 转换成功，在运营商客户路由器 PE3 上创建环回接口 1，并配置 IP 地址为 100.10.10.3/32 来模拟运营商网络的主机。同时为了跟踪数据的转发路径，在园区内所有设备上开启 TTL 超时及不可达 ICMP 报文发送功能。

1）测试环境配置

① 运营商路由器 PE3 接口配置。在 PE3 上为环回接口配置 IP 地址，配置如下。

```
[PE3]interface LoopBack 1
[PE3-LoopBack1]ip address 100.10.10.3 32
[PE3-LoopBack1]
```

② 开启设备 ICMP 超时及不可达报文发送功能。在进行测试前，在交换机 S3、S4、S5 和 S6 以及出口路由器 CE1 和 CE2 上开启 ICMP 报文超时功能和目的不可达报文的发送功能，默认情况下 H3C 的交换机和路由器是关闭 ICMP 超时和不可达报文发送。以上功能主要通过 ip ttl-expires enable 和 ip unreachables enable 两条命令来开启。ip ttl-expires enable 命令用来开启设备的 ICMP 超时报文的发送功能，ip unreachables enable 命令用来开启设备的 ICMP 目的不可达报文的发送功能。

以交换机 S3 为例，开启 ICMP 报文发送功能，配置如下。

```
[S3]ip unreachables enable
[S3]ip ttl-expires enable
```

同样在交换机 S4、S5 和 S6 以及路由器 CE1、CE2 和 PE3 上利用以上两条命令开启 ICMP 超时及不可达报文发送功能。

2）验证 NAT 转换

为监测 NAT 的转换，在路由器 CE1 上先使能路由器显示调试信息的功能，然后 debug NAT 报文。

```
<CE1>terminal monitor                              //打开终端显示调试/日志/告警信息功能
The current terminal is enabled to display logs.
<CE1>terminal debugging                            //打开 debugging 信息显示
The current terminal is enabled to display debugging logs.
<CE1>debugging nat packet                          //debug NAT 报文
<CE1>
```

在园区网络 IT 运维部的终端 PC1 上，使用 ping 100.10.10.3 命令测试总部内网主机与运营商网络主机的连通性，同时在出口路由器 CE1 上查看 NAT 转换调试信息。

```
<CE1> * May 30 12:31:11;337 2021 CE1 NAT/7/COMMON:
PACKET: (GigabitEthernet5/0-out) Protocol: ICMP                    //从 G5/0 端口发出的 ICMP 请求报文
      10.30.1.1:      0 -       100.10.10.3:      0(VPN:      0) ------>  //源 IP 地址为私有地址 10.30.1.1
      100.20.11.4:    0 -       100.10.10.3:      0(VPN:      0)          //转换为公有地址池范围 IP100.20.11.4
 * May 30 12:31:11;338 2021 CE1 NAT/7/COMMON:
PACKET: (GigabitEthernet5/0-in) Protocol: ICMP                     //从 G5/0 端口收到的 ICMP 响应报文
      100.10.10.3:    0 -       100.20.11.4:      0(VPN:      0) ------>  //目的 IP 地址为公有地址 100.20.11.4
      100.10.10.3:    0 -       10.30.1.1:        0(VPN:      0)          //NAT 转换为私有地址 10.30.1.1
<CE1>
```

从输出信息可以看出，NAT 将源地址为 PC1 的 IP 地址 10.30.1.1、目的地址为运营商网络服务器 IP 地址 100.10.10.3 的 ICMP 请求报文，转换成源地址为公有 IP 地址 100.20.11.4、目的地址为 100.10.10.3 的报文，从 G5/0 端口发送出去；在回程报文中，NAT 将源地址为 100.10.10.3、目的地址为 100.20.11.4 的 ICMP 响应报文，转换成源地址为 100.10.10.3、目的地址为 10.30.1.1 的报文由 CE1 的 G5/0 端口接收，并转给公司总部内网相应终端。

当在路由器 CE1 上显示 NAT 会话信息时，输出如下。需要说明的是，以下输出信息中转换的 IP 地址为公网地址池的范围内即可，转换的端口号取决于用户的 HCL 实验环境，转换端口号输出有可能与此输出信息端口号不一致。

```
<CE1>display nat session verbose
Slot 0:
Initiator:
   Source          IP/port: 10.30.1.1/174            //源 IP 地址是 10.30.1.1,源端口是 174
   Destination IP/port: 100.10.10.3/2048             //目的 IP 地址是 100.10.10.3,目的端口是 2048
   DS-Lite tunnel peer: -
   VPN instance/VLAN ID/Inline ID: -/-/-
   Protocol: ICMP(1)
   Inbound interface: GigabitEthernet0/2             //G0/2 端口收到的 ICMP 报文
Responder:
   Source          IP/port: 100.10.10.3/6            //源 IP 地址是 100.10.10.3,源端口是 6
   Destination IP/port: 100.20.11.4/0                //目的 IP 地址被 NAT 转换为 100.20.11.4,目的端口是 0
   DS-Lite tunnel peer: -
   VPN instance/VLAN ID/Inline ID: -/-/-
   Protocol: ICMP(1)
   Inbound interface: GigabitEthernet5/0             //G5/0 端口收到的 ICMP 响应报文
State: ICMP_REPLY
Application: OTHER
......(略)
<CE1>
```

从输出信息可以看出，Initiator 是指路由器 CE1 的 G0/2 端口收到的来自 PC1 的 ICMP 报文，源 IP 地址是 10.30.1.1，源端口是 174。Responder 是指从目标 100.10.10.3 返回的 ICMP 响应报文从 CE1 的 G5/0 端口到达，目的地址是 100.20.11.4，表明 NAT 转换时原来的内网 IP 地址 10.30.1.1 被转换成 100.20.11.4。

同样，读者可以自行在公司市场部终端 PC2 上进行 NAT 相关测试，也是能够正常访问 PE3 的环回接口 1 的地址。

3) 验证出口负载分担

当在交换机 S3 上以 10.30.1.252 为源地址与骨干网 PE3 上环回接口 1 通信时，用 tracert 命令跟踪 ICMP 数据包的路径信息，输出如下。

```
<S3>tracert -a 10.30.1.252 100.10.10.3
traceroute to 100.10.10.3（100.10.10.3）from 10.30.1.252, 30 hops at most, 40 bytes each packet, press CTRL_
C to break
 1  10.20.35.2（10.20.35.2）  635.000 ms  630.000 ms  675.000 ms
 2  10.20.15.2（10.20.15.2）  633.000 ms  637.000 ms  607.000 ms
 3  100.20.11.1（100.20.11.1）  637.000 ms  558.000 ms  500.000 ms
<S3>
```

以上输出信息表明，从交换机 S3 发出的 ICMP 数据包是从出口路由器 CE1 做 NAT 转换后转发到 PE3 路由器。当在交换机 S4 上以 10.30.2.253 为源地址 tracert 骨干网 PE3 上环回接口 1 地址时，跟踪路径信息如下。

```
<S4>tracert -a 10.30.2.253 100.10.10.3
traceroute to 100.10.10.3（100.10.10.3）from 10.30.2.253, 30 hops at most, 40 bytes each packet, press CTRL_
C to break
 1  10.20.46.2（10.20.46.2）  68.000 ms  42.000 ms  21.000 ms
 2  10.20.26.2（10.20.26.2）  21.000 ms  14.000 ms  21.000 ms
 3  100.20.22.1（100.20.22.1）  15.000 ms  14.000 ms  21.000 ms
<S4>
```

以上输出信息表明，从交换机 S4 发出的 ICMP 数据包是从出口路由器 CE2 做 NAT 转换后发送至骨干网 PE3 路由器。

将出口路由器 CE1 上的 G5/0 端口关闭，模拟上行链路故障，然后在交换机 S3 上再次以源地址 10.30.1.252 跟踪到达 PE3 环回接口 1 的路径时，输出信息如下。

```
<S3>tracert -a 10.30.1.252 100.10.10.3
traceroute to 100.10.10.3（100.10.10.3）from 10.30.1.252, 30 hops at most, 40 bytes each packet, press CTRL_
C to break
 1  10.20.35.2（10.20.35.2）  539.000 ms  623.000 ms  897.000 ms
 2  10.20.15.2（10.20.15.2）  962.000 ms  828.000 ms  765.000 ms
 3  10.20.12.2（10.20.12.2）  888.000 ms  1058.000 ms  1146.000 ms
 4  100.20.22.1（100.20.22.1）  902.000 ms  885.000 ms  993.000 ms
<S3>
```

从以上输出信息可以看出，ICMP 数据包到达 CE1 后，由于上行主用链路故障，由浮动路由切换至备用链路，CE1 将数据包转发到出口路由器 CE2，然后再由 CE2 做 NAT 转换后转发至骨干网路由器 PE3，从而实现了园区出口链路负载分担的目的。

5.3.4　任务反思

本任务的实施相对比较综合，在总部园区网络出口和分支机构网络出口设备上分别部署了 NAT 转换，实现了网络内部终端访问外网的目的。同时，由于总部园区网络的两个出口路由器 CE1 和 CE2 均能访问外网，因此实现了园区内部终端访问外网流量的负载分担。在 NAT 部署中，考虑到公司总部的规模较大，内部终端数量较多，采用了 PAT 配置。在配置 CE1 的过程中，使用 ACL 限定总部网络中能够访问外网的范围，使用地址池定义总部网络申请的公有 IP 地址段。分支机构网络规模较小，在出口路由器采用了 Easy IP 的方式实现 NAT 转换。

【问题思考】

① 在公司总部网络出口路由器 CE1 和 CE2 均配置了浮动路由，当两个出口链路均发生故障时会出现什么问题？

② 当路由器 CE1 上行链路发生故障时，CE1 会切换至备用路由，如何配置 NAT 使得在 CE1 通过备用链路仍能保持与 PE3 环回接口 1 之间的 ICMP 连通性？提示：从 NAT 转换匹配流量角度出发。

③ 在配置静态路由或路由汇总时常常会因网络链路故障引起环路问题，常用的解决方法是配置黑洞路由、配置 BFD 联动以及 NQA 联动等来解决。在本应用场景中，CE1 路由器通过 CE2 监测 PE3 环回接口 1 的状态，属于多跳检测的场景，本场景中的环路问题适合采用哪种方法解决？为什么？

5.3.5 任务测评

扫描二维码，查看任务测评。

任务测评

5.4 策略路由部署实施

与单纯依照 IP 报文的目的地址查找路由表进行转发不同，策略路由是一种依据用户制定的策略进行路由转发的机制。策略路由可以对满足一定条件的报文，执行指定的操作，如设置报文的下一跳、出接口、默认下一跳和默认出接口等。本任务将根据总园区网络建设需求完成策略路由的部署和实施。

5.4.1 任务描述

根据教育集团网络规划，出口路由器 CE2 与分支公网出口路由器 CE5 之间通过 IPSec VPN 通道实现共享私网数据；出口路由器 CE1 与数据中心 DC 之间通过 MPLS VPN 隧道实现内网互通。因此，园区内部服务器网段 10.30.65.0/24 和 10.30.66.0/34 访问数据中心的流量应该由 CE1 转发进 MPLS VPN 隧道；园区内部访问分支机构的流量应该由 CE2 转发进 IPSec VPN 隧道。如图 5-3 所示，园区网络内部服务器访问数据中心的流量应该由 CE1 路由器转发，访问分支机构的 IPSec 流量应该由 CE2 转发，园区内部访问 Internet 的流量是由 CE1 和 CE2 做负载分担。

按照此规划，当出口路由器 CE2 收到去往数据中心的数据包时，应将数据包转发至路由器 CE1；当出口路由器 CE1 接收到去往分支机构的 IPSec 数据包时，应将其转发至路由器 CE2。本任务要求分别在路由器 CE1 和 CE2 上部署策略路由，实现上述转发要求。园区内部 VLAN 10 网段有访问分支机构网络的需求，两个服务器网段 10.30.65.0/24 和 10.30.66.0/24 有访问数据中心网络的需求。

5.4.2 任务准备

根据作用对象的不同，策略路由可分为本地策略路由和转发策略路由。本地策略路由主要针对设备本身产生的报文（如本地发出的 ping 报文）起作用，指导其发送。而转发策略路由主要针对接口接收的报文起作用，指导其转发。本任务的部署和完成主要基于转发策略路由实现。

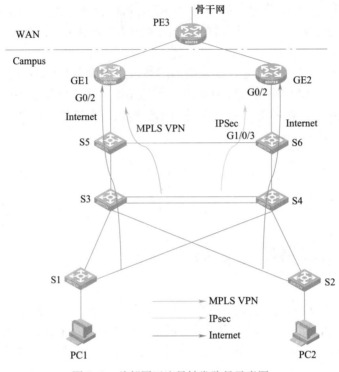

图 5-3　总部园区流量转发路径示意图

1. 知识准备

本任务的实施需要了解策略路由的基本原理，理解策略路由的组成部分，掌握在策略路由的部署实施过程。

（1）策略路由原理

所谓策略路由（Policy Based Rotue，PBR），顾名思义，即是根据一定的策略进行报文转发，因此策略路由是一种比目的路由更灵活的路由机制。在路由器转发一个数据报文时，首先根据配置的规则对报文进行过滤，匹配成功则按照一定的转发策略进行报文转发。这种规则可以是基于标准和扩展访问控制列表，也可以基于报文的长度；而转发策略则是控制报文按照指定的策略路由表进行转发，也可以修改报文的 IP 优先级字段。因此，策略路由是对传统 IP 路由机制的有效增强。

（2）策略概念及组成

策略用来定义报文的匹配规则，以及对报文执行的操作。策略由结点组成，一个策略可以包含一个或者多个结点。策略中每个结点的构成包括以下 3 个部分。

① 每个结点由结点编号来标识。结点编号越小，结点的优先级越高，优先级高的结点优先被执行。

② 每个结点的具体内容由 if-match 子句和 apply 子句来指定。if-match 子句定义该结点的匹配规则，apply 子句定义该结点的动作。

③ 每个结点对报文的处理方式由匹配模式决定。匹配模式分为 permit（允许）和 deny（拒绝）两种。

应用策略后，系统将根据策略中定义的匹配规则和操作，对报文进行处理：系统按照优先级从高到低的顺序依次匹配各结点，如果报文满足这个结点的匹配规则，就执行该结点的动作；如果报文不满足这个结点的匹配规则，就继续匹配下一个结点；如果报文不能满足策略中任何一个结点的匹配规则，则根据路由表来转发报文。

（3）策略结点子句

1）if-match 子句

在一个结点中可以配置多条 if-match 子句，同一类型的 if-match 子句只能配置一条。

同一个结点中的不同类型 if-match 子句之间是"与"关系，即报文必须满足该结点的所有 if-match 子句才算满足这个结点的匹配规则。同一类型的 if-match 子句之间是"或"关系，即报文只需满足一条该类型的 if-match 子句就算满足此类型 if-match 子句的匹配规则。

2）apply 子句

同一个结点中可以配置多条 apply 子句，但配置的多条 apply 子句不一定都会执行。多条 apply 子句之间的关系有优先级高低之分。影响报文转发路径的 apply 子句有 4 条，优先级从高到低依次如下：

① apply next-hop。

② apply output-interface。

③ apply default-next-hop。

④ apply default-output-interface。

3）结点的匹配模式与结点子句的关系

一个结点的匹配模式与这个结点的 if-match 子句、apply 子句的关系见表 5-2。

表 5-2　结点的匹配模式、if-match 子句、apply 子句三者之间的关系

是否满足所有 if-match 子句	结点匹配模式	
	permit（允许模式）	**deny**（拒绝模式）
是	如果结点配置了 apply 子句，则执行该结点 apply 子句 • 如果结点指导报文转发成功，则不再匹配下一结点 • 如果结点指导报文转发失败，则不再匹配下一结点 如果结点没有配置 apply 子句，则不会执行任何动作，且不再匹配下一结点，报文将根据路由表来进行转发	不执行该结点 apply 子句，不再匹配下一结点，报文将根据路由表来进行转发
否	不执行该结点 apply 子句，继续匹配下一结点	不执行该结点 apply 子句，继续匹配下一结点

（4）策略路由与 Track 联动

策略路由通过与 Track 联动，增强了应用的灵活性和对网络环境变化的动态感知能力。

策略路由可以在配置报文的下一跳、出接口、默认下一跳、默认出接口时与 Track 项关联，根据 Track 项的状态来动态地决定策略的可用性。策略路由配置仅在关联的 Track 项状态为 Positive 或 NotReady 时生效。

2. 任务规划与分解

在掌握了相关技术理论知识的基础上，要研究任务规划方案，明确任务实施的具体工作。

（1）任务规划

策略路由的规划相对简单，主要是定义 ACL 匹配进行调度的业务流量，采用高级 ACL 匹配的流量的灵活性会更好，需要规划 ACL 编号，匹配流量的源地址和目的地址。然后规划策略路由的名称，最后规划策略路由的结点匹配模式是 permit 还是 deny，并且规划结点匹配 if-match 子句后所执行的 apply 子句动作。

针对本组网案例，针对 VLAN 10 网段访问分支网络时需要走 IPSec 隧道，针对服务器网段流量需要走 MPLS VPN 隧道。规划策略路由见表 5-3。

表 5-3 策略路由规划表

设备	ACL 编号	匹 配 网 段	策略名称	策略应用接口	匹配后动作
CE1	3001	源网段：10.30.1.0/24 目标网段：10.30.9.0/24 10.30.10.0/24	IPSEC	G0/2	下一跳指向 CE2
CE2	3001	源网段：10.30.64.0/22 （包括 64~67 网段） 目标网段：10.30.7.0/24 10.30.8.0/24	MPLS	G0/2	下一跳指向 CE1

（2）策略路由任务分解

根据任务规划方案，在任务实施阶段需要完成的活动如下。

① 定义 ACL。根据表 5-3 的规划 ACL，创建 ACL 并配置相应的规则。

② 创建策略路由。根据表 5-3，创建策略路由，并定义结点编号，指定匹配 ACL 的流量的下一跳地址。

③ 接口应用策略路由。在路由器 CE1 和 CE2 的 G0/2 接口上应用转发策略路由，处理此接口接收的报文。

④ 验证和测试策略路由的部署。通过终端 PC 发送业务流量验证策略路由部署的正确性。

5.4.3 任务实施

本小节将根据任务的分解，逐条完成各个配置子任务。

1. 路由器 CE1 配置 PBR

（1）定义 ACL

根据表 5-3，在路由器 CE1 上创建编号为 3001 的高级 ACL，并创建两条规则匹配源为 10.30.1.0/24 网段、目的网段为分支机构网络的数据，配置如下。

```
[CE1]acl advanced 3001
[CE1-acl-ipv4-adv-3001] rule 5 permit ip source 10.30.1.0 0.0.0.255 destination 10.30.9.0 0.0.0.255
[CE1-acl-ipv4-adv-3001] rule 10 permit ip source 10.30.1.0 0.0.0.255 destination 10.30.10.0 0.0.0.255
[CE1-acl-ipv4-adv-3001]
```

（2）创建策略路由

在路由器 CE1 的系统配置视图下，创建名称为 IPSEC 的策略路由，结点号为 5，匹配模式为 permit，指定匹配 ACL 3001 的 IP 报文的下一跳为 10.20.12.2，即将报文转交 CE2 的 IPSec 处理模块处理。

```
[CE1]policy-based-route IPSEC permit node 5      //结点号为5,匹配模式为permit
[CE1-pbr-IPSEC-5] if-match acl 3001              //匹配 ACL 3001 报文
[CE1-pbr-IPSEC-5] apply next-hop 10.20.12.2      //将报文转交给下一跳为 IP 地址为 10.20.12.2 的设备
[CE1-pbr-IPSEC-5]quit
[CE1]
```

（3）接口应用策略路由

```
[CE1]interface GigabitEthernet 0/2
[CE1-GigabitEthernet0/2] ip policy-based-route IPSEC
[CE1-GigabitEthernet0/2]quit
[CE1]
```

2. 路由器 CE2 配置 PBR

（1）定义 ACL

根据表 5-3，在路由器 CE2 上创建编号为 3001 的高级 ACL，并创建两条规则匹配源为 10.30.65.0/22 网段、目的网段为数据中心网络的数据，配置如下。

```
[CE2]acl advanced 3001
[CE2-acl-ipv4-adv-3001] rule 5 permit ip source 10.30.64.0 0.0.3.255 destination 10.30.7.0 0.0.0.255
[CE2-acl-ipv4-adv-3001] rule 10 permit ip source 10.30.64.0 0.0.3.255 destination 10.30.8.0 0.0.0.255
[CE2-acl-ipv4-adv-3001]
```

在以上配置中，10.30.64.0/22 实际上是对总部园区网络内的两个服务器网段进行了聚合，聚合地址块包括 4 个网段，即 10.30.64.0/24~10.30.67.0/24。

（2）创建策略路由

在路由器 CE2 的系统配置视图下，创建名称为 MPLS 的策略路由，结点号为 5，匹配模式为 permit，指定匹配 ACL 3001 的 IP 报文的下一跳为 10.20.12.1，即将报文转交 CE1 转发至 MPLS VPN 隧道。

```
[CE2]policy-based-route MPLS permit node 5       //结点号为5,匹配模式为permit
[CE2-pbr-MPLS-5] if-match acl 3001               //匹配 ACL 3001 报文
[CE2-pbr-MPLS-5] apply next-hop 10.20.12.1       //将报文转交给下一跳为 IP 地址为 10.20.12.1 的设备
[CE2-pbr-MPLS-5]quit
[CE2]
```

（3）接口应用策略路由

```
[CE2]interface GigabitEthernet 0/2
[CE2-GigabitEthernet0/2] ip policy-based-route MPLS
[CE2-GigabitEthernet0/2]quit
[CE2]
```

3. 验证 PBR 部署和配置

在 5.3 节总部园区各网络设备及骨干网 PE3 设备上开启 ICMP 超时不可达报文，因此可以通过跟踪数据包的转发路径来验证策略路由的有效性。

（1）验证策略路由 IPSEC

在交换机 S3 上发现以 10.30.1.252 为源、10.30.9.1 为目的地的 ICMP 数据包来模拟园区内部访问分支机构网络的数据流量，使用 tracert 命令跟踪数据的转发路径，输出信息如下。

```
<S3>tracert -a 10.30.1.252 10.30.9.1
traceroute to 10.30.9.1 (10.30.9.1) from 10.30.1.252, 30 hops at most, 40 bytes each packet, press CTRL_C
to break
 1   10.20.35.2 (10.20.35.2)   3.000 ms   1.000 ms   1.000 ms
 2   10.20.15.2 (10.20.15.2)   2.000 ms   1.000 ms   2.000 ms
 3   10.20.12.2 (10.20.12.2)   2.000 ms   2.000 ms   3.000 ms
 4   100.20.22.1 (100.20.22.1)   2.000 ms   4.000 ms   3.000 ms
 5   100.20.22.1 (100.20.22.1)   2.000 ms !N   3.000 ms !N   4.000 ms !N
<S3>
```

从以上信息可以看出，从 S3 出发的数据包转发路径为 S3→S5→CE1→CE2→PE3。数据包到达 CE1 后，匹配策略路由结点 5 中的 ACL 3001，然后路由器 CE1 根据匹配动作，将数据包转发到 CE2。数据包到达 CE2 后，匹配 CE2 的默认路由转发至运营商网络。

（2）验证策略路由 MPLS

在交换机 S6 上，发出以 10.30.66.1 为源、10.30.7.1 为目的地的 ICMP 数据包来模拟园区内部服务器网段到数据中心的流量，然后使用 tracert 命令跟踪数据包的转发路径，输出信息如下。

```
<S6>tracert -a 10.30.66.1 10.30.7.1
traceroute to 10.30.7.1 (10.30.7.1) from 10.30.66.1, 30 hops at most, 40 bytes each packet, press CTRL_C
to break
 1   10.20.26.2 (10.20.26.2)   3.000 ms   1.000 ms   1.000 ms
 2   10.20.12.1 (10.20.12.1)   1.000 ms   2.000 ms   1.000 ms
 3   *  *  *
 4   *（CTRL+C 中止）
<S6>
```

从跟踪的路径信息可以看出，路由器 CE2 收到来自服务器网段到数据中心的数据包后，并没有根据路由表转发，而是将其转发到 CE1 路由器，由 MPLS VPN 隧道转发到数据中心。与在交换机 S3 上跟踪路径不同的是，数据包到达 CE1 后，由于规划服务器网段不做 NAT 转换，因此数据包到达 PE3 后，查询路由表无法到达目标网络（MPLS VPN 未配置），也没有数据包源 IP 所在网段路由，ICMP 回送数据包无法发送回来，因此跟踪路径回显信息为 * 号。以上测试表明，配置在路由器 CE1 和 CE2 上的策略路由针对 ACL 匹配的数据包能够实现预定的转发行为。

5.4.4　任务反思

策略路由提供了一种比基于目的地址进行路由转发更加灵活的数据包路由转发机制，它可以根据 IP/IPv6 报文源地址、目的地址、端口、报文长度等内容灵活地进行路由选择。当企业网络有两个出口线路，需要实现内网部分终端固定从某一个出口线路访问外网，另外一部分终端固定从另外一个出口线路访问外网的场景下可以在路由器上启用策略路由功能，如本任务中规划的不同流量走不同出口路由器。在任务部署完成后，需要深刻体会策略路由实施的灵活性, 可以根据用户需要控制数据报文的转发路径。

【问题思考】

① 在部署策略路由后, 由于线路或设备故障可能使得配置的下一跳接口失效导致策略路由失效问题, 那么如何解决该问题?

② 在路由器 CE2 上可以看到访问 IPSec 的流量也进行了 NAT 转换, 如何配置使其不做 NAT 转换而通过 IPSec 隧道转发?

任务测评

5. 4. 5　任务测评

扫描二维码, 查看任务测评。

5. 5　IPSec 技术部署实施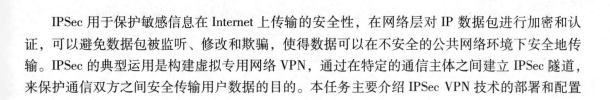

IPSec 用于保护敏感信息在 Internet 上传输的安全性, 在网络层对 IP 数据包进行加密和认证, 可以避免数据包被监听、修改和欺骗, 使得数据可以在不安全的公共网络环境下安全地传输。IPSec 的典型运用是构建虚拟专用网络 VPN, 通过在特定的通信主体之间建立 IPSec 隧道, 来保护通信双方之间安全传输用户数据的目的。本任务主要介绍 IPSec VPN 技术的部署和配置方法。

5. 5. 1　任务描述

本组网案例中, 公司总部网络与分支机构网络通过运营商公网实现互连互通。考虑到教育集团总部和分支机构之间机密数据的传输需求, 本任务要求使用 IPSec 建立 VPN 隧道, 通过对数据报文进行认证和加密, 实现数据在公网上安全传输的目的。具体需求是公司总部 IT 运维部 VLAN 10 网段与分支机构网络之间的业务数据需要加密传输, 为满足此需求, 请在公司总部出口路由器 CE2 与分支机构出口路由器 CE5 之间建立 IPSec VPN 通道, 实现对总部与分支机构之间的数据流进行安全保护。

5. 5. 2　任务准备

IPSec 是 IETF 制定的三层隧道加密协议, 它为 Internet 上传输的数据提供高质量的、基于密码学的安全保证。本任务实施前需要了解 IPSec 并不是一个单独的协议, 它为 IP 层上的网络数据安全提供了一整套安全体系结构。在了解整个 IPSec 体系结构框架下, 实现本任务 IPSec VPN 技术的部署和实施。

1. 知识准备

IPSec 框架体系包括认证头 (Authentication Header, AH)、封装安全载荷 (Encapsulating Security Payload, ESP)、互联网密钥交换 (Internet Key Exchange, IKE) 以及用于认证和加密的一些算法等。其中 AH 协议和 ESP 协议用于提供安全服务, IKE 协议用于密钥交换。IPSec 框架体系能够实现对数据的私密性、完整性保护和数据源认证服务。

（1）安全协议

IPSec 安全协议主要包括 AH 和 ESP 两种。AH 提供数据完整性和数据源验证以及可选的重播服务，但是不能提供机密性保护。ESP 不但提供了 AH 的所有功能，而且可以提供加密功能。AH 和 ESP 不仅可以单独使用，还可以同时使用从而提供额外的安全性。

① AH 协议，定义了 AH 头在 IP 报文中的封装格式，如图 5-4 所示。AH 可提供数据来源认证、数据完整性校验和抗重放功能，它能保护报文免受篡改，但不能防止报文被窃听，适合用于传输非机密数据。AH 使用的认证算法有 HMAC-MD5 和 HMAC-SHA1 等。

② ESP 协议，定义了 ESP 头和 ESP 尾在 IP 报文中的封装格式，如图 5-4 所示。ESP 可提供数据加密、数据来源认证、数据完整性校验和抗重放功能。与 AH 不同的是，ESP 将需要保护的用户数据进行加密后再封装到 IP 包中，以保证数据的机密性。ESP 使用的加密算法有DES、3DES、AES 等。同时，作为可选项，ESP 还可以提供认证服务，使用的认证算法有HMAC-MD5 和 HMAC-SHA1 等。虽然 AH 和 ESP 都可以提供认证服务，但是 AH 提供的认证服务要强于 ESP。

在实际使用过程中，可以根据具体的安全需求同时使用这两种协议或仅使用其中一种。设备支持的 AH 和 ESP 联合使用的方式为先对报文进行 ESP 封装，再对报文进行 AH 封装。

（2）工作模式

IPSec 支持传输模式（Transport Mode）和隧道模式（Tunnel Mode）两种工作模式。

① 传输模式下的安全协议主要用于保护上层协议报文，仅传输层数据被用来计算安全协议头，生成的安全协议头以及加密的用户数据（仅针对 ESP 封装）被放置在原 IP 头后面。若要求端到端的安全保障，即数据包进行安全传输的起点和终点为数据包的实际起点和终点时，才能使用传输模式。通常传输模式用于保护两台主机之间的数据。

② 隧道模式下的安全协议用于保护整个 IP 数据包，用户的整个 IP 数据包都被用来计算安全协议头，生成的安全协议头以及加密的用户数据（仅针对 ESP 封装）被封装在一个新的 IP数据包中。这种模式下，封装后的 IP 数据包有内外两个 IP 头，其中的内部 IP 头为原有的 IP头，外部 IP 头由提供安全服务的设备添加。在安全保护由设备提供的情况下，数据包进行安全传输的起点或终点不为数据包的实际起点和终点时（如安全网关后的主机），则必须使用隧道模式。通常隧道模式用于保护两个安全网关之间的数据。

不同的安全协议及组合在隧道和传输模式下的数据封装形式如图 5-4 所示。

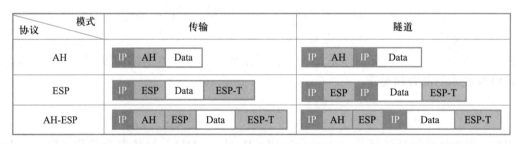

图 5-4 不同的安全协议及组合在隧道和传输模式下的数据封装形式

（3）密钥管理

不论是 AH 还是 ESP，其对一个 IP 数据包执行操作之前，首先必须建立一个 IPSec 安全联盟（Security Association，SA）。IPSec SA 既可以手工建立也可以动态协商建立。IKE 为 IPSec 提供了自动协调交换密钥、建立 SA 服务，能够精简 IPSec 的使用和管理，简化 IPSec 的配置和维护工作。

1）安全联盟 SA

SA 是 IPSec 的基础，也是 IPSec 的本质。IPSec 在两个端点之间提供安全通信，这类端点被称为 IPSec 对等体。SA 是 IPSec 对等体间对某些要素的约定，如使用的安全协议（AH、ESP 或两者结合使用）、协议报文的封装模式（传输模式或隧道模式）、认证算法（HMAC-MD5、HMAC-SHA1 或 SM3）、加密算法（DES、3DES、AES 或 SM）、特定流中保护数据的共享密钥以及密钥的生存时间等。

SA 是单向的。在两个对等体之间的双向通信，最少需要两个 SA 来分别对两个方向的数据流进行安全保护。另外，如果两个对等体希望同时使用 AH 和 ESP 来进行安全通信，则每个对等体都会针对每一种协议构建一个独立的 SA。SA 由一个三元组唯一标识，这个三元组包括安全参数索引（Security Parameter Index，SPI）、目的 IP 地址和安全协议号。其中，SPI 是用于标识 SA 的一个 32 比特的数值，它在 AH 和 ESP 头中传输。

2）IKE 协议

IKE 协议利用互联网安全联盟和密钥管理协议（Internet Security Association and Key Management Protocol，ISAKMP）语言定义密钥交换的过程，是一种对安全服务进行协商的手段。

IKE 的精髓在于 DH（Diffie-Hellman）密钥交换技术，它通过一系列交换，使得通信双方最终计算出共享密钥。在 IKE 的 DH 交换过程中，每次计算和产生的结果都是不相关的。由于每次 IKE SA 的建立都运行 DH 交换过程，因此保证了每个通过 IKE 协商建立的 IPSec SA 所使用的密钥互不相关。

3）IPSec 与 IKE 的关系

如图 5-5 所示，IKE 为 IPSec 提供自动协商交换密钥、建立 SA 的服务；IPSec 安全协议使用 IKE 建立的 SA 对 IP 报文加密或认证处理，负责提供实际的安全服务。IKE 作为一个通用的交换协议，不仅用于 IPSec 场景中，还可以用于交换任何的共享密钥，如可用于为 RIP、OSPF 协议提供安全协商服务。

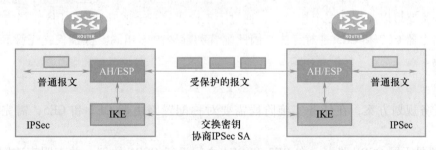

图 5-5　IPSec 与 IKE 的关系

4）IKE 的协商过程

IKE 使用了两个阶段为 IPSec 进行密钥协商以及建立 SA，具体如下。

① 阶段 1：IKE 使用 Diffie-Hellman 算法交换建立共享密钥，在网络上建立一个 IKE SA，为阶段 2 的协商提供保护。协商模式有主模式（Main Mode）和野蛮模式（Aggressive Mode）

两种。主模式是 IKE 强制实现的阶段 1 交换模式，主要交互过程分为 3 个步骤、6 条消息。野蛮模式与主模式的目的相同，但是功能有限，安全性差于主模式，在不能预先得知发起者的 IP 地址并且需要预共享密钥的情况下就必须使用野蛮模式，该模式过程简单，3 条消息即完成 IKE SA 的创建。

② 阶段 2：用在阶段 1 建立的 IKE SA 为 IPSec 协商安全服务，即为 IPSec 协商 IPSec SA，建立用于最终的 IP 数据安全传输的 IPSec SA。

2. 任务规划与分解

在掌握了相关技术理论知识的基础上，要研究任务规划方案，明确任务实施的具体工作。

（1）任务规划方案

在教育科技集团公司的总部和分支机构之间建立 IPSec VPN，对公司总部 IT 运维部与分支机构总务部之间的通过运营商网络传输的业务数据流进行安全保护。需在公司总部和分支机构的出口路由器 CE2 和 CE5 上分别部署 IPSec，主要如下。

① 配置骨干网 OSPF 路由。规划 PE3 与 PE4 之间运行 OSPF 协议，区域为 10，并声明各直连网络和环回接口。

② 配置 ACL，定义受保护的网段流量，本任务中总部受保护的网段为 10.30.1.0/24，分支网络中受保护的网段为 10.30.9.0/24 和 10.30.10.0/24。

③ 配置 IPSec 安全提议，采用隧道模式和安全协议 ESP，并选择加密算法 3DES、认证算法 HMAC-SHA1。

④ 配置 IKE 协商方式的 IPSec 安全策略。

● 配置 IKE keychain，设置与对端使用的预共享密钥。

● 配置 IKE 安全框架，设置使用预共享密钥认证时采用的 keychain，并设置匹配对端身份的规则。

● 配置安全策略，指定引用的安全框架、安全提议和 ACL、IPSec 隧道的本端和对端 IP 地址。

⑤ 在相应端口上应用 IPSec 安全策略。一个接口只能应用一个安全策略组，通过 IKE 方式创建的安全策略可以应用到多个接口上，通过手工创建的安全策略只能应用到一个接口上。

由于路由器 CE2 和 CE5 是对等体，因此配置和部署内容相同。区别仅在于源和目的地址要进行对换。

（2）任务分解

根据任务规划方案，在任务实施阶段需要对称配置路由器 CE2 和 CE5，需完成的工作如下。

① 配置骨干网 OSPF 路由。在 PE3 和 PE4 之间运行 OSPF 协议，并声明直连网络，使得 CE2 与 CE5 之间能够通信。

② 创建高级 ACL 3002，定义保护的是 10.30.1.0/24 与分支网络之间传输的报文，即公司总部 IT 运维部和分支机构总务部之间传输的报文。

③ 配置 IPSec 安全提议 ZB2FB，采用隧道模式和安全协议 ESP，并选择加密算法 3DES、认证法 HMAC-SHA1。

④ 配置 IKE 协商方式的 IPSec 安全策略。

● 配置 IKE keychain，设置与对端使用的预共享密钥为明文 znwl。

● 配置 IKE 安全框架 profile1，设置使用预共享密钥认证时采用的 keychain，并设置匹配对端身份的规则为 IP 地址。

● 配置安全策略 zbipsec 和 fbipsec，指定引用安全框架 profile1、安全提议 ZB2FB 和 ACL 3002、IPSec 隧道的本端和对端 IP 地址。

⑤ 分别在路由器 CE2 的 G5/1 和 CE5 的 Serial1/0 端口上应用 IPSec 安全策略。

⑥ 修改 NAT 配置，将总部 IT 运维部去往分支机构的数据流量不做 NAT 转换，而是通过 IPSec 隧道在逻辑上直接转发到路由器 CE5。因此，需要在 CE1 和 CE2 上的 ACL 中增加规则拒绝 IPSec 流量。在分支网络出口路由器 CE5 上，修改 Easy IP 的配置，新建高级 ACL 3000，用于拒绝分支网络到总部 IT 运维部的 IPSec 流量，使得该数据流量不做 NAT 转换。

5.5.3 任务实施

任务实施阶段将依次完成 5.5.2 节的分解任务。

1. 配置骨干网络

为了保持总部出口路由器 CE2 与分支出口路由器 CE5 之间的链路连通性，需要在骨干网 PE3 和 PE4 之间配置路由协议，根据规划运行 OSPF 协议，进程号为 1，区域号为 10，配置如下。

（1）路由器 PE3 配置

```
[PE3]ospf 1 route id 172. 16. 1. 11
[PE3-ospf-1-area-0. 0. 0. 0]area 10
[PE3-ospf-1-area-0. 0. 0. 10]network 100. 10. 112. 0 0. 0. 0. 3
[PE3-ospf-1-area-0. 0. 0. 10]network 100. 20. 11. 0 0. 0. 0. 255
[PE3-ospf-1-area-0. 0. 0. 10]network 100. 20. 22. 0 0. 0. 0. 255
[PE3-ospf-1-area-0. 0. 0. 10]network 172. 16. 1. 11 0. 0. 0. 0
[PE3-ospf-1-area-0. 0. 0. 10]quit
[PE3-ospf-1]
```

（2）路由器 PE4 配置

```
[PE4]ospf 1 route id 172. 16. 1. 12
[PE4-ospf-1]area 10
[PE4-ospf-1-area-0. 0. 0. 10]network 100. 10. 112. 0 0. 0. 0. 3
[PE4-ospf-1-area-0. 0. 0. 10]network 100. 30. 25. 0 0. 0. 0. 3
[PE4-ospf-1-area-0. 0. 0. 10]network 172. 16. 1. 12 0. 0. 0. 0
[PE4-ospf-1-area-0. 0. 0. 10]quit
[PE4-ospf-1]
```

完成以上配置后，实现总部出口路由器 CE1 和 CE2 与分支机构出口路由器 CE5 之间互连互通。在 CE2 上测试与路由器 CE5 之间的连通性如下，输出信息表明网络连通成功。

```
<CE2>ping -c 1 100. 30. 25. 2
Ping 100. 30. 25. 2 (100. 30. 25. 2): 56 data bytes, press CTRL_C to break
56 bytes from 100. 30. 25. 2: icmp_seq=0 ttl=253 time=4. 000 ms
--- Ping statistics for 100. 30. 25. 2 ---
1 packet(s) transmitted, 1 packet(s) received, 0. 0% packet loss
round-trip min/avg/max/std-dev = 4. 000/4. 000/4. 000/0. 000 ms
<CE2>
```

2. 总部网络 IPSec 部署

在公司总部网络的出口路由器 CE2 上进行如下配置。

（1）配置 ACL

创建高级 ACL 3002，定义保护的是从源网段 10.30.1.0/24 发往目的网段为 10.30.9.0/24 和 10.30.10.0/24 的报文，即从公司总部 IT 运维部 VLAN 10 发往分支机构网络的报文。

```
[CE2]acl advanced 3002
[CE2-acl-ipv4-adv-3002]rule 5 permit ip source 10.30.1.0 0.0.0.255 destination 10.30.9.0 0.0.0.255
[CE2-acl-ipv4-adv-3002]rule 10 permit ip source 10.30.1.0 0.0.0.255 destination 10.30.10.0 0.0.0.255
[CE2-acl-ipv4-adv-3002]quit
[CE2]
```

（2）配置安全提议

创建安全提议命名为 ZB2FB，采用隧道模式和安全协议 ESP，并选择加密算法 3DES、认证算法 HMAC-SHA1。

```
[CE2]ipsec transform-set ZB2FB                              //创建 IPSec 安全提议 ZB2FB
[CE2-ipsec-transform-set-ZB2FB]encapsulation-mode tunnel   //配置报文的封装形式为隧道模式,缺省,可省略
[CE2-ipsec-transform-set-ZB2FB]protocol esp                //配置采用的安全协议为 ESP,缺省,可省略
[CE2-ipsec-transform-set-ZB2FB]esp encryption-algorithm 3des-cbc  //配置 ESP 协议采用的加密算法为 3DES
[CE2-ipsec-transform-set-ZB2FB]esp authentication-algorithm sha1//配置 ESP 协议采用的认证算法为 HMAC-SHA1
[CE2-ipsec-transform-set-ZB2FB]quit
```

（3）配置安全策略

在配置 IKE 协商方式的 IPSec 安全策略之前，先要配置安全框架。

① 配置 IKE keychain，设置与对端（路由器 CE5 的 Serial1/0 口，IP 地址为 100.30.25.2）使用的预共享密钥为明文 znwl。

```
[CE2]ike keychain keychain1          //创建并配置 IKE keychain,名称为 keychain1
[CE2-ike-keychain-keychain1]pre-shared-key address 100.30.25.2 key simple znwl
                                     //配置与 IP 地址为 100.30.25.2 的对端使用的预共享密钥为明文 znwl
[CE2-ike-keychain-keychain1]quit
[CE2]
```

② 配置 IKE 安全框架 profile1，设置使用预共享密钥认证时采用的 keychain 为上述 keychain1，并设置匹配对端身份的规则为 IP 地址。

```
[CE2]ike profile profile1                              //创建并配置 IKE profile,名称为 profile1
[CE2-ike-profile-profile1]keychain keychain1           //配置使用预共享密钥认证时采用的 keychain
[CE2-ike-profile-profile1]match remote identity address 100.30.25.2 255.255.255.255  //匹配对端身份的规则
[CE2-ike-profile-profile1]quit
[CE2]
```

③ 配置安全策略命名为 zbipsec，指定引用安全提议 ZB2FB、引用 ACL 3002、IPSec 隧道的本端 IP 地址、对端 IP 地址以及引用安全框架 profile1。

```
[CE2]ipsec policy zbipsec 1 isakmp   //创建一条 IKE 协商方式的 IPSec 安全策略,名称为 zbipsec、序列号为 1
[CE2-ipsec-policy-isakmp-policy1-1]transform-set ZB2FB        //指定引用的安全提议为 ZB2FB
[CE2-ipsec-policy-isakmp-policy1-1]security acl 3002          //指定引用 ACL 3002
[CE2-ipsec-policy-isakmp-policy1-1]local-address 100.20.22.2 //指定 IPSec 隧道的本端 IP 地址为 100.20.22.2
```

```
[CE2-ipsec-policy-isakmp-policy1-1]remote-address 100.30.25.2    //指定 IPSec 隧道的对端 IP 地址为 100.30.25.2
[CE2-ipsec-policy-isakmp-policy1-1]ike-profile profile1              //指定引用的 IKE profile 为 profile1
[CE2-ipsec-policy-isakmp-policy1-1]quit
[CE2]
```

（4）接口应用 IPSec 策略

在路由器 CE2 的端口 G5/1 上应用 IPSec 策略 zbipsec。

```
[CE2]interface GigabitEthernet 5/1
[CE2-GigabitEthernet5/1]ipsec apply policy zbipsec        //在端口上应用安全策略 zbipsec
[CE2-GigabitEthernet5/1]quit
[CE2]
```

完成以上配置后，总部有关 IPSec 的部署基本完成，但是由于总部 IT 运维部去往分支机构网络的流量能够被 NAT 转换所匹配，所以需要将此部分流量分离进 IPSec 通道，因此需要修改出口路由器中 NAT 转换中的 ACL 配置。

（5）修改 NAT 配置

在 5.3 节中公司总部与分支机构的出口路由器 CE1、CE2 和 CE5 已经部署了 NAT，实现了企业网对外网的访问。该部署使得公司总部 IT 运维部与分支机构总务部的数据由 NAT 转发到公网。但是，本任务要求公司总部 IT 运维部与分支机构网络的数据流量要经由 IPSec VPN 的安全通道传输。因此需修改 CE1、CE2 和 CE5 的原 NAT 部署方案，需要在原来 NAT 转换中的 ACL 中拒绝 IPSec 流量。

① 修改 CE1 上 NAT 转换的 ACL 配置。

在 5.3 节实施 NAT 时所配置的高级 ACL 3000 如下，地址转换范围是 10.30.1.0/24 和 10.30.2.0/24 网段。需要说明的是，此处对 10.20.12.0/30 网段也做了 NAT 转换，主要是为了实现 CE1 通过 NQA 技术监测 CE2 的上行接口链路状态时使用。

```
<CE1>disp acl 3000
Advanced IPv4 ACL 3000, 4 rules,
ACL's step is 5
 rule 0 permit ip source 10.20.12.0 0.0.0.3 (1 times matched)
 rule 5 permit ip source 10.30.1.0 0.0.0.255
 rule 10 permit ip source 10.30.2.0 0.0.0.255
 rule 15 deny ip
<CE1>
```

在此 ACL 的基础上，需要拒绝来自总部 IT 运维部到分支网络的流量，在 rule 5 之前加两条规则即可。

```
[CE1]acl advanced 3000                        //进入高级 ACL 3000 视图
[CE1-acl-ipv4-adv-3000]rule 2 deny ip source 10.30.1.0 0.0.0.255 destination 10.30.9.0 0.0.0.255
                        //禁止源网段 10.30.1.0/24 发往目的网段 10.30.9.0/24 的 IP 报文通过
[CE1-acl-ipv4-adv-3000]rule 3 deny ip source 10.30.1.0 0.0.0.255 destination 10.30.10.0 0.0.0.255
                        //禁止源网段 10.30.1.0/24 发往目的网段 10.30.10.0/24 的 IP 报文通过
[CE1-acl-ipv4-adv-3000]disp this  //配置完成之后 ACL 3000 配置如下所示
acl advanced 3000
 rule 0 permit ip source 10.20.12.0 0.0.0.3
 rule 2 deny ip source 10.30.1.0 0.0.0.255 destination 10.30.9.0 0.0.0.255
 rule 3 deny ip source 10.30.1.0 0.0.0.255 destination 10.30.10.0 0.0.0.255
```

```
rule 5 permit ip source 10. 30. 1. 0 0. 0. 0. 255
rule 10 permit ip source 10. 30. 2. 0 0. 0. 0. 255
rule 15 deny ip
return
[CE1-acl-ipv4-adv-3000]
```

② 修改 CE2 上 NAT 转换的 ACL 配置。

同样，修改路由器 CE2 上 ACL 3000 的规则，配置结果如下。

```
[CE2]acl advanced 3000                          //进入高级 ACL 3000 视图
[CE2-acl-ipv4-adv-3000]rule 2 deny ip source 10. 30. 1. 0 0. 0. 0. 255 destination 10. 30. 9. 0 0. 0. 0. 255
[CE2-acl-ipv4-adv-3000]rule 3 deny ip source 10. 30. 1. 0 0. 0. 0. 255 destination 10. 30. 10. 0 0. 0. 0. 255
[CE2-acl-ipv4-adv-3000]
```

完成以上配置后，总部的 IPSec 部署完毕。

3. 分支机构网络 IPSec 部署

分支机构出口路由器 CE5 是公司总部出口路由器 CE2 的对等体，对其进行对称配置即可。注意，此时的源和目的要与 CE2 的设置进行对换。

（1）路由器 CE5 上的 IPSec 配置

```
[CE5]acl advanced 3002
[CE5-acl-ipv4-adv-3002]rule 5 permit ip source 10. 30. 9. 0 0. 0. 0. 255 destination 10. 30. 1. 0 0. 0. 0. 255
                    //允许源网段 10.30.9.0/24 发往目的网段 10.30.1.0/24 的 IP 报文通过
[CE5-acl-ipv4-adv-3002]rule 10 permit ip source 10. 30. 10. 0 0. 0. 0. 255 destination 10. 30. 1. 0 0. 0. 0. 255
                    //允许源网段 10.30.10.0/24 发往目的网段 10.30.1.0/24 的 IP 报文通过
[CE5-acl-ipv4-adv-3002]quit
[CE5]ipsec transform-set FB2ZB                  //创建 IPSec 安全提议 FB2ZB,命名也可与总部一致
[CE5-ipsec-transform-set-FB2ZB]encapsulation-mode tunnel //配置报文的封装形式为隧道模式,默认,可省略
[CE5-ipsec-transform-set-FB2ZB]protocol esp            //配置采用的安全协议为 ESP,默认,可省略
[CE5-ipsec-transform-set- FB2ZB]esp encryption-algorithm 3des-cbc //配置 ESP 协议采用的加密算法为 3DES
[CE5-ipsec-transform-set- FB2ZB]esp authentication-algorithm sha1//配置 ESP 协议采用的认证算法为 HMAC-SHA1
[CE5-ipsec-transform-set- FB2ZB ]quit
[CE5]ike keychain keychain1                          //创建并配置 IKE keychain,名称为 keychain1
[CE5-ike-keychain-keychain1]pre-shared-key address 100. 20. 22. 2 key simple znwl
                //配置与 IP 地址为 100.20.22.2 的对端使用的预共享密钥为明文 znwl,两端要保持一致
[CE5-ike-keychain-keychain1]quit
[CE5]ike profile profile1            //创建并配置 IKE profile,名称为 profile1
[CE5-ike-profile-profile1]keychain keychain1                //配置使用预共享密钥认证时采用的 keychain
[CE5-ike-profile-profile1]match remote identity address 100. 20. 22. 2 255. 255. 255. 255   //匹配对端身份的规则
[CE5-ike-profile-profile1]quit
[CE5]ipsec policy fbipsec 1 isakmp      //创建一条 IKE 协商方式的 IPSec 安全策略,名称为 fbipsec、序列号为 1
[CE5-ipsec-policy-isakmp-policy1-1]transform-set FB2ZB          //指定引用的安全提议为 FB2ZB
[CE5-ipsec-policy-isakmp-policy1-1]security acl 3002            //指定引用 ACL 3002
[CE5-ipsec-policy-isakmp-policy1-1]local-address 100. 30. 25. 2    //指定 IPSec 隧道的本端 IP 地址为 100.30.25.2
[CE5-ipsec-policy-isakmp-policy1-1]remote-address 100. 20. 22. 2    //指定 IPSec 隧道的对端 IP 地址为 100.20.22.2
[CE5-ipsec-policy-isakmp-policy1-1]ike-profile profile1            //指定引用的 IKE profile 为 profile1
[CE5-ipsec-policy-isakmp-policy1-1]quit
[CE5]interface Serial 1/0
[CE5-Serial1/0]ipsec apply policy fbipsec                  //在端口上应用安全策略 fbipsec
[CE5-Serial1/0]quit
[CE5]
```

（2）修改路由器 CE5 的 NAT 配置

同样需要在路由器 CE5 的 NAT 转换 ACL 中，将分支网络去往总部网络的流量从 NAT 中拒绝，从而使流量进入 IPSec 隧道。

```
[CE5]acl advanced 3000
[CE5-acl-ipv4-adv-3000]rule 5 deny ip source 10.30.9.0 0.0.0.255 destination 10.30.1.0 0.0.0.255
                        //禁止源网段 10.30.9.0/24 发往目的网段 10.30.1.0/24 的 IP 报文通过
[CE5-acl-ipv4-adv-3000]rule 10 deny ip source 10.30.10.0 0.0.0.255 destination 10.30.1.0 0.0.0.255
                        //禁止源网段 10.30.10.0/24 发往目的网段 10.30.1.0/24 的 IP 报文通过
[CE5-acl-ipv4-adv-3000]disp this            //显示修改完成的 ACL 3000
#
acl advanced 3000
 rule 5 deny ip source 10.30.9.0 0.0.0.255 destination 10.30.1.0 0.0.0.255
 rule 10 deny ip source 10.30.10.0 0.0.0.255 destination 10.30.1.0 0.0.0.255
 rule 15 permit ip source 10.30.0.0 0.0.255.255
 rule 20 deny ip
#
return
[CE5-acl-ipv4-adv-3000]
```

4. IPSec 部署的测试

（1）连通性测试

首先在公司总部 IT 运维部的终端上使用 ping 命令向分支机构网络终端发送 ICMP 报文，测试总部与分支 IPSec 流量的连通性，输出信息如下。

```
<H3C>ping 10.30.9.1
Ping 10.30.9.1 (10.30.9.1): 56 data bytes, press CTRL_C to break
56 bytes from 10.30.9.1: icmp_seq=0 ttl=251 time=10.000 ms
（略）
--- Ping statistics for 10.30.9.1 ---
5 packet(s) transmitted, 5 packet(s) received, 0.0% packet loss
round-trip min/avg/max/std-dev = 8.000/8.400/10.000/0.800 ms
<H3C>
```

输出信息表明，总部园区 IT 运维部终端与分支机构网络已经实现互连互通。

（2）查看 IPSec 隧道信息

在总部 IT 运维部终端与分支网络实现互通后，接着在路由器 CE2 或 CE5 上查看 IPSec 的隧道信息，如在路由器 CE2 上的 IPSec 隧道信息如下。

```
<CE2>display ipsec tunnel
Tunnel ID: 0
Status: Active                    //IPSec 隧道处于活跃状态
Perfect forward secrecy:
Inside vpn-instance:
SA's SPI:                         //安全联盟信息
    outbound: 576834629   (0x2261cc45)  [ESP]
    inbound:  1566034889  (0x5d57cbc9)  [ESP]
Tunnel:                           //IPSec 隧道的本端及对端 IP 地址
    local   address: 100.20.22.2
    remote address: 100.30.25.2
Flow:                             //流量信息
```

```
        sour addr: 10. 30. 1. 0/255. 255. 255. 0    port: 0    protocol: ip
        dest addr: 10. 30. 9. 0/255. 255. 255. 0    port: 0    protocol: ip
<CE2>
```

以上输出信息表明，总部园区出口路由器 CE2 和分支出口路由器 CE5 之间的 IPSec 隧道创建成功，也标志着本任务 IPSec 部署与配置的成功。

5.5.4　任务反思

IPSec 技术主要用于解决 IP 层安全性问题的技术，其被设计为同时支持 IPv4 和 IPv6 网络。IPSec 框架体系主要包括安全协议 AH 和 ESP，密钥管理交换协议 IKE 以及用于网络认证及加密的一些算法等。IPSec 主要通过加密与验证等方式，为 IP 数据包提供安全服务。到目前为止，IPSec 是配置脚本量最大的一个项目，在部署 IPSec 之前需要规划的工作较多，首先明确需要保护的数据流量，即 What；其次确定使用安全保护的路径，即 Where；然后确定使用哪种安全防护，是 AH 还是 ESP，即 Which；最后确定安全防护的强度，如加密算法、认证算法的选择等，即 How。在配置实施过程中，要理解每一步操作在 IPSec 框架体系中所在的位置和作用；在实施完本任务后，针对复杂工程问题，要逐步形成 5W1H（Where\Who\When\What\Why\How）解决问题的分析方法和思路，从而提高自身解决复杂问题的技术技能。

【问题思考】

本任务中 IPSec 的配置除了配置脚本量大之外，更多地是需要理解 IPSec 流量导向问题，请思考为什么配置 IPSec 需要对出口路由器的 NAT 转换进行修改？如果不修改会有什么样的结果？

5.5.5　任务测评

扫描二维码，查看任务测评。

任务测评

5.6　QoS 技术部署实施

在传统 IP 网络中，所有报文都被无区别地同等对待，每个转发设备对所有报文均采用先入先出（First in First out，FIFO）的策略进行处理，并尽最大努力（Best-Effort）将报文送到目的地，但对报文传送的可靠性、传送延迟等性能不提供任何保证。网络发展日新月异，随着 IP 网络上新应用的不断出现，对 IP 网络的服务质量也提出了新的要求。为了支持具有不同服务需求的语音、视频以及数据等业务，要求网络能够区分出不同的通信，进而为之提供相应的服务。服务质量（Quality of Service，QoS）技术的出现便致力于解决这个问题。本任务将围绕总部园区网络 QoS 技术进行部署和配置。

5.6.1　任务描述

为了业务合作，教育集团总部网络终端在每个工作日需要访问位于骨干上合作公司服务器上的业务系统，该业务系统使用 TCP 的 7000～7099 端口，本任务要求在总部园区网络的出口路由器实施 QoS 技术，在 CE1 的 G5/0 接口、CE2 的 G5/1 接口的出方向、周一至周五的

8:00—17:00 期间，对 TCP 协议目的端口号 7000~7099 的流量，保证承诺的平均速率为 2 Mbit/s。

同时，为了给公司总部 IT 运维部到分支网络的流量提供服务质量服务，根据实际业务需要，在 CE2 和 PE3 之间部署 QoS 技术，具体 QoS 规划见表 5-4。请在出口路由器 CE2 的 G5/1 接口出方向对流量进行区分服务编码（Differentiated Services Codepoint，DSCP）标记。在 PE3 的 G0/0 和 G0/2 接口出方向，根据 DSCP 值，进行队列调度和拥塞管理。

表 5-4 CE2-PE3 之间 QoS 规划表

业务地址前缀	业务类别	DSCP	队列调度	拥塞避免			
				拥塞避免机制	低门限	高门限	丢包概率
10.30.9.0/24	RealTime	EF 46	WFQ	WRED	300	512	10%
10.30.10.0/24	Signal	CS4 32	WFQ	WRED	256	300	50%
其他	BE	default 0	WFQ	WRED	180	300	50%

5.6.2 任务准备

QoS 用于评估服务方满足客户服务需求的能力。通过配置 QoS，对企业的网络流量进行调控，避免并管理网络拥塞，减少报文的丢失率，同时也可以为企业用户提供专用带宽或者为不同的业务（语音、视频、数据等）提供差分服务。完成本任务需要了解和掌握 QoS 的度量、模型及 QoS 策略的配置等基础知识，并能够根据需求规划和配置 QoS 技术。

1. 知识准备

本任务的完成需要了解和掌握的概念和原理包括 QoS 度量标准、QoS 服务模型及 IP QoS 技术等内容。

（1）QoS 度量标准

① 带宽（Bandwidth），是链路上单位时间所能通过的最大数据流量，其单位为 bit/s（bit per second）。带宽和吞吐量（Througput）是用于衡量网络传输容量的关键指标。吞吐量是每秒通过的数据包的个数，其单位为 pps（packet per second）。

② 延迟（Delay），是标识数据包穿越网络所用时间的指标，通常以毫秒（ms）为单位。延迟是一个综合性的指标，主要由处理延迟和传播延迟组成。处理延迟主要包括交换延迟和排除延迟。传播延迟包括串行化延迟和传输延迟。

③ 抖动，是指数据包穿越网络时延迟的变化，是衡量网络延迟稳定性的指标，通常以毫秒（ms）为单位。抖动是由于延迟的随机性造成的，主要原因是数据包排队延迟的不确定性。

④ 丢包率。丢包（Packet Loss）是指数据包在传输过程中的丢失，是衡量网络可靠性的重要指标。丢包的主要原因有两个，一是网络拥塞时，当队列满了后，后续的报文将由于无法入队而被丢弃；二是由于流量超过限制时，设备对其进行丢弃。丢包以丢包率作为衡量指标。丢包率的计算方法为被丢弃报文数量除以全部报文数量。

（2）QoS 服务模型

服务模型是指一组端到端的 QoS 功能。QoS 提供 3 种服务模型，分别是尽力而为服务模型

(Best-Effort Service)、综合服务模型（Integrated Service，IntServ）、区分服务模型（Differentiated Service，DiffServ）。

① Best-Effort 服务模型。Best-Effort 是一个单一的服务模型，也是最简单的服务模型。应用程序可以在任何时候，发出任意数量的报文，而且不需要事先获得批准，也不需要通知网络。对 Best-Effort 服务，网络尽最大的可能性来发送报文，但对时延、可靠性等性能不提供任何保证。Best-Effort 服务是现在 Internet 的默认服务模型，它适用于绝大多数网络应用（如 FTP、E-Mail 等），通过 FIFO 队列来实现。

② IntServ 服务模型。IntServ 是一个综合服务模型，它可以满足多种 QoS 需求。这种服务模型在发送报文前，需要向网络申请特定的服务。这个请求是通过信令资源预留协议（Resource Reservation Protocol，RSVP）来完成。RSVP 在应用程序开始发送报文前为其申请网络资源，因此它是带外信令。

③ DiffServ 服务模型。DiffServ 是一个多服务模型，它可以满足不同的 QoS 需求。与 IntServ 不同，它不需要使用 RSVP，即应用程序在发出报文前，不需要通知网络为其预留资源。对于 DiffServ 服务模型，网络不需要为每个流维护状态，它根据每个报文的差分服务类（IP 报文头中的差分服务标记字段 DSCP 值），来提供特定的服务。

在实施 DiffServ 的网络中，每一个转发设备都会根据报文的区分服务编码 DSCP 字段执行相应的转发行为，主要包括加速转发（Expedited Forwarding，EF）、确保转发（Assured Forwarding，AF）和尽力转发（Best Effort，BE）3 类转发行为。

（3）IP QoS 技术

1）流量分类和标记

依据一定的匹配规则识别出对象，是有区别地实施服务的前提，通常作用在接口入方向。流量分类是将数据报文划分为多个优先级或多个服务类。网络管理者可以设置流量分类的策略，这个策略可以包括 IP 报文的 IP 优先级或 DSCP 值、802.1p 的 CoS 值等带内信令，还可以包括输入接口、源 IP 地址、目的 IP 地址、MAC 地址、IP 协议或应用程序的端口号等。分类结果没有范围限制，它可以是一个由五元组（源 IP 地址、源端口号、协议号、目的 IP 地址、目的端口号）确定的流这样狭小的范围，也可以是到某网段的所有报文。

IPv4 中 QoS 业务分类有基于 IP 优先级的业务分类法和基于 DSCP 的业务分类法。IP 优先级分类法中 IPv4 报文在 IP 报文头的 ToS 域中定义了 8 种 IP 业务类型。DSCP 扩展了 ToS 表示的优先级，从 8 种分类扩展到 64 种业务类型，从而使得 DSCP 能够更精细化地控制数据流分类。

除 ToS 和 CoS 外，IEEE 802.1q 标准在以太网帧头的 VLAN TAG 中定义了 8 种业务优先级（Class of Service，CoS），VLAN TAG 中的 TCI 字段（3 bit）就是用来标记优先级的，如果 802.1q 帧标记了优先级就称为 802.1p 数据帧。因此，ToS 和 DSCP 是在三层报文头（IP 头）作标记，CoS 则是在二层数据帧中作标记。

2）拥塞管理

拥塞管理是指在网络发生拥塞时，如何进行管理和控制。处理的方法是使用队列技术，具体过程包括队列的创建、报文的分类、将报文送入不同的队列、队列调度等。当接口没有发生拥塞时，报文到达接口后立即被发送出去，当报文到达的速度超过接口发送报文的速度时，接口就发生了拥塞。拥塞管理就会将这些报文进行分类,送入不同的队列;而队列调度将对不同优先级的报文进行分别处理,优先级高的报文会得到优先处理。

拥塞管理是必须采取的解决资源竞争的措施,将报文放入队列中缓存,并采取某种调度算法安排报文的转发次序,通常作用在接口出方向。常用的队列有先进先出(First In First Out,FIFO)、优先级队列(Priority Queuing,PQ)、定制队列(Custom Queuing,CQ)、加权公平队伍(Weighted Fair Queuing,WFQ)、基于类的加权公平队列(Class Based Weighted Fair Queuing,CBWFQ)、实时传输协议(Real-time Transport Protocol,RTP)优先队列等。

3)拥塞避免

过度拥塞会对网络资源造成损害,拥塞避免监督网络资源的使用情况,当发现拥塞有加剧趋势时采取主动丢弃报文的策略,通过调整流量来解除网络过载,通常作用在接口出方向。

传统的丢包策略采用尾部丢弃(Tail-Drop)的方法。当队列长度达到某一最大值后,所有新到来的报文都将被丢弃。尾部丢弃策略会引发 TCP 全局同步现象,即当队列同时丢弃多个 TCP 连接的报文时,将造成多个 TCP 连接同时进入拥塞避免和慢启动状态以降低并调整流量,而后又会在某个时间同时出现流量高峰,如此反复,使网络流量不停震荡。

为避免 TCP 全局同步现象,可使用随机早期检测(Random Early Detection,RED)或带优先权的随机早期检测(Weighted Random Early Detection,WRED)。WRED 算法在 RED 算法的基础上引入了优先权,它引入 IP 优先级和 DSCP 区别丢弃策略,考虑了高优先权报文的利益,使其被丢弃的概率相对较小。如果对于所有优先权配置相同的丢弃策略,那么 WRED 就变成了 RED。

4)流量监管与流量整形

流量监管的典型作用是限制进入某一网络某一连接的流量与突发,通常作用在接口入方向。在报文满足一定条件时,如某个连接的报文流量过大,流量监管就可以对该报文采取不同的处理动作,如丢弃报文或重新设置报文的优先级等。通常是使用约定访问速率(Committed Access Rate,CAR)来限制某类报文的流量,如限制 HTTP 报文不能占用超过 50% 的网络带宽。

流量整形的典型作用是限制流出某一网络某一连接的流量与突发,是一种主动调整流的输出速率的流控措施,使报文以比较均匀的速度向外发送。流量整形通常使用缓冲区和令牌桶来完成,当报文的发送速度过快时,首先在缓冲区进行缓存,在令牌桶的控制下,再均匀地发送这些被缓冲的报文。通常作用在接口出方向。

① 约定访问速率(CAR)。

对于 ISP 来说,对用户送入网络中的流量进行控制是十分必要的。对于企业网,对某些应用的流量进行控制也是一个有力的控制网络状况的工具。网络管理者可以使用 CAR 对流量(不包括紧急报文、协议报文)进行控制。CAR 利用令牌桶进行流量控制。

在实际应用中,CAR 不仅可以用来进行流量控制,还可以进行报文的标记或重新标记,即通过 CAR 可以设置 IP 报文的优先级或修改 IP 报文的优先级,达到标记报文的目的。例如,当报文符合流量特性时,可以设置报文的优先级为 5;当报文不符合流量特性时,可以丢弃,也可以设置报文的优先级为 1 并继续进行发送。这样,后续处理可以尽量保证不丢弃优先级为 5 的报文,在网络不拥塞的情况下,也发送优先级为 1 的报文;当网络拥塞时,首先丢弃优先级为 1 的报文,然后才丢弃优先级为 5 的报文。

② 流量整形。

通过流量整形（Generic Traffic Shaping，GTS）可以对不规则或不符合预定流量特性的流量进行整形，以利于网络上下游之间的带宽匹配。GTS 与 CAR 一样，均采用了令牌桶技术来控制流量。GTS 与 CAR 的主要区别在于：利用 CAR 进行报文流量控制时，对不符合流量特性的报文进行丢弃，而 GTS 对于不符合流量特性的报文则是进行缓冲，减少了由突发流量造成的报文丢弃。

5）链路效率机制

链路效率机制可以改善链路的性能，间接提高网络的 QoS，如降低链路发包的时延（针对特定业务）、调整有效带宽。目前有链路分片与交叉（Link Fragmentation and interLeaving，LFI）和 IP 报文头压缩（IP Header Compression，IPHC）两种链路效率机制。

（4）QoS 技术设计中的处理顺序

以上所提到的这些 QoS 技术中，流量分类和标记是基础，是有区别地实施服务的前提，而其他 QoS 技术则从不同方面对网络流量及其分配的资源实施控制，是有区别地提供服务思想的具体体现。网络设备对 QoS 的支持是通过结合各种 QoS 技术来实现的。图 5-6 描述了各种 QoS 技术在网络设备中的处理顺序。

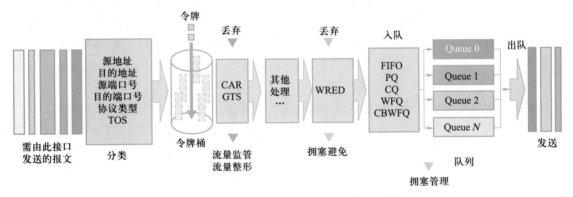

图 5-6　QoS 技术在同一网络设备中的处理顺序

QoS 技术的部署首先需要通过流分类对各种业务进行识别和区分，它是后续各种动作的基础，然后通过各种动作对特定的业务进行处理，这些动作需要和流分类关联起来才有意义。具体采取何种动作，与所处阶段以及网络当前负载状况有关。例如，当报文进入网络时进行流量监管，流出结点之前进行流量整形，拥塞时对队列进行拥塞管理，拥塞加剧时采取拥塞避免措施等。

2. 任务规划与分解

QoS 的配置方式分为模块化 QoS 配置（Modular QoS Configuration，MQC）方式和非 MQC 方式。MQC 方式通过 QoS 策略定义不同类别的流量要采取的动作，并将 QoS 策略应用到不同的目标位置（如接口）来实现对业务流量的控制。非 MQC 方式则通过直接在目标位置上配置 QoS 参数来实现对业务流量的控制。本任务的实施主要通过 MQC 方式来进行，需要对 QoS 策略、流分类、流行为等内容进行规划与设计，并明确任务实施的具体工作。

（1）任务规划方案

QoS 策略由如下部分组成：流分类，定义了对报文进行识别的规则；流行为，定义了一组针对类识别后的报文所做的 QoS 动作；流分类和流行为关联，通过将类和流行为关联起来，QoS 策略可对符合分类规则的报文执行流行为中定义的动作。用户可以在一个策略中定义多个类与流行为的绑定关系。

根据任务需求需制定如下规划。

① 园区出口路由器配置流量监管。根据任务要求，首先需要配置时间段，命名为 workday，然后创建 ACL，并在接口应用流量监管，详细规划见表 5-5。

表 5-5　园区出口路由器流量监管规划表

规 划 项 目	规 划 内 容
时间段 time-range	命名：workday，每个工作日时间 8:00—17:00
ACL	编号：3100，匹配 TCP 协议，目的端口为 7000~7099
应用 QoS 流量监管	应用接口 CE1 的 G5/0、CE2 的 G5/1，应用方向：出方向，承诺速率为 2 Mbit/s

② 流量标记。根据表 5-5 在出口路由器 CE2 的出方向针对总部园区 IT 运维部终端访问分支机构网络流量进行流量标记。

③ 拥塞避免管理。在运营商网络 PE4 的 G0/0 和 G0/2 出接口方向执行 WRED 队列调度，执行拥塞控制策略。

（2）任务分解

根据任务规划方案，在任务实施阶段需要将任务分解为如下几个步骤。

① 园区出口流量监管。在出口路由器 CE1 和 CE2 的出接口分别应用流量监管 CAR，在应用 QoS CAR 之前需要定义 ACL 匹配监管的流量。

② 园区出口流量标记。根据表 5-5 规划，定义 QoS 策略，并在路由器 CE2 的 G5/1 接口应用 QoS 策略。

③ 骨干网路由器拥塞管理配置。

④ QoS 配置的检查。

5.6.3　任务实施

根据 5.6.1 和 5.6.2 节的任务规划与分解，本任务的实施主要涉及教育集团总部园区网络出口路由器及骨干网 PE3 路由器的配置。

1. QoS 流量监管配置

（1）定义时间段

根据表 5-5 及用户的需求，在路由器 CE1 上创建时间段。

```
[CE1] time-range workday 08:00 to 17:00 working-day
```

在路由器 CE2 上创建时间段 workday。

```
[CE2] time-range workday 08:00 to 17:00 working-day
```

（2）定义 ACL

本任务要求园区内部终端在工作日期间访问外网的应用系统工作在 TCP 协议下的 7000～7099 端口，根据规划表分别在路由器 CE1 和 CE2 上创建 ACL 匹配外网的目标流量。

```
［CE1］acl advanced 3100
［CE1-acl-ipv4-adv-3100］rule 5 permit tcp destination-port range 7000 7099 time-range workday
［CE1-acl-ipv4-adv-3100］
```

在路由器 CE2 上配置创建编号为 3100 的 ACL。

```
［CE2］acl advanced 3100
［CE2-acl-ipv4-adv-3100］rule 5 permit tcp destination-port range 7000 7099 time-range workday
［CE2-acl-ipv4-adv-3100］
```

（3）接口应用流量监管 CAR

在路由器 CE1 的 G5/0 接口应用流量监管策略，承诺速率为 2 Mbit/s。

```
［CE1］int g5/0
［CE1-GigabitEthernet5/0］qos car outbound acl 3100 cir 2048
［CE1-GigabitEthernet5/0］
```

在路由器 CE2 的 G5/1 接口应用监管策略，承诺速率为 2 Mbit/s。

```
［CE2］int g5/1
［CE2-GigabitEthernet5/1］qos car outbound acl 3100 cir 2048   //匹配 ACL 3100 承诺速率 2 Mbit/s
［CE2-GigabitEthernet5/1］
```

2. QoS 流量标记部署

根据任务规划需求，需要对园区总部 IT 运维部的终端用户访问分支机构网络时针对不同的目的网段提供不同的 QoS 服务。网络管理员需要在路由器 CE2 连接骨干网的出接口方向，将业务进行标记，以便运营商网络提供更好的 QoS 服务。

（1）定义 ACL 匹配目的网段

```
［CE2］acl advanced name signal
［CE2-acl-ipv4-adv-signal］rule 5 permit ip destination 10.30.10.0 0.0.0.255   //匹配目标网段 10.30.10.0/24
［CE2-acl-ipv4-adv-signal］quit
［CE2］acl advanced name realtime
［CE2-acl-ipv4-adv-realtime］rule 5 permit ip destination 10.30.9.0 0.0.0.255   //匹配目标网段 10.30.9.0/24
［CE2-acl-ipv4-adv-realtime］quit
［CE2］acl advanced name other
［CE2-acl-ipv4-adv-other］rule 5 permit ip
［CE2-acl-ipv4-adv-other］quit
```

（2）定义 QoS 流分类

```
［CE2］traffic classifier signal                   //创建一个类,并进入类视图
［CE2-classifier-signal］if-match acl name signal    //定义匹配数据包的规则
［CE2-classifier-signal］quit
［CE2］traffic classifier realtime
［CE2-classifier-realtime］if-match acl name realtime
［CE2-classifier-realtime］quit
［CE2］traffic classifier other
［CE2-classifier-realtime］if-match acl name other
［CE2-classifier-realtime］quit
```

（3）定义 QoS 流行为

```
[CE2]traffic behavior signal                         //创建一个流行为,并进入流行为视图
[CE2-behavior-signal]remark dscp cs4                 //流行为是将流量标记为 CS4 类型,DSCP 为 32
[CE2-behavior-signal]quit
[CE2]traffic behavior realtime
[CE2-behavior-realtime]remark dscp ef                //标记为 EF 加速转发类型,DSCP 为 46
[CE2-behavior-realtime]quit
[CE2]traffic behavior other
[CE2-behavior-other]remark dscp default              //标记为默认类型 DSCP 为 0
[CE2-behavior-other]quit
[CE2]
```

（4）定义 QoS 策略

```
[CE2]qos policy remark                                    //创建 QoS 策略,并进入策略视图
[CE2-qospolicy-remark] classifier realtime behavior realtime   //为类指定流行为
[CE2-qospolicy-remark] classifier signal behavior signal
[CE2-qospolicy-remark] classifier other behavior other
[CE2-qospolicy-remark]quit
[CE2]
```

（5）接口应用 QoS 策略

```
[CE2]int g5/1
[CE2-GigabitEthernet5/1] qos apply policy remark outbound    //在接口的出方向应用 QoS 策略
[CE2-GigabitEthernet5/1]
```

3. 配置 QoS 队列调度

（1）PE3 的 G0/2 接口配置队列调度

根据表 5-4 配置 QoS 的拥塞避免管理,需要说明的是,此处的 low-limit 和 high-limit 参数值仅为演示使用,在具体应用场景中需要根据实际业务需求合理配置。WRED 队列上限和下限的含义是当队列平均长度小于下限时,不丢弃报文。当队列平均长度在上限和下限之间时,设备随机丢弃报文,队列越长,丢弃概率越高。当队列平均长度超过上限时,丢弃所有到来的报文。

```
[PE3]int g0/2
[PE3-GigabitEthernet0/2] qos wfq dscp queue-length 512 queue-number 256    //使能 WFQ,并定义队列长度
[PE3-GigabitEthernet0/2] qos wred dscp enable                              //使能 WRED DSCP 功能
[PE3-GigabitEthernet0/2]qos wred dscp default low-limit 180 high-limit 300 discard-probability 50
                //配置 DSCP 为 0 的队列上限和下限,丢弃概率为 50%
[PE3-GigabitEthernet0/2]qos wred dscp ef low-limit 300 high-limit 512 discard-probability 10
                //配置 DSCP 为 46 的队列上限和下限,丢弃概率为 10%
[PE3-GigabitEthernet0/2]qos wred dscp cs4 low-limit 256 high-limit 300 discard-probability 50
                //配置 DSCP 为 32 的队列上限和下限,丢弃概率为 50%
[PE3-GigabitEthernet0/2]
```

（2）PE3 的 G0/0 接口配置队列调度

```
[PE3]int g0/0
[PE3-GigabitEthernet0/0] qos wfq dscp queue-length 512 queue-number 256    //使能 WFQ,并定义队列长度
[PE3-GigabitEthernet0/0] qos wred dscp enable                              //使能 WRED DSCP 功能
```

```
[PE3-GigabitEthernet0/0]qos wred dscp default low-limit 180 high-limit 300 discard-probability 50
                                          //配置 DSCP 为 0 的队列上限和下限,丢弃概率为 50%
[PE3-GigabitEthernet0/0]qos wred dscp ef low-limit 300 high-limit 512 discard-probability 10
                                         //配置 DSCP 为 46 的队列上限和下限,丢弃概率为 10%
[PE3-GigabitEthernet0/0]qos wred dscp cs4 low-limit 256 high-limit 300 discard-probability 50
                                         //配置 DSCP 为 32 的队列上限和下限,丢弃概率为 50%
[PE3-GigabitEthernet0/0]
```

为了避免 TCP 全局同步, 可以采用 WRED 有效解决尾部丢弃技术造成的问题, 和尾部丢弃不同, WRED 不是等到队列满了才开始丢弃, 而是发现队列长度不够时, 在数据包进入队列前随机提取数据包进行丢弃。

> **注意:** 本例中配置的队列长度为 512 B, 以接口配置方式配置 WRED 时, 在计算丢弃概率的公式中作为分母, 取值越大, 计算出的丢弃概率越小。

4. 验证 QoS 配置

① 显示 CE1 上的流量监管配置。输出信息如下, 与所配置信息相符, 承诺匹配 ACL 3100 的流量带宽为 2 Mbit/s。

```
<CE1>disp qos car int g5/0
Interface: GigabitEthernet5/0
 Direction: outbound
  Rule: If-match acl 3100
   CIR 2048 (kbps), CBS 128000 (Bytes), EBS 0 (Bytes)
   Green action   : pass
   Yellow action  : pass
   Red action     : discard
   Green packets : 0 (Packets), 0 (Bytes)
   Yellow packets : 0 (Packets), 0 (Bytes)
   Red packets    : 0 (Packets), 0 (Bytes)
<CE1>
```

② 显示 CE2 的 QoS 策略。输出信息如下, 可以看出 CE2 上由用户定义了重标记策略。

```
<CE2>disp qos policy user-defined
  User-defined QoS policy information:
  Policy: remark (ID 100)
  Classifier: default-class (ID 0)
    Behavior: be
     -none-
  Classifier: realtime (ID 1)
    Behavior: realtime
     Marking:
        Remark dscp ef
  Classifier: signal (ID 2)
    Behavior: signal
     Marking:
        Remark dscp cs4
  Classifier: other (ID 3)
    Behavior: other
     Marking:
        Remark dscp default
<CE2>
```

③ 显示 PE3 接口的 WRED 调度。在 PE3 路由器上显示 G0/2 接口下的 WRED 调度，输出如下，可以看出 WFQ 队列的上限和下限与所配置相符。

```
[PE3]disp qos wred interface g0/2
Interface：GigabitEthernet0/2
Current WRED configuration：
Exponent：9（1/512）
DSCP Low   High  Dis-prob Random-discard  Tail-discard
------------------------------------------------------
0    180   300   2        0               0
1    10    30    10       0               0
……（省略）
30   10    30    10       0               0
31   10    30    10       0               0
32   256   300   2        0               0
……（省略）
45   10    30    10       0               0
46   300   512   10       0               0
47   10    30    10       0               0
……（省略）
61   10    30    10       0               0
62   10    30    10       0               0
63   10    30    10       0               0
[PE3]
```

QoS 策略的配置在仿真环境下只能检查策略配置的正确性，无法真正验证 QoS 配置的实际效果，因此，在实际应用场景中，需要结合实际应用业务来不断地调节 QoS 参数和相关配置。

5.6.4 任务反思

QoS 的应用部署和实际场景密切相关，根据需要可以灵活配置 CAR、GTS、PQ、CQ、WFQ、WRED 等传统的 QoS 工具。同时，QoS 策略将数据类型的定义与 QoS 动作的定义相分离，提高了配置的标准化和灵活性。在实施与 QoS 相关的任务中，要能够积极和用户沟通，做出适合实际应用场景需求的 QoS 定义和规划，深入理解各种 QoS 工具的适应场景，在实际工作中灵活应用和配置。本任务的部署与实施只是提供参考范例，工程实践中要详细设计和调优各个 QoS 参数。

至此，有关该教育集团园区网络的部署与实施任务全部完成。

5.6.5 任务测评

扫描二维码，查看任务测评。

任务测评

第6章 骨干网域内路由协议部署实施

骨干网络用于实现不同区域或地区网络的高速连接。大型网络或不同的运营商都有自己的骨干网。骨干网对路由协议的要求极高，不仅需要能够快速收敛、可靠稳定地工作，还要能适应骨干网上设备众多、拓扑结构复杂等特点，满足 QoS 服务质量、负载均衡等性能需求，实现高速传输。

OSPF 和 IS-IS 是骨干网上应用较多的两种 IGP 协议，两者都是基于链路状态路由选择算法的路由协议，有很多相似之处，但又各具特色。

本章围绕集团骨干网建设任务，首先进行骨干网 IPv4 地址的配置，然后分别完成 OSPF 和 IS-IS 路由协议的部署实施，最后在 OSPF 和 IS-IS 连接的边界，实施双向路由引入，实现自治系统内部的网络互通。通过本章学习，应达成以下目标。

知识目标

- 理解 IPv4 地址规划原则。
- 熟悉多区域下 OSPF 路由协议的工作过程。
- 熟悉 IS-IS 路由协议的工作过程。
- 理解路由引入的原理。

技能目标

- 掌握 IPv4 地址部署实施的方法。
- 掌握多区域下 OSPF 路由协议的配置内容、步骤和优化方法。
- 掌握 IS-IS 路由协议的配置内容、步骤和优化方法。
- 掌握 IGP 路由引入的技术要点和实现方法。

素质目标

- 培养认真细致的工作作风。
- 形成运用工作原理分析和解决网络问题的良好习惯。

大型企业骨干网通常结构十分复杂，但也有规律可循。一般来说，骨干网可以分解为纵向和横向两个层面。从纵向层面看，通常将骨干网络分成国家、省、市、区县这样的层级，各层级之间采用双线路进行连接，形成"日"字形或"米"字形结构，以保障网络的稳定运行。从横向层面看，同一层级的业务网络通常以双归接入的方式连接到骨干网络中，以防止业务因单点故障而中断。

为便于描述和实现，在本章任务中，对某教育集团的真实企业骨干网进行了一定的简化和抽象，去除了不必要的重复，保留了骨干网建设任务中的重要知识点。通过完成本章任务，可以较好地理解和掌握骨干网建设中域内路由协议的部署和实施的主要技术。

6.1　IPv4 地址部署实施

骨干网路由设备正常工作的基本前提是配置了正确的 IP 地址。IP 地址需要在网络建设之初进行统一规划，合理的 IP 地址规划将提高网络协议的工作效率。本节将根据骨干网 IP 地址规划，进行路由设备的 IPv4 地址部署和实施。

6.1.1　任务描述

集团的骨干网络采用双专线"日"字形分级结构，如图 6-1 所示，该企业的总部、分支机构以及数据中心都通过集团骨干网连接在一起，实现高速数据传输。

本任务要求根据已知的 IPv4 地址规划，为骨干网的所有设备配置 IPv4 地址。

6.1.2　任务准备

理解骨干网 IP 地址规划的原则，能更好地帮助完成 IP 地址部署实施工作任务。在进行骨干网 IP 地址规划时，应遵循骨干网络的特点和 IP 地址规划的原则，进行合理的 IP 地址规划设计。

1. 知识准备

在大型网络的建设中，IP 地址的规划是非常重要的一个环节。IP 地址的规划水平，不仅直接影响网络管理的难易程度，还将影响网络路由协议运行的效率，进而影响网络的性能。此外，还会对网络的可扩展性产生影响，制约网络的进一步发展。

网络设计师在进行 IP 地址规划时，需要遵循一定的原则，以提高 IP 地址规划的效率。实施工程师也需要熟悉这些原则，才能够更好地理解规划意图，进行 IP 地址部署实施。

（1）IP 地址规划原则

通常，IP 地址的规划需要遵循以下原则。

- 唯一性：在一个 IP 网络中，任何两个主机不应使用相同的 IP 地址。
- 连续性：在层次结构的网络中使用连续地址，有利于进行路由汇总，从而缩减路由表中路由条目的数量，提高路由协议的运行效率。
- 扩展性：在规划 IP 地址时，应留有余量，以便进行网络规模的扩展。此外，还能随时保证路由聚合所需的连续性需要。

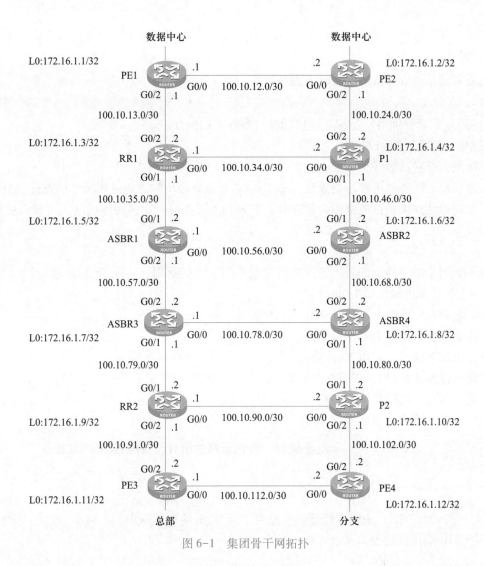

图 6-1　集团骨干网拓扑

- 实意性：好的 IP 地址规划应使每个地址具有实际含义，可以直接根据地址大致判断出其所属的设备。

（2）骨干网络设备 IP 地址的特点

骨干网络用于将以园区网为主的网络的各个组成部分连接起来，实现的主要功能是快速的路径选择和转发。因此，骨干网络中的 IGP 仅需要使用设备的 Loopback 地址、互连地址等，通常没有特殊的组网需求。

1）Loopback 地址

为了方便管理，通常会为每一台路由器创建一个 Loopback 接口，并在该接口上单独指定一个 IP 地址作为管理地址。管理员可以使用该地址对路由器远程登录进行管理，该地址还可以作为设备 ID 使用。此外，各种上层协议需要使用 TCP 或 UDP 来建立连接时，通常也会使用该地址作为源地址。

Loopback 地址部署原则如下。

① 使用 32 位掩码。

② 可设计一定的计算规律来体现设备特性。例如，用最后一位是奇数表示路由器，是偶数表示交换机。

③ 通常越是核心设备，Loopback 地址越小。

2）互连地址

互连地址是两台网络设备相互连接的接口所需要的地址。

互连地址部署原则如下。

① 使用 30 位掩码。

② 通常核心设备使用较小的地址，即 Loopback 地址较小的设备使用较小的互连地址。

③ 互连地址路由条目通常聚合后发布，在规划时要充分考虑使用连续的、可聚合的地址。

2. 任务分解

完成骨干网 IPv4 地址部署实施任务需要首先理解规划原则，完成 IP 地址规划表，然后在每台设备上配置路由器接口 IP 地址。

在本任务中，IP 地址的规划遵循了以下原则。

① 规划 Loopback 0 接口 IP 地址。

② 路由器互连接口采用 30 位掩码。

③ 路由器互连接口 IP 遵循左 1 右 2、上 1 下 2 取值。

④ 路由器互连网段遵循从左到右、从上到下合并 Loopback 0 接口 IP 末位取值的方式确定网络号。

6.1.3　任务实施

1. 完成 IP 地址规划表

根据全网设计方案，依照本任务中实施骨干网 IP 地址规划的原则，将 IP 地址对应到具体接口，完成 IP 地址规划表，见表 6-1。

表 6-1　IP 地址规划表

设 备 名 称	接口号	IP 地址	子网掩码	备　　注
PE1	L0	172.16.1.1	255.255.255.255	
	G0/0	100.10.12.1	255.255.255.252	连接 PE2
	G0/2	100.10.13.1	255.255.255.252	连接 RR1
	G5/0	100.40.33.1	255.255.255.252	连接数据中心
	G5/1	100.40.43.1	255.255.255.252	连接数据中心
PE2	L0	172.16.1.2	255.255.255.255	
	G0/0	100.10.12.2	255.255.255.252	连接 PE1
	G0/2	100.10.24.1	255.255.255.252	连接 P1
	G5/0	100.40.44.1	255.255.255.252	连接数据中心
	G5/1	100.40.34.1	255.255.255.252	连接数据中心

设 备 名 称	接口号	IP 地址	子网掩码	备　注
RR1	L0	172. 16. 1. 3	255. 255. 255. 255	
	G0/0	100. 10. 34. 1	255. 255. 255. 252	连接 P1
	G0/1	100. 10. 35. 1	255. 255. 255. 252	连接 ASBR1
	G0/2	100. 10. 13. 2	255. 255. 255. 252	连接 PE1
P1	L0	172. 16. 1. 4	255. 255. 255. 255	
	G0/0	100. 10. 34. 2	255. 255. 255. 252	连接 RR1
	G0/1	100. 10. 46. 1	255. 255. 255. 252	连接 ASBR2
	G0/2	100. 10. 24. 2	255. 255. 255. 252	连接 PE2
ASBR1	L0	172. 16. 1. 5	255. 255. 255. 255	
	G0/0	100. 10. 56. 1	255. 255. 255. 252	连接 ASBR2
	G0/1	100. 10. 35. 2	255. 255. 255. 252	连接 RR1
	G0/2	100. 10. 57. 1	255. 255. 255. 252	连接 ASBR3
ASBR2	L0	172. 16. 1. 6	255. 255. 255. 255	
	G0/0	100. 10. 56. 2	255. 255. 255. 252	连接 ASBR1
	G0/1	100. 10. 46. 2	255. 255. 255. 252	连接 P1
	G0/2	100. 10. 68. 1	255. 255. 255. 252	连接 ASBR4
ASBR3	L0	172. 16. 1. 7	255. 255. 255. 255	
	G0/0	100. 10. 78. 1	255. 255. 255. 252	连接 ASBR4
	G0/1	100. 10. 79. 1	255. 255. 255. 252	连接 RR2
	G0/2	100. 10. 57. 2	255. 255. 255. 252	连接 ASBR1
ASBR4	L0	172. 16. 1. 8	255. 255. 255. 255	
	G0/0	100. 10. 78. 2	255. 255. 255. 252	连接 ASBR3
	G0/1	100. 10. 80. 1	255. 255. 255. 252	连接 P2
	G0/2	100. 10. 68. 2	255. 255. 255. 252	连接 ASBR2
RR2	L0	172. 16. 1. 9	255. 255. 255. 255	
	G0/0	100. 10. 90. 1	255. 255. 255. 252	连接 P2
	G0/1	100. 10. 79. 2	255. 255. 255. 252	连接 ASBR3
	G0/2	100. 10. 91. 1	255. 255. 255. 252	连接 PE3
P2	L0	172. 16. 1. 10	255. 255. 255. 255	
	G0/0	100. 10. 90. 2	255. 255. 255. 252	连接 RR2
	G0/1	100. 10. 80. 2	255. 255. 255. 252	连接 ASBR4
	G0/2	100. 10. 102. 2	255. 255. 255. 252	连接 PE4

续表

设 备 名 称	接口号	IP 地址	子网掩码	备　注
PE3	L0	172. 16. 1. 11	255. 255. 255. 255	
	G0/0	100. 10. 112. 1	255. 255. 255. 252	连接 PE4
	G0/2	100. 10. 91. 2	255. 255. 255. 252	连接 RR2
	G5/0	100. 20. 11. 1	255. 255. 255. 0	连接总部
	G5/1	100. 20. 22. 1	255. 255. 255. 0	连接总部
PE4	L0	172. 16. 1. 12	255. 255. 255. 255	
	G0/0	100. 10. 112. 2	255. 255. 255. 252	连接 PE3
	G0/2	100. 10. 102. 2	255. 255. 255. 252	连接 P2
	S1/0	100. 30. 25. 1	255. 255. 255. 252	连接分支

2. 实施 IP 地址部署任务

(1) PE1 IPv4 地址部署实施

在路由器上实施 IP 地址部署任务，需要根据前面完成的 IP 地址规划表，进入相应接口配置视图，执行 IP 地址配置命令。在配置完成后，可以执行查看命令，查看 IP 地址配置是否正确。

① 配置接口 IP 地址。

```
[PE1]interface loopback0
[PE1-LoopBack0]ip address 172.16.1.1 255.255.255.255
[PE1-LoopBack0]interface g0/0                              //进入 G0/0 接口配置视图
[PE1-GigabitEthernet0/0]ip address 100.10.12.1 255.255.255.252   //配置接口的 IP 地址和子网掩码
[PE1-GigabitEthernet0/0]interface g0/2                     //进入 G0/2 接口配置视图
[PE1-GigabitEthernet0/2]ip address 100.10.13.1 255.255.255.252   //配置接口的 IP 地址和子网掩码
[PE1-GigabitEthernet0/2]interface g5/0                     //进入 G5/0 接口配置视图
[PE1-GigabitEthernet5/0]ip address 100.40.33.1 255.255.255.252   //配置接口的 IP 地址和子网掩码
[PE1-GigabitEthernet5/0]interface g5/1                     //进入 G5/1 接口配置视图
[PE1-GigabitEthernet5/1]ip address 100.40.43.1 255.255.255.252   //配置接口的 IP 地址和子网掩码
[PE1-GigabitEthernet5/1]exit
[PE1]
```

② 查看接口 IP 地址是否配置正确。

可以通过在系统视图下执行 display interface brief 命令，查看接口的 IP 地址配置是否正确。

```
[PE1]display interface brief
Brief information on interfaces in route mode:
Link: ADM - administratively down; Stby - standby
Protocol: (s) - spoofing
Interface        Link Protocol    Primary IP       Description
GE0/0            UP               UP               100.10.12.1
GE0/1            DOWN             DOWN             --
GE0/2            UP               UP               100.10.13.1
GE5/0            UP               UP               100.40.33.1
GE5/1            UP               UP               100.40.43.1
```

```
……
Loop0                    UP              UP(s)          172. 16. 1. 1
……
[PE1]
```

(2) PE2 IPv4 地址部署实施

同理根据 IP 地址规划表，进入相应接口配置视图，配置 PE2 各接口的 IP 地址。

```
[PE2]interface loopback 0
[PE2-LoopBack0]ip address 172. 16. 1. 2 255. 255. 255. 255
[PE2-LoopBack0]interface g0/0
[PE2-GigabitEthernet0/0]ip address 100. 10. 12. 2 255. 255. 255. 252
[PE2-GigabitEthernet0/0]interface g0/2
[PE2-GigabitEthernet0/2]ip address 100. 10. 24. 1 255. 255. 255. 252
[PE2-GigabitEthernet0/2]interface g5/0
[PE2-GigabitEthernet5/0]ip address 100. 40. 44. 1 255. 255. 255. 252
[PE2-GigabitEthernet5/0]interface g5/1
[PE2-GigabitEthernet5/1]ip address 100. 40. 34. 1 255. 255. 255. 252
[PE2-GigabitEthernet5/1]exit
[PE2]
```

(3) RR1 IPv4 地址部署实施

同理根据 IP 地址规划表，进入相应接口配置视图，配置 RR1 各接口的 IP 地址。

```
[RR1]interface loopback 0
[RR1-LoopBack0]ip address 172. 16. 1. 3 255. 255. 255. 255
[RR1-LoopBack0]interface g0/0
[RR1-GigabitEthernet0/0]ip address 100. 10. 34. 1 255. 255. 255. 252
[RR1-GigabitEthernet0/0]interface g0/1
[RR1-GigabitEthernet0/1]ip address 100. 10. 35. 1 255. 255. 255. 252
[RR1-GigabitEthernet0/1]interface g0/2
[RR1-GigabitEthernet0/2]ip address 100. 10. 13. 2 255. 255. 255. 252
[RR1-GigabitEthernet0/2]exit
[RR1]
```

(4) P1 IPv4 地址部署实施

同理根据 IP 地址规划表，进入相应接口配置视图，配置 P1 各接口的 IP 地址。

```
[P1]interface loopback 0
[P1-LoopBack0]ip address 172. 16. 1. 4 255. 255. 255. 255
[P1-LoopBack0]interface g0/0
[P1-GigabitEthernet0/0]ip address 100. 10. 34. 2 255. 255. 255. 252
[P1-GigabitEthernet0/0]interface g0/1
[P1-GigabitEthernet0/1]ip address 100. 10. 46. 1 255. 255. 255. 252
[P1-GigabitEthernet0/1]interface g0/2
[P1-GigabitEthernet0/2]ip address 100. 10. 24. 2 255. 255. 255. 252
[P1-GigabitEthernet0/2]exit
[P1]
```

(5) ASBR1 IPv4 地址部署实施

同理根据 IP 地址规划表，进入相应接口配置视图，配置 ASBR1 各接口的 IP 地址。

```
[ASBR1]interface loopback 0
[ASBR1-LoopBack0]ip address 172. 16. 1. 5 255. 255. 255. 255
```

```
[ASBR1-LoopBack0]interface g0/0
[ASBR1-GigabitEthernet0/0]ip address 100.10.56.1 255.255.255.252
[ASBR1-GigabitEthernet0/0]interface g0/1
[ASBR1-GigabitEthernet0/1]ip address 100.10.35.2 255.255.255.252
[ASBR1-GigabitEthernet0/1]interface g0/2
[ASBR1-GigabitEthernet0/2]ip address 100.10.57.1 255.255.255.252
[ASBR1-GigabitEthernet0/2]exit
[ASBR1]
```

（6）ASBR2 IPv4 地址部署实施

同理根据 IP 地址规划表，进入相应接口配置视图，配置 ASBR2 各接口的 IP 地址。

```
[ASBR2]interface loopback 0
[ASBR2-LoopBack0]ip address 172.16.1.6 255.255.255.255
[ASBR2-LoopBack0]interface g0/0
[ASBR2-GigabitEthernet0/0]ip address 100.10.56.2 255.255.255.252
[ASBR2-GigabitEthernet0/0]interface g0/1
[ASBR2-GigabitEthernet0/1]ip address 100.10.46.2 255.255.255.252
[ASBR2-GigabitEthernet0/1]interface g0/2
[ASBR2-GigabitEthernet0/2]ip address 100.10.68.1 255.255.255.252
[ASBR2-GigabitEthernet0/2]exit
[ASBR2]
```

（7）ASBR3 IPv4 地址部署实施

同理根据 IP 地址规划表，进入相应接口配置视图，配置 ASBR3 各接口的 IP 地址。

```
[ASBR3]interface loopback 0
[ASBR3-LoopBack0]ip address 172.16.1.7 255.255.255.255
[ASBR3-LoopBack0]interface g0/0
[ASBR3-GigabitEthernet0/0]ip address 100.10.78.1 255.255.255.252
[ASBR3-GigabitEthernet0/0]interface g0/1
[ASBR3-GigabitEthernet0/1]ip address 100.10.79.1 255.255.255.252
[ASBR3-GigabitEthernet0/1]interface g0/2
[ASBR3-GigabitEthernet0/2]ip address 100.10.57.2 255.255.255.252
[ASBR3-GigabitEthernet0/2]exit
[ASBR3]
```

（8）ASBR4 IPv4 地址部署实施

同理根据 IP 地址规划表，进入相应接口配置视图，配置 ASBR4 各接口的 IP 地址。

```
[ASBR4]interface loopback 0
[ASBR4-LoopBack0]ip address 172.16.1.8 255.255.255.255
[ASBR4-LoopBack0]interface g0/0
[ASBR4-GigabitEthernet0/0]ip address 100.10.78.2 255.255.255.252
[ASBR4-GigabitEthernet0/0]interface g0/1
[ASBR4-GigabitEthernet0/1]ip address 100.10.80.1 255.255.255.252
[ASBR4-GigabitEthernet0/1]interface g0/2
[ASBR4-GigabitEthernet0/2]ip address 100.10.68.2 255.255.255.252
[ASBR4-GigabitEthernet0/2]exit
[ASBR4]
```

（9）RR2 IPv4 地址部署实施

同理根据 IP 地址规划表，进入相应接口配置视图，配置 RR2 各接口的 IP 地址。

```
[RR2]interface loopback 0
[RR2-LoopBack0]ip address 172.16.1.9 255.255.255.255
[RR2-LoopBack0]interface g0/0
[RR2-GigabitEthernet0/0]ip address 100.10.90.1 255.255.255.252
[RR2-GigabitEthernet0/0]interface g0/1
[RR2-GigabitEthernet0/1]ip address 100.10.79.2 255.255.255.252
[RR2-GigabitEthernet0/1]interface g0/2
[RR2-GigabitEthernet0/2]ip address 100.10.91.1 255.255.255.252
[RR2-GigabitEthernet0/2]exit
[RR2]
```

（10）P2 IPv4 地址部署实施

同理根据 IP 地址规划表，进入相应接口配置视图，配置 P2 各接口的 IP 地址。

```
[P2]interface loopback 0
[P2-LoopBack0]ip address 172.16.1.10 255.255.255.255
[P2-LoopBack0]interface g0/0
[P2-GigabitEthernet0/0]ip address 100.10.90.2 255.255.255.252
[P2-GigabitEthernet0/0]interface g0/1
[P2-GigabitEthernet0/1]ip address 100.10.80.2 255.255.255.252
[P2-GigabitEthernet0/1]interface g0/2
[P2-GigabitEthernet0/2]ip address 100.10.102.1 255.255.255.252
[P2-GigabitEthernet0/2]exit
[P2]
```

（11）PE3 IPv4 地址部署实施

同理根据 IP 地址规划表，进入相应接口配置视图，配置 PE3 各接口的 IP 地址。

```
[PE3]interface loopback0
[PE3-LoopBack0]ip address 172.16.1.11 255.255.255.255
[PE3-LoopBack0]interface g0/0
[PE3-GigabitEthernet0/0]ip address 100.10.112.1 255.255.255.252
[PE3-GigabitEthernet0/0]interface g0/2
[PE3-GigabitEthernet0/2]ip address 100.10.91.2 255.255.255.252
[PE3-GigabitEthernet0/2]interface g5/0
[PE3-GigabitEthernet5/0]ip address 100.20.11.1 255.255.255.0
[PE3-GigabitEthernet5/0]interface g5/1
[PE3-GigabitEthernet5/1]ip add 100.20.22.1 255.255.255.0
[PE3-GigabitEthernet5/1]exit
```

（12）PE4 IPv4 地址部署实施

同理根据 IP 地址规划表，进入相应接口配置视图，配置 PE4 各接口的 IP 地址。

```
[PE4]interface loopback0
[PE4-LoopBack0]ip address 172.16.1.12 255.255.255.255
[PE4-LoopBack0]interface g0/0
[PE4-GigabitEthernet0/0]ip address 100.10.112.2 255.255.255.252
[PE4-GigabitEthernet0/0]interface g0/2
[PE4-GigabitEthernet0/2]ip address 100.10.102.2 255.255.255.252
[PE4-GigabitEthernet0/2]interface s1/0
[PE4-Serial1/0]ip address 100.30.25.1 255.255.255.252
[PE4-Serial1/0]exit
[PE4]
```

6.1.4   任务反思

在大型网络建设任务中，IP 地址部署实施是非常烦琐、非常基础但又非常重要的工作。如果 IP 地址配置出现错误，会对后续的网络建设造成极大的影响，而且有些错误还很难排查，会影响网络建设的进程。

为避免在 IP 地址部署实施的过程中出现错误，需要特别注意以下几点。

① 首先应理解 IP 地址规划方案，明白 IP 地址部署规划的意图，才能较好地实施 IP 地址配置任务。

② 应填写完整、准确的 IP 地址规划表，将 IP 地址规划意图具体落实到 IP 地址规划表中，按照表格实施 IP 地址配置任务。IP 地址规划表也是网络工程建设项目必须提交的文档之一。

③ 应注意养成认真细致的工作作风。在 IP 地址配置的过程中，随时需要仔细核对地址参数、接口型号，养成良好的工作习惯对完成工作任务会有很大帮助。

> **提示：** 在大部分企业真实网络工程建设项目中，即使是骨干网设备，也不一定会使用公网 IP 地址，而使用私有地址对 IP 规划给出了巨大的空间，较少考虑 C 类网络的子网划分问题。一般在规划 IP 地址时会避免网络不连续，以免产生路由问题。

6.1.5   任务测评

扫描二维码，查看任务测评。

任务测评

6.2   OSPF 路由技术部署实施

开放式最短路径优先协议（OSPF）是一种十分常用的内部网关协议，协议号为 89。它是一种快速收敛的无类域间路由协议，实行触发式更新，采用组播地址 224.0.0.5 和 224.0.0.6 进行封装，管理距离为 110。

由于具有无跳数限制、快速收敛等特性，OSPF 在大型网络中部署应用十分广泛。本节结合骨干网建设中 OSPF 路由技术部署实施任务，介绍多区域下 OSPF 协议的工作流程、部署实施的技术要点。

6.2.1   任务描述

M 公司是集团新近并购的一家企业，在 A 地经营多年，建有总部和分支各一处。M 公司网络骨干采用 OSPF 协议实现路由，为便于管理，进行了区域划分，因此需要配置多区域下 OSPF 来实现网络互通。图 6-2 所示是该公司网络 OSPF 区域规划。

本节任务是完成多区域 OSPF 协议配置，实现 M 公司网络互通，并根据要求对部分设备配置优化措施，以提高路由协议的性能和工作效率。

1. IP 地址

M 公司骨干网络将直接并入集团骨干网络，成为骨干网络中的 OSPF 路由域，其相应设备的 IP 地址已在 6.1.3 节中完成配置。

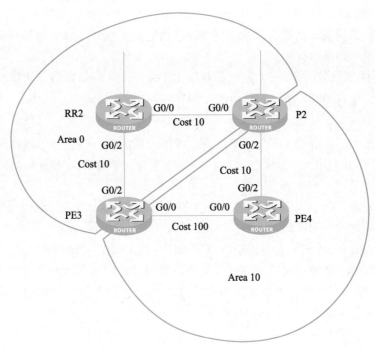

图 6-2 M 公司 OSPF 区域规划

2. 任务要求

① 按照图 6-2 中 M 公司 OSPF 区域规划，部署实施多区域 OSPF 协议。
② 考虑到网络的安全性，路由器不应向没有 OSPF 邻居的网络发送 OSPF 协议报文。
③ 根据图 6-2 中链路开销配置链路开销值。
④ PE3 与 PE4 之间为低速链路，将 OSPF hello 报文发送间隔修改为 15 s。
⑤ 在 PE3 与 PE4 之间实施 OSPF 报文验证，采用 simple 方式，明文密码为 SmartNet。

6.2.2 任务准备

要完成骨干网 OSPF 路由技术部署任务，需要熟悉多区域下 OSPF 的工作过程，掌握 OSPF 路由协议配置的内容和步骤，了解 OSPF 路由协议优化配置方法。

1. 知识准备

OSPF 协议是基于链路状态路由选择算法的内部网关协议，是当前使用最广泛的 IGP 协议之一。

（1）OSPF 基本概念

1）邻居表、链路状态数据库和路由表
每台 OSPF 路由器需要建立并维护 3 张表。
① 邻居表。邻居表会记录所有建立了邻居关系的路由器，以及它们的相关描述和邻居

状态。

② 链路状态数据库（Link State DataBase，LSDB），又称为拓扑表。OSPF 路由器之间彼此交换各自的链路状态信息，交换完成后，同一区域所有路由器的 LSDB 中都有整个区域的链路状态信息，并且是一致的。

③ 路由表。网络收敛后，OSPF 路由器基于 LSDB，采用 SPF 算法，计算出去往每个远程网络的最佳路径，装入 OSPF 协议的路由表。

2）OSPF 区域

网络的规模增大，会导致 LSDB 过于庞大，占用大量内存，还会导致网络复杂度增加，运行 SPF 算法的 CPU 开销增大。此外，网络拓扑发生变化、产生路由振荡的概率也增大，而每一次变化都会导致泛洪及 SPF 重新计算，进一步增大开销。

为解决这个问题，OSPF 将自治系统划分为不同的区域（Area），区域的边界是路由器，一条链路的两端必须在同一个区域。

进行了区域划分后，OSPF 路由器只需维护本区域的 LSDB，从而降低了开销，也减小了路由振荡的影响。同时，还便于将有相同特性的路由器划分在同一区域中进行分类管理。

OSPF 区域采用分层结构，各区域只能通过骨干区域进行通信。区域用区域号标识，区域 0 是骨干区域。骨干区域原则上必须是连续的。

3）OSPF 路由器类型

① 区域内部路由器（Internal Router，IR）：路由器的所有接口都属于同一个区域。

② 区域边界路由器（Area Border Router，ABR）：路由器同时属于两个或两个以上区域，其中必须有一个是骨干区域。

③ 骨干路由器（Backbone Router，BR）：路由器至少有一个接口属于骨干区域。因此，所有区域边界路由器也都是骨干路由器。

④ 自治系统边界路由器（Autonomous System Border Router，ASBR）：只要一台 OSPF 路由器引入了外部路由信息，就是 ASBR。因此，ASBR 不一定位于 AS 边界，它可能是 IR，也可能是 ABR。

4）Router ID

Router ID 是一个 32 位无符号整数，主要用于在自治系统中唯一标识一台路由器。

可通过命令配置 Router ID，但如果没有配置，路由器会按照以下顺序自动选择一个 Router ID。

- 如果当前设备配置了 Loopback 接口，则选取其已配置 IP 地址的 Loopback 接口上数值最大的 IP 地址作为 Router ID。
- 如果没有配置 Loopback 接口，则选取其已配置 IP 地址的接口上数值最大的 IP 地址作为 Router ID。

5）OSPF 报文类型

① Hello 报文：用来发现和维持 OSPF 邻居关系。路由器以组播地址（224.0.0.5）为目的地址，定时向自己的邻居发送 hello 数据包。如果在一定时间内没有收到回复，则认为邻居已经失效，会将该邻居从邻居表删除。

② 数据库描述（Database Description，DD）报文：描述本地 LSDB 每一条链路状态通告

（Link State Advertisement，LSA）的摘要，用于两台路由器进行数据库同步。

③ 链路状态请求（Link State Request，LSR）报文：两台路由器交换 DD 报文后，知道对方有哪些自己所需要的 LSA，这时发送 LSR 向对方请求所需的 LSA。

④ 链路状态更新（Link State Update，LSU）报文：收到对方的 LSR 后，向对方发送其所需的 LSA。

⑤ 链路状态确认（Link State Acknowledgement，LSAck）报文：对收到的 LSU 进行确认。

（2）OSPF 的工作过程

1）建立邻居表

完成启动后，相邻路由器使用 hello 数据包建立邻居关系，生成邻居表。但在一个广播网段中，路由器仅与指定路由器（Designated Router，DR）建立邻接关系，有邻接关系的路由器之间才会交换链路状态信息（包括 DD、LSR、LSU、LSAck 等），否则只交换 hello 数据包。

OSPF hello 数据包采用固定周期（hello time）进行发送，当达到 dead time（一般是 hello time 的 4 倍时长）还没有收到来自邻居的 hello 数据包，则认为该邻居已经失效。

OSPF 邻居之间的 hello time 和 dead time 必须完全一致。

2）建立邻接关系

通过点到点（P2P）网络互连的两台路由器必然邻接。在广播（broadcast）网络中，就需要进行 DR 和后备指定路由器（Backup Designated Router，BDR）选举。所有非 DR/BDR 都仅与 DR（和 BDR）建立邻接关系，非 DR/BDR 间正常保持为邻居关系。

DR 选举的规则如下。

① 比较接口优先级，默认为 1，优先级值最高的选为 DR，次之选为 BDR。将接口优先级设置为 0，表示不参与 DR/BDR 选举。但要注意，不能将所有参加选举的接口优先级都设置为 0。

② 若优先级相同，则比较路由器 ID 数值，数值最大的选为 DR，次之选为 BDR。如果没有配置路由器 ID，则默认采用 Loopback 接口 IP 地址作为路由器 ID，若没有配置 Loopback 接口，则采用连接该网络的路由器接口 IP 地址作为路由器 ID。

默认情况下，DR 的选举采用稳定压倒一切的原则。即在已经收敛的网络中，将某台路由器修改为高于现有 DR 的优先级，也不能抢占 DR 的位置，除非重启 OSPF 进程。

3）交换 LSA

路由器只与有邻接关系的路由器交换 LSA。在邻接关系建立后，双方会交换 DD 报文，并用收到的 DD 报文与自己的 LSDB 进行比较，如果发现 DD 报文中存在自己 LSDB 中不具有的 LSA，则向邻接的路由器发送 LSR。DD 报文中携带 MTU 值，双方的 MTU 值必须一致。

路由器收到 LSR 后，将 LSA 放在 LSU 数据包中，发送给有邻接关系的路由器。在收到 LSU 后，会发送 LSAck 来对收到的 LSA 进行确认。

4）计算路由表

当路由器收齐本区域中所有 LSA 后，就会生成链路状态数据库（LSDB）。网络收敛时，所有路由器的 LSDB 达成一致。OSPF 路由器使用最短路径优先（SPF）算法，计算本地到达所有远程网络的最佳路由，然后将其装入 OSPF 协议的路由表中。

5）维护路由表

在网络收敛后，OSPF采用触发式更新。当网络拓扑发生变化时，OSPF路由器会产生相应的LSA，泛洪到区域中。

其他路由器收到这个LSA，首先会在LSDB中进行查找，如果没有找到，就将其添加到LSDB中。

如果找到，就比较这条LSA的序列号。如果新收到的LSA序列号更大，则认为这条LSA有更新，会用新收到的LSA更新原有条目，同时刷新路由器并更新序列号。如果新收到的LSA序列号更小，则将其丢弃。

LSDB中每条LSA都设有老化时间，默认为1h。若1h内LSA没有被更新，则将会老化并被删除。在默认情况下，LSDB每隔0.5h刷新一次所有LSA，并将其序列号加1，且重置老化时间。

（3）路由来源和选路原则

1）LSA类型

OSPF链路状态信息以LSA的形式封装在LSU数据包中传递。OSPF协议定义了不同类型的LSA，不同LSA类型携带的信息是不同的，见表6-2。

表6-2　OSPF中LSA类型

LSA类别	传播范围	通　告　者	携带信息
LSA1：Router LSA	本区域	本区域内所有路由器	路由器本地拓扑
LSA2：Network LSA	本区域	DR	DR及直连的所有路由器的本地拓扑
LSA3：Summary LSA	所有区域（除本区域外）	ABR	域间路由
LSA4：ASBR-summary LSA	所有区域（除ASBR所在区域外）	ABR	ASBR的位置
LSA5：AS external LSA	所有区域	ASBR	域外路由
LSA7：NSSA-external LSA	NSSA区域	ASBR	域外路由

2）特殊区域

在OSPF多区域的部署中，存在一些特殊区域，它们具有一些独特的特性，见表6-3。

表6-3　OSPF特殊区域

区域特性	区域名称	特　征
不存在ASBR	末节区域（stub）	该区域拒绝第4类和第5类LSA，会自动产生一条第3类的默认路由指向骨干
	完全末节区域（totally stub）	在末节区域的基础上进一步拒绝第3类LSA，仅保留一条第3类默认路由
存在ASBR	NSSA（no so stub area）非完全末节区域	该区域拒绝第4类和第5类LSA，本区域ASBR产生的第5类LSA使用第7类LSA传输，第7类LSA在离开本区域时被ABR修改为第5类LSA，不会自动产生默认路由，以避免环路
	完全NSSA（Totally NS-SA）	在NSSA的基础上进一步拒绝第3类LSA，但会自动产生一条第3类的默认路由指向区域0

合理规划特殊区域，可控制外部路由，减少区域内 LSDB 的规模，降低区域内路由器的路由表大小，减少区域内路由器对于设备的要求，从而降低设备开销，有利于提高网络安全性。

3）路由条目的来源

路由条目的来源可通过查看路由表命令查看。

① O 表示本区域内的路由，是路由器基于本区域 LSDB，采用 SPF 算法计算所得。

② IA 表示通过 ABR 导入的其他区域的路由，即区域间路由。

③ E1/2 表示通过 ASBR 重发布导入的，通过其他协议或进程计算所得的路由，即域外路由。

④ N1/2 表示通过其他协议或进程计算所得，之后 ASBR 重发布导入，同时本地为 NSSA 或完全 NSSA 区域的域外路由。

4）OSPF 选路原则

如果去往同一目的地同时有多条路由，OSPF 将首先根据 OSPF 路由的优先级顺序选择路由。在优先级相同的情况下，选择开销较小的路由。

OSPF 路由按照不同的类型，优先级排列顺序如下。

① 区域内部路由：依照 SPF 基于 LSDB 计算出来的路由。

② 区域间路由：由 ABR 传递的路由。

③ 第一类外部路由：从外部 IGP 引入的路由。

④ 第二类外部路由：从外部 EGP 引入的路由。

2. 任务分解

要完成多区域 OSPF 协议部署实施任务，实现 M 公司网络互通，首先需要完成多区域 OSPF 协议基本配置，其步骤如下。

① 配置 Router-Id。

② 在路由器上启用 OSPF 进程。

③ 配置 OSPF 区域。

④ 在指定的接口上启用 OSPF。

6.2.3　任务实施

根据 M 公司 OSPF 区域规划图，PE3 和 P2 两台设备连接区域 0 和区域 10，它们是区域边界路由器，因此在这两台设备上，各需配置两个区域。而 RR2 只属于区域 0，PE4 只属于区域 10，是区域内部路由器，在这两台设备上，各需要配置一个区域。图 6-3 所示是 M 公司 OSPF 配置信息，注意将与 CE 互连的网段 100.20.11.0/24、100.20.22.0/24 和 100.30.25.0/30 加入 OSPF 区域。

1. 汇总配置信息

为便于实施配置，可将配置所需要的信息用表格进行汇总，以明确设备 Router-ID，每个接口所属区域，以及需要加入 OSPF 传播的路由信息，见表 6-4。

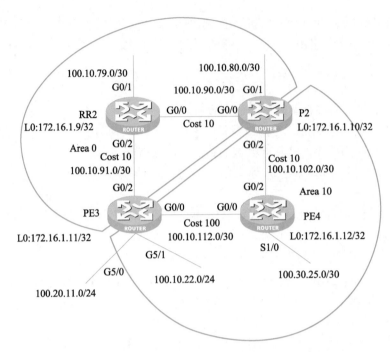

图 6-3　M 公司 OSPF 配置信息

表 6-4　OSPF 配置信息汇总表

设　　备	Router-ID	区　　域	需要 OSPF 传播的路由信息
RR2	172. 16. 1. 9	0	100. 10. 90. 0/30 100. 10. 79. 0/30 172. 16. 1. 9/32 100. 10. 91. 0/30
P2	172. 16. 1. 10	0	100. 10. 90. 0/30 100. 10. 80. 0/30 172. 16. 1. 10/32
		10	100. 10. 102. 0/30
PE3	172. 16. 1. 11	0	100. 10. 91. 0/30
		10	100. 10. 112. 0/30 100. 20. 11. 0/24 100. 20. 22. 0/24 172. 16. 1. 11/32
PE4	172. 16. 1. 12	10	100. 10. 102. 0/30 100. 10. 112. 0/30 100. 30. 25. 0/30 172. 16. 1. 12/32

2. 部署实施多区域 OSPF

（1）在 RR2 上部署实施多区域 OSPF

RR2 是区域内部路由器，只需要配置区域 0 的信息。

```
[RR2]route id 172.16.1.9                                    //配置 Router-ID
[RR2]ospf 1                                                 //创建 OSPF 进程,进程号为 1,进入 OSPF 配置视图
[RR2-ospf-1]area 0                                          //配置区域 0
[RR2-ospf-1-area-0.0.0.0]network 100.10.79.0 0.0.0.3
//配置需要 OSPF 传播的路由信息,其中 100.10.79.0 是网络号,0.0.0.3 是该网络的通配符掩码
[RR2-ospf-1-area-0.0.0.0]network 100.10.90.0 0.0.0.3
//配置需要 OSPF 传播的路由信息,其中 100.10.90.0 是网络号,0.0.0.3 是该网络的通配符掩码
[RR2-ospf-1-area-0.0.0.0]network 100.10.91.0 0.0.0.3
//配置需要 OSPF 传播的路由信息,其中 100.10.91.0 是网络号,0.0.0.3 是该网络的通配符掩码
[RR2-ospf-1-area-0.0.0.0]network 172.16.1.9 0.0.0.0
//配置需要 OSPF 传播的路由信息,其中 172.16.1.9 是 RR2 的 Loopback0 接口 IP 地址,0.0.0.0 是该主机地址
的通配符掩码
[RR2-ospf-1-area-0.0.0.0]exit
[RR2-ospf-1]exit
[RR2]
```

（2）在 P2 上部署实施多区域 OSPF

P2 是 ABR，需要配置两个区域：区域 0 和区域 10。

```
[P2]route id 172.16.1.10                                        //配置 Router-ID
[P2]ospf 1                                                      //创建 OSPF 进程,进程号为 1,进入 OSPF 配置视图
[P2-ospf-1]area 0                                               //配置区域 0
[P2-ospf-1-area-0.0.0.0]network 100.10.80.0 0.0.0.3   //配置需要 OSPF 传播的路由信息
[P2-ospf-1-area-0.0.0.0]network 100.10.90.0 0.0.0.3   //配置需要 OSPF 传播的路由信息
[P2-ospf-1-area-0.0.0.0]network 172.16.1.10 0.0.0.0   //配置需要 OSPF 传播的路由信息
[P2-ospf-1-area-0.0.0.0]area 10                                //配置区域 10
[P2-ospf-1-area-0.0.0.10]network 100.10.102.0 0.0.0.3  //配置需要 OSPF 传播的路由信息
[P2-ospf-1-area-0.0.0.10]exit
[P2-ospf-1]exit
```

将 100.10.90.0 加入区域后，可以看到系统弹出以下提示。

```
%Mar 24 14:31:36:530 2021 P2 OSPF/5/OSPF_NBR_CHG: OSPF 1 Neighbor 100.10.90.1(GigabitEthernet0/0)
changed from LOADING to FULL.
```

这说明 P2 已经与 RR2 建立了 OSPF 邻居关系。

（3）在 PE3 上部署实施多区域 OSPF

PE3 也是 ABR，需要配置两个区域，其配置参照 P2 进行。

```
[PE3]route id 172.16.1.11
[PE3]ospf 1
[PE3-ospf-1]area 0
[PE3-ospf-1-area-0.0.0.0]network 100.10.91.0 0.0.0.3
[PE3-ospf-1-area-0.0.0.0]area 10
[PE3-ospf-1-area-0.0.0.10]network 100.10.112.0 0.0.0.3
[PE3-ospf-1-area-0.0.0.10]network 100.20.11.0 0.0.0.255
[PE3-ospf-1-area-0.0.0.10]network 100.20.22.0 0.0.0.255
[PE3-ospf-1-area-0.0.0.10]network 172.16.1.11 0.0.0.0
```

```
[PE3-ospf-1-area-0.0.0.10]exit
[PE3-ospf-1]exit
[PE3]
```

（4）在 PE4 上部署实施多区域 OSPF

PE4 是区域内部路由器，只需配置一个区域，其配置参照 RR1 进行。

```
[PE4]route id 172.16.1.12
[PE4]ospf 1
[PE4-ospf-1]area 10
[PE4-ospf-1-area-0.0.0.10]network 100.10.112.0 0.0.0.3
[PE4-ospf-1-area-0.0.0.10]network 100.10.102.0 0.0.0.3
[PE4-ospf-1-area-0.0.0.10]network 100.30.25.0 0.0.0.3
[PE4-ospf-1-area-0.0.0.10]network 172.16.1.12 0.0.0.0
[PE4-ospf-1-area-0.0.0.10]exit
[PE4-ospf-1]exit
[PE4]
```

（5）查看路由表

使用 display ip routing-table 命令可查看路由表。例如，查看 PE4 上的路由表，可以看到已经有了去往所有 OSPF 网络的路由，其中去往 100.10.79.0 有两条等值链路，分别通过 PE3 和 P2 可以前往，开销为 3。

```
[PE4]display ip routing-table

Destinations : 31       Routes : 33

Destination/Mask   Proto    Pre Cost        NextHop          Interface
0.0.0.0/32         Direct    0   0          127.0.0.1        InLoop0
100.10.79.0/30     O_INTER  10   3          100.10.102.1     GE0/2
                                            100.10.112.1     GE0/0
……
[PE4]
```

（6）查看 OSPF 邻居

在 PE3 上查看 OSPF 邻居，可以看到该设备位于两个区域的邻居分别是 RR2 和 PE4。

```
[PE3]display ospf peer

          OSPF Process 1 with Router ID 172.16.1.11
              Neighbor Brief Information

 Area: 0.0.0.0
 Router ID        Address          Pri Dead-Time   State        Interface
 172.16.1.9       100.10.91.1      1   30           Full/BDR     GE0/2

 Area: 0.0.0.10
 Router ID        Address          Pri Dead-Time   State        Interface
 172.16.1.12      100.10.112.2     1   49           Full/DR      GE0/0
[PE3]
```

至此，多区域 OSPF 基本配置任务已完成，OSPF 网络所有区域可以互通。

6.2.4　任务反思

在 PE4 上查看路由表，可以发现有去往目的网络 100.20.11.0 和 100.20.22.0 的路由，下一跳都是经由 PE3 转发。然而，事实上经由 P2 的这条路径开销更小，为什么反而开销更大的路由却进入路由表了呢？

```
[PE4]display ip routing-table

Destinations : 31        Routes : 31

Destination/Mask        Proto      Pre   Cost        NextHop            Interface
……
100.20.11.0/24          O_INTRA    10    101         100.10.112.1       GE0/0
100.20.22.0/24          O_INTRA    10    101         100.10.112.1       GE0/0
……
[PE4]
```

这是由 OSPF 的选路原则所决定。根据 OSPF 的选路原则，首选区域内部路由，而 100.20.11.0 和 100.20.22.0 位于区域 10，所以位于同一区域的 PE3 这条路径被首先选用，而抛弃了要经由区域 0 的 P2 这条路径。如果将 100.20.11.0 和 100.20.22.0 这两个网络划入区域 0，再在 PE4 上查看路由表，则会发现路径已经发生改变。

（1）修改 PE3 连接 CE 网段的通告区域

在路由器 PE3 上将 100.20.11.0 和 100.20.22.0 两个网络从在区域 10 发布，修改为在区域 0 发布。

```
[PE3]ospf 1
[PE3-ospf-1]area 10
[PE3-ospf-1-area-0.0.0.10]undo network 100.20.11.0 0.0.0.255
[PE3-ospf-1-area-0.0.0.10]undo network 100.20.22.0 0.0.0.255
[PE3-ospf-1-area-0.0.0.10]area 0
[PE3-ospf-1-area-0.0.0.0]network 100.20.11.0 0.0.0.255
[PE3-ospf-1-area-0.0.0.0]network 100.20.22.0 0.0.0.255
[PE3-ospf-1-area-0.0.0.0]exit
[PE3-ospf-1]exit
[PE3]
```

（2）查看 PE4 路由表变化情况

```
[PE4]display ip routing-table

Destinations : 31        Routes : 31

Destination/Mask        Proto      Pre Cost        NextHop            Interface
……
100.20.11.0/24          O_INTER    10  31          100.10.102.1       GE0/2
100.20.22.0/24          O_INTER    10  31          100.10.102.1       GE0/2
……
[PE4]
```

这是由 OSPF 固有的选路原则所决定，在与骨干区域的连接存在多个区域边界路由器时，这种情况比较容易出现。因此，在做 OSPF 区域规划时，要特别注意避免这种情况的发生，一般而言，不会在同一个区域规划两个或两个以上的区域边界路由器。

6.2.5 任务测评

扫描二维码，查看任务测评。

6.3 IS-IS 路由技术部署实施

中间系统到中间系统（Intermediate System-to-Intermediate System，IS-IS）路由协议起源于 ISO（国际标准化组织）为无连接网络协议（Connection Less Network Protocol，CLNP）设计的一种动态路由协议，它是一种基于链路状态并使用最短路径优先算法（SPF）进行路由计算的 IGP 协议。

在运营商骨干网络中常会用到 IS-IS。IS-IS 与 OSPF 非常相似，也采用了骨干加区域的分层结构。但与 OSPF 相比，它的骨干更加灵活，可以位于多个区域，对于拓扑结构非常复杂的大型网络，有极大的优势。

本节将围绕骨干网络中的 IS-IS 路由技术部署任务，介绍 IS-IS 协议的工作过程和配置及优化方法。

6.3.1 任务描述

集团的网络骨干总体采用 IS-IS 协议实现路由。图 6-4 所示是集团骨干网络 IS-IS 路由设计。AS100 内的 Loopback0 和互连接口全部使用 IS-IS 协议，其中 PE1 和 PE2 路由器类型为 L1、区域号为 49.0001，RR1 和 P1 路由器类型为 L-1-2、区域号为 49.0001，ASBR1 和 ASBR2 路由器类型为 L2、区域号为 49.0002，各网元 system-ID 唯一，cost-style 为 wide 类型。

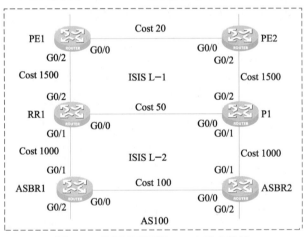

图 6-4 集团骨干网络 IS-IS 路由设计

本节的任务是配置 IS-IS 协议，实现 AS100 内网络互通，并对部分设备配置优化措施，以提高路由协议的性能和工作效率。

1. IP 地址配置

集团骨干网络设备各接口的 IP 地址已在 6.1.3 节中完成配置。

2. 任务要求

① 按照图 6-4 中骨干网络中 IS-IS 的规划与设计，部署实施 IS-IS 路由协议。

② 根据图 6-4 中链路开销配置 IS-IS 链路开销值。

③ 配置路由渗透，解决次优路径问题。

④ 配置 RR1 和 P1 之间的网络类型为 P2P。

⑤ 在 ASBR1 和 ASBR2 之间配置验证，验证方式为 md5，密码为明文 SmartNet。

6.3.2　任务准备

IS-IS 协议是一种链路状态路由协议，管理距离为 115。由于 IS-IS 不在 TCP/IP 协议簇中，所以不存在协议号。每台 IS-IS 路由器与相邻设备建立 IS-IS 邻接关系，交换链路状态信息，从而获得整个网络的链路状态数据库（LSDB）。路由器基于 LSDB，采用 SPF 算法，计算出 IS-IS 路由，选择其中的最佳路径，装入 IS-IS 协议路由表。

要完成 IS-IS 路由技术部署任务，需要熟悉 IS-IS 的工作过程，掌握 IS-IS 路由协议配置的内容和步骤，了解 IS-IS 路由协议优化配置方法。

1. 知识准备

(1) IS-IS 基本概念

1) IS-IS 术语

① IS：Intermediate System（中间系统），即路由器，是 IS-IS 协议中生成路由和传播路由信息的基本单位。

② ES：End System（终端系统），即主机。主机不参与 IS-IS 协议的处理，ISO 使用专门的 ES-IS 协议定义终端到中间系统的通信。

③ RD：Routing Domain（路由域）。在一个路由域中，多个 IS 通过相同的路由协议交换路由信息。

④ Area：区域。路由域的基本单元，类似于 OSPF 的区域概念。整个路由域被划分为多个区域。

2) 路由级别

OSI 定义了 4 个级别的路由。

- Level-0 路由：存在于 ES 和 IS 之间，由 ES-IS 来完成。
- Level-1 路由：即区域内部路由。当 IS 要发送报文时，先查看报文目的 IP，如果该地址位于同一区域中，IS 将选择最优路径进行转发，否则，把报文转发给本区域内最近的 L-1-2 路由器，再由 L-1-2 路由器进行转发。
- Level-2 路由：即区域间路由。当目的地址在不同区域时，IS 把报文转发给最近的 L2 路由器，再由 L2 路由器将其转发到其他区域。
- Level-3 路由：存在于路由域之间。OSI 定义了域间路由协议（Inter Domain Routing Protocol，IDRP），负责在路由域间进行通信。

IS-IS 协议只涉及 Level-1 和 Level-2 路由。

3）路由器类型

IS-IS 采用两级分层结构，将路由器分为 Level-1 路由器和 Level-2 路由器两种级别，既是 Level-1 又是 Level-2 的路由器为 Level-1-2 路由器。

- Level-1 路由器：即 L1 路由器，负责区域内的路由，它只与属于同一区域的 L1 和 Level-1-2（L-1-2）路由器形成邻居关系，分属不同区域的 L1 路由器不能形成邻居关系。L1 路由器只负责维护 L1 的 LSDB，该 LSDB 包含本区域的路由信息，到本区域外的报文转发给最近的 L-1-2 路由器。L1 路由器相当于 OSPF 的区域内部路由器。
- Level-2 路由器：即 L2 路由器，负责区域间的路由，它可以与同一或者不同区域的 L2 路由器或其他区域的 L-1-2 路由器形成邻居关系。L2 路由器维护一个 L2 的 LSDB，该 LSDB 包含区域间的路由信息。L2 路由器相当于 OSPF 的骨干路由器。

说明：所有 L2 级别（即形成 L2 邻居关系）的路由器组成路由域的骨干网，负责在不同区域间通信。路由域中 L2 级别的路由器必须是物理连续的，以保证骨干网的连续性。只有 L2 级别的路由器才能直接与区域外的路由器交换数据报文或路由信息。

- L-1-2 路由器：同时属于 L1 和 L2 的路由器称为 L-1-2 路由器，它可以与同一区域的 L1 和 L-1-2 路由器形成 L1 的邻居关系，也可以与其他区域的 L2 和 L-1-2 路由器形成 L2 的邻居关系。L1 路由器必须通过 L-1-2 路由器才能连接至其他区域。

说明：L-1-2 路由器维护两个 LSDB：L1 的 LSDB 用于区域内路由，L2 的 LSDB 用于区域间路由。默认情况下，所有路由器都是 L-1-2 路由器。

4）IS-IS 报文类型

IS-IS 报文类型及其作用见表 6-5。

表 6-5   IS-IS 报文类型及其作用

缩　写	全　称	作　用
IIH	IS-IS hello	建立和维护邻接关系
LSP	Link State PDU	传播链路状态信息
CSNP	Complete Sequence Numbers PDU	通告链路状态数据库（LSDB）的所有摘要信息
PSNP	Partial Sequence Numbers PDU	请求和确认链路状态信息

5）IS-IS 网络类型

IS-IS 只支持两种类型的网络：广播网络和 P2P 网络。默认网络类型由接口连接的物理链路决定。

- 当网络类型为广播网络时，需要选举指定中间系统（Designated Intermediate System，DIS），通过泛洪 CSNP 报文来实现 LSDB 同步。
- 当网络类型为 P2P 时，无需选举 DIS，也不会泛洪 CSNP。

6）NET 地址

运行 IS-IS 协议的路由器必须有一个被称为 NET（Network Entity Title）的网络地址，NET 也称为网络实体名，可唯一标识一台 IS-IS 路由器，长度不固定，为 8 B～20 B，采用十六进制写法，格式如下。

区域 ID（1 B）+系统 ID（6 B）+SEL（1 B），NET 中的 SEL 总是为 00

如 49.0001.0000.0001.00 或者 49.1111.2222.3333.4444.5555.6666.7777.8888.9999.00。

区域号从后往前确认，先确认 NSEL 为 00，再确认 System ID：7777.8888.9999，然后是区域号：49.1111.2222.3333.4444.5555.6666。

NET 地址可通过 Router ID 转换而来。例如，一台路由器使用接口 Loopback0 的 IP 地址 1.1.1.1 作为 Router ID，那么 System ID 可以进行如下转换：将 IP 地址 1.1.1.1 的每一部分都扩展为 3 位，不足 3 位的在前面补 0，即 001.001.001.001；将扩展后的地址 001.001.001.001 重新划分为 3 部分，每部分由 4 位数字组成，得到的 0010.0100.1001 就是 System ID。

这台路由器属于 Area 1 区域，区域号设置为 49.0001，那么这台路由器的 NET 地址为 49.0001.0010.0100.1001.00。

注意： 同一台路由器，可以配置多个 NET，但它们的 System ID 要相同。

（2）IS-IS 工作过程

1）建立邻居关系

IS-IS 通过发送 hello 报文建立和维护邻居关系。IIH 报文每隔 10 s 周期性发送（DIS 路由器间隔为 3 s），保持时间（hold time）均默认为 30 s。

IS-IS 的 hello 报文被分为以下 3 种。

- 广播网络 L1-hello 用于建立 Level-1 的邻居关系，使用组播方式发送，地址为 0180.C200.0014。
- 广播网络 L2-hello 用于建立 Level-2 的邻居关系，使用组播方式发送，地址为 0180.C200.0015。
- P2P 网络 hello：点到点网络的 hello 报文。

两台设备通过 IIH 报文建立邻居关系，通常需要 3 次握手。此外，还需满足以下条件。

① 只有同一级别的相邻路由器才能建立邻居关系。

② L1 路由器与邻居的区域号必须一致。

③ IS-IS 将网络分为广播网络和 P2P 网络两种类型，链路两端 IS-IS 接口的网络类型必须一致。

④ 链路两端 IS-IS 接口的地址必须处于同一网段。

2）选举 DIS

IS-IS 会在所有路由器中选举一个路由器作为 DIS。DIS 的主要作用是创建和更新伪结点，并负责生成伪结点的 LSP 来描述这个广播网络中的所有路由器。所有其他路由器只与 DIS 交换路由信息，以达到简化网络拓扑，降低资源消耗的目的。

在邻居关系建立后，路由器会等待两个 hello 报文间隔，再进行 DIS 的选举。

DIS 选举原则如下。

① 优先级值大的优先级更高，默认优先级为 64，有别于 OSPF 的是，优先级为 0 的路由器也会参与选举。

② 当优先级一样时，MAC 地址大的优先级更高。

③ L1 和 L2 的 DIS 是各自分别选举。

④ DIS 的选举采用抢占方式。即当有新的路由器加入，并符合成为 DIS 的条件时，这个路由器会被选中成为新的 DIS。

⑤ 不同级别的 DIS 可以是同一台路由器，也可以是不同的路由器。

3）交换链路状态信息

IS-IS 使用链路状态协议数据单元（Link State PDU，LSP）来交换链路状态信息，类似于 OSPF 的 LSU。

LSP 分为 L1、L2 两种，用于交换链路状态信息，采用触发更新或 15 min 周期更新。

辅助 LSP 交互的还有 CSNP 和 PSNP 报文。

- CSNP（完全序列号数据包）类似于 OSPF 的 DD 报文，分为 Level-1 和 Level-2，包括 LSDB 中所有 LSP 的摘要信息，从而可以在相邻路由器间保持 LSDB 的同步。在广播网络上，CSNP 由 DIS 定期发送（默认发送周期为 10 s）；在点到点链路上，CSNP 只在第一次建立邻接关系时发送。
- PSNP（部分序列号数据包）类似于 OSPF 的 LSR 或 LSAck 报文，分为 Level-1 和 Level-2，只列举最近收到的一个或多个 LSP 的序号，它能够一次对多个 LSP 进行确认，当发现 LSDB 不同步时，也用 PSNP 来请求邻居发送新的 LSP。

在广播网络中，由 DIS 收集 LSP，并每隔 10 s 发送一次 CSNP，在 CSNP 报文中通告 DIS 设备中 LSDB 中所有 LSP 的摘要信息（LSP 头部信息）。其他设备收到 DIS 发送的 CNSP 报文后，需要查看在 CNSP 报文中是否包含自己的 LSP，如果包含，说明 DIS 收到了自己发送的 LSP，如果没有则需要重传。同时，还需要将 CSNP 中的摘要信息和本地的 LSDB 做对比，查看本地缺少哪些 LSP，后续通过 PSNP 报文向 DIS 请求自己缺少的 LSP。DIS 收到 PSNP 报文后回复 PSNP 报文中请求的 LSP。

说明：以上所有报文都是以组播方式交互。

在 P2P 网络中，当邻居关系建立后，就开始互相发送 CSNP，在 CSNP 报文中包含本地 LSBD 中所有 LSP 的摘要信息。收到邻居发送的 CSNP 报文，需要将 CSNP 报文中的 LSP 摘要信息和自己的 LSDB 做对比，查看缺少的 LSP，并通过 PSNP 报文请求缺少的 LSP。收到 PSNP 请求后，回复 LSP 报文。收到 LSP 报文后，回复 PSNP 确认接收到的 LSP。通过交换链路状态信息，使得网络达到收敛。

（3）拓扑计算和路由表生成

IP 路由的生成要经过以下两个步骤。

① 根据 LSDB 中的 LSP 信息，通过 SPF 算法计算出到达每一个远程网络的路径和开销。注意，对于广播网络，DIS 到所有 IS 邻居的开销为 0。此外，由于 L1 和 L2 路由器分别有自己的 LSDB，因此 L-1-2 路由器要针对两个 LSDB 各计算一次。

② 根据 LSP 中携带的 IP 可达性信息，通过执行部分路由计算（Partial Route Computing，PRC），选出最佳路径，装入 IS-IS 路由表。

注意：IS-IS 协议使用 NET 来标识路由器，所以 LSDB 中的目的地址是 NET 地址，而非 IP 地址。

2. 任务分解

要完成 IS-IS 协议部署实施任务，首先要在路由器上配置 IS-IS 协议，实现自治系统内部网络互通。其步骤如下。

① 在路由器上启用 IS-IS 进程。

② 配置 NET 地址。

③ 指定路由器类型。

④ 在指定接口上启用 IS-IS。

6.3.3 任务实施

根据集团 IS-IS 骨干网络规划，PE1 和 PE2 两台设备为 L1 路由器，RR1 和 P1 为 L-1-2 路由器，ASBR1 和 ASBR2 为 L2 路由器。图 6-5 所示是骨干网络 IS-IS 配置信息。

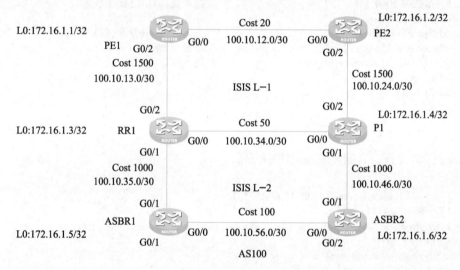

图 6-5 集团骨干网络 IS-IS 配置信息

1. 汇总配置信息

根据配置步骤和图 6-5 提供的信息，可将配置 IS-IS 所需要的信息进行汇总，见表 6-6。

表 6-6 IS-IS 协议配置信息汇总表

设 备	Router-ID	类 型	区 域	接 口
PE1	172. 16. 1. 1	L1	49. 0001	Loopback0、G0/0、G0/2
PE2	172. 16. 1. 2	L1	49. 0001	Loopback0、G0/0、G0/2
RR1	172. 16. 1. 3	L-1-2	49. 0001	Loopback0、G0/0、G0/2、G0/1
P1	172. 16. 1. 4	L-1-2	49. 0001	Loopback0、G0/0、G0/2、G0/1
ASBR1	172. 16. 1. 5	L2	49. 0002	Loopback0、G0/0、G0/1
ASBR2	172. 16. 1. 6	L2	49. 0002	Loopback0、G0/0、G0/1

2. 部署实施 IS-IS 协议基本配置

（1）在 PE1 上部署实施 IS-IS 基本配置

在开始配置前应先准备好 Network-entity 值。Network-entity 值可由 Router-ID 得出。以 PE1 为例，Router-ID 为 172.16.1.1，将每个十进制组用 0 补齐 3 位，得到 172.016.001.001，将其划分为 4 位一组，得到 1720.1600.1001，加上区域号和 NSEL 值 00，得到 49.0001.1720.1600.1001.00，即为 PE1 的 Network-entity 值。本任务中其他设备的 Network-entity 值也是参照此方法得出。

PE1 是 L1 设备，需要启用 IS-IS 的接口有 3 个，分别是 G0/0、G0/2 和 Loopback0，应分别进入接口启用。

```
[PE1]isis 1                                    //创建 IS-IS 进程,进程号为 1,并进入 IS-IS 视图
[PE1-isis-1]network-entity 49.0001.1720.1600.1001.00  //配置 Network-entity 值
[PE1-isis-1]is-level level-1                   //指定路由器类型为 L1
[PE1-isis-1]interface g0/0                      //进入接口 G0/0 配置视图
[PE1-GigabitEthernet0/0]isis enable 1          //在接口上启用 IS-IS 进程 1
[PE1-GigabitEthernet0/0]interface g0/2          //进入接口 G0/0 配置视图
[PE1-GigabitEthernet0/2]isis enable 1          //在接口上启用 IS-IS 进程 1
[PE1-GigabitEthernet0/2] interface loopback 0   //进入接口 G0/0 配置视图
[PE1-LoopBack0]isis enable 1                    //在接口上启用 IS-IS 进程 1
[PE1-LoopBack0]exit
[PE1]
```

（2）在 PE2 上部署实施 IS-IS 基本配置

PE2 也是 L1 设备，其配置方法与 PE1 相似。

```
[PE2]isis 1
[PE2-isis-1]network-entity 49.0001.1720.1600.1002.00
[PE2-isis-1]is-level level-1
[PE2-isis-1]interface g0/0
[PE2-GigabitEthernet0/0]isis enable 1
[PE2-GigabitEthernet0/0]interface g0/2
[PE2-GigabitEthernet0/2]isis enable 1
[PE2-GigabitEthernet0/2] interface loopback 0
[PE2-LoopBack0]isis enable 1
[PE2-LoopBack0]exit
[PE2]
```

当在 G0/0 接口输入 isis enable 1 命令后，会出现以下提示。

```
[PE2-GigabitEthernet0/0]%Mar 26 14:20:45:998 2021 PE2 ISIS/5/ISIS_NBR_CHG: IS-IS 1, Level-1 adjacency
1720.1600.1001 (GigabitEthernet0/0), state changed to UP, Reason:2way-pass.
```

这表示，PE2 与 PE1 建立了 IS-IS 邻居关系。

（3）在 RR1 上部署实施 IS-IS 基本配置

默认路由器类型是 L-1-2，所以 RR1 上可以略去配置路由器类型这个步骤。

```
[RR1]isis 1
[RR1-isis-1]network-entity 49.0001.1720.1600.1003.00
[RR1-isis-1]interface g0/0
[RR1-GigabitEthernet0/0]isis enable 1
```

```
[RR1-GigabitEthernet0/0]interface g0/1
[RR1-GigabitEthernet0/1]isis enable 1
[RR1-GigabitEthernet0/1]interface g0/2
[RR1-GigabitEthernet0/2]isis enable 1
[RR1-GigabitEthernet0/2]interface loopback 0
[RR1-LoopBack0]isis enable 1
[RR1-LoopBack0]exit
[RR1]
```

（4）在 P1 上部署实施 IS-IS 基本配置

P1 也是 L-1-2 路由器，其配置与 RR1 相似。

```
[P1]isis 1
[P1-isis-1]network-entity 49.0001.1720.1600.1004.00
[P1-isis-1]interface g0/2
[P1-GigabitEthernet0/2]isis enable 1
[P1-GigabitEthernet0/2]interface g0/0
[P1-GigabitEthernet0/0]isis enable 1
[P1-GigabitEthernet0/0]interface g0/1
[P1-GigabitEthernet0/1]isis enable 1
[P1-GigabitEthernet0/1]interface loopback 0
[P1-LoopBack0]isis enable 1
[P1-LoopBack0]
```

（5）在 ASBR1 上部署实施 IS-IS 基本配置

ASBR1 是 L2 路由器，需要将路由器类型配置为 L2。

```
[ASBR1]isis 1                                      //创建 IS-IS 进程,进程号为 1,并进入 IS-IS 视图
[ASBR1-isis-1]network-entity 49.0002.1720.1600.1005.00  //配置 Network-entity 值
[ASBR1-isis-1]is-level level-2                     //指定路由器类型为 L2
[ASBR1-isis-1]interface g0/1                        //进入接口 G0/1 配置视图
[ASBR1-GigabitEthernet0/1]isis enable 1             //在接口上启用 IS-IS 进程 1
[ASBR1-GigabitEthernet0/1]interface g0/0            //进入接口 G0/0 配置视图
[ASBR1-GigabitEthernet0/0]isis enable 1             //在接口上启用 IS-IS 进程 1
[ASBR1-GigabitEthernet0/0]interface loopback 0      //进入接口 Loopback0 配置视图
[ASBR1-LoopBack0]isis enable 1                      //在接口上启用 IS-IS 进程 1
[ASBR1-LoopBack0]exit
[ASBR1]
```

（6）在 ASBR2 上部署实施 IS-IS 基本配置

ASBR2 也是 L2 路由器，其配置与 ASBR1 相似。

```
[ASBR2]isis 1
[ASBR2-isis-1]network-entity 49.0002.1720.1600.1006.00
[ASBR2-isis-1]is-level level-2
[ASBR2-isis-1]interface g0/1
[ASBR2-GigabitEthernet0/1]isis enable 1
[ASBR2-GigabitEthernet0/1]interface g0/0
[ASBR2-GigabitEthernet0/0]isis enable 1
[ASBR2-GigabitEthernet0/0]interface loopback 0
[ASBR2-LoopBack0]isis enable 1
[ASBR2-LoopBack0]exit
[ASBR2]
```

（7）查看和验证配置结果

1）查看 IS-IS 邻居

可输入 display isis peer 命令查看 IS-IS 邻居。例如，在 P1 上输入命令，可以看到 P1 与 3 台设备建立了邻居关系。

```
[P1]display isis peer

                        Peer information for IS-IS(1)
                        -----------------------------

System ID：1720.1600.1002
Interface：GE0/2                 Circuit Id：  1720.1600.1002.02
State：Up       HoldTime：7s      Type：L1                    PRI：64

System ID：1720.1600.1003
Interface：GE0/0                 Circuit Id：  1720.1600.1004.02
State：Up       HoldTime：25s     Type：L1(L1L2)            PRI：64

System ID：1720.1600.1003
Interface：GE0/0                 Circuit Id：  1720.1600.1004.02
State：Up       HoldTime：24s     Type：L2(L1L2)            PRI：64

System ID：1720.1600.1006
Interface：GE0/1                 Circuit Id：  1720.1600.1004.03
State：Up       HoldTime：23s     Type：L2                    PRI：64
[P1]
```

2）查看路由表

可输入 display ip routing-table protocol isis 命令查看通过 IS-IS 获得的路由表。例如，在 RR1 上输入命令，具体如下，可以看到 RR1 获得了整个 IS-IS 网络的路由。

```
[RR1]display ip routing-table protocol isis

Summary count ：15

ISIS Routing table status ：<Active>
Summary count ：11

Destination/Mask      Proto    Pre Cost      NextHop          Interface
100.10.12.0/30        IS_L1    15   20       100.10.13.1      GE0/2
100.10.24.0/30        IS_L1    15   20       100.10.34.2      GE0/0
100.10.46.0/30        IS_L1    15   20       100.10.34.2      GE0/0
100.10.56.0/30        IS_L2    15   20       100.10.35.2      GE0/1
172.16.1.1/32         IS_L1    15   10       100.10.13.1      GE0/2
172.16.1.2/32         IS_L1    15   20       100.10.13.1      GE0/2
                                             100.10.34.2      GE0/0
172.16.1.4/32         IS_L1    15   10       100.10.34.2      GE0/0
172.16.1.5/32         IS_L2    15   10       100.10.35.2      GE0/1
172.16.1.6/32         IS_L2    15   20       100.10.34.2      GE0/0
                                             100.10.35.2      GE0/1

ISIS Routing table status ：<Inactive>
Summary count ：4
```

Destination/Mask	Proto	Pre	Cost	NextHop	Interface
100. 10. 13. 0/30	IS_L1	15	10	0. 0. 0. 0	GE0/2
100. 10. 34. 0/30	IS_L1	15	10	0. 0. 0. 0	GE0/0
100. 10. 35. 0/30	IS_L1	15	10	0. 0. 0. 0	GE0/1
172. 16. 1. 3/32	IS_L1	15	0	0. 0. 0. 0	Loop0

[RR1]

在 PE1 上输入该命令，具体如下。可以看到 PE1 只获得了区域 49.0001 的路由。但是，PE1 获得了一条指向 RR1 的默认路由，即去往区域外的报文，会通过 RR1 转发出去。

[PE1]display ip routing-table protocol isis

Summary count : 13

ISIS Routing table status : <Active>
Summary count : 10

Destination/Mask	Proto	Pre	Cost	NextHop	Interface
0. 0. 0. 0/0	IS_L1	15	10	100. 10. 13. 2	GE0/2
100. 10. 24. 0/30	IS_L1	15	20	100. 10. 12. 2	GE0/0
100. 10. 34. 0/30	IS_L1	15	20	100. 10. 13. 2	GE0/2
100. 10. 35. 0/30	IS_L1	15	20	100. 10. 13. 2	GE0/2
100. 10. 46. 0/30	IS_L1	15	30	100. 10. 12. 2	GE0/0
				100. 10. 13. 2	GE0/2
172. 16. 1. 2/32	IS_L1	15	10	100. 10. 12. 2	GE0/0
172. 16. 1. 3/32	IS_L1	15	10	100. 10. 13. 2	GE0/2
172. 16. 1. 4/32	IS_L1	15	20	100. 10. 12. 2	GE0/0
				100. 10. 13. 2	GE0/2

ISIS Routing table status : <Inactive>
Summary count : 3

Destination/Mask	Proto	Pre	Cost	NextHop	Interface
100. 10. 12. 0/30	IS_L1	15	10	0. 0. 0. 0	GE0/0
100. 10. 13. 0/30	IS_L1	15	10	0. 0. 0. 0	GE0/2
172. 16. 1. 1/32	IS_L1	15	0	0. 0. 0. 0	Loop0

[PE1]

这是因为，作为 L1 路由器，PE1 只能获得 L1 区域的路由，如果要与其他区域通信，必须通过 L-1-2 路由器。

6.3.4 任务反思

1. IS-IS 的防环机制

L1 路由器不知道其他区域的路由。从 L1 路由器发往其他区域的报文需要通过最近的 L-1-2 路由器转发。在存在两个或以上 L-1-2 路由器时，有可能产生次优路由。这时可以通过路由渗透，将 L2 区域的路由信息引入 L1 区域。

但如果启用了双向引入，这些路由可能被另外一台 L-1-2 路由器再次引入 L2 区域，从而产生环路。IS-IS 路由器通过 UP/DOWN 来防止环路产生。L2 进入 L1，UP/DOWN 置 1，不再允许这些路由通过其他 L-1-2 路由器再引入 L2 区域；L1 进入 L2，UP/DOWN 置 0，不再允许这些路由信息通过其他 L-1-2 路由器引回 L1 区域，从而防止路由环路的产生。

在 PE1 上查看路由的详细信息。

```
[PE1]dis isis route

                        Route information for IS-IS(1)
                        -------------------------------

                        Level-1 IPv4 Forwarding Table
                        -------------------------------

IPv4 Destination    IntCost    ExtCost    ExitInterface    NextHop        Flags
-----------------------------------------------------------------------------------
......
172. 16. 1. 5/32    2500       NULL       GE0/2            100. 10. 13. 2    R/-/U
172. 16. 1. 6/32    2520       NULL       GE0/0            100. 10. 12. 2    R/-/U
100. 10. 56. 0/30   2600       NULL       GE0/2            100. 10. 13. 2    R/-/U
......

      Flags: D-Direct, R-Added to Rib, L-Advertised in LSPs, U-Up/Down bit set
[PE1]
```

从中可以看到，其中有 3 条 UP/DOWN 置位，这 3 条路由是 L2 区域渗透到 L1 区域的，为防止环路产生，不允许将它们再发送到 L2 区域。

2. IS-IS 与 OSPF 的异同

(1) IS-IS 与 OSPF 的相同点

① 都是链路状态路由协议，维护一个链路状态数据库，并使用 SPF 算法计算最佳路径。

② 都是无类的路由协议。

③ 都使用区域来划分网络层次。

④ 都使用 hello 报文建立和维护邻居关系。

⑤ 都支持路由汇总和验证。

⑥ 都选举 DR。

(2) IS-IS 与 OSPF 的不同点

① IS-IS 工作在数据链路层，OSPF 工作在网络层。

② OSPF 支持 4 种网络类型：B、NBMA、P2P、P2MP，IS-IS 只支持 2 种网络类型：B、P2P，因此 OSPF 更适合网络环境比较复杂的场景。

③ OSPF 路由器只与 DR 和 BDR 建立邻接关系，IS-IS 所有邻居都是邻接关系。

④ OSPF 区域边界在路由器上划分，IS-IS 区域边界在链路上划分。

⑤ IS-IS 的 L1 路由器没有其他区域的路由，需要将报文发送到最近的 L-1-2 路由器上转发，OSPF 区域内部路由器的 LSDB 虽然不包括其他区域，但可以从 ABR 获得其他区域的路由。

⑥ OSPF 优先级为 0 的路由器不参与 DR 选举，IS-IS 所有路由器都参与选举。

⑦ OSPF 的 DR 选举不抢占，IS-IS 的 DIS 选举会抢占。

⑧ IS-IS 基于 TLV (Type-Length-Values)，比 OSPF 有更好的扩展性，对 MPLS 支持更好。综合 OSPF 与 IS-IS 的特性，一般认为，IS-IS 更适合大型网络骨干。

6.3.5　任务测评

扫描二维码，查看任务测评。

6.4　路由引入技术部署实施

在大型网络中，可能在同一网络用到多种路由协议，为了使得多种路由协议协同工作，路由器会使用路由引入技术，将从一种路由协议学习到的路由，引入到另一种路由协议中，从而实现全网互通。执行路由引入的路由器必须同时运行多种路由协议，以便在不同协议中引入路由。

本节结合骨干网建设路由引入部署实施任务，介绍路由引入部署实施技术要点和注意事项，实现双边界下 OSPF 与 IS-IS 之间的路由引入技术部署实施。

6.4.1　任务描述

集团新并购的 M 公司网络需要并入集团骨干网。M 公司网络使用 OSPF 协议实现路由，而集团骨干采用的是 IS-IS 协议。为确保 AS 内部网络互通，需要在 OSPF 和 IS-IS 的边界部署实施路由引入。图 6-6 所示是集团骨干路由引入示意图。

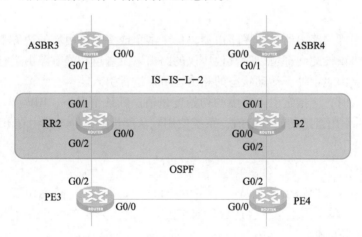

图 6-6　集团骨干路由引入示意图

RR2 和 P2 是 OSPF 与 IS-IS 的边界。本节的基本任务是在 RR2 路由器上实现路由的双向引入，被引入协议的 Cost 要继承到引入后的协议中。本节的拓展任务是在 P2 上也实施路由双向引入，通过适当配置，确保 P2 和 ASBR3 的 Loopback0 接口互访走最佳路径，配置应具有最好的扩展性。

6.4.2　任务准备

路由引入，即将一种路由协议中的路由条目转换为另一种路由协议的路由条目，达到多路由环境下的网络互通。要完成路由引入技术的部署和实施，需要熟悉路由引入的原则，掌握路由引入的相关命令，了解多边界下路由引入面临的问题和解决办法。

1. 知识准备

路由引入通常在边界路由器上进行。在执行路由引入时，由于不同路由协议的路由来源不同、度量值计算依据不同、计算最佳路径的算法也不同，因此，无法将一个协议的度量值引入另一个协议。

（1）种子度量值

通常，在路由引入时，协议会给引入的路由信息一个新的度量值，又称为种子度量值。路由信息在传播时，会以种子度量值为基础进行度量值的计算。种子度量值可以设定，以避免次优路由的产生。默认的种子度量值见表 6-7。

表 6-7 默认的种子度量值

路由引入进入的协议	度量值类型	种子度量值
RIP	跳	0
OSPF	开销	1
IS-IS	开销	0
BGP	MED	IGP 的度量值

（2）路由引入的原则

① 执行路由引入的路由器是边界路由器，位于两个或多个路由域的边界上。
② 任何路由协议彼此间都可以对其他协议的路由以及直连和静态路由进行引入。
③ 只有协议路由表中处于活动状态的路由才可以进行引入。
④ 在路由引入时，应指定引入路由的初始度量值。默认情况下，RIP、OSPF、IS-IS 引入静态和直连路由时不用指定初始度量值，系统使用默认度量值，静态路由在 RIP 中重分发，默认度量值为 1。

（3）路由引入方式

① 单向路由引入：把路由信息从一个路由协议引入到另一个路由协议，没有反向引入，称为单向路由引入。单向路由引入会造成单向路由。此时，需要在边界路由器上配置静态或默认路由，以实现网络互通。
② 双向路由引入：在边界路由器上将两个路由协议的路由互相引入。路由协议接收到引入的路由，不会出现在本地路由表中，只传递给其他路由器。

（4）对引入的路由进行过滤

在引入外部路由时，可以使用 filter-policy 命令对引入的路由进行过滤，以确保只引入需要的路由。

2. 任务分解

本节的基本任务是在 RR2 路由器上执行路由双向引入，因此可以分为以下两个步骤。
① 在 IS-IS 中引入 OSPF 路由。在 IS-IS 中引入 OSPF 路由，需要在 IPv4 地址簇视图下使

用 import-route 命令。为保证引入的路由能正确工作，需要继承原协议开销。

② 在 OSPF 中引入 IS-IS 路由。在 OSPF 中引入 IS-IS 路由，在 OSPF 配置视图下执行 import-route 命令即可。为保证引入的路由能正确工作，也需要继承原协议开销。但在使用 import-route 引入路由时，OSPF 不能引入默认路由。对于默认路由，需要在 OSPF 协议配置视图下，使用 Default-route-advertise 命令进行引入。

> **注意**：在执行本任务前，需要先完成 IS-IS 路由域的配置。

6.4.3　任务实施

本节的基本任务是在 RR2 上配置 IS-IS 和 OSPF 双向路由引入，以实现整个自治系统的互通。在这个 AS 中，RR2、P2、PE3 和 PE4 共同组成的 OSPF 路由域已完成相应配置，但 AS-BR3、ASBR4、RR2 和 P2 共同组成的 IS-IS 路由域还没有进行配置，因此需要首先完成 IS-IS 路由域上的配置，再在 RR2 上配置路由双向引入。

> **注意**：在配置路由引入时继承被引入协议的开销。

集团骨干网路由双向引入配置信息如图 6-7 所示。

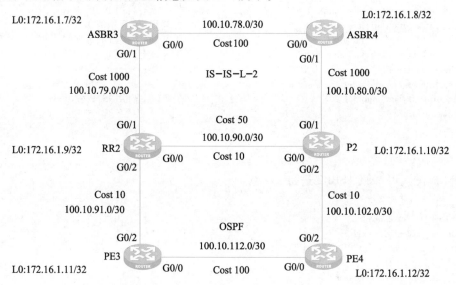

图 6-7　集团骨干网双向路由引入配置信息

1. 配置 IS-IS 路由域

（1）汇总配置信息

可将 IS-IS 路由域需要配置的信息汇总，见表 6-8。

表 6-8　IS-IS 路由域配置信息汇总表

设　备	Router-ID	类型	区　域	接　口
ASBR3	172.16.1.7	L2	49.0003	Loopback0 G0/0 G0/1

设　备	Router-ID	类型	区　域	接　口
ASBR4	172. 16. 1. 8	L2	49. 0003	Loopback0 G0/0 G0/1
RR2	172. 16. 1. 9	L2	49. 0003	G0/1　G0/0
P2	172. 16. 1. 10	L2	49. 0003	G0/1　G0/0

（2）在 ASBR3 上配置 IS-IS 路由域

本路由域全是 L2 设备，需要指定设备类型为 L2。此外，由于开销值达到了 100 和 1000，应指定开销类型为 wide。Network-entity 值由 Loopback 接口 IP 地址 172. 16. 1. 7 演化而来。具体配置如下。

```
[ASBR3]isis 1                              //进入 IS-IS 配置视图
[ASBR3-isis-1]is-level level-2             //指定路由器类型为 L2
[ASBR3-isis-1]cost-style wide              //指定开销类型为 wide
[ASBR3-isis-1]network-entity 49.0003.1720.1600.1007.00  //配置 NET 值
[ASBR3-isis-1]interface g0/0               //进入 G0/0 接口配置视图
[ASBR3-GigabitEthernet0/0]isis enable 1    //在接口上启用 IS-IS 进程 1
[ASBR3-GigabitEthernet0/0]isis cost 100    //指定 IS-IS 开销为 100
[ASBR3-GigabitEthernet0/0]int g0/1         //进入 G0/1 接口配置视图
[ASBR3-GigabitEthernet0/1]isis enable 1    //在接口上启用 IS-IS 进程 1
[ASBR3-GigabitEthernet0/1]isis cost 1000   //指定 IS-IS 开销为 100
[ASBR3-GigabitEthernet0/1]interface loopback 0  //进入 Loopback0 接口配置视图
[ASBR3-LoopBack0]isis enable 1             //在接口上启用 IS-IS 进程 1
[ASBR3-LoopBack0]exit
[ASBR3]
```

（3）在 ASBR4 上配置 IS-IS 路由域

ASBR4 的配置可参照 ASBR3 进行。

```
[ASBR4]isis 1
[ASBR4-isis-1]is-level level-2
[ASBR4-isis-1]cost-style wide
[ASBR4-isis-1]network-entity 49.0003.1720.1600.1008.00
[ASBR4-isis-1]int g0/0
[ASBR4-GigabitEthernet0/0]isis enable 1
[ASBR4-GigabitEthernet0/0]%Mar 31 10:17:51:535 2021 ASBR4 ISIS/5/ISIS_NBR_CHG: IS-IS 1, Level-2 ad-
jacency 1720.1600.1007 (GigabitEthernet0/0), state changed to UP, Reason: 2way-pass.
//在 G0/0 接口启用 IS-IS 后，与 ASBR3 建立邻居关系
[ASBR4-GigabitEthernet0/0]isis cost 100
[ASBR4-GigabitEthernet0/0]int g0/1
[ASBR4-GigabitEthernet0/1]isis enable 1
[ASBR4-GigabitEthernet0/1]isis cost 1000
[ASBR4-GigabitEthernet0/1]int l0
[ASBR4-LoopBack0]isis enable 1
[ASBR4-LoopBack0]exit
[ASBR4]
```

（4）在 RR2 上配置 IS-IS 路由域

RR2 的配置也可参照 ASBR3 进行。

```
[RR2]isis 1
[RR2-isis-1]is-level level-2
[RR2-isis-1]network-entity 49.0003.1720.1600.1009.00
[RR2-isis-1]cost-style wide
[RR2-isis-1]int g0/1
[RR2-GigabitEthernet0/1]isis enable 1
[RR2-GigabitEthernet0/1]isis cost 1000
[RR2-GigabitEthernet0/1]int g0/0
[RR2-GigabitEthernet0/0]isis enable 1
[RR2-GigabitEthernet0/0]isis cost 50
[RR2-GigabitEthernet0/0]interface loopback 0
[RR2-LoopBack0]isis enable 1
[RR2-LoopBack0]exit
[RR2]
```

（5）在 P2 上配置 IS-IS 路由域

RR2 的配置也可参照 ASBR3 进行。

```
[P2]isis 1
[P2-isis-1]is-level level-2
[P2-isis-1]network-entity 49.0003.1720.1600.1010.00
[P2-isis-1]cost-style wide
[P2-isis-1]int g0/1
[P2-GigabitEthernet0/1]isis enable 1
[P2-GigabitEthernet0/1]isis cost 1000
[P2-GigabitEthernet0/1]int g0/0
[P2-GigabitEthernet0/0]isis enable 1
[P2-GigabitEthernet0/0]isis cost 50
[P2-GigabitEthernet0/0]interface loopback 0
[RR2-LoopBack0]isis enable 1
[P2-LoopBack0]exit
[P2]
```

（6）查看配置结果

此时查看 RR2 路由表，可以发现在 RR2 的路由表中，有整个 AS 的路由信息。这是因为，RR2 既加入了 OSPF 路由域，又加入了 IS-IS 路由域，因此它具有整个 AS 的路由。

```
[RR2]display ip routing-table

Destinations : 33      Routes : 33

Destination/Mask    Proto     Pre Cost    NextHop         Interface
0.0.0.0/32          Direct    0   0       127.0.0.1       InLoop0
100.10.78.0/30      IS_L2     15  1100    100.10.79.1     GE0/1
100.10.79.0/30      Direct    0   0       100.10.79.2     GE0/1
100.10.79.0/32      Direct    0   0       100.10.79.2     GE0/1
100.10.79.2/32      Direct    0   0       127.0.0.1       InLoop0
100.10.79.3/32      Direct    0   0       100.10.79.2     GE0/1
100.10.80.0/30      O_INTRA   10  11      100.10.90.2     GE0/0
100.10.90.0/30      Direct    0   0       100.10.90.1     GE0/0
100.10.90.0/32      Direct    0   0       100.10.90.1     GE0/0
100.10.90.1/32      Direct    0   0       127.0.0.1       InLoop0
100.10.90.3/32      Direct    0   0       100.10.90.1     GE0/0
100.10.91.0/30      Direct    0   0       100.10.91.1     GE0/2
```

100. 10. 91. 0/32	Direct	0	0	100. 10. 91. 1	GE0/2
100. 10. 91. 1/32	Direct	0	0	127. 0. 0. 1	InLoop0
100. 10. 91. 3/32	Direct	0	0	100. 10. 91. 1	GE0/2
100. 10. 102. 0/30	O_INTER	10	20	100. 10. 90. 2	GE0/0
100. 10. 112. 0/30	O_INTER	10	110	100. 10. 91. 2	GE0/2
100. 20. 11. 0/24	O_INTRA	10	11	100. 10. 91. 2	GE0/2
100. 20. 22. 0/24	O_INTRA	10	11	100. 10. 91. 2	GE0/2
100. 30. 25. 0/30	O_INTER	10	1582	100. 10. 90. 2	GE0/0
127. 0. 0. 0/8	Direct	0	0	127. 0. 0. 1	InLoop0
127. 0. 0. 0/32	Direct	0	0	127. 0. 0. 1	InLoop0
127. 0. 0. 1/32	Direct	0	0	127. 0. 0. 1	InLoop0
127. 255. 255. 255/32	Direct	0	0	127. 0. 0. 1	InLoop0
172. 16. 1. 7/32	IS_L2	15	1000	100. 10. 79. 1	GE0/1
172. 16. 1. 8/32	IS_L2	15	1050	100. 10. 90. 2	GE0/0
172. 16. 1. 9/32	Direct	0	0	127. 0. 0. 1	InLoop0
172. 16. 1. 10/32	O_INTRA	10	10	100. 10. 90. 2	GE0/0
172. 16. 1. 11/32	O_INTER	10	10	100. 10. 91. 2	GE0/2
172. 16. 1. 12/32	O_INTER	10	20	100. 10. 90. 2	GE0/0
224. 0. 0. 0/4	Direct	0	0	0. 0. 0. 0	NULL0
224. 0. 0. 0/24	Direct	0	0	0. 0. 0. 0	NULL0
255. 255. 255. 255/32	Direct	0	0	127. 0. 0. 1	InLoop0

[RR2]

查看 ASBR3 的路由表，可以发现，它只有 IS-IS 路由域的路由信息。

[ASBR3]display ip routing-table

Destinations : 26   Routes : 26

Destination/Mask	Proto	Pre	Cost	NextHop	Interface
0. 0. 0. 0/32	Direct	0	0	127. 0. 0. 1	InLoop0
100. 10. 57. 0/30	Direct	0	0	100. 10. 57. 2	GE0/2
100. 10. 57. 0/32	Direct	0	0	100. 10. 57. 2	GE0/2
100. 10. 57. 2/32	Direct	0	0	127. 0. 0. 1	InLoop0
100. 10. 57. 3/32	Direct	0	0	100. 10. 57. 2	GE0/2
100. 10. 78. 0/30	Direct	0	0	100. 10. 78. 1	GE0/0
100. 10. 78. 0/32	Direct	0	0	100. 10. 78. 1	GE0/0
100. 10. 78. 1/32	Direct	0	0	127. 0. 0. 1	InLoop0
100. 10. 78. 3/32	Direct	0	0	100. 10. 78. 1	GE0/0
100. 10. 79. 0/30	Direct	0	0	100. 10. 79. 1	GE0/1
100. 10. 79. 0/32	Direct	0	0	100. 10. 79. 1	GE0/1
100. 10. 79. 1/32	Direct	0	0	127. 0. 0. 1	InLoop0
100. 10. 79. 3/32	Direct	0	0	100. 10. 79. 1	GE0/1
100. 10. 80. 0/30	IS_L2	15	1100	100. 10. 78. 2	GE0/0
100. 10. 90. 0/30	IS_L2	15	1050	100. 10. 79. 2	GE0/1
127. 0. 0. 0/8	Direct	0	0	127. 0. 0. 1	InLoop0
127. 0. 0. 0/32	Direct	0	0	127. 0. 0. 1	InLoop0
127. 0. 0. 1/32	Direct	0	0	127. 0. 0. 1	InLoop0
127. 255. 255. 255/32	Direct	0	0	127. 0. 0. 1	InLoop0
172. 16. 1. 7/32	Direct	0	0	127. 0. 0. 1	InLoop0
172. 16. 1. 8/32	IS_L2	15	100	100. 10. 78. 2	GE0/0
172. 16. 1. 9/32	IS_L2	15	1000	100. 10. 79. 2	GE0/1
172. 16. 1. 10/32	IS_L2	15	1050	100. 10. 79. 2	GE0/1
224. 0. 0. 0/4	Direct	0	0	0. 0. 0. 0	NULL0
224. 0. 0. 0/24	Direct	0	0	0. 0. 0. 0	NULL0
255. 255. 255. 255/32	Direct	0	0	127. 0. 0. 1	InLoop0

[ASBR3]

查看 PE3 的路由表，可以发现，它只有 OSPF 路由域的路由信息。

```
[PE3]dis ip rou

Destinations : 33        Routes : 33

Destination/Mask       Proto       Pre Cost      NextHop          Interface
0. 0. 0. 0/32          Direct      0   0         127. 0. 0. 1      InLoop0
100. 10. 79. 0/30      O_INTRA 10  11            100. 10. 91. 1    GE0/2
100. 10. 80. 0/30      O_INTRA 10  21            100. 10. 91. 1    GE0/2
100. 10. 90. 0/30      O_INTRA 10  20            100. 10. 91. 1    GE0/2
100. 10. 91. 0/30      Direct      0   0         100. 10. 91. 2    GE0/2
100. 10. 91. 0/32      Direct      0   0         100. 10. 91. 2    GE0/2
100. 10. 91. 2/32      Direct      0   0         127. 0. 0. 1      InLoop0
100. 10. 91. 3/32      Direct      0   0         100. 10. 91. 2    GE0/2
100. 10. 102. 0/30     O_INTRA 10  110           100. 10. 112. 2   GE0/0
100. 10. 112. 0/30     Direct      0   0         100. 10. 112. 1   GE0/0
100. 10. 112. 0/32     Direct      0   0         100. 10. 112. 1   GE0/0
100. 10. 112. 1/32     Direct      0   0         127. 0. 0. 1      InLoop0
100. 10. 112. 3/32     Direct      0   0         100. 10. 112. 1   GE0/0
100. 20. 11. 0/24      Direct      0   0         100. 20. 11. 1    GE5/0
100. 20. 11. 0/32      Direct      0   0         100. 20. 11. 1    GE5/0
100. 20. 11. 1/32      Direct      0   0         127. 0. 0. 1      InLoop0
100. 20. 11. 3/32      Direct      0   0         100. 20. 11. 1    GE5/0
100. 20. 22. 0/24      Direct      0   0         100. 20. 22. 1    GE5/1
100. 20. 22. 0/32      Direct      0   0         100. 20. 22. 1    GE5/1
100. 20. 22. 1/32      Direct      0   0         127. 0. 0. 1      InLoop0
100. 20. 22. 3/32      Direct      0   0         100. 20. 22. 1    GE5/1
100. 30. 25. 0/30      O_INTRA 10  1662          100. 10. 112. 2   GE0/0
127. 0. 0. 0/8         Direct      0   0         127. 0. 0. 1      InLoop0
127. 0. 0. 0/32        Direct      0   0         127. 0. 0. 1      InLoop0
127. 0. 0. 1/32        Direct      0   0         127. 0. 0. 1      InLoop0
127. 255. 255. 255/32  Direct      0   0         127. 0. 0. 1      InLoop0
172. 16. 1. 9/32       O_INTRA 10  10            100. 10. 91. 1    GE0/2
172. 16. 1. 10/32      O_INTRA 10  20            100. 10. 91. 1    GE0/2
172. 16. 1. 11/32      Direct      0   0         127. 0. 0. 1      InLoop0
172. 16. 1. 12/32      O_INTRA 10  100           100. 10. 112. 2   GE0/0
224. 0. 0. 0/4         Direct      0   0         0. 0. 0. 0        NULL0
224. 0. 0. 0/24        Direct      0   0         0. 0. 0. 0        NULL0
255. 255. 255. 255/32  Direct      0   0         127. 0. 0. 1      InLoop0
[PE3]
```

要实现 AS 中两个路由域的互相通信，需要在连接两个路由域的边界路由器上配置路由双向引入。

2. 在 RR2 上部署实施路由双向引入

（1）在 IS-IS 中引入 OSPF

IS-IS 的路由引入命令应在 IPv4 地址簇下执行。在路由引入时，由于度量值计算方法不同，IS-IS 不能识别 OSPF 的开销。IS-IS 会给所有的引入路由统一的种子度量值，但这不利于 IS-IS 对引入路由的路由选择。可以通过添加 inherit-cost 关键字，直接使用其 OSPF 的度量值作为引入时路由的初始度量值。

```
[RR2]isis 1                                   //进入 IS-IS 配置视图
[RR2-isis-1]address-family ipv4               //进入 IPv4 地址簇视图
[RR2-isis-1-ipv4]import-route ospf 1 inherit-cost  //指定引入进程号为 1 的 OSPF 路由,继承 OSPF 的度量值
[RR2-isis-1-ipv4]exit
[RR2-isis-1]exit
[RR2]
```

（2）在 OSPF 中引入 IS-IS

OSPF 也不能识别 IS-IS 的度量值,继承 IS-IS 的度量值可以帮助 OSPF 对引入的路由进行路由选择,OSPF 会将引入的路由视为 AS 外部路由。

```
[RR2]ospf 1                                   //进入 OSPF 配置视图
[RR2-ospf-1]import-route isis 1 inherit-cost  //引入进程号为 1 的 IS-IS 路由,继承 IS-IS 协议的度量值
[RR2-ospf-1]exit
[RR2]
```

此时,查看 PE3 的路由表,可以发现,它获得了 IS-IS 路由域的路由信息,并且引入的路由继承了 IS-IS 路由域的度量值。

扫描二维码,查看路由表。

路由表

6.4.4　任务反思

在多边界执行路由双向引入时,如果没有进行合理规划,路由可能在若干个边界路由器上被反复分发,形成路由环路,或导致出现次优路径。

通常在多边界路由引入时,会给所有引入的路由以相同的种子度量值,可在域内范围避免次优路由。但对于域外路由,由于原有属性在引入时丢失,所以协议本身不能判断原路由度量的大小,这时通常由管理员手动调节路由引入后的度量值,使之能反映原路由的度量值,从而避免次优路由的产生。

对于环路问题,主要原因是将某区域始发的路由又错误地引回该区域,从而使得路由协议本身的环路避免机制失效。如图 6-9 所示,PE4 还连接着分支网络 100.30.25.0/30。

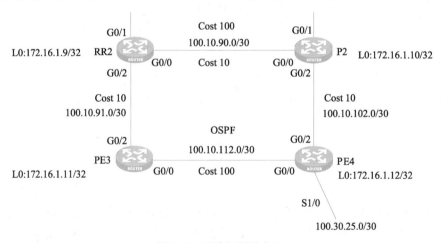

图 6-9　环路问题的产生

如果在 PE4 上,指向该网络的路由是一条静态路由,则 PE4 需要将它引入 OSPF 中,并通告给 OSPF 路由域。在 OSPF 中传播时,这条路由的优先级为 150。P2 收到这条路由的通告,

会将其装入路由表，将下一跳置为 PE4。RR2 也会收到这条通告，将这条路由的下一跳指向 P2，同时将它引入 IS-IS 协议中。虽然 IS-IS 继承了它的开销，但不会继承其属性，这条路由会通过 IS-IS 协议传播到 P2 上。

对 P2 来说，IS-IS 协议的优先级为 15，而 OSPF 引入静态路由的优先级为 150，因此 P2 会改为采用这条路由，将去往 100.30.25.0/30 的下一跳指向 RR2，这样就产生了环路。

可以使用 tag 标记防止环路产生。用指定 tag 标记从某一区域引入的路由，在另外一个边界上，凡是具有该标记的路由都禁止被引入回去，以避免路由环路的产生。

6.4.5 任务测评

扫描二维码，查看任务测评。

任务测评

第7章 骨干网域间路由协议部署实施

随着网络规模的不断扩大，路由数量极大增长，路由协议不堪重负。为了解决这个问题，AS概念应运而生。所谓AS是指网络中相对独立的路由域。IGP负责对AS内部进行路由。OSPF、IS-IS都是常用的IGP协议。但要实现在AS之间进行信息传递，还需要使用另外一类路由协议，即外部网关协议（External Gateway Protocol，EGP）。EGP负责在AS间实现路由交换，这样可以减少AS内路由的数量，有利于路由管理。目前使用的EGP是边界网关协议（BGP）。

本章围绕骨干网建设任务，进行BGP的部署实施。首先，在骨干网路由器上启用BGP，然后分别完成BGP邻居关系建立，发布路由并对路由实施控制。通过本章学习，应达成以下目标。

知识目标

- 理解BGP的工作原理。
- 熟悉BGP的特性。
- 熟悉BGP的常用属性。

技能目标

- 掌握BGP技术部署实施基本方法。
- 掌握BGP反射器配置技术要点。
- 掌握BGP路由引入技术要点。
- 掌握利用BGP属性对路由进行控制的方法。

素质目标

- 培养全局观念。
- 养成认真细致的工作作风。
- 形成运用理论解决实践问题的基本思想。

边界网关协议（Border Gateway Protocol，BGP），是目前主要在用的外部网关协议，用于对 AS 之间的路由进行控制。与 OSPF、IS-IS 等内部网关协议不同，BGP 不关心如何发现和计算路由，而关心如何在 AS 之间传递及控制和优化路由信息。当前 BGP 的版本是 BGPv4。BGP路由器需要与其他 BGP 路由器建立邻居关系，才能传递路由信息。

7.1 BGP 路由器邻居关系建立

BGP 具有丰富的属性和良好的路由控制能力，且易于扩展，是目前唯一用于 AS 之间的动态路由协议。虽然是距离矢量协议，但 BGP 自身具有较好的环路避免机制，可以从根本上避免 AS 之间环路的产生。此外，为保证可靠传输，BGP 使用 TCP 来封装，端口号为 179。BGP 支持无类域间路由和路由聚合，采用触发的增量更新，可以在降低开销的同时提高路由查找的效率。更重要的是，BGP 提供丰富的属性和强大的路由策略，可以非常灵活地对路由进行控制。

本节结合骨干网建设任务中 BGP 技术部署实施任务要求，介绍 BGP 的工作原理、特性以及基本配置方法，实现 BGP 路由器邻居关系的建立。

7.1.1 任务描述

目前集团的骨干网通过两个 AS 连接在一起，需要部署 BGP 来实现全网互通。图 7-1 所示是集团骨干网 AS 分布图，集团的数据中心属于另外一个 AS。

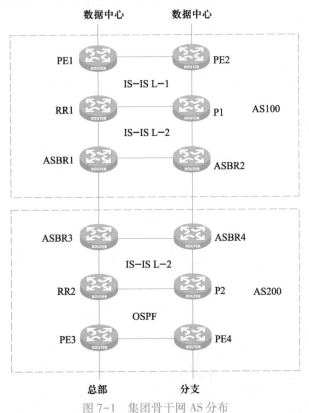

图 7-1 集团骨干网 AS 分布

部署实施 BGP 的基本流程分为 3 个步骤：首先是启用 BGP，建立 BGP 邻居关系（即 BGP 对等体关系），接着是根据需要发布路由，最后是对路由进行控制。

本节的任务是在集团骨干网上启用 BGP 协议，建立 BGP 路由器之间的邻居关系。根据集团骨干网 AS 分布图可知，ASBR1 与 ASBR3、ASBR2 与 ASBR4 之间，是 EBGP 对等体。而在 AS 内部，是否建立 IBGP 邻居关系，要根据路由发布和传播的需要而定。

建立邻居关系的目的，就是为了学到对等体发布的路由。本节的基本任务是在 ASBR3 和 ASBR4 上执行 BGP 基本配置，两者建立 IBGP 邻居关系，且分别与 ASBR1 和 ASBR2 建立 EBGP 邻居关系，以便将来通过 IGP 和 BGP 路由双向引入，实现路由信息的传递和发布。

建立邻居关系的方法不止一种。如果一个 AS 中包含多个 IBGP 对等体时，可以通过 BGP 反射器来降低 IBGP 连接的数量。本节的拓展任务是在 AS100 中，ASBR1、ASBR2 分别与 ASBR3 和 ASBR4 建立 EBGP 邻居关系，RR1 与 ASBR1 和 ASBR2 分别建立 IBGP 邻居关系，将 RR1 配置为反射器，其余路由器配置为客户，以便通过反射器，实现路由信息的分享和发布。

7.1.2　任务准备

BGP 是一种外部网关协议，负责在 AS 之间传递路由信息以及控制优化路由。作为一种距离矢量协议，其路由信息中携带了去往远程 AS 所经过的全部 AS 路径列表。这样，接收该路由信息的 BGP 路由器可以明确知道此路由信息的来源，从而避免环路的产生。

当 BGP 邻居关系建立后，BGP 路由器会把自己的全部路由信息通告给邻居，之后，只在网络发生变化时将变化的增量部分通告给邻居。此外，BGP 提供非常丰富的属性，通过对属性的控制，可以灵活地对路由进行选择和控制。

1. 知识准备

（1）BGP 基本术语

① BGP 发言者（BGP Speaker）：发送 BGP 消息的路由器称为 BGP 发言者，它接收或产生新的路由信息，并发布给其他 BGP 发言者。

② Router ID（RID）：一个 32 位无符号整数，用来在 AS 中唯一标识一台路由器。没有 RID 不能运行 BGP，RID 可以手动指定。

③ BGP 对等体（BGP Peer）：相互之间存在 TCP 连接，交换路由信息的 BGP 发言者称为 BGP 对等体（即 BGP 邻居）。TCP 连接是为了保证传输的可靠性。

④ IBGP 对等体：处于同一 AS 的 BGP 对等体称为 IBGP 对等体。IBGP 对等体一般不要求物理上直连。

⑤ EBGP 对等体：位于不同 AS 的 BGP 对等体，称为 EBGP 对等体。理论上说，BGP 对等体的连接是基于 TCP 的，但通常要求 EBGP 对等体之间有直连的物理链路。

BGP 发言者从 EBGP 对等体获得路由后，会向所有的 BGP 对等体（包括 EBGP 和 IBGP 对等体）通告这些路由。为了防止环路产生，它不会向原发布者发布学习到的路由。但对于从 IBGP 上学习到的路由，BGP 发言者不会向其 IBGP 对等体发送。因此，在同一 AS 内，IBGP 路由器之间需要保持全连接。

（2）BGP 的工作过程

① BGP 对等体之间使用 Open 消息建立对等体之间的连接关系，并进行参数协商，包括使

用的 BGP 版本号、所属的 AS 号、路由器 ID、保持时间、认证信息等。

② 建立对等体连接后，双方会发送 Keepalive 消息保持连接。

③ Update 消息用于在对等体之间交换路由信息。一条 Update 消息报文可以通告一类具有相同路径属性的可达路由，BGP 根据这些属性进行路由的选择，同时还可以携带多条不可达路由。但如果 BGP 发言者检测到对方发过来的消息有错误，或者要主动断开 BGP 连接，都会发出 Notification 消息来通知 BGP 邻居，并关闭连接回到 Idle 状态。

2. 任务分解

BGP 路由器之间建立邻居关系后，才能实现路由信息的获取和发布。

本节的基本任务是在 ASBR3 和 ASBR4 上执行 BGP 基本配置，两者建立 IBGP 邻居关系，且分别与 ASBR1 和 ASBR2 建立 EBGP 邻居关系，以便将来通过 IGP 和 BGP 路由双向引入，实现路由信息的传递和发布。

建立 BGP 邻居关系的步骤如下。

① 启用 BGP 进程并进入 BGP 视图。一台路由器只能运行在一个 AS 内，因此，也只能运行一个 BGP 进程。

② 配置 Router-ID。要运行 BGP，必须配置 Router-ID。Router-ID 用于在 AS 中唯一标识一台路由器。因此，不同的路由器 Router-ID 不能相同。为了保证唯一性，也可采用路由器接口 IP 地址作为 Router-ID，为了保证可靠性，常会采用 Loopback 接口 IP 地址。如果没有在 BGP 视图下配置 Router-ID，则默认采用全局 Router-ID。

③ 指定 BGP 对等体（即邻居）。必须指定 BGP 对等体，并且需要同时指定对等体的 AS 号。系统通过该 AS 号判断该对等体是 IBGP 对等体，还是 EBGP 对等体。

④ 指定建立 TCP 连接使用的源接口。BGP 对等体之间使用 TCP 建立连接，通常使用去往对等体最佳路径的接口作为源接口。但如果该接口故障，在网络中存在冗余链路的情况下，就需要重新发起 TCP 连接，造成 BGP 连接中断。为了避免这一点，通常将 Loopback 接口配置为建立 TCP 连接的源接口。

⑤ 启用邻居。必须配置启用邻居后，才能建立邻居关系。邻居要在 IPv4 地址簇视图下启用。

⑥ 允许非直接相连的路由器建立 EBGP 连接。若建立的是 EBGP 邻居关系，默认情况下，BGP 认为 EBGP 直连可达。如果 EBGP 之间不是直连可达，则必须在 BGP 视图下配置允许同非直连网络上的邻居建立 EBGP 连接。

7.1.3 任务实施

在集团骨干网的 AS200 中，ASBR3 与 ASBR4 分别连接 AS 外部路由器，如图 7-2 所示。集团对这个 AS 的路由规划是，将 ASBR3 和 ASBR4 配置为 AS 边界路由器，与 AS100 的 ASBR1 和 ASBR2 分别建立 EBGP 连接，通过 BGP 学习外部 AS 的路由，将来可以通过执行 IS-IS 和 BGP 路由引入，将 AS 外部路由传播到 AS 内部的其他路由器。

在本节需要完成 BGP 基本配置，以建立 BGP 邻接关系，包括在 ASBR3 和 ASBR4 上，分别执行以下步骤：启用 BGP 协议，配置 Route-ID，指定对等体和指定与对等体连接时使用的接口地址。

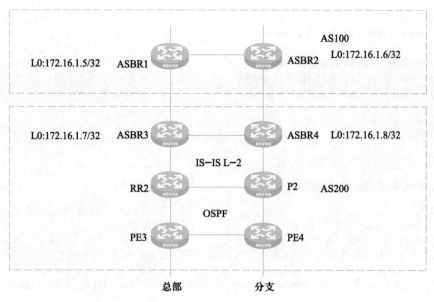

图 7-2　AS200 的边界路由器

1. 汇总配置信息

可将本节任务要配置的信息汇总，见表 7-1。

表 7-1　BGP 邻居关系配置信息汇总表

设 备 名 称	Route-ID	对等体 IP	对等体 AS 号	与对等体连接的接口
ASBR3	172. 16. 1. 7	100. 10. 57. 1	100	Loopback0
		172. 16. 1. 8	200	
ASBR4	172. 16. 1. 8	100. 10. 68. 1	100	Loopback0
		172. 16. 1. 7	200	

注意：在建立 EBGP 邻居时，ASBR3 只能通过直连链路识别 ASBR1，所以用于标识 ASBR1 的 IP 地址是其互连接口的 IP，而不是 Loopback 接口的 IP。同理，也是用互连接口的 IP 标识 ASBR2。

2. 在 ASBR3 和 ASBR4 上执行 BGP 基本配置，建立邻居关系

（1）在 ASBR3 上执行 BGP 基本配置

参照 7.1.2 节中配置 BGP 邻居关系的步骤来对 ASBR3 进行配置。

```
[ASBR3]bgp 200                                    //启用 BGP 进程,AS 号为 200,进入 BGP 视图
[ASBR3-bgp-default]router-id 172. 16. 1. 7        //配置 Router-ID
[ASBR3-bgp-default]peer 100. 10. 57. 1 as-number 100 //指定邻居 ASBR1 及其所属 AS。此处没有直接使用
ASBR1 的 router-id,是因为没有相应路由条目,所以无法通过 Router-ID 对应的 IP 地址建立连接,只能通过互
连地址建立连接
```

```
[ASBR3-bgp-default]peer 172.16.1.8 as-number 200              //指定邻居 ASBR4 及其所属 AS
[ASBR3-bgp-default]peer 172.16.1.8 connect-interface loopback 0   //指定与 ASBR4 建立 TCP 连接的接口为
Loopback0
[ASBR3-bgp-default] address-family ipv4 unicast              //进入 IPv4 地址簇视图
[ASBR3-bgp-default-ipv4]peer 100.10.57.1 enable             //启用邻居 ASBR1
[ASBR3-bgp-default-ipv4]peer 172.16.1.8 enable              //启用邻居 ASBR4
[ASBR3-bgp-default-ipv4]exit
[ASBR3-bgp-default]exit
[ASBR3]
```

（2）在 ASBR4 上执行 BGP 基本配置

ASBR4 的配置步骤与 ASBR3 相似。

```
[ASBR4]bgp 200                                  //启用 BGP 进程,AS 号为 200,进入 BGP 视图
[ASBR4-bgp-default]router-id 172.16.1.8          //配置 Router-ID
[ASBR4-bgp-default]peer 100.10.68.1 as-number 100   //指定邻居 ASBR2 及其所属 AS。没有直接使
用 ASBR2 的 Router-ID,是因为没有对应的路由条目,所以无法通过 Router-ID 对应的 IP 地址建立连接
[ASBR4-bgp-default]peer 172.16.1.7 as-number 200   //指定邻居 ASBR3 及其所属 AS
[ASBR4-bgp-default]peer 172.16.1.7 connect-interface loopback0 //指定与 ASBR3 建立 TCP 连接的接口为 Loop-
back0
[ASBR4-bgp-default] address-family ipv4 unicast    //进入 IPv4 地址簇视图
[ASBR4-bgp-default-ipv4]peer 100.10.68.1 enable    //启用邻居 ASBR2
[ASBR4-bgp-default-ipv4]peer 172.16.1.7 enable     //启用邻居 ASBR3
[ASBR4-bgp-default-ipv4]exit
[ASBR4-bgp-default]exit
[ASBR4]
```

（3）查看邻居关系建立情况

在 ASBR3 上输入 display bgp peer ipv4 命令，查看邻居关系建立情况。

```
[ASBR3]display bgp peer ipv4

BGP local router ID: 172.16.1.7
Local AS number: 200
Total number of peers: 2              Peers in established state: 1

 * - Dynamically created peer
Peer                AS  MsgRcvd  MsgSent OutQ PrefRcv Up/Down  State

100.10.57.1        100      0       0     0       0 00:00:21 Idle
172.16.1.8         200      8       8     0       0 00:04:53 Established
[ASBR3]
```

从中可以看到，ASBR3 有两个邻居，其中与 172.16.1.8（即 ASBR4）的邻居关系已经建立完毕，这两台路由器都属于同一个 AS，因此是 IBGP 邻居。ASBR3 还有一个邻居，是 ASBR1，它属于另外一个 AS，两者是 EBGP 邻居关系，但由于 ASBR1 还没有完成配置，因此两边的邻居关系尚未建立。

7.1.4　任务反思

在对 RR1 进行配置时可以发现，输入了大量的重复命令。RR1 对所有对等体都配置了相同特性，但却需要分别进行配置。这在大型骨干网络中，是十分烦琐的工作。如果使用对等体组进行配置，将极大提高工作效率。

所谓对等体组，是具有相同属性的一组 BGP 对等体的集合。当将一个 BGP 路由器加入对等体组，它会获得与所在对等体组相同的配置，当对等体组的配置发生改变时，组内成员的配置也都会相应改变。这样，在 BGP 路由器上，将需要进行相同配置的对等体加入一个对等体组，原本要对每个对等体进行的配置，可以通过对等体组来进行。这样可以简化配置，避免重复命令。

可使用对等体组对 RR1 的配置进行改进。由于 7.1.4 节中对 RR1 进行了 BGP 配置，此处是重复配置。因此，在执行后面的配置前，应先删除之前对 RR1 的 BGP 配置，可在系统视图下执行 undo 命令删除。

```
[RR1]undo bgp 100
Undo BGP process? [Y/N]:y
```

以下提示表示，删除 BGP 进程后，原先建立的 BGP 邻居失效。

```
%Apr  8 14:24:06:554 2021 RR1 BGP/5/BGP_STATE_CHANGED:
 BGP default.: 172.16.1.6 state has changed from ESTABLISHED to IDLE for BGP process stopped.

%Apr  8 14:24:06:554 2021 RR1 BGP/5/BGP_STATE_CHANGED:
 BGP default.: 172.16.1.5 state has changed from ESTABLISHED to IDLE for BGP process stopped.

%Apr  8 14:24:06:554 2021 RR1 BGP/5/BGP_STATE_CHANGED:
 BGP default.: 172.16.1.4 state has changed from ESTABLISHED to IDLE for BGP process stopped.

%Apr  8 14:24:06:554 2021 RR1 BGP/5/BGP_STATE_CHANGED:
 BGP default.: 172.16.1.2 state has changed from ESTABLISHED to IDLE for BGP process stopped.

%Apr  8 14:24:06:555 2021 RR1 BGP/5/BGP_STATE_CHANGED:
 BGP default.: 172.16.1.1 state has changed from ESTABLISHED to IDLE for BGP process stopped.

[RR1]
```

1. 在 RR1 上创建 IBGP 对等体组

在 RR1 上启用 BGP，并创建 IBGP 对等体组，把所有客户机加入组中。

```
[RR1]bgp 100                               //启用 BGP,AS 号为 100,进入 BGP 配置视图
[RR1-bgp-default]group RR internal         //创建内部对等体组,RR 为对等体组名称,internal 表示对等
体组内都是 IBGP 邻居
[RR1-bgp-default]peer 172.16.1.1 group RR  //将 PE1 加入对等体组 RR
[RR1-bgp-default]peer 172.16.1.2 group RR  //将 PE2 加入对等体组 RR
[RR1-bgp-default]peer 172.16.1.4 group RR  //将 P1 加入对等体组 RR
[RR1-bgp-default]peer 172.16.1.5 group RR  //将 ASBR1 加入对等体组 RR
[RR1-bgp-default]peer 172.16.1.6 group RR  //将 ASBR2 加入对等体组 RR
```

2. 在 RR1 上配置对等体组为客户机并配置相关信息

```
[RR1-bgp-default]peer RR connect-interface loopback0  //指定使用 Loopback0 与 RR 中邻居建立 TCP 连接
[RR1-bgp-default]address-family ipv4 unicast          //进入 IPv4 地址簇视图
[RR1-bgp-default-ipv4]peer RR enable                  //启用 RR 组中所有邻居
[RR1-bgp-default-ipv4]peer RR reflect-client          //指定 RR 组中所有邻居为反射器客户端
```

3. 查看 BGP 邻居建立情况

在 RR1 上输入 display bgp peer ipv4 命令，查看邻居关系建立情况，可以看到 5 个邻居都

已经建立。

```
[RR1]dis bgp peer ipv4

 BGP local router ID: 172.16.1.3
 Local AS number: 100
 Total number of peers: 5              Peers in established state: 5

 * - Dynamically created peer
 Peer                   AS   MsgRcvd   MsgSent OutQ PrefRcv   Up/Down   State

 172.16.1.1            100        3         3    0        0   00:00:16  Established
 172.16.1.2            100        3         3    0        0   00:00:19  Established
 172.16.1.4            100        3         3    0        0   00:00:19  Established
 172.16.1.5            100        3         3    0        0   00:00:17  Established
 172.16.1.6            100        3         3    0        0   00:00:17  Established
[RR1]
```

7.1.5　任务测评

扫描二维码，查看任务测评。

任务测评

7.2　BGP 路由引入和发布

BGP 的功能是在 AS 之间传递路由信息并对路由信息进行控制和优化，它并不关注如何发现和计算路由。对于一个 BGP 路由器来说，路由来源有两种：从对等体接收和从 IGP 引入。BGP 路由器对获得的路由进行处理后，根据需要进行发布。

本节结合骨干网建设任务中 BGP 技术部署实施任务要求，介绍 BGP 获得路由的途径，通过不同的方法，获得路由并进行发布。

7.2.1　任务描述

在集团骨干网的路由规划中，AS100 中的路由器通过反射器 RR1 分享路由信息，各路由器使用 network 命令将本地路由发布到 BGP 路由表中。这是通过对等体获得路由信息的方式。本节的基本任务之一是通过 BGP 本地路由发布，使得 AS100 中的 BGP 路由器可以将各路由器的 Loopback 接口以及连接数据中心的网络路由信息，发布给其他 AS。

而在 AS200 中，各路由器通过 IGP 协议交换路由信息。BGP 路由器想要向其他 AS 发布 AS 内部路由信息，则需要引入 IGP 路由。本节的基本任务之二是在 ASBR3 上执行路由双向引入，以把 AS 内路由发布到 BGP，同时将外部 AS 路由传输到 IGP 中。

与 ASBR3 一样，ASBR4 也是自治系统边界路由器。为优化传输路径，提高工作效率，也需要在 ASBR4 上执行 IS-IS 和 BGP 路由双向引入。但在多边界下执行 IS-IS 和 BGP 路由双向引入时，特别容易产生路由震荡或者环路问题。本节的拓展任务是，解决多边界双向路由引入时产生的问题。

7.2.2　任务准备

BGP 对等体可以和与自己有邻居关系的 BGP 对等体交换路由信息。但 BGP 自己不能生成路由，只能通过发布本地路由，或者通过从 IGP 引入路由、从对等体接收路由信息来形成自己的 BGP 路由表。BGP 路由器对获得的路由进行相应处理后，才会进行发布。

本节的任务是通过两种方式获得 BGP 路由，这就需要熟悉 BGP 引入路由的命令，以及 BGP 处理引入路由的方式。

1. 知识准备

BGP 发言者从对等体接收到 BGP 路由后，会进行相应处理。

（1）BGP 处理从对等体接收路由的流程

① 根据配置的接收策略，对接收到的 BGP 路由进行匹配与过滤，并对其设置相关属性。

② 如有需要，BGP 发言者对路由进行聚合，以减小路由表的规模。

③ 接下来 BGP 对接收到的路由进行优选。对于去往同一目的地的多条 BGP 路由，BGP 发言者只选择最佳路由装入路由表，成为有效路由。

④ BGP 发言者根据一定的发布策略，对已经装入路由表的部分有效路由进行发布。

⑤ 同时，执行发布路由过滤与属性设置，将通过过滤的 BGP 路由发送给自己的 BGP 对等体，如有需要，BGP 发言者将对路由进行聚合，合并其中的具体路由，减小路由规模。

（2）BGP 处理从 IGP 引入路由的流程

对于 IGP 路由，则需要先经过引入策略的过滤和属性设置，将 IGP 路由表中的有效路由引入 BGP 路由表中，然后才能进行发布路由过滤与属性设置，并将过滤后的路由发送给自己的 BGP 对等体。下一跳不可达的路由会被丢弃。

（3）BGP 路由发布策略

BGP 发布路由时采用的策略如下。

① 存在多条有效路由时，BGP 发言者只将最优路由发给对等体。如果配置了 advertise-rib-active 命令，BGP 将发布 IP 路由表中的最优路由，否则发布 BGP 路由表中的最优路由。

② BGP 发言者只将自己使用的路由发布给对等体。

③ BGP 发言者从 EBGP 获得的路由会向其所有的 BGP 对等体发布。

④ BGP 发言者从 IBGP 获得的路由不向 IBGP 对等体发布，但会向 EBGP 对等体发布。

⑤ BGP 连接一旦建立，BGP 发言者将把满足上述条件的所有 BGP 路由发布给新对等体，之后，只在路由发生变化时，向对等体发布更新的路由。

2. 任务分解

本节任务可以分为以下两部分来完成。

① 在 AS100 中的每台路由器上发布本地直连网络路由信息，以将各路由器的 Loopback 接口以及连接数据中心的网络路由信息，发布给其他 AS。这需要在 AS100 的每台路由器上实施配置。

② 在 AS200 中的 ASBR3 上执行路由双向引入，以把 AS 内路由发布到 BGP，同时，将外部 AS 路由传输到 IGP 中。

要发布的网络路由必须是本地 IP 路由表中的有效路由，ORIGIN 属性应为 IGP，前缀和掩码必须完全匹配才能正常发布，使用路由策略可以更灵活地控制所发布的路由。

在 BGP 引入其他协议路由时，需要注意以下几点。

① 被引入的路由必须存在于本地 IP 路由表中且为有效路由。

② 通过引入方式发布的路由器 ORIGIN 属性为 Incomplete。

③ 可以通过路由策略对所引入的路由进行过滤及改变路由属性。

④ 由于 BGP 的管理距离（也称为优先级 Preference）大于 IS-IS 的管理距离，因此在 BGP 中引入 IS-IS 不需要考虑防环机制。

7.2.3　任务实施

本任务分为两部分来完成，第一部分是在 AS100 的每台路由器上发布 BGP 路由信息，第二部分是在 AS200 的 ASBR3 上执行双向路由引入。

1. 在 AS100 中发布 BGP 路由信息

AS100 中各路由器已启用 BGP，其中 ASBR1 和 ASBR2 已分别与 ASBR3 和 ASBR4 建立 EBGP 邻居关系，RR1 作为反射器，已与 AS100 内所有其他路由器建立 IBGP 邻居关系。

要在 AS100 中发布各直连路由，需要在每台路由器上执行 network 配置命令。具体配置信息如图 7-3 所示。

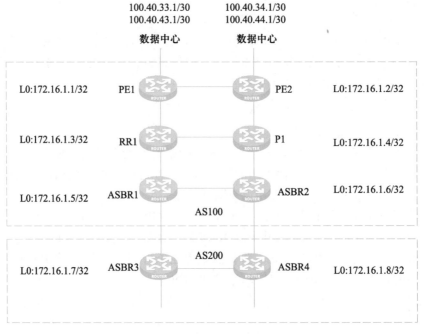

图 7-3　AS100BGP 路由发布配置信息

（1）将 PE1 上直连路由信息发布到 BGP

PE1 上需要发布的直连路由信息有 PE1 的 Loopback0 接口和 PE1 连接数据中心的两个网段。具体配置如下。

```
[PE1]bgp 100                                          //进入 BGP 配置视图,AS 号为 100
[PE1-bgp-default]address-family ipv4                  //进入 IPv4 地址簇视图
[PE1-bgp-default-ipv4]network 172.16.1.1 255.255.255.255   //发布 Loopback 接口直连路由
```

```
[PE1-bgp-default-ipv4]network 100.40.33.1 255.255.255.252    //发布连接数据中心网段直连路由
[PE1-bgp-default-ipv4]network 100.40.43.1 255.255.255.252    //发布连接数据中心网段直连路由
[PE1-bgp-default-ipv4]exit
[PE1-bgp-default]exit
[PE1]
```

（2）将 PE2 上直连路由信息发布到 BGP

PE2 上需要发布的直连路由信息有 PE2 的 Loopback0 接口和 PE2 连接数据中心的两个网段。其配置可参照 PE1 进行。

```
[PE2]bgp 100
[PE2-bgp-default]address-family ipv4
[PE2-bgp-default-ipv4]network 172.16.1.2 255.255.255.255
[PE2-bgp-default-ipv4]network 100.40.34.1 255.255.255.252
[PE2-bgp-default-ipv4]network 100.40.44.1 255.255.255.252
[PE2-bgp-default-ipv4]exit
[PE2-bgp-default]exit
[PE2]
```

（3）将 RR1 上直连路由信息发布到 BGP

RR1 只需要发布自己的 Loopback0 接口。具体配置如下。

```
[RR1]bgp 100
[RR1-bgp-default]address-family ipv4
[RR1-bgp-default-ipv4]network 172.16.1.3 255.255.255.255
[RR1-bgp-default-ipv4]exit
[RR1-bgp-default]exit
[RR1]
```

（4）将 P1 上直连路由信息发布到 BGP

P1 只需要发布自己的 Loopback0 接口。具体配置如下。

```
[P1]bgp 100
[P1-bgp-default]address-family ipv4
[P1-bgp-default-ipv4]network 172.16.1.4 255.255.255.255
[P1-bgp-default-ipv4]exit
[P1-bgp-default]exit
[P1]
```

（5）将 ASBR1 上直连路由信息发布到 BGP

ASBR1 上需要发布的直连路由信息有 ASBR1 的 Loopback0 接口和 ASBR1 连接 ASBR3 的网段。具体配置如下。

```
[ASBR1]bgp 100
[ASBR1-bgp-default]address-family ipv4
[ASBR1-bgp-default-ipv4]network 172.16.1.5 255.255.255.255
[ASBR1-bgp-default-ipv4]exit
[ASBR1-bgp-default]exit
[ASBR1]
```

（6）将 ASBR2 上直连路由信息发布到 BGP

ASBR2 上需要发布的直连路由信息有 ASBR2 的 Loopback0 接口和 ASBR2 连接 ASBR4 的网段。具体配置如下。

```
[ASBR2]bgp 100
[ASBR2-bgp-default]address-family ipv4
[ASBR2-bgp-default-ipv4]network 172.16.1.6 255.255.255.255
[ASBR2-bgp-default-ipv4]exit
[ASBR2-bgp-default]exit
[ASBR2]
```

（7）查看 BGP 路由表

在 ASBR3 上输入 display bgp routing-table ipv4 命令，查看 AS100 发布的 BGP 路由信息是否被 AS200 中的 ASBR3 成功接收。

```
[ASBR3]display bgp routing-table ipv4

Total number of routes: 20

BGP local router ID is 172.16.1.7
Status codes: * - valid, > - best, d - dampened, h - history
              s - suppressed, S - stale, i - internal, e - external
              a - additional-path
       Origin: i - IGP, e - EGP, ? - incomplete

     Network          NextHop        MED      LocPrf     PrefVal Path/Ogn

 * >e 100.40.33.0/30  100.10.57.1                        0       100i
   i                  100.10.68.1             100        0       100i
 * >e 100.40.34.0/30  100.10.57.1                        0       100i
   i                  100.10.68.1             100        0       100i
 * >e 100.40.43.0/30  100.10.57.1                        0       100i
   i                  100.10.68.1             100        0       100i
 * >e 100.40.44.0/30  100.10.57.1                        0       100i
   i                  100.10.68.1             100        0       100i
 * >e 172.16.1.1/32   100.10.57.1                        0       100i
   i                  100.10.68.1             100        0       100i
 * >e 172.16.1.2/32   100.10.57.1                        0       100i
   i                  100.10.68.1             100        0       100i
 * >e 172.16.1.3/32   100.10.57.1                        0       100i
   i                  100.10.68.1             100        0       100i
 * >e 172.16.1.4/32   100.10.57.1                        0       100i
   i                  100.10.68.1             100        0       100i
 * >e 172.16.1.5/32   100.10.57.1    0                   0       100i
   i                  100.10.68.1             100        0       100i
 * >e 172.16.1.6/32   100.10.57.1                        0       100i
   i                  100.10.68.1    0        100        0       100i
[ASBR3]
```

从中可以看到，ASBR3 成功收到去往 AS100 的路由信息，标记为 e 的是从 EBGP 邻居 AS-BR1 接收的路由，标记为 i 的是从 IBGP 邻居 ASBR4 接收的路由。这是因为，从 ASBR4 也引入了 AS100 的路由信息，并通过 IBGP 关系将它们发给了 ASBR3。所以，ASBR3 分别从两个邻居处学到了相同的路由，去往每个目的地有两条路径。

可以通过 display ip routing-table protocol bgp 命令，查看哪些条目被 ASBR3 选用，并装入路由表中，具体如下。从中可以看到，从 EBGP 邻居学到的路由表被优先装入，这是因为根据 BGP 选路原则，优先选用从 EBGP 邻居学到的路由。

```
[ASBR3] display ip routing-table protocol bgp

Summary count : 10

BGP Routing table status : <Active>
Summary count : 10

Destination/Mask      Proto    Pre Cost        NextHop          Interface
100. 40. 33. 0/30     BGP      255 0           100. 10. 57. 1   GE0/2
100. 40. 34. 0/30     BGP      255 0           100. 10. 57. 1   GE0/2
100. 40. 43. 0/30     BGP      255 0           100. 10. 57. 1   GE0/2
100. 40. 44. 0/30     BGP      255 0           100. 10. 57. 1   GE0/2
172. 16. 1. 1/32      BGP      255 0           100. 10. 57. 1   GE0/2
172. 16. 1. 2/32      BGP      255 0           100. 10. 57. 1   GE0/2
172. 16. 1. 3/32      BGP      255 0           100. 10. 57. 1   GE0/2
172. 16. 1. 4/32      BGP      255 0           100. 10. 57. 1   GE0/2
172. 16. 1. 5/32      BGP      255 0           100. 10. 57. 1   GE0/2
172. 16. 1. 6/32      BGP      255 0           100. 10. 57. 1   GE0/2

BGP Routing table status : <Inactive>
Summary count : 0
[ASBR3]
```

这时还不能从 ASBR3 ping 通 AS100 中的设备，因为 AS200 还没有发布路由信息，AS100 还不知道 AS200 的路由信息。

2. 在 AS200 的 ASBR3 上执行双向路由引入

AS200 的路由规划是，通过从双向路由引入，实现 AS 内部路由发布和外部 AS 路由的引入。

(1) 在路由器 ASBR3 上将 IS-IS 引入 BGP

ASBR3 属于 AS200，因此其 BGP 进程对应的 AS 号为 200。

```
[ASBR3]bgp 200                          //进入 BGP 配置视图
[ASBR3-bgp-default]address-family ipv4   //进入 IPv4 地址簇视图
[ASBR3-bgp-default-ipv4]import-route isis 1 allow-direct   //引入进程号为 1 的 IS-IS 路由,allow-direct 允许
将直连路由一起引入,这样就可以将 Loopback0 接口的路由也引入 BGP
[ASBR3-bgp-default-ipv4]exit
[ASBR3-bgp-default]exit
[ASBR3]
```

此时，在 ASBR1 上查看路由表，具体如下。

```
[ASBR1]display ip routing-table protocol bgp

Summary count : 24

BGP Routing table status : <Active>
Summary count : 19

Destination/Mask      Proto    Pre Cost        NextHop          Interface
100. 10. 78. 0/30     BGP      255 0           100. 10. 57. 2   GE0/2
100. 10. 79. 0/30     BGP      255 0           100. 10. 57. 2   GE0/2
100. 10. 80. 0/30     BGP      255 1011        100. 10. 57. 2   GE0/2
100. 10. 90. 0/30     BGP      255 1050        100. 10. 57. 2   GE0/2
```

100. 10. 91. 0/30	BGP	255	1000	100. 10. 57. 2	GE0/2
100. 10. 102. 0/30	BGP	255	1020	100. 10. 57. 2	GE0/2
100. 10. 112. 0/30	BGP	255	1110	100. 10. 57. 2	GE0/2
100. 20. 11. 0/30	BGP	255	1011	100. 10. 57. 2	GE0/2
100. 20. 22. 0/30	BGP	255	1011	100. 10. 57. 2	GE0/2
100. 40. 33. 0/30	BGP	255	0	172. 16. 1. 1	GE0/1
100. 40. 34. 0/30	BGP	255	0	172. 16. 1. 2	GE0/1
100. 40. 43. 0/30	BGP	255	0	172. 16. 1. 1	GE0/1
100. 40. 44. 0/30	BGP	255	0	172. 16. 1. 2	GE0/1
172. 16. 1. 7/32	BGP	255	0	100. 10. 57. 2	GE0/2
172. 16. 1. 8/32	BGP	255	100	100. 10. 57. 2	GE0/2
172. 16. 1. 9/32	BGP	255	1000	100. 10. 57. 2	GE0/2
172. 16. 1. 10/32	BGP	255	1010	100. 10. 57. 2	GE0/2
172. 16. 1. 11/32	BGP	255	1010	100. 10. 57. 2	GE0/2
172. 16. 1. 12/32	BGP	255	1020	100. 10. 57. 2	GE0/2

```
BGP Routing table status : <Inactive>
Summary count : 5
```

Destination/Mask	Proto	Pre	Cost	NextHop	Interface
172. 16. 1. 1/32	BGP	255	0	172. 16. 1. 1	GE0/1
172. 16. 1. 2/32	BGP	255	0	172. 16. 1. 2	GE0/1
172. 16. 1. 3/32	BGP	255	0	172. 16. 1. 3	GE0/1
172. 16. 1. 4/32	BGP	255	0	172. 16. 1. 4	GE0/1
172. 16. 1. 6/32	BGP	255	0	172. 16. 1. 6	GE0/0

```
[ASBR1]
```

从中可以看到，ASBR1 通过 BGP 学习到了 AS200 的所有路由。这时并不能从 AS100 ping 通 AS200，因为 ASBR3 还没有将通过 BGP 学到的路由发布给 IGP，IGP 路由器上还没有 AS100 的路由信息。

（2）在路由器 ASBR3 上将 BGP 引入 IS-IS

```
[ASBR3]isis 1                          //进入 IS-IS 配置视图
[ASBR3-isis-1]address-family ipv4      //进入 IPv4 地址簇视图
[ASBR3-isis-1-ipv4]import-route bgp     //引入 BGP 路由
[ASBR3-isis-1-ipv4]exit
[ASBR3-isis-1]exit
[ASBR3]
```

此时，可在 RR2 上查看路由表。扫描二维码，查看路由表。

从中可以看到，位于 AS200 的 RR2 已经学习到了 AS100 通过 BGP 发布的路由。

路由表

7.2.4 任务反思

在多边界双向引入时，如果规划不合理，很容易出现路由震荡、环路等问题。

1. 次优路由问题

在 ASBR4 上查看路由表，可以发现 ASBR4 学到了 AS100 发布的所有路由条目，但是并不是从 BGP 学到的。

```
[ASBR4]display ip routing-table

Destinations : 43      Routes : 43

Destination/Mask      Proto    Pre Cost     NextHop          Interface
0.0.0.0/32            Direct   0   0        127.0.0.1        InLoop0
100.10.68.0/30        Direct   0   0        100.10.68.2      GE0/2
100.10.68.0/32        Direct   0   0        100.10.68.2      GE0/2
100.10.68.2/32        Direct   0   0        127.0.0.1        InLoop0
100.10.68.3/32        Direct   0   0        100.10.68.2      GE0/2
100.10.78.0/30        Direct   0   0        100.10.78.2      GE0/0
100.10.78.0/32        Direct   0   0        100.10.78.2      GE0/0
100.10.78.2/32        Direct   0   0        127.0.0.1        InLoop0
100.10.78.3/32        Direct   0   0        100.10.78.2      GE0/0
100.10.79.0/30        IS_L2    15  1011     100.10.80.2      GE0/1
100.10.80.0/30        Direct   0   0        100.10.80.1      GE0/1
100.10.80.0/32        Direct   0   0        100.10.80.1      GE0/1
100.10.80.1/32        Direct   0   0        127.0.0.1        InLoop0
100.10.80.3/32        Direct   0   0        100.10.80.1      GE0/1
100.10.90.0/30        IS_L2    15  1050     100.10.80.2      GE0/1
100.10.91.0/30        IS_L2    15  1020     100.10.80.2      GE0/1
100.10.102.0/30       IS_L2    15  1000     100.10.80.2      GE0/1
100.10.112.0/30       IS_L2    15  1110     100.10.80.2      GE0/1
100.20.11.0/30        IS_L2    15  1021     100.10.80.2      GE0/1
100.20.22.0/30        IS_L2    15  1021     100.10.80.2      GE0/1
100.40.33.0/30        IS_L2    15  100      100.10.78.1      GE0/0
100.40.34.0/30        IS_L2    15  100      100.10.78.1      GE0/0
100.40.43.0/30        IS_L2    15  100      100.10.78.1      GE0/0
100.40.44.0/30        IS_L2    15  100      100.10.78.1      GE0/0
127.0.0.0/8           Direct   0   0        127.0.0.1        InLoop0
127.0.0.0/32          Direct   0   0        127.0.0.1        InLoop0
127.0.0.1/32          Direct   0   0        127.0.0.1        InLoop0
127.255.255.255/32    Direct   0   0        127.0.0.1        InLoop0
172.16.1.1/32         IS_L2    15  100      100.10.78.1      GE0/0
172.16.1.2/32         IS_L2    15  100      100.10.78.1      GE0/0
172.16.1.3/32         IS_L2    15  100      100.10.78.1      GE0/0
172.16.1.4/32         IS_L2    15  100      100.10.78.1      GE0/0
172.16.1.5/32         IS_L2    15  100      100.10.78.1      GE0/0
172.16.1.6/32         IS_L2    15  100      100.10.78.1      GE0/0
172.16.1.7/32         IS_L2    15  100      100.10.78.1      GE0/0
172.16.1.8/32         Direct   0   0        127.0.0.1        InLoop0
172.16.1.9/32         IS_L2    15  1010     100.10.80.2      GE0/1
172.16.1.10/32        IS_L2    15  1000     100.10.80.2      GE0/1
172.16.1.11/32        IS_L2    15  1060     100.10.80.2      GE0/1
172.16.1.12/32        IS_L2    15  1010     100.10.80.2      GE0/1
224.0.0.0/4           Direct   0   0        0.0.0.0          NULL0
224.0.0.0/24          Direct   0   0        0.0.0.0          NULL0
255.255.255.255/32    Direct   0   0        127.0.0.1        InLoop0
[ASBR4]
```

ASBR4 与 ASBR2 建立了 EBGP 邻居关系，查看 ASBR4 的 BGP 路由表，可以看到 ASBR4 分别从 ASBR3 和 ASBR2 学到了 AS100 中的路由信息。

```
[ASBR4]display bgp routing-table ipv4
```

```
Total number of routes：35

BGP local router ID is 172.16.1.8
Status codes：＊ – valid, ＞ – best, d – dampened, h – history
                s – suppressed, S – stale, i – internal, e – external
                a – additional-path
        Origin：i – IGP, e – EGP, ？ – incomplete
```

Network	NextHop	MED	LocPrf	PrefVal	Path/Ogn
＊ ＞i 100.10.78.0/30	172.16.1.7	0	100	0	？
＊ ＞i 100.10.79.0/30	172.16.1.7	0	100	0	？
＊ ＞i 100.10.80.0/30	172.16.1.7	1011	100	0	？
＊ ＞i 100.10.90.0/30	172.16.1.7	1050	100	0	？
＊ ＞i 100.10.91.0/30	172.16.1.7	1000	100	0	？
＊ ＞i 100.10.102.0/30	172.16.1.7	1020	100	0	？
＊ ＞i 100.10.112.0/30	172.16.1.7	1110	100	0	？
＊ ＞i 100.20.11.0/30	172.16.1.7	1011	100	0	？
＊ ＞i 100.20.22.0/30	172.16.1.7	1011	100	0	？
＊ ＞e 100.40.33.0/30	100.10.68.1			0	100i
i	100.10.57.1		100	0	100i
＊ ＞e 100.40.34.0/30	100.10.68.1			0	100i
i	100.10.57.1		100	0	100i
＊ ＞e 100.40.43.0/30	100.10.68.1			0	100i
i	100.10.57.1		100	0	100i
＊ ＞e 100.40.44.0/30	100.10.68.1			0	100i
i	100.10.57.1		100	0	100i
＊ ＞e 172.16.1.1/32	100.10.68.1			0	100i
i	100.10.57.1		100	0	100i
＊ ＞e 172.16.1.2/32	100.10.68.1			0	100i
i	100.10.57.1		100	0	100i
＊ ＞e 172.16.1.3/32	100.10.68.1			0	100i
i	100.10.57.1		100	0	100i
＊ ＞e 172.16.1.4/32	100.10.68.1			0	100i
i	100.10.57.1		100	0	100i
＊ ＞e 172.16.1.5/32	100.10.68.1			0	100i
i	100.10.57.1	0	100	0	100i
＊ ＞e 172.16.1.6/32	100.10.68.1	0		0	100i
i	100.10.57.1		100	0	100i
＊ ＞i 172.16.1.7/32	172.16.1.7	0	100	0	？
＊ ＞i 172.16.1.8/32	172.16.1.7	100	100	0	？
＊ ＞i 172.16.1.9/32	172.16.1.7	1000	100	0	？
＊ ＞i 172.16.1.10/32	172.16.1.7	1010	100	0	？
＊ ＞i 172.16.1.11/32	172.16.1.7	1010	100	0	？
＊ ＞i 172.16.1.12/32	172.16.1.7	1020	100	0	？

［ASBR4］

　　可是在 ASBR4 路由器上，没有一条 BGP 路由条目被载入路由表。这是因为，ASBR3 作为边界路由器，将 BGP 路由信息引入 IS-IS 协议中，并将去往 AS100 的路由信息在 IS-IS 中通告，ASBR4 会从 IS-IS 路由协议中学到这些路由信息。同时，ASBR4 也从 BGP 中学习到去往 AS100 的路由信息，但是由于 IS-IS 管理距离（Preference 值）小，所以 ASBR4 会采用来自 IS-IS 的路由条目。在 ASBR4 的路由表中，ASBR4 将去往 AS100 中的 ASBR2（172.16.1.6）的下一跳标记为 ASBR3（100.10.78.1），这就导致次优路由的产生。

2. 路由震荡问题

为保障网络的可靠性，通常也会在 ASBR4 上做双向路由引入操作，以防止 ASBR3 失效引起网络不通。在 ASBR4 上执行双向路由引入配置命令如下。

```
[ASBR4]bgp 200                                      //进入 BGP 配置视图
[ASBR4-bgp-default]address-family ipv4              //进入 IPv4 地址簇视图
[ASBR4-bgp-default-ipv4]import-route isis 1 allow-direct   //引入进程号为 1 的 IS-IS 路由和直连路由
[ASBR4-bgp-default-ipv4]exit
[ASBR4-bgp-default]exit
[ASBR4]isis 1                                       //进入 IS-IS 配置视图
[ASBR4-isis-1]address-family ipv4                   //进入 IPv4 地址簇视图
[ASBR4-isis-1-ipv4]import-route bgp                 //引入 BGP 路由
[ASBR4-isis-1-ipv4]exit
[ASBR4-isis-1]exit
[ASBR4]
```

此时查看 ASBR3 路由表，会发现 ASBR3 上去往 AS100 的路由信息一会儿来自 IS-IS，一会儿来自 BGP，产生了路由震荡的现象。

```
[ASBR3]display ip routing-table

Destinations : 43        Routes : 43

Destination/Mask      Proto    Pre   Cost      NextHop          Interface
......
100. 40. 33. 0/30     IS_L2    15    2000      100. 10. 79. 2    GE0/1
100. 40. 34. 0/30     IS_L2    15    2000      100. 10. 79. 2    GE0/1
100. 40. 43. 0/30     IS_L2    15    2000      100. 10. 79. 2    GE0/1
100. 40. 44. 0/30     IS_L2    15    2000      100. 10. 79. 2    GE0/1
......
172. 16. 1. 1/32      IS_L2    15    2000      100. 10. 79. 2    GE0/1
172. 16. 1. 2/32      IS_L2    15    2000      100. 10. 79. 2    GE0/1
172. 16. 1. 3/32      IS_L2    15    2000      100. 10. 79. 2    GE0/1
172. 16. 1. 4/32      IS_L2    15    2000      100. 10. 79. 2    GE0/1
172. 16. 1. 5/32      IS_L2    15    2000      100. 10. 79. 2    GE0/1
172. 16. 1. 6/32      IS_L2    15    2000      100. 10. 79. 2    GE0/1
......
[ASBR3]
```

再次查看 ASBR3 的路由表，输出如下。

```
[ASBR3]dis ip rou

Destinations : 43        Routes : 43

Destination/Mask      Proto    Pre Cost       NextHop          Interface
......
100. 40. 33. 0/30     BGP      255 0          100. 10. 57. 1    GE0/2
100. 40. 34. 0/30     BGP      255 0          100. 10. 57. 1    GE0/2
100. 40. 43. 0/30     BGP      255 0          100. 10. 57. 1    GE0/2
100. 40. 44. 0/30     BGP      255 0          100. 10. 57. 1    GE0/2
......
172. 16. 1. 1/32      BGP      255 0          100. 10. 57. 1    GE0/2
172. 16. 1. 2/32      BGP      255 0          100. 10. 57. 1    GE0/2
```

172. 16. 1. 3/32	BGP	255 0	100. 10. 57. 1	GE0/2
172. 16. 1. 4/32	BGP	255 0	100. 10. 57. 1	GE0/2
172. 16. 1. 5/32	BGP	255 0	100. 10. 57. 1	GE0/2
172. 16. 1. 6/32	BGP	255 0	100. 10. 57. 1	GE0/2

```
……
[ASBR3]
```

这是因为，ASBR4 会将去往 AS100 的路由从 BGP 引入后，通过 IS-IS 协议发送给 ASBR3，同样 ASBR3 也从 BGP 学到了这条路由，相比 IS-IS 协议，BGP 的管理距离（Preference 值）更大，因此 ASBR3 也会采用 IS-IS 路由，认为去往 ASBR1 需要经由 ASBR4。

此时由于路由的变更原因，引发两边的 BGP 连接中断。由于 BGP 连接中断，ASBR3 和 ASBR4 不会从 EBGP 对等体学习到路由条目，于是引入到 IS-IS 的 BGP 路由失效。而 IS-IS 路由失效导致 BGP 路由重新生效，BGP 连接重新建立，IS-IS 再次学习到相关路由，再次引入 IS-IS，从而再次导致路由变更，BGP 连接中断。如此循环往复，就会产生路由震荡。

3. 路由震荡问题的解决

从产生路由震荡的过程可以发现，其根本原因一方面是在多边界路由相互引入时，没有分清谁才是真正的"源"，从而产生了多重引入。

可以通过对路由信息标记 tag 来解决。在 ASBR3 和 ASBR4 两台设备上，分别将引入 IS-IS 的 BGP 路由信息打上标签 10 和 20，然后打了标签的路由信息，在两台路由器上就不再将其引入 BGP 路由中。

（1）在 ASBR3 上打标签 10

在 IS-IS 进程中引入 BGP 路由时，使用 tag 关键字给引入的 BGP 路由打上标签 10。

```
[ASBR3]isis 1                              //进入 IS-IS 配置视图
[ASBR3-isis-1]address-family ipv4          //进入 IPv4 地址簇视图
[ASBR3-isis-1-ipv4]undo import-route bgp    //先删除之前引入的 BPG 路由
[ASBR3-isis-1-ipv4]import-route bgp tag 10  //引入 BGP 路由,并同时打上标签 10
```

（2）在 ASBR4 上打标签 20

与 ASBR3 配置相似，在 ASBR4 的 IS-IS 进程中引入 BGP 路由时，给 BGP 路由打上标签 20。

```
[ASBR4]isis 1
[ASBR4-isis-1]address-family ipv4
[ASBR4-isis-1-ipv4]undo import-route bgp
[ASBR4-isis-1-ipv4]import-route bgp tag 20
[ASBR4-isis-1-ipv4]
```

（3）在 ASBR3 上创建路由策略，不从 ASBR4 引入标签为 20 的路由。

在配置路由策略前，需要准备好要配置的信息，策略名称为 1，结点序号为 20，名称和序号是根据需要自行命名。在 ASBR3 上创建的路由策略是要拒绝标签为 20 的路由，因此需要使用的关键字是 deny，具体配置如下。

```
[ASBR3]route-policy 1 deny node 20          //创建名称为 1、结点序号为 20 的路由拒绝策略
[ASBR3-route-policy-1-20]if-match tag 20    //设定执行拒绝策略的条件是 tag 为 20
[ASBR3-route-policy-1-20]exit
[ASBR3]bgp 200                              //进入 BGP 配置视图
[ASBR3-bgp-default]address-family ipv4      //进入 IPv4 配置视图
[ASBR3-bgp-default-ipv4]peer 172.16.1.8 route-policy 1 import   //对从 ASBR4 引入的路由执行路由策略 1
```

```
[ASBR3-bgp-default-ipv4]exit
[ASBR3-bgp-default]exit
[ASBR3]
```

（4）在 ASBR4 上创建路由策略，不从 ASBR3 引入标签为 10 的路由。

ASBR4 的配置与 ASBR3 相似，具体如下。

```
[ASBR4]route-policy 1 deny node 10
[ASBR4-route-policy-1-10]if-match tag 10
[ASBR4-route-policy-1-10]exit
[ASBR4]bgp 200
[ASBR4-bgp-default]address-family ipv4
[ASBR4-bgp-default-ipv4]peer 172.16.1.7 route-policy 1 import
[ASBR4-bgp-default-ipv4]exit
[ASBR4-bgp-default]exit
```

（5）查看 ASBR3 路由表，可以发现路由条目恢复正常。扫描二维码，查看路由表。

路由表

7.2.5　任务测评

扫描二维码，查看任务测评。

任务测评

7.3　控制 BGP 路由

　　BGP 路由是骨干网路由的核心，规模巨大。在实际工程项目中，经常需要对 BGP 路由进行过滤控制，只接收或发送与本 AS 业务有关的路由。BGP 提供了丰富的属性和策略以实现对路由的控制。

　　控制 BGP 路由可以使用 BGP 的基本属性实现对路由的控制和通过配置过滤器来实现对 BGP 路由的控制两种方式。本节的任务是利用 BGP 基本属性控制路由选择，并通过过滤器控制路由发布。

7.3.1　任务描述

　　BGP 与 IGP 之间的路由引入，必须十分慎重。在骨干网上存在大量的路由条目，如果任由其被随意引入 IGP，则势必造成 IGP 路由器的沉重负担，增加不必要的开销。若 IGP 路由被随意泄露到 BGP，还会降低 AS 内部的安全性。因此，BGP 与 IGP 之间的路由引入，一般都会添加限制条件，只引入自己需要的路由。

　　在 PE1 上查看路由表，可以发现，它拥有整个 AS200 的路由条目。

```
[PE1]display ip routing-table

Destinations : 53        Routes : 53

Destination/Mask    Proto    Pre   Cost     NextHop          Interface
0.0.0.0/0           IS_L1    15    1500     100.10.13.2      GE0/2
0.0.0.0/32          Direct   0     0        127.0.0.1        InLoop0
100.10.12.0/30      Direct   0     0        100.10.12.1      GE0/0
```

100. 10. 12. 0/32	Direct	0	0	100. 10. 12. 1	GE0/0
100. 10. 12. 1/32	Direct	0	0	127. 0. 0. 1	InLoop0
100. 10. 12. 3/32	Direct	0	0	100. 10. 12. 1	GE0/0
100. 10. 13. 0/30	Direct	0	0	100. 10. 13. 1	GE0/2
100. 10. 13. 0/32	Direct	0	0	100. 10. 13. 1	GE0/2
100. 10. 13. 1/32	Direct	0	0	127. 0. 0. 1	InLoop0
100. 10. 13. 3/32	Direct	0	0	100. 10. 13. 1	GE0/2
100. 10. 24. 0/30	IS_L1	15	1520	100. 10. 12. 2	GE0/0
100. 10. 34. 0/30	IS_L1	15	1550	100. 10. 13. 2	GE0/2
100. 10. 35. 0/30	IS_L1	15	2500	100. 10. 13. 2	GE0/2
100. 10. 46. 0/30	IS_L1	15	2520	100. 10. 12. 2	GE0/0
100. 10. 56. 0/30	IS_L1	15	2600	100. 10. 13. 2	GE0/2
100. 10. 78. 0/30	BGP	255	0	172. 16. 1. 5	GE0/2
100. 10. 79. 0/30	BGP	255	0	172. 16. 1. 5	GE0/2
100. 10. 80. 0/30	BGP	255	0	172. 16. 1. 6	GE0/0
100. 10. 90. 0/30	BGP	255	1050	172. 16. 1. 5	GE0/2
100. 10. 91. 0/30	BGP	255	1000	172. 16. 1. 5	GE0/2
100. 10. 102. 0/30	BGP	255	1000	172. 16. 1. 6	GE0/0
100. 10. 112. 0/30	BGP	255	1110	172. 16. 1. 5	GE0/2
100. 20. 11. 0/30	BGP	255	1011	172. 16. 1. 5	GE0/2
100. 20. 22. 0/30	BGP	255	1011	172. 16. 1. 5	GE0/2
100. 40. 33. 0/30	Direct	0	0	100. 40. 33. 1	GE5/0
100. 40. 33. 0/32	Direct	0	0	100. 40. 33. 1	GE5/0
100. 40. 33. 1/32	Direct	0	0	127. 0. 0. 1	InLoop0
100. 40. 33. 3/32	Direct	0	0	100. 40. 33. 1	GE5/0
100. 40. 34. 0/30	BGP	255	0	172. 16. 1. 2	GE0/0
100. 40. 43. 0/30	Direct	0	0	100. 40. 43. 1	GE5/1
100. 40. 43. 0/32	Direct	0	0	100. 40. 43. 1	GE5/1
100. 40. 43. 1/32	Direct	0	0	127. 0. 0. 1	InLoop0
100. 40. 43. 3/32	Direct	0	0	100. 40. 43. 1	GE5/1
100. 40. 44. 0/30	BGP	255	0	172. 16. 1. 2	GE0/0
127. 0. 0. 0/8	Direct	0	0	127. 0. 0. 1	InLoop0
127. 0. 0. 0/32	Direct	0	0	127. 0. 0. 1	InLoop0
127. 0. 0. 1/32	Direct	0	0	127. 0. 0. 1	InLoop0
127. 255. 255. 255/32	Direct	0	0	127. 0. 0. 1	InLoop0
172. 16. 1. 1/32	Direct	0	0	127. 0. 0. 1	InLoop0
172. 16. 1. 2/32	IS_L1	15	20	100. 10. 12. 2	GE0/0
172. 16. 1. 3/32	IS_L1	15	1500	100. 10. 13. 2	GE0/2
172. 16. 1. 4/32	IS_L1	15	1520	100. 10. 12. 2	GE0/0
172. 16. 1. 5/32	IS_L1	15	2500	100. 10. 13. 2	GE0/2
172. 16. 1. 6/32	IS_L1	15	2520	100. 10. 12. 2	GE0/0
172. 16. 1. 7/32	BGP	255	0	172. 16. 1. 5	GE0/2
172. 16. 1. 8/32	BGP	255	0	172. 16. 1. 6	GE0/0
172. 16. 1. 9/32	BGP	255	1000	172. 16. 1. 5	GE0/2
172. 16. 1. 10/32	BGP	255	1000	172. 16. 1. 6	GE0/0
172. 16. 1. 11/32	BGP	255	1010	172. 16. 1. 5	GE0/2
172. 16. 1. 12/32	BGP	255	1010	172. 16. 1. 6	GE0/0
224. 0. 0. 0/4	Direct	0	0	0. 0. 0. 0	NULL0
224. 0. 0. 0/24	Direct	0	0	0. 0. 0. 0	NULL0
255. 255. 255. 255/32	Direct	0	0	127. 0. 0. 1	InLoop0

[PE1]

　　这是因为，在 AS200 中，BGP 通过路由引入，将所有 AS 内部路由引入到 BGP，并且被 ASBR3 和 ASBR4 发布到 AS100 中。这样一方面造成了不必要的开销，另一方面不利于 AS200

的安全管理。因此，有必要在 AS200 的 AS 边界路由器上执行过滤，只发布路由器的 Loopback 接口，以及与总部和分支相连的网络，以便位于其他 AS 的数据中心可以访问。

7.3.2　任务准备

BGP 路由属性是路由信息所携带的描述路由特性的参数。BGP 通过比较路由属性，来完成路由选择、环路避免等工作。这是 BGP 与其他协议相比所具有的最重要的特性之一。

BGP 的属性基于 TLV 架构，非常灵活，易于扩展。每个属性都具有不同的含义，也就具有不同的用途。灵活运用各种属性，可极大扩展 BGP 的功能。要完成本节任务，首先必须熟悉 BGP 的常用属性。

1. 知识准备

（1）BGP 属性分类

BGP 路由属性是路由信息所携带的一组参数，它对路由进行了进一步描述，表达了一条路由的各种特性。这是 BGP 区别于其他协议的重要特征，BGP 通过比较路由携带的属性，来完成路由选择、环路避免等工作。

BGP 属性分为以下 4 类。

① 公认必遵（Well known mandatory）：所有 BGP 路由器都能识别这种属性，且必须存在于 Update 消息中。如果缺少这种属性，则路由信息会出错。该种属性主要包括 origin、AS_PATH、NEXT_HOP 等属性。

② 公认可选（Well-known discretionary）：所有 BGP 路由器都能识别，但不是必须存在于 Update 消息中。该种属性包括 LOCAL_PREF、ATOMIC_AGGREGATE 等属性。

③ 可选传递（Optional Transitive）：在 AS 之间具有可传递的属性。BGP 路由器可以不支持该属性，但它仍会接收并通告给其他对等体。该种属性主要包括 COMMUNITY、AGGREGATE 等属性。

④ 可选非传递（Optional non-transitive）：如果 BGP 路由器不支持该属性，则不会通告给其他路由器。该种属性主要包括 MED、CLUSTER_LIST、ORIGINATOR_ID 等属性。

（2）BGP 常用属性

1）AS_PATH 属性

AS_PATH 为公认必遵属性。该属性指出该路由更新信息经过了哪些 AS 路径，目的是为了保证 AS 之间不出现环路。

当 BGP 将一条路由通告给其他 AS 时，会把本地 AS 号加在 AS_PATH 属性列表的最前面，因此该属性记录了某条路由从本地到目的地址所经过的所有 AS 号。最近的 AS 号在最前面。

当一个路由更新到达一个 AS 的边界路由器时，如果边界路由器发现自己的 AS 在路由的 AS_PATH 属性中已经存在，则丢弃这条路由。同时 AS_PATH 属性还可用于路由选择和过滤。在其他因素相同的情况下，BGP 会选择 AS_PATH 最短的路由。BGP 发言者在向 EBGP 邻居发送路由更新时修改该属性，而向 IBGP 邻居发送时不修改该属性。

2）NEXT_HOP 属性

NEXT_HOP 也是公认必遵属性，它为 BGP 发言者指示去往目的地的下一跳。BGP 的下一跳不一定是邻居路由器，具体有以下 4 种情况。

① BGP 发言者将自己产生的路由发给所有邻居时，把该路由信息的下一跳属性设置为自己与对端连接的接口地址。

② BGP 发言者将从 EBGP 邻居得到的路由发给 IBGP 邻居时，不改变该路由信息的下一跳属性，直接原样传递给 IBGP 邻居。

③ BGP 发言者将接收到的路由发送给 EBGP 对等体时，把该路由信息的下一跳属性设置为本地与对端连接的接口地址。

④ 对于多路访问网络（如以太网），如果通告路由器与源路由器位于同一网段，则 BGP 会向邻居通告路由的实际来源。

3）ORIGIN 属性

该属性为公认必遵属性，标识该路由的起源，即这条路由是如何进入 BGP 中的，具体分为以下 3 类。

① IGP：优先级最高，说明路由产生于本 AS 内。

② EGP：优先级次之，说明路由通过 EGP 学到。

③ Incomplete：优先级最低，它并不是说明路由不可达，而是标识路由的来源无法确定。BGP 在路由判断过程中会考虑 ORIGIN 属性来判断多条路由之间的优先级，优先选用具有最小 ORIGIN 值的路由。

4）LOCAL_PREF 属性

该属性为公认可选属性，用于在一个 AS 有多个出口的情况下，判断流量离开 AS 时的最佳路径。当 BGP 路由器通过不同 IBGP 对等体得到目的地址相同但下一跳不同的多条路由时，将优先选择该属性值较高的路由。

配置了 LOCAL_PREF 属性的 BGP 发言者或接收到带有 LOCAL_PREF 属性的路由信息的 BGP 发言者，只将该属性传给 IBGP 邻居，因此该属性旨在本地 AS 内传播，不传递到 AS 外。

5）MED 属性

该属性为可选非传递属性，相当于 IGP 使用的度量值，用于 EBGP 邻居有多条路径到达本 AS 时，告诉 EBGP 邻居进入本 AS 的更优路径。当一个 BGP 路由器通过不同的 EBGP 对等体得到目的地址相同但下一跳不同的多条路由时，在其他条件相同的情况下，将优先选择 MED 值较小的路由作为最佳路由。

该属性仅在相邻的两个 AS 之间传播，收到该属性的 AS 不会将其通告给任何第三方 AS。此外，BGP 路由器通常只比较来自同一个 AS 路由的 MED 值，不会比较来自不同 AS 路由的 MED 值。

6）PREFERRED_VALUE 属性

该属性为私有属性，给从不同对等体接收的路由分配不同的 Preferred-value 值，以改变从指定对等体学到的路由的优先级。

系统给每条路由分配的 Preferred-value 值为 0。如果给某个对等体分配了更高的 Preferred-value 值，则该对等体发来的路由将被优先选用。PREFERRED_VALUE 属性只在本地有效，不会随路由信息传播。

（3）BGP 路由选择顺序

如果到同一目的地存在多条路由，BGP 的选择顺序如下。

① 首先丢弃下一跳不可达路由。

② 优先选择 Preferred-value 值最大的路由。

③ 优先选择本地优先级最高的路由。

④ 依次选择 network 命令生成的路由、import-route 命令引入的路由、聚合路由。

⑤ 优先选择 AS 路径最短的路由。

⑥ 依次选择 ORIGIN 属性为 IGP、EGP、Incomplete 的路由。

⑦ 优选选择 MED 值最低的路由。

⑧ 依次选择从 EBGP、联盟 EBGP、联盟 IBGP、IBGP 学到的路由。

⑨ 优先选择下一跳度量值最低的路由。

⑩ 优先选择 CLUSTER_LIST 长度最短的路由。

⑪ 优选选择 OGINGINATOR_ID 最小的路由。

⑫ 优选选择 Router_ID 最小的路由器发布的路由。

⑬ 优选选择地址最小的对等体发布的路由。

如需实现 BGP 负载分担，则需要在路由器上配置允许 BGP 进行负载均衡。由于 BGP 只是一个选路的路由协议，因此 BGP 不能根据一个明确的度量值决定是否对路由进行负载分担。由于 BGP 有丰富的选路规则，可以在对路由进行一定的选择后，有条件地进行负载分担。

此外，由于 BGP 本身的特殊性，其产生路由的下一跳地址可能不是当前路由器直接相连的邻居。例如，IBGP 之间发布路由信息时，不改变下一跳。所以，为了能实现报文的正确转发，路由器必须先找到一个直接可达的地址（查找 IGP 路由表项），通过该地址到达路由表中指示的下一跳。这个过程中，去往直接可达地址的路由被称为依赖路由，如果依赖路由本身是负载分担的，则 BGP 也会生产相同数量的下一跳地址来指导报文转发，实现基于迭代的 BGP 负载分担。

（4）通过过滤器控制 BGP 路由

通过过滤器，可以控制路由的接收和发布。常见的过滤器如下。

① filter-policy：可对接收到的路由或者要发布的路由进行过滤，但不会修改 BGP 属性值。

② route-policy：不但可以对接收、引入和发布的路由进行过滤，而且可以对符合规则的路由增加或修改相关的属性。

③ AS 路径访问列表：在多 AS 环境中，筛选出和指定 AS 相关的路由信息，从而实现对 BGP 路由的控制。

2. 任务分解

在 7.2.4 节中，已经通过修改 NEXT_HOP 属性值，让 AS100 中的所有路由器学习到 AS200 中的路由，此外，在 7.2.5 节中还使用了路由策略，控制有 tag 标记路由的引入，这些都是对 BGP 路由进行控制的典型实例。

本任务要求在 AS200 中的 ASBR3 和 ASBR4 上，控制路由的发布。具体措施是通过执行过滤，只发布路由器的 Loopback 接口，以及与总部和分支相连的网络。

7.3.3 任务实施

完成本任务需要在路由器上配置过滤器，控制路由发布。

1. ASBR3 配置

过滤器的配置有多种方式,本任务首先采用前缀列表定义要发布的路由范围,然后在 BGP 中实施过滤。

(1) 定义前缀列表以确定要发布的路由范围

在系统视图下,使用 ip prefix-list 命令定义前缀列表。该列表中定义的是需要发布的路由范围,包括与总部直连的网络,以及 Loopback 接口所在网络。使用前缀列表编号 1 来进行配置。

```
[ASBR3]ip prefix-list 1 permit 172.16.1.0 16 greater-equal 32 less-equal 32   //定义前缀列表 1,包含 Loopback
接口所在网络,即以 172.16 开头,掩码为 32 位的 AS200 内所有设备的 Loopback 接口
[ASBR3]ip prefix-list 1 permit 100.20.11.0 30    //定义前缀列表 1 包含 100.20.11.0/30 网络
[ASBR3]ip prefix-list 1 permit 100.20.22.0 30    //定义前缀列表 1 包含 100.20.22.0/30 网络
[ASBR3]
```

(2) 在 BGP 中实施过滤

定义好前缀列表后,应在 BGP 中执行过滤器配置,满足前缀列表的路由才能发布。具体配置如下。

```
[ASBR3]bgp 200                                          //进入 BGP 配置视图
[ASBR3-bgp-default]address-family ipv4                  //进入 IPv4 地址簇视图
[ASBR3-bgp-default-ipv4]filter-policy prefix-list 1 export   //定义过滤器,满足前缀列表 1 的路由可以发布,
export 表示发布
[ASBR3-bgp-default-ipv4]exit
[ASBR3-bgp-default]exit
[ASBR3]
```

> **注意**:filter-policy 命令会对所有 BGP 邻居实施过滤,所以也不会向 ASBR4 发布前缀列表以外的 BGP 路由。但由于 ASBR4 可以从 IGP 中学到 AS200 的内部路由,所以不会产生影响。

(3) 查看过滤结果

在 ASBR1 上查看从 ASBR3 上学到的 BGP 路由信息,可以发现路由过滤已经达到了效果。ASBR1 只学到所有设备的 Loopback0 接口以及发布的去往总部的路由信息。

```
[ASBR1]dis bgp routing-table ipv4 peer 100.10.57.2 re

Total number of routes: 8

BGP local router ID is 172.16.1.5
Status codes: * - valid, > - best, d - dampened, h - history
              s - suppressed, S - stale, i - internal, e - external
              a - additional-path
       Origin: i - IGP, e - EGP, ? - incomplete

     Network            NextHop        MED      LocPrf    PrefVal Path/Ogn

* >e 100.20.11.0/30     100.10.57.2    1011               0       200?
* >e 100.20.22.0/30     100.10.57.2    1011               0       200?
* >e 172.16.1.7/32      100.10.57.2    0                  0       200?
*  e 172.16.1.8/32      100.10.57.2    100                0       200?
* >e 172.16.1.9/32      100.10.57.2    1000               0       200?
```

*	e 172.16.1.10/32	100.10.57.2	1010		0		200?
*	>e 172.16.1.11/32	100.10.57.2	1010		0		200?
*	e 172.16.1.12/32	100.10.57.2	1020		0		200?
[ASBR1]							

2. 在 ASBR4 上配置过滤器，控制路由发布

ASBR4 上的配置与 ASBR3 相似，具体如下。

```
[ASBR4]ip prefix-list 1 permit 172.16.1.0 16 greater-equal 32 less-equal 32
[ASBR4]ip prefix-list 1 permit 100.20.11.0 30
[ASBR4]ip prefix-list 1 permit 100.20.22.0 30
[ASBR4]bgp 200
[ASBR4-bgp-default]address-family ipv4
[ASBR4-bgp-default-ipv4]filter-policy prefix-list 1 export
[ASBR4-bgp-default-ipv4]exit
[ASBR4-bgp-default]exit
[ASBR4]
```

再查看 PE1 路由表，可以发现它只获得了 ASBR3 和 ASBR4 发布的路由条目，而没有发布的路由条目就没有学习到。

```
[PE1]display ip routing-table

Destinations : 46        Routes : 46
```

Destination/Mask	Proto	Pre Cost	NextHop	Interface
……				
100.20.11.0/30	BGP	255 1011	172.16.1.5	GE0/2
100.20.22.0/30	BGP	255 1011	172.16.1.5	GE0/2
……				
172.16.1.7/32	BGP	255 0	172.16.1.5	GE0/2
172.16.1.8/32	BGP	255 0	172.16.1.6	GE0/0
172.16.1.9/32	BGP	255 1000	172.16.1.5	GE0/2
172.16.1.10/32	BGP	255 1000	172.16.1.6	GE0/0
172.16.1.11/32	BGP	255 1010	172.16.1.5	GE0/2
172.16.1.12/32	BGP	255 1010	172.16.1.6	GE0/0
……				
[PE1]				

7.3.4 任务反思

BGP 的关键是对等体邻居关系的建立。熟悉邻居关系的建立过程，有利于对 BGP 设备的管理。

1. BGP 状态机

BGP 协议状态机包括以下 6 个状态。

① idle：初始状态，不接收任何 BGP 连接，等待 start 事件发生。如果有 start 事件发生，则开启 connectretry 定时器，向邻居发起 TCP 连接，并将状态变为 connect。

② connect：连接状态，等待 TCP 连接建立完成。如果 TCP 状态为 established，则拆除 connectretry 定时器，并发送 open 消息，将状态变为 openstart；如果 TCP 连接失败，则重置

connectretry 定时器，并转为 active 状态。如果重传定时器超时，则重新连接，系统留在 connect 状态。

③ active：有 start 事件发生，但 TCP 连接未完成，则处于 active 状态。此时，系统响应重传定时器超时事件，重新进行 TCP 连接，同时重置 connectretry 定时器，变为 connect 状态。如果 TCP 连接成功，则进入 open-sent 状态。

④ open-sent：表示 open 消息已发送，正在等待邻居给自己的 open 消息。如果收到邻居的 open 消息，且没有错误，则转为 open-confirm 状态，发送 keepalive 消息，并设置 keepalive 定时器，如果消息有错，则发送 notification 消息并断开连接。

⑤ open-confirm：已经发出 keepalive 消息，并等待邻居的 keepalive 消息。若收到邻居的消息，则进入 established 状态，并重置 holdtime 定时器，如果 keepalive 定时器超时，则重新发送 keepalive 消息。如果收到 notification 消息，则断开连接。

⑥ established：表明 BGP 连接建立完成，可以发送 update 消息交换路由。

在除 idle 状态以外的其他状态中，如果有任何错误出现，则会退回 idle 状态。

2. BGP 无法建立邻居的原因

（1）邻居不可达

启用 BGP 后，如果长期停留在 idle 状态，很可能是没有到达邻居的路由。例如，邻居的地址配置错误，或者在路由表中确实没有到达该地址的路由，这种情况多是 IGP 配置不正确造成的。

（2）跳数不足

默认情况下，EBGP 邻居之间是直接相连的，如果没有直接相连，需要使用 peer｛group-name｜ip-address｝ebgp-max-hop［hop-count］命令来允许在非直连网络上的邻居建立 EBGP 连接，如果没有使用这条命令，则邻居关系无法建立。

（3）AS 号配置错误

如果 AS 号配置出错，也无法建立邻居关系。

（4）用于建立连接的出接口错误

可以使用 peer ip-address connect-interface interface-type interface-number 命令指定用于 TCP 连接的出接口。一般会指定 Loopback 接口，以便不会因为某个接口或者链路失效导致 BGP 连接中断，但若未指定接口，或者指定的接口错误，很可能因对等体路由器没有路由，导致无法建立邻居关系。

7.3.5 任务测评

扫描二维码，查看任务测评。

任务测评

第 8 章　骨干网虚拟专用网络部署实施

传统路由器普遍采用 IP 转发，其原则是最长匹配算法。路由器在判断该如何转发一个数据包时，需要遍历整个路由表，找到最长匹配的路由条目，然后以此为依据进行转发。随着网络规模不断扩大，路由表规模也不断扩大，遍历路由表所需时间越来越长，使得路由器逐渐成为网络的瓶颈。为解决这个问题，ATM 技术被提出，但由于其过于复杂，实现和维护都很麻烦。作为 IP 和 ATM 的平衡折中，MPLS 应运而生。目前主要的 MPLS 应用为 MPLS VPN。本章围绕骨干网 MPLS VPN 部署实施技术要点，简要介绍 MPLS VPN 的实现原理及工作过程，并完成骨干网 MPLS VPN 的部署实施。

通过本章学习，应达成以下目标。

知识目标

- 理解 MPLS 技术实现原理。
- 熟悉 MPLS 标签分配、数据转发过程。
- 熟悉 MP-BGP 技术实现原理。
- 理解 MPLS VPN 基本原理。

技能目标

- 掌握 MPLS 基本部署实施技术。
- 熟悉 MPLS VPN 部署实施技术。

素质目标

- 培养认真细致的工作作风。
- 形成运用工作原理分析和解决网络问题的良好习惯。

多协议标签交换（Mult-Protocol Lable Switching，MPLS）是一种基于标签交换的数据包转发技术，相当于工作在 2.5 层，目的是提高在骨干网络上数据包的转发速率，同时减小延迟。MPLS 采用一个 32 位的标签来封装网络层数据包，并基于这个标签来对数据包进行转发。在数据转发时检查入口标签，再根据实时建立的标签转发信息库（Label Forwarding Information Base，LFIB）决定输出接口并立即转发，解决了传统 IP 网络递归搜索，最长匹配造成的转发效率低、延迟及延迟抖动大等问题。

8.1 MPLS 技术部署实施基础

MPLS 是为了解决大型网络骨干设备快速转发问题而产生的。在骨干网上部署 MPLS，首先要在骨干网设备上启用 MPLS。本节结合骨干网建设中 MPLS 技术部署实施基本任务要求，介绍 MPLS 技术的实现原理以及 MPLS 标签分配和数据转发的过程，并完成骨干网设备 MPLS 的启用。

8.1.1 任务描述

为了提高集团骨干网络的转发效率，集团计划在骨干网上部署 MPLS。同时为部署 MPLS VPN 做好准备。要实现骨干网络的全网 MPLS，需要在全网的每台设备上启用 MPLS，并选用一种动态标签分配的方法。本集团选用的是 LDP，因此还需要在每台设备上启用 LDP。集团拓扑结构如图 8-1 所示。

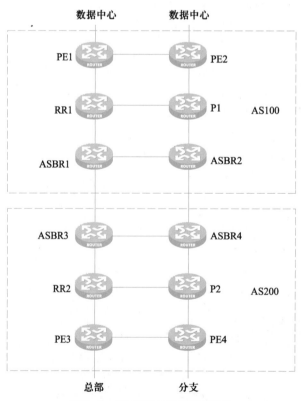

图 8-1 集团骨干网拓扑结构图

本节的任务是在集团骨干网全网启用 MPLS 和 LDP。

8.1.2　任务准备

数据包在 MPLS 网络中根据标签进行转发而无需查看数据包头部的信息，而离开 MPLS 网络时，所有标签都会被剥离。路由器只需关心报文的标签信息，无需关心数据包携带的 IP 地址信息。MPLS 实质上是一种隧道技术。MPLS 的一个重要应用是 MPLS VPN。要在 IP 网络中部署实施 MPLS VPN，首先需要启用 MPLS 和 LDP。因此，需要了解 MPLS 和 LDP 的工作原理。

1. 知识准备

（1）MPLS 技术的实现原理

1）MPLS 网络

MPLS 网络可以在普通 IP 网络上实现，但需要路由器支持 MPLS 功能。支持 MPLS 的路由器称为标签交换路由器（Label Switching Router，LSR）。LSR 是具有标签分发能力和标签交换能力的设备，是 MPLS 网络的基本构成单位。

MPLS 网络由入结点（Ingress）LSR、中间结点（Transit）LSR 和出结点（Egress）LSR 组成。

- 入结点是报文的入口 LSR，负责检查进入的 IP 数据包，将其分配至一个转发等价类，产生 MPLS 包头并分配初始标签。
- 中间结点也称为传输结点，是 MPLS 网络内部的 LSR，负责按照标签转发 MPLS 数据包。
- 出结点是报文的出口 LSR，负责拆除报文的标签并转发给目的网络。

2）转发等价类

MPLS 基于标签分类转发，将具有相同转发处理方式（如相同的目的地、相同的转发路径或相同的服务质量等级等）的数据包归为一类，称为转发等价类（Forwarding Equivalence Class，FEC），FEC 相同的数据包在 MPLS 中进行相同的处理。

不同的 FEC 使用不同的标签来标识，各个结点根据标签来识别 FEC，并进行相应处理。

3）标签转发路径

传统 IP 网络数据包在每一跳路由器上都要经历路由表查询、最长匹配的过程，而 MPLS 只要在入结点上进行相应查询，通过转发等价类 FEC 分配相应的标签，并建立标签交换路径（LSP）。

LSP 是由标记一个 FEC 在数据包源头的入结点到目的地出结点之间经由一系列中间结点所经过的路径。LSP 是单向的，有静态和动态之分，静态由人为配置，动态由路由协议和标签分配协议动态产生。

根据报文在 LSP 上的传输方向，MPLS 网络中定义了上游 LSR 和下游 LSR。报文先到达的设备是上游 LSR。

一条标签转发路径上可以有一个或多个中间结点，也可以没有中间结点，但必须有且只有一个入结点和一个出结点。

（2）标签分配和报文转发过程

1）标签分配协议

MPLS 转发报文时依据 MPLS 标签转发表进行转发。标签转发表由标签分配协议根据一定的规则生成。通常这些规则与 IP 路由表密切相关。

标签分配协议（Label Distribution Protocol，LDP）是目前最常用的标签分配协议之一。LDP 定义了以下 4 类消息。

- 发现消息（Discovery messages）：用于 LDP 邻居发现和维护。
- 会话消息（Session messages）：用于 LDP 邻居会话建立和终止。
- 通告消息（Advertisement messages）：用于向邻居宣告标签、地址等信息。
- 通知消息（Notification messages）：用于向 LDP 邻居通知事件或者错误。

当 LDP 邻居关系建立后，LDP 按照用户的定义为每个 FEC 分配 MPLS 标签，通常按照路由条目分配，匹配同一路由表项的报文属于同一个 FEC。MPLS 标签转发表条目由 IN 标签、OUT 标签和出接口 3 部分组成。

LSR 会为本地路由分配标签记在 IN 标签位置，其 OUT 标签为 NULL，本地接口为出接口。然后，LSR 通过 LDP 消息，将这个条目发给其上游邻居。上游邻居收到后，将收到的标签记在自己标签转发表条目的 OUT 位置，将收到这个消息的接口记为出接口，然后另外分配一个标签记入 IN 位置，再发送给其上游邻居。只要路由表中没有环路，标签转发表就不会出现环路。

所以 OUT 标签是下游 LSR 为某一 FEC 分配的标签，出接口是去往下游 LSR 邻居的接口，IN 标签是 LSR 分配并传递给上游邻居的标签。标签只在本地链路上有意义。每台 LSR 对自己分配的标签（即 IN 标签）负责，确保属于不同 FEC 的报文能依据标签转发表匹配到唯一的标签。标签随机生成，小于 16 的标签由系统保留。

2）报文转发过程

在 LSR 上建立 MPLS 标签转发表后，当报文进入 MPLS 网络时，就可以进行 MPLS 转发。MPLS 对报文的转发有以下 3 个操作。

- PUSH：报文进入 MPLS 入结点，作为一个普通 IP 数据包，它将首先查找路由表，发现该路由表项对应了一个与之关联的标签转发表，于是入结点 LSR 对该报文启用 MPLS 转发，给这个报文加上 MPLS 头，MPLS 头部的标签值，就是对应该标签转发表项的 OUT 标记。完成 PUSH 标签操作后，入结点 LSR 将按照标签转发表将报文从对应的出接口发出。
- SWAP：LSP 上的 LSR 设备，收到带标签的报文后，发现这是 MPLS 报文，于是进行 MPLS 转发。根据报文携带的标签值，找到其在 IN 标签中对应的表项，用该表项的 OUT 标签替换原来的标签，然后按该表项指示的出接口转发出去。
- POP：报文到达离开 MPLS 网络的出结点，首先根据报文携带的标签值，找到其在 IN 标签中对应的表项，然后查看其 OUT 标签，发现是 NULL，表示这台设备是出结点，从此报文将离开 MPLS 网络。于是，LSR 将报文的 MPLS 头部剥离，恢复成一个普通 IP 数据包，在接下来的网络中，按照 IP 数据包转发的方式进行转发。

（3）MPLS 隧道技术

1）MPLS 隧道

MPLS 技术最初是为了加快报文的转发效率而产生的，但其实质是一种隧道技术，也是在 IP 报文前面加上 MPLS 标签，对报文进行了封装。路由器依照标签进行转发，无需检查内部的目的地址。

与传统的隧道技术相比，MPLS 具有非常显著的优势。传统的隧道技术需要在公网的出口设备之间手工配置静态隧道，每建立一个隧道就要增加一组相关配置。而 MPLS 隧道只需要在公网上运行 MPLS 协议，就可以依靠其动态标签分配原理，在所有用户公网出口设备之间建立抵达对方的标签转发路径，从而可以支持更大规模的 VPN 应用。

2）倒数第二跳弹出

在报文抵达出结点时，首先在标签转发表上查找对应表项，发现 OUT 标签为 NULL，于是剥离标签，再根据目的 IP 地址，查找路由表，根据路由表指示的条目转发报文。因此在出结点上要查两次表，才能将报文发出。

如果在到达目的地的上一跳 LSR 上，就将标签剥离，则最后一跳路由器收到报文后直接查路由表就可以转发该报文。这样就只需一次查表，极大地提高了转发效率。

MPLS 使用一个特殊标签 3 来作为倒数第二跳的 OUT 标签。当 LSR 转发报文时，发现 OUT 标签是 3，就将标签剥离再转发该报文。

2. 任务分解

本任务中需要在每台设备上启用 MPLS。在路由器设备上启用 MPLS 有以下 3 个步骤。

（1）配置 LSR-ID

LSD-ID 用来在 MPLS 网络中标识设备，要求在 MPLS 网络中是唯一的。通常选用 Loopback 地址作为 LSR-ID。

（2）使能 MPLS 和 LDP

使得普通路由器能够处理 MPLS 数据包，可以进行 MPLS 标签分配。但有些路由器默认 MPLS 功能为开启，这就不需执行 MPLS 命令，直接启用 LDP 即可。

（3）在接口下使能 MPLS 和 LDP

在系统视图下使能 MPLS 和 LDP，是接口使能对应功能的前提。只有具体接口使能 MPLS 和 LDP，该接口才能处理 MPLS 数据包。

可以参照图 8-1 建立一个配置信息汇总表，再进行配置，以免出现错漏。

8.1.3 任务实施

1. 建立 MPLS 基本配置信息汇总表

参照图 8-1，建立 MPLS 基本配置信息汇总表，见表 8-1。

表 8-1 MPLS 基本配置信息汇总表

序　号	设备名称	LSR-ID	需要使能 MPLS 和 LDP 的接口
1	PE1	172.16.1.1	G0/0、G0/2
2	PE2	172.16.1.2	G0/0、G0/2
3	RR1	172.16.1.3	G0/0、G0/1、G0/2
4	P1	172.16.1.4	G0/0、G0/1、G0/2
5	ASBR1	172.16.1.5	G0/0、G0/1、G0/2
6	ASBR2	172.16.1.6	G0/0、G0/1、G0/2

续表

序　　号	设备名称	LSR-ID	需要使能 MPLS 和 LDP 的接口
7	ASBR3	172.16.1.7	G0/0、G0/1、G0/2
8	ASBR4	172.16.1.8	G0/0、G0/1、G0/2
9	RR2	172.16.1.9	G0/0、G0/1、G0/2
10	P2	172.16.1.10	G0/0、G0/1、G0/2
11	PE3	172.16.1.11	G0/0、G0/2
12	PE4	172.16.1.12	G0/0、G0/2

2. 实施配置

（1）PE1 配置

在 PE1 上启用 MPLS 和 LDP 的步骤为：配置 LSR-ID，本设备已默认启用 MPLS，因此可以略过启用 MPLS 环节，直接启用 LDP，然后进入要启用 MPLS 的接口，启用 MPLS 和 LDP。具体如下。

```
[PE1]mpls lsr-id 172.16.1.1                    //在系统视图下,配置 LSR-ID
[PE1]mpls ldp                                  //启用 LDP
[PE1-ldp]exit
[PE1]interface g0/0                            //进入接口 G0/0 配置视图
[PE1-GigabitEthernet0/0]mpls enable            //在接口下启用 MPLS
[PE1-GigabitEthernet0/0]mpls ldp enable        //在接口下启用 LDP
[PE1-GigabitEthernet0/0]interface g0/2         //进入接口 G0/2 配置视图
[PE1-GigabitEthernet0/2]mpls enable            //在接口下启用 MPLS
[PE1-GigabitEthernet0/2]mpls ldp enable        //在接口下启用 LDP
[PE1-GigabitEthernet0/2]exit
[PE1]
```

（2）PE2 配置

在 PE2 上启用 MPLS 和 LDP 步骤与 PE1 相似，具体如下。

```
[PE2]mpls lsr-id 172.16.1.2                    //在系统视图下,配置 LSR-ID
[PE2]mpls ldp                                  //启用 LDP
[PE2-ldp]exit
[PE2]interface g0/0                            //进入接口 G0/0 配置视图
[PE2-GigabitEthernet0/0]mpls enable            //在接口下启用 MPLS
[PE2-GigabitEthernet0/0]mpls ldp enable        //在接口下启用 LDP
[PE2-GigabitEthernet0/0]interface g0/2         //进入接口 G0/2 配置视图
[PE2-GigabitEthernet0/2]mpls enable            //在接口下启用 MPLS
[PE2-GigabitEthernet0/2]mpls ldp enable        //在接口下启用 LDP
[PE2-GigabitEthernet0/2]exit
[PE2]
```

在配置完 G0/0 接口时，会弹出以下信息，表明已经与 PE1 建立 LDP 邻居关系。

%Apr 29 14:53:55:001 2021 PE2 LDP/5/LDP_SESSION_CHG：Session（172.16.1.1:0, public instance）is up.

（3）RR1 配置

在 RR1 上启用 MPLS 和 LDP 步骤与 PE1 相似，具体如下。

```
[RR1]mpls lsr-id 172. 16. 1. 3
[RR1]mpls ldp
[RR1-ldp]exit
[RR1]interface g0/2
[RR1-GigabitEthernet0/2]mpls enable
[RR1-GigabitEthernet0/2]mpls ldp enable
[RR1-GigabitEthernet0/2]interface g0/0
[RR1-GigabitEthernet0/0]mpls enable
[RR1-GigabitEthernet0/0]mpls ldp enable
[RR1-GigabitEthernet0/0]interface g0/1
[RR1-GigabitEthernet0/1]mpls enable
[RR1-GigabitEthernet0/1]mpls ldp enable
[RR1-GigabitEthernet0/1]exit
[RR1]
```

（4）P1 配置

在 P1 上启用 MPLS 和 LDP 步骤与 PE1 相似，具体如下。

```
[P1]mpls lsr-id 172. 16. 1. 4
[P1]mpls ldp
[P1-ldp]exit
[P1]interface g0/2
[P1-GigabitEthernet0/2]mpls enable
[P1-GigabitEthernet0/2]mpls ldp enable
[P1-GigabitEthernet0/2]interface g0/0
[P1-GigabitEthernet0/0]mpls enable
[P1-GigabitEthernet0/0]mpls ldp enable
[P1-GigabitEthernet0/0]interface g0/1
[P1-GigabitEthernet0/1]mpls enable
[P1-GigabitEthernet0/1]mpls ldp enable
[P1-GigabitEthernet0/1]exit
[P1]
```

（5）ASBR1 配置

在 ASBR1 上启用 MPLS 和 LDP 步骤与 PE1 相似，具体如下。

```
[ASBR1]mpls lsr-id 172. 16. 1. 5
[ASBR1]mpls ldp
[ASBR1-ldp]exit
[ASBR1]interface g0/1
[ASBR1-GigabitEthernet0/1]mpls enable
[ASBR1-GigabitEthernet0/1]mpls ldp enable
[ASBR1-GigabitEthernet0/1]interface g0/0
[ASBR1-GigabitEthernet0/0]mpls enable
[ASBR1-GigabitEthernet0/0]mpls ldp enable
[ASBR1-GigabitEthernet0/0]interface g0/2
[ASBR1-GigabitEthernet0/2]mpls enable
[ASBR1-GigabitEthernet0/2]mpls ldp enable
[ASBR1-GigabitEthernet0/2]exit
[ASBR1]
```

（6）ASBR2 配置

在 ASBR2 上启用 MPLS 和 LDP 步骤与 PE1 相似，具体如下。

```
[ASBR2]mpls lsr-id 172. 16. 1. 6
[ASBR2]mpls ldp
```

```
[ASBR2-ldp]interface g0/1
[ASBR2-GigabitEthernet0/1]mpls enable
[ASBR2-GigabitEthernet0/1]mpls ldp enable
[ASBR2-GigabitEthernet0/1]interface g0/0
[ASBR2-GigabitEthernet0/0]mpls enable
[ASBR2-GigabitEthernet0/0]mpls ldp enable
[ASBR2-GigabitEthernet0/0]interface g0/2
[ASBR2-GigabitEthernet0/2]mpls enable
[ASBR2-GigabitEthernet0/2]mpls ldp enable
[ASBR2-GigabitEthernet0/2]exit
[ASBR2]
```

（7）ASBR3 配置

在 ASBR3 上启用 MPLS 和 LDP 步骤与 PE1 相似，具体如下。

```
[ASBR3]mpls lsr-id 172.16.1.7
[ASBR3]mpls ldp
[ASBR3-ldp]interface g0/2
[ASBR3-GigabitEthernet0/2]mpls enable
[ASBR3-GigabitEthernet0/2]mpls ldp enable
[ASBR3-GigabitEthernet0/2]interface g0/0
[ASBR3-GigabitEthernet0/0]mpls enable
[ASBR3-GigabitEthernet0/0]mpls ldp enable
[ASBR3-GigabitEthernet0/0]interface g0/1
[ASBR3-GigabitEthernet0/1]mpls enable
[ASBR3-GigabitEthernet0/1]mpls ldp enable
[ASBR3-GigabitEthernet0/1]exit
[ASBR3]
```

（8）ASBR4 配置

在 ASBR4 上启用 MPLS 和 LDP 步骤与 PE1 相似，具体如下。

```
[ASBR4]mpls lsr-id 172.16.1.8
[ASBR4]mpls ldp
[ASBR4-ldp]exit
[ASBR4]interface g0/2
[ASBR4-GigabitEthernet0/2]mpls enable
[ASBR4-GigabitEthernet0/2]mpls ldp enable
[ASBR4-GigabitEthernet0/2]interface g0/0
[ASBR4-GigabitEthernet0/0]mpls enable
[ASBR4-GigabitEthernet0/0]mpls ldp enable
[ASBR4-GigabitEthernet0/0]interface g0/1
[ASBR4-GigabitEthernet0/1]mpls enable
[ASBR4-GigabitEthernet0/1]mpls ldp enable
[ASBR4-GigabitEthernet0/1]exit
[ASBR4]
```

（9）RR2 配置

在 RR2 上启用 MPLS 和 LDP 步骤与 PE1 相似，具体如下。

```
[RR2]mpls lsr-id 172.16.1.9
[RR2]mpls ldp
[RR2-ldp]exit
[RR2]interface g0/1
[RR2-GigabitEthernet0/1]mpls enable
```

```
[RR2-GigabitEthernet0/1]mpls ldp enable
[RR2-GigabitEthernet0/1]interface g0/0
[RR2-GigabitEthernet0/0]mpls enable
[RR2-GigabitEthernet0/0]mpls ldp enable
[RR2-GigabitEthernet0/0]interface g0/2
[RR2-GigabitEthernet0/2]mpls enable
[RR2-GigabitEthernet0/2]mpls ldp enable
[RR2-GigabitEthernet0/2]exit
[RR2]
```

（10）P2 配置

在 P2 上启用 MPLS 和 LDP 步骤与 PE1 相似，具体如下。

```
[P2]mpls lsr-id 172.16.1.10
[P2]mpls ldp
[P2-ldp]exit
[P2]interface g0/1
[P2-GigabitEthernet0/1]mpls enable
[P2-GigabitEthernet0/1]mpls ldp enable
[P2-GigabitEthernet0/1]interface g0/0
[P2-GigabitEthernet0/0]mpls enable
[P2-GigabitEthernet0/0]mpls ldp enable
[P2-GigabitEthernet0/0]interface g0/2
[P2-GigabitEthernet0/2]mpls enable
[P2-GigabitEthernet0/2]mpls ldp enable
[P2-GigabitEthernet0/2]exit
[P2]
```

（11）PE3 配置

在 PE3 上启用 MPLS 和 LDP 步骤与 PE1 相似，具体如下。

```
[PE3]mpls lsr-id 172.16.1.11
[PE3]mpls ldp
[PE3-ldp]exit
[PE3]interface g0/2
[PE3-GigabitEthernet0/2]mpls enable
[PE3-GigabitEthernet0/2]mpls ldp enable
[PE3-GigabitEthernet0/2]interface g0/0
[PE3-GigabitEthernet0/0]mpls enable
[PE3-GigabitEthernet0/0]mpls ldp enable
[PE3-GigabitEthernet0/0]exit
[PE3]
```

（12）PE4 配置

在 PE4 上启用 MPLS 和 LDP 步骤与 PE1 相似，具体如下。

```
[PE4]mpls lsr-id 172.16.1.12
[PE4]mpls ldp
[PE4-ldp]exit
[PE4]interface g0/2
[PE4-GigabitEthernet0/2]mpls enable
[PE4-GigabitEthernet0/2]mpls ldp enable
[PE4-GigabitEthernet0/2]interface g0/0
[PE4-GigabitEthernet0/0]mpls enable
[PE4-GigabitEthernet0/0]mpls ldp enable
```

```
[PE4-GigabitEthernet0/0]exit
[PE4]
```

（13）查看 LDP 会话建立情况

在路由器 RR2 上执行 display mpls ldp peer 命令，具体如下，可以看到它有 3 个 LDP 邻居。

```
[RR2]display mpls ldp peer
Total number of peers：3
Peer LDP ID         State        Role      GR    MD5   KA Sent/Rcvd
172.16.1.11：0       Operational  Passive   Off   Off   15/15
172.16.1.7：0        Operational  Active    Off   Off   36/36
172.16.1.10：0       Operational  Passive   Off   Off   22/22
```

8.1.4　任务反思

一般情况下，不推荐配置 lsp-trigger all 命令。因为配置该命令后，所有 IGP 路由都会触发 LDP 建立 LSP，在骨干网上会导致 LSP 数量庞大，占用过多的系统资源。如果需要配置该命令，应先配置路由过滤策略，减少路由数量，从而减少路由触发建立 LSP 的数量，节省系统资源。

8.1.5　任务测评

扫描二维码，查看任务测评。

任务测评

8.2　域内 MPLS VPN 技术部署实施

MPLS VPN 使用 BGP 在服务提供商骨干网上发布 VPN 路由，使用 MPLS 在服务提供商骨干网上转发 VPN 报文。由于其组网方式灵活、可扩展性好，因此应用十分广泛。本节的任务是在 AS200 中部署实施一条 MPLS VPN 连接，使得总部与分支之间有更多的路径可以选择。

本任务并非集团全网建设的任务，仅为帮助理解下一节跨域 MPLS VPN 部署实施而设。已有 MPLS VPN 基础的读者可以略过本节，直接执行 8.3 节跨域 MPLS VPN 部署任务。

如果已执行了本节任务，那么开始下一节任务时，需删除本节相关配置。

8.2.1　任务描述

在全网启用 MPLS 和 LDP 后，LSP 就可以在 AS 内建立。本节的任务是在 AS200 中，部署一条总部到分支的 MPLS VPN 连接。由于配置只涉及 PE3、PE4 和 CE1、CE5，因此可以将拓扑结构简化，如图 8-2 所示。

图 8-2　总部与分支的 MPLS VPN 连接

8.2.2 任务准备

VPN 是指虚拟专用网络，用于支持专用的数据传输。MPLS 在网络中建立了基于标签的隧道，为 VPN 的实施建立了良好的基础。但要支持专用的数据传输，还需要专门的标记。因此，MPLS VPN 是在原有的 MPLS 标签的基础上，再加一层 VPN 的标签，以标识专用的数据传输。实施 MPLS VPN 需要首先了解 MPLS VPN 的有关知识。

1. 知识准备

（1）MPLS VPN 网络组成

此处提到的 MPLS VPN，是建立在网络层的基础上，因此也称为 MPLS L3 VPN。MPLS L3 VPN 网络由 3 种设备组成：CE、PE 和 P。

① CE（Customer Edge）设备：用户网络边缘设备，有接口直接与服务提供商（Service Provider，SP）相连。CE 可以是路由器或交换机，也可以是一台主机。CE "感知"不到 VPN 的存在，也不需要必须支持 MPLS。

② PE（Provider Edge）路由器：服务提供商边缘路由器，是服务提供商网络的边缘设备，与用户的 CE 直接相连。在 MPLS 网络中，对 VPN 的所有处理都发生在 PE 上。

③ P（Provider）路由器：服务提供商网络中的骨干路由器，不与 CE 直接相连。P 设备只需要具备基本 MPLS 转发能力。

CE 和 PE 的划分主要是根据服务提供商与用户的管理范围，CE 和 PE 是两者管理范围的边界。

- CE 设备通常是一台路由器，当 CE 与直接相连的 PE 建立邻接关系后，CE 把本站点的 VPN 路由发布给 PE，并从 PE 学到远端 VPN 的路由。CE 与 PE 之间使用 BGP/IGP 交换路由信息，也可以使用静态路由。
- PE 从 CE 学到 CE 本地的 VPN 路由信息后，通过 BGP 与其他 PE 交换 VPN 路由信息。PE 路由器只维护与它直接相连的 VPN 的路由信息，不维护服务提供商网络中的所有 VPN 路由。
- P 路由器只维护到 PE 的路由，不需要了解任何 VPN 路由信息。

当在 MPLS 骨干网上传输 VPN 流量时，入口 PE 作为 Ingress LSR，出口 PE 作为 Egress LSR，P 路由器作为 Transit LSR。

（2）MP-BGP 技术

在 BGP 中，使用 Update 消息发布和删除路由信息。Update 消息由 3 部分组成，其中 NLRI 用于传递发布给邻居的路由信息，由一个或多个 IPv4 地址前缀组成。为了适应 VPN 技术的需要，特别是要让 BGP 能够承载更多形式的路由信息，如 VPN 的私网路由信息或 IPv6 路由信息，IETF 对 BGP 进行了扩展。以实现对多种网络层协议的支持，可以穿越公网传递私网路由信息。

MP-BGP（MultiProtocol BGP，多协议 BGP 路由协议）中引入了以下两个新的路径属性。

- MP_REACH_NLRI：多协议可达 NLRI，用于发布可达路由及下一跳信息。
- MP_UNREACH_NLRI：多协议不可达 NLRI，用于撤销不可达路由。

这两种属性都是可选非传递的，因此，不提供多协议能力的 BGP Speaker 将忽略这两个属性的信息，不将它们传递给其他邻居。

（3）多 VRF 技术

多虚拟路由与转发（Virtual Routing and Forwarding，VRF）技术的目的是为了解决在同一台设备上出现的私网地址重复问题。

1）地址空间重叠

用户的设备与 ISP 设备相连，MPLS 隧道建立在不同 PE 之间。由于不同的 MPLS VPN 用户可能使用相同的私网地址，如 VPN1 和 VPN2 都使用了 10.10.10.0/24，这样会导致 PE 设备上的路由冲突，这称为地址空间重叠。

支持多 VRF 的路由器将一台路由器划分为多个 VRF，相当于虚拟的路由器，每个 VRF 之间互相独立，互不可见，且不同的 VRF 各自绑定独立的路由协议进程，拥有独立的路由表，互不影响。这样，即使不同的 VPN 用户使用了相同的私网地址空间，在与 PE 设备交换路由时，也不会出现路由冲突。

2）VPN 实例

在 MPLS VPN 中，不同 VPN 之间的路由隔离通过 VPN 实例（VPN-instance）实现。

PE 为每个直接相连的站点建立并维护专门的 VPN 实例。为保证 VPN 数据的独立性和安全性，PE 上每个 VPN 实例都有相对独立的路由表和 LFIB。具体来说，VPN 实例中的信息包括标签转发表、IP 路由表、与 VPN 实例绑定的接口以及 VPN 实例的管理信息。

VPN 实例的管理信息包括路由标识符（Route Distinguisher，RD）、路由过滤策略、成员接口列表等。

（4）RD

传统 BGP 无法正确处理地址空间重叠的 VPN 的路由。假设 VPN1 和 VPN2 都使用了 10.10.10.0/24 网段的地址，并各自发布了一条去往此网段的路由，BGP 将只会选择其中一条路由，从而导致去往另一个 VPN 的路由丢失。

PE 路由器之间使用 MP-BGP 发布 VPN 路由，并使用 VPN-IPv4 地址簇解决上述问题。

PE 从 CE 接收到普通 IPv4 路由后，需要将这些私网 VPN 路由发布给对端 PE。私网路由的独立性是通过为这些路由附加 RD 实现的。

SP 可以独立分配 RD，但必须保证 RD 的全局唯一性。这样，即使来自不同服务提供商的 VPN 使用了同样的 IPv4 地址空间，PE 路由器也可以向各 VPN 发布不同的路由。

一般要求为 PE 上每个 VPN 实例配置专门的 RD，以保证到达同一 CE 的路由都使用相同的 RD。RD 为 0 的 VPN-IPv4 地址相当于全局唯一的 IPv4 地址。

RD 的作用是添加到一个特定的 IPv4 前缀，使之成为全局唯一的 VPN IPv4 前缀。RD 有以下 3 种格式，通过 2 字节的 Type 字段区分。

- Type 为 0 时，RD 与 AS 号相关。格式为：16 位自治系统号：32 位用户自定义数字，如 100:1。
- Type 为 1 时，RD 与 IP 地址相关，格式为：32 位 IPv4 地址：16 位用户自定义数字，如 172.1.1.1:1。
- Type 为 2 时，格式为：32 位自治系统号：16 位用户自定义数字，其中的 AS 号最小值为 65536，如 65536:1。

为保证 RD 的全局唯一性，建议不要将 Administrator 子字段的值设置为私有 AS 号或私有 IP 地址。

（5）VPN Target 属性

MPLS VPN 使用 MP-BGP 新增的扩展团体属性——VPN Target（也称为 Route Target）来控制 VPN 路由信息的发布。

PE 路由器上的 VPN 实例有以下两类 VPN Target 属性。

- Export Target 属性：在本地 PE 将从与自己直接相连的站点学到的 VPN-IPv4 路由发布给其他 PE 之前，为这些路由设置 Export Target 属性。
- Import Target 属性：PE 在接收到其他 PE 路由器发布的 VPN-IPv4 路由时，检查其 Export Target 属性，只有当此属性与 PE 上 VPN 实例的 Import Target 属性匹配时，才将路由加入相应的 VPN 路由表中。

也就是说，VPN Target 属性定义了一条 VPN-IPv4 路由可以为哪些 Site 所接收，PE 路由器可以接收哪些 Site 发送来的路由。

与 RD 一样，VPN Target 也有以下 3 种格式。

- 16 位自治系统号：32 位用户自定义数字，如 100:1。
- 32 位 IPv4 地址：16 位用户自定义数字，如 172.1.1.1:1。
- 32 位自治系统号：16 位用户自定义数字，其中的自治系统号最小值为 65536，如 65536:1。

2. 任务分解

本任务中涉及的路由器主要有 PE3 和 PE4，需要在这两台路由器上进行配置。CE1 和 CE5 在本任务中仅充当测试角色，只需要配置 IP 地址和指向对端的默认路由。

MPLS VPN 配置步骤如下。

① 创建 VPN 实例，这包括创建 VPN 实例并进入 VPN 实例配置视图，配置 RD 和 RT。首先要根据用户访问需求进行规划，之后将规划的 RT 和 RD 配置在该 VPN 视图下。

② 配置接口与 VPN 实例绑定。注意，接口与 VPN 实例绑定后，原有的 IP 和路由配置可能会被移除，需要重新配置。

③ 配置 PE 之间的 IBGP 关系。

④ 配置要传递的 VPN 路由。CE 的 VPN 路由可通过多种形式传递，如 EBGP 等。

8.2.3 任务实施

1. 规划配置信息

在本任务中，PE3 和 PE4 都要创建 VPN 实例，且需要互通，为便于理解，使用相同的 VPN 实例名。RT 参数的 Import Target 属性表示接收到的 MP-BGP 路由的扩展团体属性所携带的值，Export Target 属性表示将路由发给 BGP 邻居时添加的 MP-BGP 扩展团体属性值，为保证两台路由器上 VPN 实例的互通，将这两个值都设为 2:2。RD 值只具有本地意义，同一台设备上不同 VPN 的 RD 值不同即可，因此可使用相同的 RD 值：200:2，配置信息汇总见表 8-2。

表 8-2 域内 MPLS VPN 配置信息规划表

规划的内容	具体参数
VPN 实例名称	vpn1
RD	200:2
RT	2:2

2. 部署实施域内 MPLS VPN 配置

（1）PE3 配置

使用已规划好的配置信息，根据 MPLS VPN 配置步骤，对 PE3 进行以下配置。

① 创建 VPN 实例。

```
[PE3]ip vpn-instance vpn1                              //创建名为 vpn1 的 VPN 实例,并进入 VPN 实例视图
[PE3-vpn-instance-vpn1]route-distinguisher 200:2       //配置 RD 值为 200:2
[PE3-vpn-instance-vpn1]vpn-target 2:2 export-extcommunity   //配置 RT Export Target 属性值为 2:2
[PE3-vpn-instance-vpn1]vpn-target 2:2 import-extcommunity   //配置 RT Import Target 属性值为 2:2
[PE3-vpn-instance-vpn1]exit
[PE3]
```

② 将 VPN 实例绑定到接口。

```
[PE3]interface g5/0                                    //进入 G5/0 接口配置视图
[PE3-GigabitEthernet5/0]ip binding vpn-instance vpn1   //将名为 vpn1 的 VPN 实例绑定到该接口
```

配置了 ip binding vpn-instance vpn1 命令后，系统将弹出以下提示，显示该接口的部分配置信息被移除。

```
Some configurations on the interface are removed.
```

在执行该命令前接口的配置如下。

```
[PE3-GigabitEthernet5/0]display this
#
interface GigabitEthernet5/0
 port link-mode route
 combo enable copper
 ip address 100.20.11.1 255.255.255.0
 ospfv3 1 area 0.0.0.10
 ipv6 address 2021:3C5E:2005:DB2::11:1/126
#
return
[PE3-GigabitEthernet5/0]
```

执行该命令后，接口的配置如下。

```
[PE3-GigabitEthernet5/0]display this
#
interface GigabitEthernet5/0
 port link-mode route
 combo enable copper
 ip binding vpn-instance vpn1
#
return
[PE3-GigabitEthernet5/0]
```

显然，与 IP 和路由协议有关的配置被移除。所以，在配置 ip binding vpn-instance vpn1 命

令，系统弹出提示信息后，需要重新配置该接口的 IP 地址，具体如下。

```
[PE3-GigabitEthernet5/0]ip address 100.20.11.1 255.255.255.0
[PE3-GigabitEthernet5/0]exit
[PE3]
```

③ 与 PE4 建立 IBGP 邻居关系。

```
[PE3]bgp 200                                          //进入 BGP 配置视图
[PE3-bgp-default]peer 172.16.1.12 as-number 200       //指定与 PE4 建立 IBGP 邻居关系
[PE3-bgp-default]peer 172.16.1.12 connect-interface loopback0  //指定使用 Loopback0 接口与 PE4 建立 TCP 连接
[PE3-bgp-default]address-family vpnv4                 //进入 VPNv4 视图
[PE3-bgp-default-vpnv4]peer 172.16.1.12 enable        //启用 IBGP 邻居 PE4
[PE3-bgp-default-vpnv4]exit
```

④ 配置需要传递的 VPN 路由信息

由于在本例中 CE1 用于测试，设定 CE1 后面没有网络，此处只需要传递到达 CE1 的路由信息，PE3 可从直连网络到达 CE1，因此只引入直连路由信息。PE4 上也是做同样的操作。如果 CE1 有路由信息需要通过 PE3 传递，则可以通过 MP-BGP 来传递。当然也可以通过其他形式。

```
[PE3-bgp-default]ip vpn-instance vpn1                 //进入 vpn1 实例配置视图
[PE3-bgp-default-vpn1]address-family ipv4             //进入 IPv4 地址簇视图
[PE3-bgp-default-ipv4-vpn1]import direct              //引入直连路由
[PE3-bgp-default-ipv4-vpn1]exit
[PE3-bgp-default-vpn1]exit
[PE3-bgp-default]exit
[PE3]
```

（2）PE4 配置

PE4 的配置与 PE3 相似，也分以下 4 个步骤来执行。

① 创建 VPN 实例。

```
[PE4]ip vpn-instance vpn1                              //创建名为 vpn1 的 VPN 实例,进入 VPN 实例视图
[PE4-vpn-instance-vpn1]route-distinguisher 200:2       //配置 RD 值为 200:2
[PE4-vpn-instance-vpn1]vpn-target 2:2 export-extcommunity   //配置 RT Export Target 属性值为 2:2
[PE4-vpn-instance-vpn1]vpn-target 2:2 import-extcommunity   //配置 RT Import Target 属性值为 2:2
[PE4-vpn-instance-vpn1]exit
[PE4]
```

② 将 VPN 实例绑定到接口。

```
[PE4]interface s1/0                                    //进入 S1/0 接口配置视图
[PE4-Serial1/0]ip binding vpn-instance vpn1            //将名为 vpn1 的 VPN 实例绑定到该接口
Some configurations on the interface are removed.      //系统提示该接口部分信息被移除
[PE4-Serial1/0]ip address 100.30.25.1 255.255.255.252  //重新配置接口 IP 地址
```

此时，可以测试与 CE5 的连通性。在 PE 端需要使用 -vpn-instance 参数才能 ping 通 CE 端，具体如下。

```
[PE4-Serial1/0]ping -vpn-instance vpn1 100.30.25.2
Ping 100.30.25.2 (100.30.25.2): 56 data bytes, press CTRL_C to break
56 bytes from 100.30.25.2: icmp_seq=0 ttl=255 time=0.676 ms
56 bytes from 100.30.25.2: icmp_seq=1 ttl=255 time=0.589 ms
56 bytes from 100.30.25.2: icmp_seq=2 ttl=255 time=0.521 ms
56 bytes from 100.30.25.2: icmp_seq=3 ttl=255 time=0.939 ms
56 bytes from 100.30.25.2: icmp_seq=4 ttl=255 time=0.517 ms

--- Ping statistics for 100.30.25.2 in VPN instance vpn1 ---
```

```
5 packet(s) transmitted, 5 packet(s) received, 0.0% packet loss
round-trip min/avg/max/std-dev = 0.517/0.648/0.939/0.156 ms
[PE4-Serial1/0]% May   1 12:59:35:951 2021 PE4 PING/6/PING_VPN_STATISTICS: Ping statistics for
100.30.25.2 in VPN instance vpn1: 5 packet(s) transmitted, 5 packet(s) received, 0.0% packet loss, round-trip
min/avg/max/std-dev = 0.517/0.648/0.939/0.156 ms.

[PE4-Serial1/0]exit
[PE4]
```

③ 建立与 PE3 的 IBGP 邻居关系。

```
[PE4]bgp 200                                              //进入 BGP 配置视图
[PE4-bgp-default]peer 172.16.1.11 as-number 200          //指定与 PE3 建立 IBGP 邻居关系
[PE4-bgp-default]peer 172.16.1.11 connect-interface loopback0  //指定使用 Loopback0 接口与 PE3 建立 TCP 连接
[PE4-bgp-default]address-family vpnv4                     //进入 VPNv4 视图
[PE4-bgp-default-vpnv4]peer 172.16.1.11 enable           //启用 IBGP 邻居 PE3
[PE4-bgp-default-vpnv4]exit
```

系统会弹出两端邻居关系建立的提示如下。

```
%May   1 13:04:07:076 2021 PE4 BGP/5/BGP_STATE_CHANGED:
 BGP default. : 172.16.1.11 State is changed from OPENCONFIRM to ESTABLISHED.
```

④ 配置要传递的 VPN 路由信息。

```
[PE4-bgp-default]ip vpn-instance vpn1                     //进入 vpn1 实例配置视图
[PE4-bgp-default-vpn1]address-family ipv4                 //进入 IPv4 地址簇视图
[PE4-bgp-default-ipv4-vpn1]import direct                  //引入直连路由
[PE4-bgp-default-ipv4-vpn1]exit
[PE4-bgp-default-vpn1]exit
[PE4-bgp-default]exit
[PE4]
```

（3）CE1 配置

在第 5 章总部园区网络的部署中，配置了指向 PE3 的默认路由，请检查默认路由的有效性，如果不存在，请参照以下配置完成默认路由的配置。

```
[CE1]interface g5/0
[CE1-GigabitEthernet5/0]ip address 100.20.11.2 255.255.255.0
[CE1-GigabitEthernet5/0]undo shutdown
[CE1-GigabitEthernet5/0]exit
[CE1]ip route 0.0.0.0 0.0.0.0 100.20.11.1
[CE1]
```

（4）CE5 配置

在第 5 章园区网络的配置中，在 CE5 上配置了一条去往 PE4 的默认路由，请检查默认路由是否存在，如果不存在，请参照以下配置为 CE5 添加默认路由。

```
[CE5]interface s1/0
[CE5-Serial1/0]ip add 100.30.25.2 255.255.255.252
[CE5-Serial1/0]undo shutdown
[CE5-Serial1/0]exit
[CE5]ip route 0.0.0.0 0.0.0.0 100.30.25.1
[CE5]
```

（5）测试配置

① 查看 VPN 路由传递情况。

在 PE4 上执行 display ip routing-table vpn-instance vpn1 命令，可以看到该 VPN 实例获取了

到达 CE1 的路由信息。

```
[PE4]display ip routing-table vpn-instance vpn1

Destinations : 14        Routes : 14

Destination/Mask    Proto    Pre   Cost    NextHop         Interface
0. 0. 0. 0/32       Direct   0     0       127. 0. 0. 1    InLoop0
100. 20. 11. 0/24   BGP      255   0       172. 16. 1. 11  GE0/0
100. 30. 25. 0/30   Direct   0     0       100. 30. 25. 1  Ser1/0
100. 30. 25. 0/32   Direct   0     0       100. 30. 25. 1  Ser1/0
100. 30. 25. 1/32   Direct   0     0       127. 0. 0. 1    InLoop0
100. 30. 25. 2/32   Direct   0     0       100. 30. 25. 2  Ser1/0
100. 30. 25. 3/32   Direct   0     0       100. 30. 25. 1  Ser1/0
127. 0. 0. 0/8      Direct   0     0       127. 0. 0. 1    InLoop0
127. 0. 0. 0/32     Direct   0     0       127. 0. 0. 1    InLoop0
127. 0. 0. 1/32     Direct   0     0       127. 0. 0. 1    InLoop0
127. 255. 255. 255/32  Direct 0    0       127. 0. 0. 1    InLoop0
224. 0. 0. 0/4      Direct   0     0       0. 0. 0. 0      NULL0
224. 0. 0. 0/24     Direct   0     0       0. 0. 0. 0      NULL0
255. 255. 255. 255/32  Direct 0    0       127. 0. 0. 1    InLoop0
[PE4]
```

② 连通性测试。

从 CE1 可以 ping 通 CE5，具体如下。

```
[CE1]ping 100. 30. 25. 2
Ping 100. 30. 25. 2 (100. 30. 25. 2): 56 data bytes, press CTRL_C to break
56 bytes from 100. 30. 25. 2: icmp_seq=0 ttl=253 time=2. 450 ms
56 bytes from 100. 30. 25. 2: icmp_seq=1 ttl=253 time=1. 446 ms
56 bytes from 100. 30. 25. 2: icmp_seq=2 ttl=253 time=0. 966 ms
56 bytes from 100. 30. 25. 2: icmp_seq=3 ttl=253 time=1. 591 ms
56 bytes from 100. 30. 25. 2: icmp_seq=4 ttl=253 time=0. 962 ms

--- Ping statistics for 100. 30. 25. 2 ---
5 packet(s) transmitted, 5 packet(s) received, 0. 0% packet loss
round-trip min/avg/max/std-dev = 0. 962/1. 483/2. 450/0. 545 ms
[CE1]%May  1 13:08:20:057 2021 CE1 PING/6/PING_STATISTICS: Ping statistics for 100. 30. 25. 2: 5 packet
(s) transmitted, 5 packet(s) received, 0. 0% packet loss, round-trip min/avg/max/std-dev = 0. 962/1. 483/
2. 450/0. 545 ms.

[CE1]
```

8.2.4 任务反思

在配置域内 MPLS VPN 时，首先必须确保两个 PE 之间存在路由，能够互通，否则，MPLS VPN 是无法连通的。在域内 MPLS BGP VPN 业务中，每个数据包至少携带 2 个标签，一个标签标识去往出口 PE 的路径，另一个标签标识 VPN。CE 设备无需启用 MPLS，因为 CE 不知道 MPLS VPN 的存在，因此也不需要对 CE 设备进行专门配置。

8.2.5 任务测评

扫描二维码，查看任务测评。

任务测评

8.3　跨域 MPLS VPN 部署实施

一般的 MPLS VPN 体系结构都是在一个 AS 内运行，VPN 的路由信息可在一个 AS 内按需扩散，但不能扩散到其他 AS 中。为了支持 VPN 跨域的需求，就需要扩展现有协议和修改 MPLS VPN 体系框架。

本集团网络中，如果要实现总部和数据中心的 MPLS VPN 互通，需要穿过两个 AS。本节结合集团网络跨域 MPLS VPN 部署实施任务，介绍跨域 MPLS VPN 实施方式，并执行跨域 MPLS VPN 部署。

8.3.1　任务描述

集团总部与数据中心跨越两个 AS 连接，VPN 路由信息通常不能跨 AS 传递。要实现总部与数据中心的 VPN 连接，需要部署实施跨域 MPLS VPN。

本节的任务是在集团骨干网上部署实施一条跨域 MPLS VPN，实现集团总部 CE1 和数据中心 CE3 设备的跨域 MPLS VPN 连接，如图 8-3 所示。

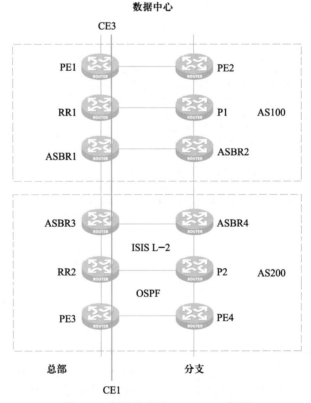

图 8-3　集团骨干网 MPLS VPN 部署

8.3.2　任务准备

要实现跨域 MPLS VPN 部署实施，需要熟悉常见的跨域 MPLS VPN 解决方案。

1. 知识准备

常见的跨域 MPLS VPN 解决方案主要有以下 3 个。

（1）背靠背方式（VRF-TO-VRF）

该方式也称为跨域 VPN-Option A，实现比较简单。当 PE 上的 VPN 数量及 VPN 路由数量都比较少时可以采用这种方案。

其思路为：对各 AS 分别进行基本 MPLS VPN 配置，对于 ASBR，将对端 ASBR 看成自己的 CE 配置即可。即跨域 VPN-Option A 方式需要在 PE 和 ASBR 上分别配置 VPN 实例，前者用于接入 CE，后者用于接入对端 ASBR。

若两端 ASBR 之间有多个 VPN 实例，则为每个 VPN 实例配置一条虚链路以标识该 VPN 实例。也可以理解为，为每个 VPN 实例配置一条虚链路，以便于将该 VPN 实例绑定到该虚链路或子接口。

在跨域 VPN-Option A 方式中，对于同一个 VPN，同一 AS 内的 ASBR 与 PE 的 VPN 实例的 VPN Target 应能匹配，不同 AS 的 PE 之间的 VPN 实例的 VPN Target 则不需要匹配。

（2）单跳的 MP-EBGP 方式（MP-EBGP）

该方式也称为跨域 VPN-Option B。在这种方式中，ASBR 需要保存所有 VPN4 路由信息，以通告给对端 ASBR。这种情况下，ASBR 应接收所有的 VPN 路由信息，不对它们进行 VPN Target 过滤。

在跨域 VPN-Option B 方式中，对于同一个 VPN，同一 AS 内的 ASBR 与 PE 的 VPN 实例的 VPN Target 应能匹配，不同 AS 的 PE 之间的 VPN 实例的 VPN Target 也需要匹配。

由于 ASBR 需要接收并保存所有的 VPN 路由信息，因此对其性能有较高的要求，容易形成瓶颈。

（3）多跳的 MP-EBGP 方式（MULTIHOP-EBGP）

该方式也称为跨域 VPN-Option C。在这种方式中，VPN 的路由信息只出现在 PE 设备上，P 路由器只负责转发，中间域的设备可以不支持 MPLS VPN 业务，就是一个普通的支持 IP 转发的 ASBR 路由器，在跨越多个域时优势更明显，且该方案没有瓶颈点。但它需要对普通 BGP 做扩展，隧道的生产也有别于普通的 MPLSVPN 结构，维护和理解难度比较大。

本节将采用跨域 VPN-Option A 完成部署实施 MPLS VPN 的任务。

2. 任务分解

在本任务中，需要配置一条从总部到数据中心的 MPLS VPN 路径。涉及的骨干网路由器有 PE1、ASBR1、ASBR3 和 PE3，CE 设备有 CE1 和 CE3。需要在这些路由器上根据各自的角色逐一完成配置。所有 CE 设备在本任务中仅充当测试角色，配置简化为只需配置接口 IP 地址和一条指向对端的默认路由。

所需配置步骤如下。

（1）准备工作

在执行跨域 VPN-Option A 配置任务前，应做好以下准备工作。

① 完成骨干网 IGP 配置，实现骨干网的 IP 连通性。

第 6 章已经完成骨干网的 IGP 配置,实现了骨干网的 IP 连通性。

② 完成骨干网 MPLS 部署实施基本任务。

在 8.1 节,已经完成骨干网 MPLS 部署实施基本任务,在所有路由器上启用了 MPLS 和 LDP。

③ 建立与 CE 的连通性。

在 CE 上配置接入 PE 的接口的 IP 地址,使之能够连通 PE,并在 CE 上配置指向 PE 的默认路由。

(2) 配置 VPN 实例

① 创建 VPN 实例。

② 配置该 VPN 实例的 RD。

③ 配置当前 VPN 实例的 RT 值。

(3) 将 VPN 实例绑定到接口

(4) 配置 AS 内部的 IBGP 邻居关系

(5) 配置需要传递的 VPN 路由信息

8.3.3 任务实施

PE1 和 ASBR1 在 AS100,PE3 和 ASBR3 在 AS200,命名 VPN 实例为 vpna。各路由器已完成 MPLS 和 LDP 的启用。

1. PE3 配置

PE3 的配置包括创建 VPN 实例、将实例绑定到接口、配置 ASBR3 为 PE3 的 IBGP 邻居和传递 VPN 路由信息 4 项内容。

(1) 创建 VPN 实例

在 PE3 上,创建名为 vpna 的 VPN 实例,配置 RD 为 200:1,RT 的 Import Target 和 Export Target 属性都配置为 1:1。

```
[PE3]ip vpn-instance vpna                                      //创建名为 vpna 的 VPN 实例,进入 VPN 实例视图
[PE3-vpn-instance-vpna]route-distinguisher 200:1              //配置 RD 值为 200:1
[PE3-vpn-instance-vpna]vpn-target 1:1 export-extcommunity     //配置 RT Export Target 属性值为 1:1
[PE3-vpn-instance-vpna]vpn-target 1:1 import-extcommunity     //配置 RT Import Target 属性值为 1:1
[PE3-vpn-instance-vpna]
```

(2) 将 VPN 实例绑定到接口

在 PE3 上需要将 VPN 实例绑定到与 CE 相连的接口。PE3 与两个 CE 相连,分别为 CE1 和 CE2,根据网络规划,在 G5/0 上绑定 VPN 实例。

```
[PE3]interface g5/0                                            //进入 G5/0 接口配置视图
[PE3-GigabitEthernet5/0]ip binding vpn-instance vpna          //将名为 vpna 的 VPN 实例绑定到该接口
Some configurations on the interface are removed.             //系统提示接口部分配置信息被移除
[PE3-GigabitEthernet5/0]exit
[PE3]
```

由于与 IP 和路由协议有关的配置被移除,因此需要重新配置 IP 地址。

```
[PE3]interface g5/0                                           //进入 G5/0 接口配置视图
[PE3-GigabitEthernet5/0]ip address 100. 20. 11. 1 255. 255. 255. 0   //配置 G5/0 接口 IP 地址
[PE3-GigabitEthernet5/0]exit
[PE3]
```

完成以上配置后，可测试 PE3 和 CE 的连通性。在测试前，还需先完成 CE1 的接口 IP 地址配置。

① 检查 CE1 配置。

在第 5 章总部园区网络的部署中，已经完成 CE1 到 PE3 的默认路由，如果该路由不存在，请参照以下配置完成。

```
[CE1]interface g5/0                                           //进入 G5/0 接口配置视图
[CE1-GigabitEthernet5/0]ip address 100. 20. 11. 2 255. 255. 255. 0   //配置 G5/0 接口 IP 地址
[CE1-GigabitEthernet5/0]undo shutdown                          //启用接口
[CE1-GigabitEthernet5/0]
```

② 连通性测试。

在 PE3 上可以 ping 通 CE1，具体如下。注意，在 PE 端 ping CE 端时，需要带上 -vpn-instance 参数，在 CE 端 ping 不需要该参数。

```
[PE3]ping -vpn-instance vpna 100. 20. 11. 2
Ping 100. 20. 11. 2（100. 20. 11. 2）：56 data bytes, press CTRL_C to break
56 bytes from 100. 20. 11. 2：icmp_seq=0 ttl=255 time=1. 059 ms
56 bytes from 100. 20. 11. 2：icmp_seq=1 ttl=255 time=0. 503 ms
56 bytes from 100. 20. 11. 2：icmp_seq=2 ttl=255 time=0. 470 ms
56 bytes from 100. 20. 11. 2：icmp_seq=3 ttl=255 time=0. 483 ms
56 bytes from 100. 20. 11. 2：icmp_seq=4 ttl=255 time=0. 758 ms

--- Ping statistics for 100. 20. 11. 2 in VPN instance vpna ---
5 packet(s) transmitted, 5 packet(s) received, 0. 0% packet loss
round-trip min/avg/max/std-dev = 0. 470/0. 655/1. 059/0. 228 ms
[PE3]%May  1 11：00：09：060 2021 PE3 PING/6/PING_VPN_STATISTICS：Ping statistics for 100. 20. 11. 2 in
VPN instance vpna：5 packet(s) transmitted, 5 packet(s) received, 0. 0% packet loss, round-trip min/avg/max/std
-dev = 0. 470/0. 655/1. 059/0. 228 ms.

[PE3]
```

（3）配置 ASBR3 为 PE3 的 IBGP 邻居

注意：IBGP 邻居的启用需要在 VPNv4 视图下进行，因为该邻居是用于 MP-BGP 传递 VPN 路由信息。

```
[PE3]bgp 200                                                  //进入 BGP 配置视图
[PE3-bgp-default]peer 172. 16. 1. 7 as-number 200              //配置 ASBR3 为 IBGP 邻居
[PE3-bgp-default]peer 172. 16. 1. 7 connect-interface loopback0  //配置使用 Loopback0 接口与 ASBR3 建立 TCP
                                                              //连接
[PE3-bgp-default]address-family vpnv4                          //进入 VPNv4 视图
[PE3-bgp-default-vpnv4]peer 172. 16. 1. 7 enable               //启用 IBGP 邻居 ASBR3
[PE3-bgp-default-vpnv4]exit
[PE3-bgp-default]exit
[PE3]
```

（4）引入要传递的 VPN 路由信息

PE3 要传递的 VPN 路由信息是与 CE 相连的直连路由，需要通过 MP-BGP 传递，因此需要在 vpna 配置视图下的 IPv4 地址簇视图中配置。

```
[PE3]bgp 200                                      //进入 BGP 配置视图
[PE3-bgp-default]ip vpn-instance vpna             //进入 vpna 实例配置视图
[PE3-bgp-default-vpna]address-family ipv4         //进入 IPv4 地址簇视图
[PE3-bgp-default-ipv4-vpna]import direct          //引入直连路由
[PE3-bgp-default-ipv4-vpna]exit
[PE3-bgp-default-vpna]exit
[PE3-bgp-default]exit
[PE3]
```

2. ASBR3 配置

ASBR3 的配置与 PE3 基本相似，但是根据 OptionA 的基本原理，它将位于 AS100 的 ASBR1 作为自己的 CE，同时又将自己作为 ASBR1 的 CE，两者之间通过 EBGP 关系实现 VPN 路由传递，所以它还需要与 ASBR1 建立 EBGP 邻居关系。

（1）创建 VPN 实例

在 ASBR3 上创建 VPN 实例的步骤与在 PE3 上相同，具体如下。

```
[ASBR3]ip vpn-instance vpna                                   //创建名为 vpna 的 VPN 实例,进入 VPN 实例视图
[ASBR3-vpn-instance-vpna]route-distinguisher 200:1           //配置 RD 值为 200:1
[ASBR3-vpn-instance-vpna]vpn-target 1:1 export-extcommunity  //配置 RT Export Target 属性值为 1:1
[ASBR3-vpn-instance-vpna]vpn-target 1:1 import-extcommunity  //配置 RT Import Target 属性值为 1:1
[ASBR3-vpn-instance-vpna]exit
```

（2）VPN 实例绑定接口

在 ASBR3 上将 VPN 实例绑定到与 ASBR1 连接的接口，将 ASBR1 视为 CE 设备，具体如下。

```
[ASBR3]interface g0/2                                     //进入 G0/2 接口配置视图
[ASBR3-GigabitEthernet0/2]ip binding vpn-instance vpna    //将名为 vpna 的 VPN 实例绑定到该接口
Some configurations on the interface are removed.         //系统提示部分原有配置被移除
[ASBR3-GigabitEthernet0/2]ip address 100.10.57.2 255.255.255.252 //重新配置接口 IP 地址
[ASBR3-GigabitEthernet0/2]exit
```

（3）配置 PE3 为 ASBR3 的 IBGP 邻居

```
[ASBR3]bgp 200                                                        //进入 BGP 配置视图
[ASBR3-bgp-default]peer 172.16.1.11 as-number 200                     //配置 PE3 为 IBGP 邻居
[ASBR3-bgp-default]peer 172.16.1.11 connect-interface loopback0       //配置用 Loopback0 接口与 PE3 建立 TCP 连接
[ASBR3-bgp-default]address-family vpnv4                               //进入 VPNv4 视图
[ASBR3-bgp-default-vpnv4]peer 172.16.1.11 enable                      //启用 IBGP 邻居 PE3
[ASBR3-bgp-default-vpnv4]exit
[ASBR3-bgp-default]exit
[ASBR3]
```

（4）配置要传递的 VPN 路由信息

ASBR3 需要将来自 AS100 的 EBPG 邻居 ASBR1 发来的路由信息传递给 PE3，vpna 是之前创建的用于 VPN 传输的实例，因此需要在 vpna 实例视图下，将 ASBR1 配置为 EBGP 邻居，并

进入 IPv4 地址簇视图进行启用。由于 ASBR1 位于另一个 AS，因此需要使用 ASBR1 与自己互连的 IP 地址来进行标识。

```
[ASBR3]bgp 200                                         //进入 BGP 配置视图
[ASBR3-bgp-default]ip vpn-instance vpna                //进入 vpna 实例视图
[ASBR3-bgp-default-vpna]peer 100.10.57.1 as-number 100 //指定 ASBR1 为 EBGP 邻居
[ASBR3-bgp-default-vpna]address-family ipv4            //进入 IPv4 地址簇视图
[ASBR3-bgp-default-ipv4-vpna]peer 100.10.57.1 enable   //启用 EBGP 邻居 ASBR1
[ASBR3-bgp-default-vpna]exit
[ASBR3-bgp-default]exit
[ASBR3]
```

3. ASBR1 配置

ASBR1 的配置与 ASBR3 相似，也包括创建 VPN 实例、将实例绑定到接口、配置 PE1 为 IBGP 邻居和传递 VPN 路由信息 4 项内容。根据 OptionA 的基本原理，它将位于 AS200 的 ASBR3 作为自己的 CE，同时又将自己作为 ASBR3 的 CE，两者之间通过 EBGP 关系实现 VPN 路由传递，所以它还需要与 ASBR3 建立 EBGP 邻居关系。

（1）创建 VPN 实例

在 ASBR1 上，创建名为 vpna 的 VPN 实例，由于 ASBR1 位于 AS100，可配置 RD 为 100:1，RD 只有本地意义。但同一 VPN 路径下 RT 值需要相同，因此将 RT 的 Import Target 和 Export Target 属性都配置为 1:1。

```
[ASBR1]ip vpn-instance vpna                                   //创建名为 vpna 的 VPN 实例,进入 VPN 实例视图
[ASBR1-vpn-instance-vpna]route-distinguisher 100:1            //配置 RD 值为 100:1
[ASBR1-vpn-instance-vpna]vpn-target 1:1 export-extcommunity   //配置 RT Export Target 属性值为 1:1
[ASBR1-vpn-instance-vpna]vpn-target 1:1 import-extcommunity   //配置 RT Import Target 属性值为 1:1
[ASBR1-vpn-instance-vpna]exit
```

（2）将 VPN 实例绑定到接口

```
[ASBR1]interface g0/2                                           //进入 G0/2 接口配置视图
[ASBR1-GigabitEthernet0/2]ip binding vpn-instance vpna          //将名为 vpna 的 VPN 实例绑定到该接口
Some configurations on the interface are removed.               //系统提示部分原有配置被移除
[ASBR1-GigabitEthernet0/2]ip address 100.10.57.1 255.255.255.252 //重新配置接口 IP 地址
[ASBR1-GigabitEthernet0/2]exit
```

（3）将 PE1 配置为 IBGP 邻居

ASBR1 要与 PE1 建立 IBGP 邻居关系，以便将从位于 AS200 的 ASBR3 接收的 VPN 路由信息传给 PE1。

```
[ASBR1]bgp 100                                                      //进入 BGP 配置视图
[ASBR1-bgp-default]peer 172.16.1.1 as-number 100                    //配置 PE1 为 IBGP 邻居
[ASBR1-bgp-default]peer 172.16.1.1 connect-interface loopback0      //配置用 Loopback0 接口与 PE1 建立 TCP
                                                                    //连接
[ASBR1-bgp-default]address-family vpnv4                             //进入 IPv4 地址簇视图
[ASBR1-bgp-default-vpnv4]peer 172.16.1.1 enable                     //启用 IBGP 邻居 PE1
[ASBR1-bgp-default-vpnv4]exit
[ASBR1-bgp-default]exit
[ASBR1]
```

（4）配置 ASBR1 要传递的 VPN 路由信息

ASBR1 通过 MP-BGP 来传递 VPN 路由信息，ASBR1 要在 vpna 实例视图下，将 ASBR3 配置为 EBGP 邻居，并进入 IPv4 地址簇视图进行启用。由于 ASBR3 位于另一个 AS，因此需要使用 ASBR3 与自己互连的 IP 地址 100.10.57.2 来进行标识。

```
[ASBR1]bgp 100                                          //进入 BGP 配置视图
[ASBR1-bgp-default]ip vpn-instance vpna                 //进入 vpna 实例视图
[ASBR1-bgp-default-vpna]peer 100.10.57.2 as-number 200  //指定 ASBR3 为 EBGP 邻居
[ASBR1-bgp-default-vpna]address-family ipv4             //进入 IPv4 地址簇视图
[ASBR1-bgp-default-ipv4-vpna]peer 100.10.57.2 enable    //启用 EBGP 邻居 ASBR3
[ASBR1-bgp-default-vpna]exit
[ASBR1-bgp-default]exit
[ASBR1]
```

4. PE1 配置

PE1 配置与 PE3 相似。

（1）创建 VPN 实例

在 PE1 上创建 VPN 实例的步骤与 ASBR1 相同，其中 RT 值必须相同，这是为了传递同一 VPN 信息。RD 值只有本地意义，此处可以采用相同的 RD 值。

```
[PE1]ip vpn-instance vpna                               //创建名为 vpna 的 VPN 实例,进入 VPN 实例视图
[PE1-vpn-instance-vpna]route-distinguisher 100:1        //配置 RD 值为 100:1
[PE1-vpn-instance-vpna]vpn-target 1:1 export-extcommunity //配置 RT Export Target 属性值为 1:1
[PE1-vpn-instance-vpna]vpn-target 1:1 import-extcommunity //配置 RT Import Target 属性值为 1:1
```

（2）将 VPN 实例绑定到接口

PE1 上需要将 VPN 实例绑定到与 CE 相连的接口。PE1 与两个 CE 相连，本任务中仅用到 CE3，需要在与 CE3 相连的接口 G5/0 绑定 VPN 实例。

```
[PE1-vpn-instance-vpna]interface g5/0                   //进入 G5/0 接口视图
[PE1-GigabitEthernet5/0]ip binding vpn-instance vpna    //将接口绑定到名为 vpna 的 VPN 实例
Some configurations on the interface are removed.       //系统提示部分配置被移除
[PE1-GigabitEthernet5/0]ip address 100.40.33.1 255.255.255.252 //重新配置接口 IP 地址
[PE1-GigabitEthernet5/0]exit
```

（3）将 ASBR1 配置为 IBGP 邻居

将 ASBR1 配置为 IBGP 邻居的步骤与在 PE3 上将 ASBR3 配置为 IBGP 邻居的步骤相似，具体如下。

```
[PE1]bgp 100                                            //进入 BGP 配置视图
[PE1-bgp-default]peer 172.16.1.5 as-number 100          //配置 ASBR1 为 IBGP 邻居
[PE1-bgp-default]peer 172.16.1.5 connect-interface loopback0 //配置使用 Loopback0 接口与 ASBR1 建立 TCP 连接
[PE1-bgp-default]address-family vpnv4                   //进入 vpnv4 视图
[PE1-bgp-default-vpnv4]peer 172.16.1.5 enable           //启用 IBGP 邻居 ASBR1
[PE1-bgp-default-vpnv4]exit
[PE1-bgp-default]exit
```

（4）配置要传递的 VPN 路由信息

PE1 要传递的 VPN 路由信息也是与 CE 相连的直连路由，在 vpna 配置视图下的 IPv4 地址

簇视图中配置。

```
[PE1]bgp 100                                       //进入 BGP 配置视图
[PE1-bgp-default]ip vpn-instance vpna              //进入 vpna 实例视图
[PE1-bgp-default-vpna]address-family ipv4          //进入 IPv4 地址簇视图
[PE1-bgp-default-ipv4-vpna]import direct            //引入直连路由
[PE1-bgp-default-ipv4-vpna]exit
[PE1-bgp-default-vpna]exit
[PE1-bgp-default]exit
[PE1]
```

5. 测试配置情况

(1) 配置 CE 的 IP 地址和默认路由

① 检查 CE1 配置。

在第 5 章已经完成 CE1 的 IP 地址配置和指向运营商路由器 PE3 的默认路由，请检查默认路由的有效性。

② CE3 配置。

在 CE3 上需要配置 IP 地址和指向 PE1 的默认路由。

```
[CE3]interface g5/0                                              //进入 G5/0 接口配置视图
[CE3-GigabitEthernet5/0]ip address 100.40.33.2 255.255.255.252   //配置接口 IP 地址
[CE3-GigabitEthernet5/0]undo shutdown                            //开启接口
[CE3-GigabitEthernet5/0]exit                                     //回到系统视图
[CE3]ip route 0.0.0.0 0.0.0.0 100.40.33.1                        //配置指向 PE1 的默认路由
[CE3]
```

(2) 执行测试

在 CE3 上可以 ping 通 CE1，具体如下。

```
[CE3]ping 100.20.11.2
Ping 100.20.11.2 (100.20.11.2)：56 data bytes, press CTRL_C to break
56 bytes from 100.20.11.2：icmp_seq=0 ttl=251 time=3.724 ms
56 bytes from 100.20.11.2：icmp_seq=1 ttl=251 time=2.142 ms
56 bytes from 100.20.11.2：icmp_seq=2 ttl=251 time=2.983 ms
56 bytes from 100.20.11.2：icmp_seq=3 ttl=251 time=3.210 ms
56 bytes from 100.20.11.2：icmp_seq=4 ttl=251 time=2.800 ms

--- Ping statistics for 100.20.11.2 ---
5 packet(s) transmitted, 5 packet(s) received, 0.0% packet loss
round-trip min/avg/max/std-dev = 2.142/2.972/3.724/0.518 ms
[CE3]%May  1 11:48:39:465 2021 CE3 PING/6/PING_STATISTICS：Ping statistics for 100.20.11.2：5 packet
(s) transmitted, 5 packet(s) received, 0.0% packet loss, round-trip min/avg/max/std-dev = 2.142/2.972/
3.724/0.518 ms.

[CE3]
```

(3) 查看路由表

查看 PE1 的 VPN 路由表，可以看到 VPN 路由表通过 BGP 被顺利传递过来。

```
[PE1]display ip routing-table vpn-instance vpna
```

```
Destinations : 18        Routes : 18

Destination/Mask    Proto    Pre Cost        NextHop        Interface
0. 0. 0. 0/32       Direct   0    0          127. 0. 0. 1    InLoop0
100. 20. 11. 0/24   BGP      255 0          172. 16. 1. 5   GE0/2
100. 20. 22. 0/24   BGP      255 0          172. 16. 1. 5   GE0/2
……
[PE1]
```

8.3.4 任务反思

在本节任务中，使用了 MPLS 跨域 VPN 方案 Option A。Option A 是 3 种典型跨域 MPLS VPN 方案中最简单易懂的方案。在 Option A 中，ASBR 之间不需要运行 MPLS，也不需要为跨域进行特殊配置，两个 AS 的边界路由器 ASBR 直接相连。ASBR 同时把自己作为 PE 设备，把对端 ASBR 作为自己的 CE 设备，使用 EBGP 方式向对端发布路由。

但 Option A 的局限也显而易见。由于 ASBR 需要管理所有 VPN 路由，为每个 VPN 创建实例，这将导致 ASBR 上的 VPN IPv4 路由数量过大。并且，ASBR 之间通过普通 IP 转发，要求为每个跨域 VPN 使用不同的接口或虚拟接口，从而提高了对 ASBR 设备的要求。如果需要跨越多个 AS，则中间的 AS 必须支持 VPN 业务，每一个中间 AS 的 ASBR 都需要配置，不仅配置量大，对中间 AS 的影响也很大。因此，Option A 方案一般适用于需要跨域的 VPN 数量比较少、AS 也比较少的情况。在大型复杂的骨干网中，使用较多的是 Option C 方案。

8.3.5 任务测评

扫描二维码，查看任务测评。

任务测评

第 9 章　骨干网IPv6相关技术部署实施

传统的 IPv4 已经难以支持互联网的进一步扩展，早在 20 世纪 90 年代，就已经提出 IPv4 地址耗尽的问题。无论是 NAT 还是 CIDR，都是缓解 IPv4 地址耗尽的手段，但却不能从根本上解决这个问题。IPv6 对 IPv4 进行了大量改进，提供 128 位地址空间，能极大满足互联网对地址增长的需求。但当前大量网络业务是基于 IPv4，因此，即使 IPv6 已经是成熟技术，也不能立即取代 IPv4，两者将会在互联网上并存一段时间，并逐步过渡到 IPv6。本章围绕集团骨干网建设相关任务，完成网络设备 IPv6 地址配置、IPv6 路由协议部署实施等任务，以掌握 IPv6 下骨干网路由协议部署实施的主要技术。

通过本章学习，应达成以下目标。

知识目标

- 熟悉 IPv6 的特点。
- 掌握 IPv6 地址格式和地址类型。
- 理解 IPv6 邻居发现协议的工作原理。
- 熟悉 IPv6 路由协议的基本工作原理。

技能目标

- 掌握 IPv6 地址部署实施的方法。
- 掌握 OSPFv3 配置方法。
- 掌握 IPv6 集成 IS-IS 配置方法。
- 掌握 BGP 配置方法。

素质目标

- 培养认真细致的工作作风。
- 形成运用工作原理分析和解决网络问题的良好习惯。

IPv6（Internet Protocol Version 6，因特网协议版本 6）是 IETF 设计的 IPv4 升级版，是 IETF 开发的下一代互联网协议。IPv6 和 IPv4 之间显著的区别为：IP 地址的长度从 32 bits 增加到 128 bits。但 IPv6 并非是仅仅将 IPv4 地址进行简单的延伸以提供充足的地址空间，它还简化了报头格式，支持地址自动配置，支持 QoS 并提供端到端的安全特性，对 IPv4 做了很多改进，因此也被称为 下一代 IP（IP Next Generation，IPng）。骨干网中 IPv6 及相关技术部署与 IPv4 相比有相同之处，也有一些差异，通过完成本章任务，可以较好地理解和掌握骨干网 IPv6 相关技术部署实施的主要方法和关键技术。需要说明的是，本章所有任务的实施是在第 7 章任务实施的基础上进行的。

9.1 IPv6 地址部署实施

本节结合集团 IPv6 地址部署任务，介绍 IPv6 的表示方式、特性、分类以及配置方法，为后续进行 IPv6 路由协议的配置做好准备。

9.1.1 任务描述

为适应网络技术的发展，集团在网络结构不变的情况下，进行 IPv6 地址部署，相关信息如图 9-1 所示。

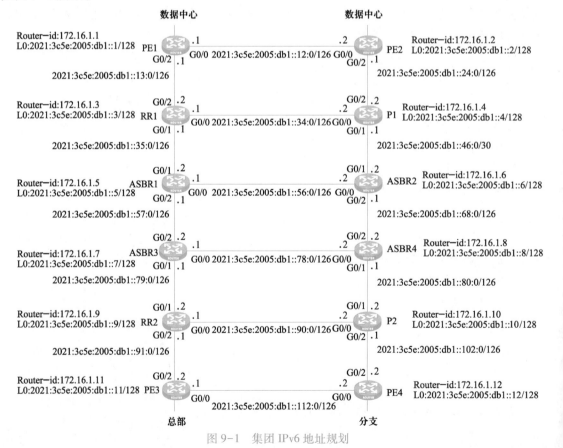

图 9-1　集团 IPv6 地址规划

本节任务要求根据已知的 IPv6 地址规划，为骨干网的所有设备配置 IPv6 地址。

9.1.2 任务准备

实施 IPv6 地址部署任务，需要对 IPv6 相关知识有一定的了解，熟悉 IPv6 地址的格式、类型和配置要求。

1. 知识准备

(1) IPv6 地址的表示方式

IPv6 地址用一串以冒号分隔的十六进制数表示。每个 IPv6 地址被分为 8 组，每组 16 bits，用 4 个十六进制数表示。各组之间用冒号分开，例如：

2021:3c5e:0000:0000:1065:0000:0000:00a3

为了简化 IPv6 的地址表示，对于 IPv6 地址中的 0，有以下两种处理方法。

① 若组中 4 个十六进制数全为 0，可以记为 0。所以上述地址可以记为 2021:3c5e:0:0:1065:0:0:00a3。

② 组中左边的 0 可以忽略。所以上述地址可以记为 2021:3c5e:0:0:1065:0:0:a3。

③ 连续的全 0 组，可以用 :: 替代。上述地址还可进一步记为 2021:3c5e::1065:0:0:a3。

注意： 一个 IPv6 地址中只能使用一次 ::，否则无法确认 :: 到底代替了多少个 0。所以上述地址不能记为 2021:3c5e::1065::53。

此外，与 IPv4 地址一样，IPv6 地址也是分层的地址。IPv6 地址由前缀和接口标识两部分组成。其中，地址前缀相当于 IPv4 地址的网络号部分，接口标识相当于 IPv4 地址的主机号部分。

完整的 IPv6 地址表示方式为：IPv6 地址/前缀长度。其中，IPv6 地址即前面提到的用冒号分隔十六进制组表示的 8 组十六进制数，前缀长度是一个十进制数，表示 IPv6 地址左边起多少位是地址前缀。

(2) IPv6 地址分类

IPv6 主要有单播地址、组播地址和任播地址 3 种类型的地址。

① 单播地址：用来唯一标识一个接口，类似于 IPv4 的单播地址。发送到单播地址的数据包被传送给该地址标识的接口。

② 组播地址：用来标识一组接口，通常这组接口属于不同的结点，类似于 IPv4 的组播地址。发送到组播地址的数据包被转发给该地址标识的所有接口。IPv6 没有广播地址，广播地址的功能通过组播地址实现。

③ 任播地址：用来标识一组接口，通常这组接口属于不同结点，发送到该地址的数据包被转发给该地址所标识的一组接口中离源结点最近的接口。

IPv6 地址类型由格式前缀（地址前几位）来指定，主要地址类型与格式前缀的对应关系见表 9-1。

表 9-1 地址类型与格式前缀的对应关系

地址类型		格式前缀（二进制）	IPv6 前缀标识
单播地址	未指定地址	0…0（128 位）	::/128
	环回地址	0…01（128 位）	::1/128

续表

地址类型		格式前缀（二进制）	IPv6 前缀标识
单播地址	链路本地地址	1111111010	FE80::/10
	站点本地地址	1111111011	FEC0::/10
	全局单播地址	所有其他	
组播地址		11111111	FF00::/8
任播地址		从单播地址空间中分配，使用单播地址格式	

其中单播地址包含有更多的子类型。

- 全局单播地址等同 IPv4 公网地址。每个 Internet 上的主机应该有一个唯一的全局单播地址。
- 链路本地地址用于本地结点之间通信，使用链路本地地址作为源或目的地址的数据包不会被转发到其他链路。
- 环回地址不能分配给任何物理接口，作用与 IPv4 的环回地址相同。
- 站点本地地址类似于 IPv4 中的私有地址，使用站点本地地址作为源或者目的地址的数据包不会被转发到本站点（相当于私有网络）外的其他站点。

2. 任务分解

完成骨干网 IPv6 地址部署实施任务也应首先理解规划原则，完成 IPv6 地址规划表，然后在每台设备上配置路由器接口 IPv6 地址。

（1）IPv6 地址规划原则

在本任务中，IPv6 地址的规划遵循了以下原则。

① 在 IPv6 地址最低位取值上与 IPv4 保持一致，以便过渡，路由器互连接口采用 126 位掩码。

② 规划 Loopback0 接口 IPv6 地址。

③ 路由器互连接口 IP 遵循左 1 右 2、上 1 下 2 取值。

④ 路由器互连网段遵循从左到右、从上到下合并 Loopback0 接口 IP 末位取值的方式确定网络号。

⑤ 为每个接口指定全局单播地址，其链路本地地址自动生成。

（2）IPv6 地址配置

① IPv6 全局单播地址和站点本地地址配置。

IPv6 全局单播地址和站点本地地址可以采用以下 3 种方式获得。

- 采用 EUI-64 格式形成。IPv6 单播地址中的接口标识用于标识链路上的一个唯一的接口。接口标识符的长度一般为 64 位。IEEE EUI-64 格式的接口标识符是直接从接口的 MAC 地址变化而来。MAC 地址长度为 48 位，要变化成 64 位的接口标识符，需要在 MAC 地址的中间位置插入 16 位。IEEE 规定在 MAC 地址从高位开始的第 24 位后插入十六进制数 FFFE（1111111111111110）。此外，还要将从高位开始的第 7 位（Universal/Local，U/L）设置为 1，这样得到的这组 64 位二进制数即为 EUI-64 格式的接口标识符。当采用 EUI-64 格式形成 IPv6 地址时，接口的 IPv6 地址前缀是当前所配置的前缀，接口标识符由 EUI-64 格式确定。

- 手工配置。
- 无状态自动配置：根据接收到的 RA 报文中携带的地址前缀信息，自动生成 IPv6 全局单播地址。

② IPv6 链路本地地址的配置。

IPv6 链路本地地址可以通过以下两种方式获得。

- 自动生成：设备根据链路本地地址前缀 FE80::/10 及接口的 MAC 地址自动生成链路本地地址。
- 手工配置。

9.1.3 任务实施

1. 完成 IPv6 地址规划表

根据全网设计方案，依照本任务中实施骨干网 IPv6 地址规划的原则，将 IPv6 地址对应到具体的接口，完成 IPv6 地址规划表，见表 9-2。

表 9-2 IPv6 地址规划表

设 备 名 称	接口号	IPv6 全局单播地址	前缀长度	备 注
PE1	L0	2021:3c5e:2005:db1::1	128	
	G0/0	2021:3c5e:2005:db1::12:1	126	连接 PE2
	G0/2	2021:3c5e:2005:db1::13:1	126	连接 RR1
	G5/0	2021:3c5e:2005:db2::33:1	126	连接数据中心
	G5/1	2021:3c5e:2005:db2::43:1	126	连接数据中心
PE2	L0	2021:3c5e:2005:db1::2	128	
	G0/0	2021:3c5e:2005:db1::12:2	126	连接 PE1
	G0/2	2021:3c5e:2005:db1::24:1	126	连接 P1
	G5/0	2021:3c5e:2005:db2::34:1	126	连接数据中心
	G5/1	2021:3c5e:2005:db2::44:1	126	连接数据中心
RR1	L0	2021:3c5e:2005:db1::3	128	
	G0/0	2021:3c5e:2005:db1::34:1	126	连接 P1
	G0/1	2021:3c5e:2005:db1::35:1	126	连接 ASBR1
	G0/2	2021:3c5e:2005:db1::13:2	126	连接 PE1
P1	L0	2021:3c5e:2005:db1::4	128	
	G0/0	2021:3c5e:2005:db1::34:2	126	连接 RR1
	G0/1	2021:3c5e:2005:db1::46:1	126	连接 ASBR2
	G0/2	2021:3c5e:2005:db1::24:2	126	连接 PE2

续表

设 备 名 称	接口号	IPv6 全局单播地址	前缀长度	备　　注
ASBR1	L0	2021:3c5e:2005:db1::5	128	
	G0/0	2021:3c5e:2005:db1::56:1	126	连接 ASBR2
	G0/1	2021:3c5e:2005:db1::35:2	126	连接 RR1
	G0/2	2021:3c5e:2005:db1::57:1	126	连接 ASBR3
ASBR2	L0	2021:3c5e:2005:db1::6	128	
	G0/0	2021:3c5e:2005:db1::56:2	126	连接 ASBR1
	G0/1	2021:3c5e:2005:db1::46:2	126	连接 P1
	G0/2	2021:3c5e:2005:db1::68:1	126	连接 ASBR4
ASBR3	L0	2021:3c5e:2005:db1::7	128	
	G0/0	2021:3c5e:2005:db1::78:1	126	连接 ASBR4
	G0/1	2021:3c5e:2005:db1::79:1	126	连接 RR2
	G0/2	2021:3c5e:2005:db1::57:2	126	连接 ASBR1
ASBR4	L0	2021:3c5e:2005:db1::8	128	
	G0/0	2021:3c5e:2005:db1::78:2	126	连接 ASBR3
	G0/1	2021:3c5e:2005:db1::80:1	126	连接 P2
	G0/2	2021:3c5e:2005:db1::68:2	126	连接 ASBR2
RR2	L0	2021:3c5e:2005:db1::9	128	
	G0/0	2021:3c5e:2005:db1::90:1	126	连接 P2
	G0/1	2021:3c5e:2005:db1::79:2	126	连接 ASBR3
	G0/2	2021:3c5e:2005:db1::91:1	126	连接 PE3
P2	L0	2021:3c5e:2005:db1::10	128	
	G0/0	2021:3c5e:2005:db1::90:2	126	连接 RR2
	G0/1	2021:3c5e:2005:db1::80:2	126	连接 ASBR4
	G0/2	2021:3c5e:2005:db1::102:1	126	连接 PE4
PE3	L0	2021:3c5e:2005:db1::11	128	
	G0/0	2021:3c5e:2005:db1::112:1	126	连接 PE4
	G0/2	2021:3c5e:2005:db1::91:2	126	连接 RR2
	G5/0	2021:3c5e:2005:db2::11:2	126	连接总部
	G5/1	2021:3c5e:2005:db2::22:2	126	连接总部
PE4	L0	2021:3c5e:2005:db1::12	128	
	G0/0	2021:3c5e:2005:db1::112:2	126	连接 PE3
	G0/2	2021:3c5e:2005:db1::102:2	126	连接 P2
	S1/0	2021:3c5e:2005:db2::25:1	126	连接分支

2．配置设备接口 IPv6 地址

根据 IPv6 地址规划表，在每台设备上实施 IPv6 地址部署任务。

（1）PE1 IPv6 地址部署实施

设备接口的 IPv6 地址与 IPv4 地址并无必然联系。但在本任务对 IPv6 地址进行规划时，参照了对其 IPv4 地址的规划原则，使得地址的最末位相同，以便理解和实施，因此需要采用 126 位前缀。在其他场景下，骨干网互连地址通常采用 127 位前缀。配置如下。

```
[PE1]interface g0/0                                        //进入 G0/0 接口配置视图
[PE1-GigabitEthernet0/0]ipv6 address 2021:3c5e:2005:db1::12:1 126  //配置接口的 IPv6 地址和前缀长度
[PE1-GigabitEthernet0/0]interface g0/2                     //进入 G0/2 接口配置视图
[PE1-GigabitEthernet0/2]ipv6 address 2021:3c5e:2005:db1::13:1 126  //配置接口的 IPv6 地址和前缀长度
[PE1-GigabitEthernet0/2]interface loopback0                //进入 Loopback0 接口配置视图
[PE1-LoopBack0]ipv6 address 2021:3c5e:2005:db1::1 128      //配置接口的 IPv6 地址和前缀长度
[PE1-LoopBack0]interface g5/0                              //进入 G5/0 接口配置视图
[PE1-GigabitEthernet5/0]ipv6 address 2021:3c5e:2005:db2::33:1 126  //配置接口的 IPv6 地址和前缀长度
[PE1-GigabitEthernet5/0]interface g5/1                     //进入 G5/1 接口配置视图
[PE1-GigabitEthernet5/1]ipv6 address 2021:3c5e:2005:db2::43:1 126  //配置接口的 IPv6 地址和前缀长度
[PE1-GigabitEthernet5/1]exit
[PE1]
```

使用 display ipv6 interface brief 命令查看接口 IP 地址，可以看到正确配置的接口状态转为 up。

```
[PE1]display ipv6 interface brief
*down: administratively down
(s): spoofing
Interface                Physical    Protocol    IPv6 Address
GigabitEthernet0/0       up          up          2021:3C5E:2005:DB1::12:1
GigabitEthernet0/1       down        down        Unassigned
GigabitEthernet0/2       up          up          2021:3C5E:2005:DB1::13:1
GigabitEthernet5/0       up          up          2021:3C5E:2005:DB2::33:1
GigabitEthernet5/1       up          up          2021:3C5E:2005:DB2::43:1
GigabitEthernet6/0       down        down        Unassigned
GigabitEthernet6/1       down        down        Unassigned
LoopBack0                up          up(s)       2021:3C5E:2005:DB1::1
Serial1/0                down        down        Unassigned
Serial2/0                down        down        Unassigned
Serial3/0                down        down        Unassigned
Serial4/0                down        down        Unassigned
[PE1]
```

（2）PE2 IPv6 地址部署实施

同理，根据 IPv6 地址规划表，配置 PE2 各接口的 IPv6 地址，具体如下。

```
[PE2]interface g0/0
[PE2-GigabitEthernet0/0]ipv6 address 2021:3c5e:2005:db1::12:2 126
[PE2-GigabitEthernet0/0]interface g0/2
[PE2-GigabitEthernet0/2]ipv6 address 2021:3c5e:2005:db1::24:1 126
[PE2-GigabitEthernet0/2]interface g5/0
[PE2-GigabitEthernet5/0]ipv6 address 2021:3c5e:2005:db2::34:1 126
[PE2-GigabitEthernet5/0]interface g5/1
```

```
[PE2-GigabitEthernet5/1]ipv6 address 2021:3c5e:2005:db2::44:1 126
[PE2-GigabitEthernet5/1]interface loopback0
[PE2-LoopBack0]ipv6 address 2021:3c5e:2005:db1::2 128
[PE2-LoopBack0]exit
[PE2]
```

（3）RR1 IPv6 地址部署实施

同理，根据 IPv6 地址规划表，配置 RR1 各接口的 IPv6 地址，具体如下。

```
[RR1]int g0/0
[RR1-GigabitEthernet0/0]ipv6 address 2021:3c5e:2005:db1::34:1 126
[RR1-GigabitEthernet0/0]int g0/1
[RR1-GigabitEthernet0/1]ipv6 address 2021:3c5e:2005:db1::35:1 126
[RR1-GigabitEthernet0/1]interface g0/2
[RR1-GigabitEthernet0/2]ipv6 address 2021:3c5e:2005:db1::13:2 126
[RR1-GigabitEthernet0/2]interface loopback0
[RR1-LoopBack0]ipv6 address 2021:3c5e:2005:db1::3 128
[RR1-LoopBack0]exit
[RR1]
```

（4）P1 IPv6 地址部署实施

同理，根据 IPv6 地址规划表，配置 P1 各接口的 IPv6 地址，具体如下。

```
[P1]int g0/0
[P1-GigabitEthernet0/0]ipv6 address 2021:3c5e:2005:db1::34:2 126
[P1-GigabitEthernet0/0]int g0/1
[P1-GigabitEthernet0/1]ipv6 address 2021:3c5e:2005:db1::46:1 126
[P1-GigabitEthernet0/1]int g0/2
[P1-GigabitEthernet0/2]ipv6 address 2021:3c5e:2005:db1::24:2 126
[P1-GigabitEthernet0/2]int l0
[P1-LoopBack0]ipv6 address 2021:3c5e:2005:db1::4 128
[P1-LoopBack0]exit
[P1]
```

（5）ASBR1 IPv6 地址部署实施

同理，根据 IPv6 地址规划表，配置 ASBR1 各接口的 IPv6 地址，具体如下。

```
[ASBR1]int g0/0
[ASBR1-GigabitEthernet0/0]ipv6 address 2021:3c5e:2005:db1::56:1 126
[ASBR1-GigabitEthernet0/0]int g0/1
[ASBR1-GigabitEthernet0/1]ipv6 address 2021:3c5e:2005:db1::35:2 126
[ASBR1-GigabitEthernet0/1]int g0/2
[ASBR1-GigabitEthernet0/2]ipv6 address 2021:3c5e:2005:db1::57:1 126
[ASBR1-GigabitEthernet0/2]int loopback0
[ASBR1-LoopBack0]ipv6 address 2021:3c5e:2005:db1::5 128
[ASBR1-LoopBack0]exit
[ASBR1]
```

（6）ASBR2 IPv6 地址部署实施

同理，根据 IPv6 地址规划表，配置 ASBR2 各接口的 IPv6 地址，具体如下。

```
[ASBR2]interface g0/0
[ASBR2-GigabitEthernet0/0]ipv6 address 2021:3c5e:2005:db1::56:2 126
[ASBR2-GigabitEthernet0/0]interface g0/1
```

```
[ASBR2-GigabitEthernet0/1]ipv6 address 2021:3c5e:2005:db1::46:2 126
[ASBR2-GigabitEthernet0/1]interface g0/2
[ASBR2-GigabitEthernet0/2]ipv6 address 2021:3c5e:2005:db1::68:1 126
[ASBR2-GigabitEthernet0/2]interface loopback0
[ASBR2-LoopBack0]ipv6 address 2021:3c5e:2005:db1::6 128
[ASBR2-LoopBack0]exit
[ASBR2]
```

（7）ASBR3 IPv6 地址部署实施

同理，根据 IPv6 地址规划表，配置 ASBR3 各接口的 IPv6 地址，具体如下。

```
[ASBR3]interface g0/0
[ASBR3-GigabitEthernet0/0]ipv6 address 2021:3c5e:2005:db1::78:1 126
[ASBR3-GigabitEthernet0/0]interface g0/1
[ASBR3-GigabitEthernet0/1]ipv6 address 2021:3c5e:2005:db1::79:1 126
[ASBR3-GigabitEthernet0/1]interface g0/2
[ASBR3-GigabitEthernet0/2]ipv6 address 2021:3c5e:2005:db1::57:2 126
[ASBR3-GigabitEthernet0/2]interface loopback0
[ASBR3-LoopBack0]ipv6 address 2021:3c5e:2005:db1::7 128
[ASBR3-LoopBack0]exit
[ASBR3]
```

（8）ASBR4 IPv6 地址部署实施

同理，根据 IPv6 地址规划表，配置 ASBR4 各接口的 IPv6 地址，具体如下。

```
[ASBR4]interface g0/0
[ASBR4-GigabitEthernet0/0]ipv6 address 2021:3c5e:2005:db1::78:2 126
[ASBR4-GigabitEthernet0/0]interface g0/1
[ASBR4-GigabitEthernet0/1]ipv6 address 2021:3c5e:2005:db1::80:1 126
[ASBR4-GigabitEthernet0/1]interface g0/2
[ASBR4-GigabitEthernet0/2]ipv6 address 2021:3c5e:2005:db1::68:2 126
[ASBR4-GigabitEthernet0/2]interface loopback0
[ASBR4-LoopBack0]ipv6 address 2021:3c5e:2005:db1::8 128
[ASBR4-LoopBack0]exit
[ASBR4]
```

（9）RR2 IPv6 地址部署实施

同理，根据 IPv6 地址规划表，配置 RR2 各接口的 IPv6 地址，具体如下。

```
[RR2]interface g0/0
[RR2-GigabitEthernet0/0]ipv6 address 2021:3c5e:2005:db1::90:1 126
[RR2-GigabitEthernet0/0]interface g0/1
[RR2-GigabitEthernet0/1]ipv6 address 2021:3c5e:2005:db1::79:2 126
[RR2-GigabitEthernet0/1]interface g0/2
[RR2-GigabitEthernet0/2]ipv6 address 2021:3c5e:2005:db1::91:1 126
[RR2-GigabitEthernet0/2]interface loopback0
[RR2-LoopBack0]ipv6 address 2021:3c5e:2005:db1::9 128
[RR2-LoopBack0]exit
[RR2]
```

（10）P2 IPv6 地址部署实施

同理，根据 IPv6 地址规划表，配置 P2 各接口的 IPv6 地址，具体如下。

```
[P2]interface g0/0
[P2-GigabitEthernet0/0]ipv6 address 2021:3c5e:2005:db1::90:2 126
```

```
[P2-GigabitEthernet0/0]interface g0/1
[P2-GigabitEthernet0/1]ipv6 address 2021:3c5e:2005:db1::80:2 126
[P2-GigabitEthernet0/1]interface g0/2
[P2-GigabitEthernet0/2]ipv6 address 2021:3c5e:2005:db1::102:1 126
[P2-GigabitEthernet0/2]interface loopback0
[P2-LoopBack0]ipv6 address 2021:3c5e:2005:db1::10 128
[P2-LoopBack0]exit
[P2]
```

(11) PE3 IPv6 地址部署实施

同理，根据 IPv6 地址规划表，配置 PE3 各接口的 IPv6 地址，具体如下。

```
[PE3]interface g0/0
[PE3-GigabitEthernet0/0]ipv6 address 2021:3c5e:2005:db1::112:1 126
[PE3-GigabitEthernet0/1]interface g0/2
[PE3-GigabitEthernet0/2]ipv6 address 2021:3c5e:2005:db1::91:2 126
[PE3-GigabitEthernet0/2]interface g5/0
[PE3-GigabitEthernet5/0]ipv6 address 2021:3c5e:2005:db2::11:2 126
[PE3-GigabitEthernet5/0]interface g5/1
[PE3-GigabitEthernet5/1]ipv6 address 2021:3c5e:2005:db2::22:2 126
[PE3-GigabitEthernet5/1]interface loopback0
[PE3-LoopBack0]ipv6 address 2021:3c5e:2005:db1::11 128
[PE3-LoopBack0]exit
[PE3]
```

(12) PE4 IPv6 地址部署实施

同理，根据 IPv6 地址规划表，配置 PE4 各接口的 IPv6 地址，具体如下。

```
[PE4]interface g0/0
[PE4-GigabitEthernet0/0]ipv6 address 2021:3c5e:2005:db1::112:2 126
[PE4-GigabitEthernet0/0]interface g0/2
[PE4-GigabitEthernet0/2]ipv6 address 2021:3c5e:2005:db1::102:2 126
[PE4-GigabitEthernet0/2]interface s1/0
[PE4-Serial1/0]ipv6 address 2021:3c5e:2005:db2::25:1 126
[PE4-Serial1/0]interface loopback0
[PE4-LoopBack0]ipv6 address 2021:3c5e:2005:db1::12 128
[PE4-LoopBack0]exit
[PE4]
```

9.1.4 任务反思

IPv6 地址配置比 IPv4 地址配置更加烦琐，因为 IPv6 地址位数远大于 IPv4 地址位数，配置起来更容易出错。但 IPv6 地址的配置也非常重要，如果出现错误，会对后续的网络建设造成极大的影响。

为避免在 IPv6 地址部署实施的过程中出现错误，需要特别注意以下几点。

① 首先应理解 IPv6 地址规划方案，明白 IPv6 地址部署规划的意图，才能较好地实施 IPv6 地址配置任务。

② 应填写完整、准确的 IPv6 地址规划表，将 IPv6 地址规划意图具体落实到 IPv6 地址规划表中，按照表格实施 IPv6 地址配置任务。IPv6 地址规划表也是网络工程建设项目必须提交的文档之一。

③ 应注意养成认真细致的工作作风。在 IPv6 地址配置的过程中，随时需要仔细核对地址

参数、接口型号，养成良好的工作习惯对完成工作任务会有很大帮助。

④ 有些设备要求在接口上配置 IPv6 地址时，要先在系统视图下启用 IPv6 数据包转发功能，如果忘记这一点，则无法转发 IPv6 数据包。

9.1.5　任务测评

扫描二维码，查看任务测评。

任务测评

9.2　OSPFv3 路由协议部署实施

OSPFv2 路由协议在 IPv4 网络上得到了广泛应用，为使 OSPF 能继续在 IPv6 网络上继续使用并保留其优点，1999 年，IETF 制定了应用于 IPv6 的 OSPFv3。OSPFv3 沿袭了 OSPFv2 的特点，并针对 IPv6 网络做了一些优化。

本节结合集团骨干网建设任务中 OSPFv3 技术部署实施任务要求，对照 OSPFv2，介绍 OSPFv3 的工作原理、特性以及基本配置方法，实现 AS200 中 IPv6 网络互通。

9.2.1　任务描述

根据集团的 IPv6 路由规划，AS100 中将全面使用 OSPFv3，如图 9-2 所示是 OSPFv3 路由规划信息。

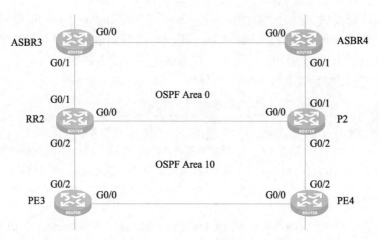

图 9-2　OSPFv3 路由规划信息

本节任务要求按照集团骨干网 OSPFv3 路由规划，在 AS200 内完成 OSPFv3 部署实施，实现 AS200 内的网络互通。

9.2.2　任务准备

OSPFv3 沿用了 OSPFv2 协议框架，其网络类型、邻居发现和邻接关系建立机制、协议状态机、协议报文类型和 OSPFv2 基本一致。但它并不是对 OSPFv2 的简单移植。要在 IPv6 网络中执行 OSPFv3 部署实施任务，还需要对 OSPFv3 的特性有一定了解。

1. 知识准备

（1） OSPFv3 与 OSPFv2 的相同点

① 使用相同的 SPF 算法，根据开销决定最佳路径。

② 使用相同的区域和 Router-ID 概念，且 OSPFv3 的 Area-ID 和 Router-ID 也是 32 位，与 OSPFv2 保持一致。

③ 使用相同的邻居发现机制和邻接关系建立机制。

④ 使用相同的 LSA 扩散和老化机制。

（2） OSPFv3 与 OSPFv2 的不同点

① OSPFv3 基于链路运行，OSPFv2 基于网段运行。也就是说，在 OSPFv2 中，建立邻居关系的两台路由器 IP 地址要属于同一网段。而 OSPFv3 基于链路运行，同一个链路上可以有多个 IPv6 网段。所以两个具有不同 IPv6 前缀的结点可以在同一条链路上建立邻居关系。

② OSPFv3 在同一条链路上可以运行多个实例。OSPFv3 在协议报文中增加了 instance ID 字段，用于标识不同实例。路由器接收报文时，对该字段进行识别，只有实例号与接口的实例号匹配的报文才会接收，否则丢弃。这样，一条链路上可以运行多个实例，且各自独立运行，互不干扰。

③ OSPFv3 通过 Router-ID 标识邻居，而 OSPFv2 是通过 IP 地址标识邻居。

④ OSPFv3 取消了报文中的验证字段，改为使用 IPv6 中的扩展头 AH 和 ESP 来保证报文的完整性和保密性，在一定程度上简化了 OSPF 协议的报文处理。

⑤ OSPFv3 对 LSA 做了改进，新增了两种 LSA，分别是 intra-Area-Prefix-LSA，用于携带 IPv6 地址前缀，发布区域内路由；Link-LSA，用于路由器向链路上其他路由器通告自己的链路本地地址和本链路上 IPv6 地址的前缀，只在本地链路范围内传播。

OSPFv3 的 7 类 LSA 见表 9-3。

表 9-3　OSPFv3 的 7 类 LSA

LSA 名称	作　　用
Router LSA	由每台路由器生成，描述本路由器的链路状态和开销，只在路由器所在区域内传播
Network LSA	由 DR 生成，描述本网段接口的链路状态，只在 DR 所处区域内传播
inter-Area-Prefix-LSA	类似于 OSPFv2 的第三类 LSA，由 ABR 生成，在与该 LSA 相关的区域传播。每一条 inter-Area-Prefix-LSA 描述了一条到达本 AS 其他区域的 IPv6 网络的路由
inter-Area-Router-LSA	类似于 OSPFv2 的第四类 LSA，由 ABR 生成，在与该 LSA 相关的区域传播。每一条 inter-Area-Router-LSA 描述了一条到达本 AS 内的 ASBR 的路由
AS-external-LSA	由 ASBR 生成，描述到达其他 AS 的路由，在整个 AS 传播（Stub 区域除外）
Link-LSA	路由器为每一条链路生成一个 Link-LSA，在本地链路范围内传播。每一条 Link-LSA 描述该链路上所连接的 IPv6 网络地址前缀和路由器链路本地地址
intra-Area-Prefix-LSA	每个 intra-Area-Prefix-LSA 包含路由器的 IPv6 前缀信息，Stub 区域信息或者穿越区域的网段信息，在区域内传播

2. 任务分解

本任务可以分解为配置准备和任务实施两个部分。

（1）配置准备

除了做好相关知识准备外，本任务涉及在 6 台路由器上配置 OSPFv3，应在执行配置前汇总配置信息，并细化为表格，养成良好的工作习惯。

（2）任务实施

完成配置准备工作后，就可以在 AS200 中执行 OSPFv3 部署实施任务，具体包括以下步骤。

① 在每台路由器上创建 OSPFv3 进程，并进入 OSPFv3 配置视图。

OSPFv3 进程号在启用 OSPFv3 时设定，只在本地有效。如果没有指定，则系统默认的进程号为 1。

② 为每台路由器配置 Router-ID。

OSPFv3 的 Router-ID 必须手动配置，AS 中任何两台 OSPFv3 路由器不能有相同的 Router-ID。如果一台路由器上启用了多个 OSPF 进程，应为不同的进程指定不同的 Router-ID。

③ 在每台路由器的接口上启用 OSPFv3，并将接口划分到指定区域。

路由器的接口被划分到指定区域后，将开始收发 OSPFv3 消息。

9.2.3 任务实施

根据集团 OSPFv3 区域规划图，RR2 和 P2 两台设备连接区域 0 和区域 10，它们是区域边界路由器，因此在这两台设备上，各需配置两个区域。而 RR2 只属于区域 0，PE3 和 PE4 只属于区域 10，是区域内部路由器，在这两台设备上，各需要配置一个区域。图 9-3 所示是集团 OSPFv3 配置信息，其中连接总部和分支的网段均加入 OSPF 区域 10。

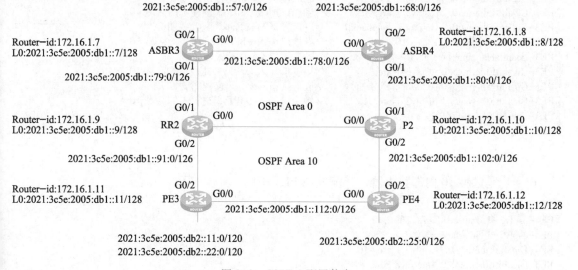

图 9-3 OSPFv3 配置信息

1. 汇总配置信息

在任何一个任务执行前，尤其是在大型网络部署实施任务执行前，汇总配置信息，做好配置准备工作，往往能起到事半功倍的效果。可将需要配置的信息汇总整理为表格，具体见表 9-4。

表 9-4　OSPFv3 配置内容表

设　　备	Router-ID	区　　域	接　　口
ASBR3	172. 16. 1. 7	0	G0/0、G0/1、G0/2、L0
ASBR4	172. 16. 1. 8	0	G0/0、G0/1、G0/2、L0
RR2	172. 16. 1. 9	0	G0/1、G0/2、L0
		10	G0/0
P2	172. 16. 1. 10	0	G0/1、G0/2、L0
		10	G0/0
PE3	172. 16. 1. 11	10	G0/0、G0/2、L0、G5/0、G5/1
PE4	172. 16. 1. 12	10	G0/0、G0/2、L0、S1/0

2. 执行 OSPFv3 部署实施任务

（1）在 PE3 上执行 OSPFv3 配置任务

PE3 是区域 10 内部路由器，只需要配置区域 10 的信息，具体如下。

```
[PE3]ospfv3 1                              //创建 OSPFv3 进程,进程号为 1,进入 OSPFv3 配置视图
[PE3-ospfv3-1]router-id 172. 16. 1. 11     //配置 Router-ID
[PE3-ospfv3-1]interface g0/0               //进入接口 G0/0 配置视图
[PE3-GigabitEthernet0/0]ospfv3 1 area 10   //将接口加入 OSPFv3 进程 1 的区域 10
[PE3-GigabitEthernet0/0]interface g0/2     //进入接口 G0/2 配置视图
[PE3-GigabitEthernet0/2]ospfv3 1 area 10   //将接口加入 OSPFv3 进程 1 的区域 10
[PE3-GigabitEthernet0/2]interface loopback0 //进入接口 Loopback0 配置视图
[PE3-LoopBack0]ospfv3 1 area 10            //将接口加入 OSPFv3 进程 1 的区域 10
[PE3-LoopBack0]interface g5/0              //进入接口 G5/0 配置视图
[PE3-GigabitEthernet5/0]ospfv3 1 area 10   //将接口加入 OSPFv3 进程 1 的区域 10
[PE3-GigabitEthernet5/0]interface g5/1     //进入接口 G5/1 配置视图
[PE3-GigabitEthernet5/1]ospfv3 1 area 10   //将接口加入 OSPFv3 进程 1 的区域 10
[PE3-GigabitEthernet5/1]exit
[PE3]
```

（2）在 PE4 上执行 OSPFv3 配置任务

PE4 也是区域 10 内部路由器，其配置与 PE3 相似，具体如下。

```
[PE4]ospfv3 1
[PE4-ospfv3-1]router-id 172. 16. 1. 12
[PE4-ospfv3-1]interface g0/0
[PE4-GigabitEthernet0/0]ospfv3 1 area 10
[PE4-GigabitEthernet0/0]interface g0/2
[PE4-GigabitEthernet0/2]ospfv3 1 area 10
[PE4-GigabitEthernet0/2]interface loopback0
[PE4-LoopBack0]ospfv3 1 area 10
[PE4-LoopBack0]interface s1/0
[PE4-Serial1/0]ospfv3 1 area 10
[PE4-Serial1/0]exit
[PE4]
```

在配置过程中，这条弹出的信息表示 ASBR4 已经与 ASBR3 建立了邻居关系，具体如下。

%Apr 13 15:22:47:267 2021 PE4 OSPFV3/5/OSPFv3_NBR_CHG: OSPFv3 1 Neighbor 172.16.1.11(GigabitEthernet0/0) received LoadingDone and its state from LOADING to FULL.

（3）在 RR2 上执行 OSPFv3 配置任务

RR2 是连接区域 10 和区域 0 的区域边界路由器，需要配置区域 0 和区域 10 的信息，具体如下。

```
[RR2]ospfv3 1                              //创建 OSPFv3 进程,并进入 OSPFv3 配置视图
[RR2-ospfv3-1]router-id 172.16.1.9         //配置 Router-ID
[RR2-ospfv3-1]interface g0/0               //进入接口 G0/0 配置视图
[RR2-GigabitEthernet0/0]ospfv3 1 area 0    //将接口加入 OSPFv3 进程 1 的区域 0
[RR2-GigabitEthernet0/0]interface g0/1     //进入接口 G0/1 配置视图
[RR2-GigabitEthernet0/1]ospfv3 1 area 0    //将接口加入 OSPFv3 进程 1 的区域 0
[RR2-GigabitEthernet0/1]interface g0/2     //进入接口 G0/2 配置视图
[RR2-GigabitEthernet0/2]ospfv3 1 area 10   //将接口加入 OSPFv3 进程 1 的区域 10
[RR2-GigabitEthernet0/2]interface loopback0 //进入接口 Loopback0 配置视图
[RR2-LoopBack0]ospfv3 1 area 0             //将接口加入 OSPFv3 进程 1 的区域 0
[RR2-LoopBack0]exit
[RR2]
```

（4）在 P2 上执行 OSPFv3 配置任务

P2 也是区域边界路由器，可参照 RR2 对其进行配置，具体如下。

```
[P2]ospfv3 1
[P2-ospfv3-1]router-id 172.16.1.10
[P2-ospfv3-1]interface g0/0
[P2-GigabitEthernet0/0]ospfv3 1 area 0
[P2-GigabitEthernet0/0]interface g0/1
[P2-GigabitEthernet0/1]ospfv3 1 area 0
[P2-GigabitEthernet0/1]interface g0/2
[P2-GigabitEthernet0/2]ospfv3 1 area 10
[P2-GigabitEthernet0/2]interface loopback0
[P2-LoopBack0]ospfv3 1 area 0
[P2-LoopBack0]exit
[P2]
```

（5）在 ASBR3 上执行 OSPFv3 配置任务

ASBR3 是区域 0 内部路由器，其配置可以参照 PE3 进行，具体如下。

```
[ASBR3]ospfv3 1
[ASBR3-ospfv3-1]router-id 172.16.1.7
[ASBR3-ospfv3-1]interface g0/0
[ASBR3-GigabitEthernet0/0]ospfv3 1 area 0
[ASBR3-GigabitEthernet0/0]interface g0/1
[ASBR3-GigabitEthernet0/1]ospfv3 1 area 0
[ASBR3-GigabitEthernet0/1]interface g0/2
[ASBR3-GigabitEthernet0/2]ospfv3 1 area 0
[ASBR3-GigabitEthernet0/2]interface loopback0
[ASBR3-LoopBack0]ospfv3 1 area 0
[ASBR3-LoopBack0]exit
[ASBR3]
```

（6）在 ASBR4 上执行 OSPFv3 配置任务

ASBR4 是区域 0 内部路由器，其配置可以参照 PE3 进行，具体如下。

```
[ASBR4]ospfv3 1
[ASBR4-ospfv3-1]router-id 172.16.1.8
[ASBR4-ospfv3-1]interface g0/0
[ASBR4-GigabitEthernet0/0]ospfv3 1 area 0
[ASBR4-GigabitEthernet0/0]interface g0/1
[ASBR4-GigabitEthernet0/1]ospfv3 1 area 0
[ASBR4-GigabitEthernet0/1]interface g0/2
[ASBR4-GigabitEthernet0/2]ospfv3 1 area 0
[ASBR4-GigabitEthernet0/2]interface loopback0
[ASBR4-LoopBack0]ospfv3 1 area 0
[ASBR4-LoopBack0]exit
[ASBR4]
```

9.2.4　任务反思

在 PE3 上查看路由表，可以发现去往 PE4 的路由开销为 100，显然，这不是 PE3 去往 PE4 的开销最小的路径。

```
[PE3]display ipv6 rou

Destinations : 24        Routes : 24
……

Destination : 2021:3C5E:2005:DB1::12/128        Protocol    : O_INTRA
NextHop      : FE80::2820:1BFF:FE2E:C05         Preference : 10
Interface    : GE0/0                            Cost        : 100

……
[PE3]
```

这是因为，在进行区域规划时，将 RR2 和 P2 之间的路径划入了区域 0。与 OSPFv2 一样，OSPFv3 优先选用的依然是区域内部路由。因此，在规划网络时，区域的规划十分重要。将 RR2 和 P2 之间的路径加入区域 10，则会有不同的结果。

1. 在 RR2 上将 G0/0 加入区域 10

将接口从一个区域加入另一个区域，需要先撤销原来的加入，具体如下。

```
[RR2]interface g0/0                             //进入 G0/0 接口配置视图
[RR2-GigabitEthernet0/0]undo ospfv3 1 area 0    //撤销加入 OSPFv3 进程 1 的区域 0
[RR2-GigabitEthernet0/0]ospfv3 1 area 10        //将接口加入 OSPFv3 进程 1 的区域 10
[RR2-GigabitEthernet0/0]exit
[RR2]
```

2. 在 P2 上将 G0/0 加入区域 10

P2 上的配置与 RR2 相似，具体如下。

```
[P2]interface g0/0
[P2-GigabitEthernet0/0]undo ospfv3 1 area 0
[P2-GigabitEthernet0/0]ospfv3 1 area 10
[P2-GigabitEthernet0/0]exit
[P2]
```

3. 查看结果

在 PE3 上再次查看路由表，可以发现去往 PE4 的开销变为 30，具体如下。

```
[PE3]display ipv6 routing-table

Destinations : 24      Routes : 24

......

Destination：2021：3C5E：2005：DB1：：12/128        Protocol   : O_INTRA
NextHop    : FE80：：2820：2EFF：FE14：D07          Preference：10
Interface  : GE0/2                               Cost       : 30

......
[PE3]
```

9.2.5 任务测评

扫描二维码，查看任务测评。

任务测评

9.3 IPv6 IS-IS 部署与实施

IS-IS（Intermediate System-to-Intermediate System）路由协议支持多种网络层协议，其中包括 IPv6 协议，支持 IPv6 协议的 IS-IS 路由协议又称为 IPv6 IS-IS 动态路由协议。本节将围绕骨干网络中的 IPv6 IS-IS 路由技术部署任务，介绍 IPv6 IS-IS 协议的工作过程和配置及优化方法。

9.3.1 任务描述

集团的网络骨干 AS100 采用 IPv6 IS-IS 协议实现路由。图 9-4 所示是 AS100 IPv6 IS-IS 路由域拓扑结构。注意将 AS100 内的 Loopback0 和互连接口全部纳入 IS-IS 协议，其中 PE1 和 PE2 路由器类型为 L1、区域号为 49.0001，RR1 和 P1 路由器类型为 L-1-2、区域号为 49.0001，ASBR1 和 ASBR2 路由器类型为 L2、区域号为 49.0002。

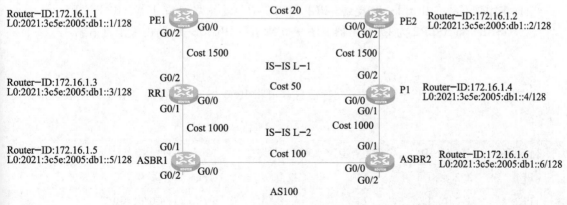

图 9-4 IS-IS 路由域拓扑结构

本节任务是按照集团 IPv6 路由规划，在 AS100 内根据要求配置 IS-IS 协议，实现 AS100 内网络互通。

9.3.2 任务准备

IPv6 IS-IS 实现了 IPv4 IS-IS 的所有功能，与 IPv4 IS-IS 的区别在于发布的是 IPv6 路由信息。IS-IS 本身支持多种网络层协议，其中包括 IPv6 协议，要执行 IPv6 IS-IS 配置任务，首先需要了解 IPv6 IS-IS 的新增内容。

1. 知识准备

IETF 规定了 IS-IS 为支持 IPv6 所新增的内容，主要是新添加的支持 IPv6 协议的两个 TLV（Type-Length-Values）和一个新的网络层协议标识符（Network Layer Protocol Identifier，NLPID）。TLV 是 LSP 中的一个可变长字段值。新增的两个 TLV 分别如下。

- IPv6 Reachability：类型值为 236（0xEC），通过定义路由信息前缀、度量值等信息来说明网络的可达性。
- IPv6 Interface Address：类型值为 232（0xE8），它对应于 IPv4 中的 IP Interface Address TLV，只不过将原来的 32 比特的 IPv4 地址改为 128 比特的 IPv6 地址。

NLPID 是标识网络层协议报文的一个 8 比特字段，IPv6 的 NLPID 值为 142（0x8E）。如果 IS-IS 路由器支持 IPv6，那么它必须以这个 NLPID 值向外发布路由信息。

2. 任务分解

完成 IPv6 IS-IS 的部署实施任务的步骤分为以下步骤。
① 在路由器上启用 IS-IS 进程。
② 配置 NET。
③ 指定路由器类型。
④ 创建 IPv6 地址簇。
⑤ 在指定接口上启用 IPv6 IS-IS。

9.3.3 任务实施

根据集团骨干网络 IPv6 IS-IS 规划，PE1 和 PE2 两台设备为 L1 路由器，RR1 和 P1 为 L-1-2 路由器，ASBR1 和 ASBR2 为 L2 路由器。图 9-5 所示是 IPv6 IS-IS 路由域配置信息。

1. 汇总配置信息

根据图 9-4 的 IPv6 IS-IS 路由域配置信息，可将 IPv6 IS-IS 配置信息汇总，见表 9-5。

表 9-5　IPv6 IS-IS 配置信息汇总表

设　　备	Router-ID	类　　型	区　　域	接　　口
PE1	172.16.1.1	L1	49.0001	Loopback0、G0/0、G0/2
PE2	172.16.1.2	L1	49.0001	Loopback0、G0/0、G0/2

续表

设 备	Router-ID	类 型	区 域	接 口
RR1	172.16.1.3	L-1-2	49.0001	Loopback0、G0/0、G0/2、G0/1
P1	172.16.1.4	L-1-2	49.0001	Loopback0、G0/0、G0/2、G0/1
ASBR1	172.16.1.5	L2	49.0002	Loopback0、G0/0、G0/1、G0/2
ASBR2	172.16.1.6	L2	49.0002	Loopback0、G0/0、G0/1、G0/2

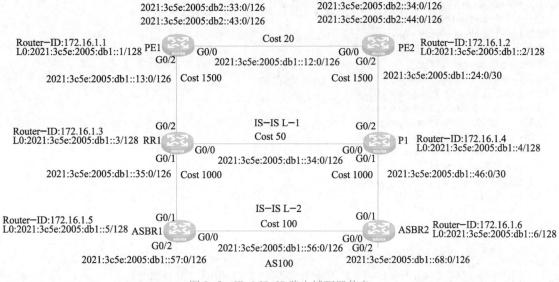

图 9-5　IPv6 IS-IS 路由域配置信息

2. 部署实施 IPv6 IS-IS 协议基本配置

在设备上部署实施 IPv6 IS-IS 协议与部署 IPv4 IS-IS 相比，需要启用 IPv6 地址簇，并在接口上启用 IPv6 IS-IS，其他配置内容相同。

（1）PE1 配置

在 PE1 上部署实施 IPv6 IS-IS 基本配置时，其 network-entity 值沿用 IPv4 中的 network-entity 值，具体如下。

```
[PE1]isis 1                                         //创建 IS-IS 进程 1,并进入 IS-IS 配置视图
[PE1-isis-1]network-entity 49.0001.1720.1600.1001.00   //配置 network-entity 值
[PE1-isis-1]is-level level-1                        //配置设备类型为 L1
[PE1-isis-1]address-family ipv6                     //启用 IPv6 地址簇
[PE1-isis-1-ipv6]exit
[PE1-isis-1]interface g0/0                          //进入 G0/0 接口配置视图
[PE1-GigabitEthernet0/0]isis ipv6 enable 1          //启用 IPv6 IS-IS 进程 1
[PE1-GigabitEthernet0/0]interface g0/2              //进入 G0/2 接口配置视图
[PE1-GigabitEthernet0/2]isis ipv6 enable 1          //启用 IPv6 IS-IS 进程 1
[PE1-GigabitEthernet0/2]interface g5/0              //进入 G5/0 接口配置视图
[PE1-GigabitEthernet5/0]isis ipv6 enable 1          //启用 IPv6 IS-IS 进程 1
[PE1-GigabitEthernet5/0]interface g5/1              //进入 G5/1 接口配置视图
```

```
[PE1-GigabitEthernet5/1]isis ipv6 enable 1            //启用 IPv6 IS-IS 进程 1
[PE1-GigabitEthernet5/1]interface loopback0           //进入 Loopback0 接口配置视图
[PE1-LoopBack0]isis ipv6 enable 1                     //启用 IPv6 IS-IS 进程 1
[PE1-LoopBack0]exit
[PE1]
```

（2）PE2 配置

在 PE2 上部署实施 IPv6 IS-IS 基本配置步骤与 PE1 相似，具体如下。

```
[PE2]isis 1
[PE2-isis-1]network-entity 49.0002.1720.1600.1002.00
[PE2-isis-1]is-level level-1
[PE2-isis-1]address-family ipv6
[PE2-isis-1-ipv6]exit
[PE2-isis-1]interface g0/0
[PE2-GigabitEthernet0/0]isis ipv6 enable 1
[PE2-GigabitEthernet0/0]interface g0/2
[PE2-GigabitEthernet0/2]isis ipv6 enable 1
[PE2-GigabitEthernet0/2]interface g5/0
[PE2-GigabitEthernet5/0]isis ipv6 enable 1
[PE2-GigabitEthernet5/0]interface g5/1
[PE2-GigabitEthernet5/1]isis ipv6 enable 1
[PE2-GigabitEthernet5/1]interface loopbakc0
[PE2-LoopBack0]isis ipv6 enable 1
[PE2-LoopBack0]exit
[PE2]
```

（3）RR1 配置

在 RR1 上部署实施 IPv6 IS-IS 基本配置步骤与 PE1 相似，具体如下。

```
[RR1]isis 1
[RR1-isis-1]network-entity 49.0001.1720.1600.1003.00
[RR1-isis-1]address-family ipv6
[RR1-isis-1-ipv6]exit
[RR1-isis-1]interface g0/0
[RR1-GigabitEthernet0/0]isis ipv6 enable 1
[RR1-GigabitEthernet0/0]interface g0/1
[RR1-GigabitEthernet0/1]isis ipv6 enable 1
[RR1-GigabitEthernet0/1]interface g0/2
[RR1-GigabitEthernet0/2]isis ipv6 enable 1
[RR1-GigabitEthernet0/2]interface loopback0
[RR1-LoopBack0]isis ipv6 enable 1
[RR1-LoopBack0]exit
[RR1]
```

（4）P1 配置

在 P1 上部署实施 IPv6 IS-IS 基本配置步骤与 PE1 相似，具体如下。

```
[P1]isis 1
[P1-isis-1]network-entity 49.0001.1720.1600.1004.00
[P1-isis-1]address-family ipv6
[P1-isis-1-ipv6]exit
[P1-isis-1]interface g0/0
[P1-GigabitEthernet0/0]isis ipv6 enable 1
```

```
[P1-GigabitEthernet0/0]interface g0/1
[P1-GigabitEthernet0/1]isis ipv6 enable 1
[P1-GigabitEthernet0/1]interface g0/2
[P1-GigabitEthernet0/2]isis ipv6 enable 1
[P1-GigabitEthernet0/2]interface loopback0
[P1-LoopBack0]isis ipv6 enable 1
[P1-LoopBack0]exit
[P1]
```

(5) ASBR1 配置

在 ASBR1 上部署实施 IPv6 IS-IS 基本配置步骤与 PE1 相似，具体如下。

```
[ASBR1]isis 1
[ASBR1-isis-1]network-entity 49. 0002. 1720. 1600. 1005. 00
[ASBR1-isis-1]is-level level-2
[ASBR1-isis-1]address-family ipv6
[ASBR1-isis-1-ipv6]exit
[ASBR1-isis-1]interface g0/1
[ASBR1-GigabitEthernet0/1]isis ipv6 enable 1
[ASBR1-GigabitEthernet0/1]interface g0/0
[ASBR1-GigabitEthernet0/0]isis ipv6 enable 1
[ASBR1-GigabitEthernet0/0]interface g0/2
[ASBR1-GigabitEthernet0/2]isis ipv6 enable 1
[ASBR1-GigabitEthernet0/2]interface loopback0
[ASBR1-LoopBack0]isis ipv6 enable 1
[ASBR1-LoopBack0]exit
[ASBR1]
```

(6) ASBR2 配置

在 ASBR2 上部署实施 IPv6 IS-IS 基本配置步骤也与 PE1 相似，具体如下。

```
[ASBR2]isis 1
[ASBR2-isis-1]network-entity 49. 0002. 1720. 1600. 1006. 00
[ASBR2-isis-1]address-family ipv6
[ASBR2-isis-1-ipv6]exit
[ASBR2-isis-1]interface g0/0
[ASBR2-GigabitEthernet0/0]isis ipv6 enable 1
[ASBR2-GigabitEthernet0/0]interface g0/1
[ASBR2-GigabitEthernet0/1]isis ipv6 enable 1
[ASBR2-GigabitEthernet0/1]interface g0/2
[ASBR2-GigabitEthernet0/2]isis ipv6 enable 1
[ASBR2-GigabitEthernet0/2]interface loopback0
[ASBR2-LoopBack0]isis ipv6 enable 1
[ASBR2-LoopBack0]exit
[ASBR2]
```

(7) 查看 IPv6 IS-IS 配置结果

可输入 display isis peer 命令查看 IS-IS 邻居。例如，在 P1 上输入命令，可以看到 P1 与 3 台设备建立了邻居关系，与 IPv4 中查看的结果一致。

```
[P1]dis isis peer

                    Peer information for IS-IS(1)
                    -----------------------------
```

```
System ID: 1720. 1600. 1003
Interface: GE0/0                    Circuit Id:  001
State: Up       HoldTime: 24s       Type: L1L2              PRI: --

System ID: 1720. 1600. 1006
Interface: GE0/1                    Circuit Id:  1720. 1600. 1004. 01
State: Up       HoldTime: 29s       Type: L2(L1L2)          PRI: 64

System ID: 1720. 1600. 1002
Interface: GE0/2                    Circuit Id:  1720. 1600. 1002. 02
State: Up       HoldTime: 8s        Type: L1                PRI: 64
[P1]
```

（8）配置路由渗透

在 PE1 上输入 display ipv6 routing-table 命令，可以看到 PE1 只获得了区域 49. 0001 的路由。扫描二维码，查看配置结果。

配置结果

在 IPv4 下，PE1 会获得一条指向 RR1 的默认路由，即去往区域外的报文，会通过 RR1 转发出去。但 IPv6 默认不产生默认路由，因此，如果要访问其他区域，需要配置强制生成默认路由或者配置路由渗透。

① RR1 配置。

在 RR1 的 IPv6 地址簇视图下，执行 import-route 命令，将 L2 区域路由渗透到 L1 区域，具体如下。

```
[RR1]isis 1
[RR1-isis-1]address-family ipv6
[RR1-isis-1-ipv6]import-route isis level-2 into level-1
[RR1-isis-1-ipv6]exit
[RR1-isis-1]exit
[RR1]
```

② P1 配置。

在 P1 上配置路由渗透的步骤与 RR1 相似，具体如下。

```
[P1]isis 1
[P1-isis-1]address-family ipv6
[P1-isis-1-ipv6]import-route isis level-2 into level-1
[P1-isis-1-ipv6]exit
[P1-isis-1]exit
[P1]
```

此时，由于获得了整个 AS 的路由，在 PE1 上应可以 ping 通 ASBR1，具体如下。

```
[PE1]ping ipv6 2021:3c5e:2005:db1::5
Ping6(56 data bytes) 2021:3C5E:2005:DB1::13:1 --> 2021:3C5E:2005:DB1::5, press CTRL_C to break
56 bytes from 2021:3C5E:2005:DB1::5, icmp_seq=0 hlim=63 time=1. 347 ms
56 bytes from 2021:3C5E:2005:DB1::5, icmp_seq=1 hlim=63 time=0. 858 ms
56 bytes from 2021:3C5E:2005:DB1::5, icmp_seq=2 hlim=63 time=0. 776 ms
56 bytes from 2021:3C5E:2005:DB1::5, icmp_seq=3 hlim=63 time=0. 680 ms
56 bytes from 2021:3C5E:2005:DB1::5, icmp_seq=4 hlim=63 time=0. 996 ms

--- Ping6 statistics for 2021:3c5e:2005:db1::5 ---
5 packet(s) transmitted, 5 packet(s) received, 0. 0% packet loss
round-trip min/avg/max/std-dev = 0. 680/0. 931/1. 347/0. 232 ms
```

[PE1]%Apr 16 10:48:12:285 2021 PE1 PING/6/PING_STATISTICS: Ping6 statistics for 2021:3c5e:2005:db1::5: 5 packet(s) transmitted, 5 packet(s) received, 0.0% packet loss, round-trip min/avg/max/std-dev = 0.680/0.931/1.347/0.232 ms.

[PE1]

在 PE1 上输入 display ipv6 routing-table 命令，可以发现它获得了整个 AS100 的路由表。

9.3.4 任务反思

1. 次优路由问题

IPv6 IS-IS 只是将发布的路由信息改为 IPv6 路由信息。因此，IPv4 IS-IS 存在的问题，IPv6 IS-IS 都存在。L1 路由器不知道其他区域的路由，从 L1 路由器发往其他区域的报文需要通过最近的 L-1-2 路由器转发。在存在两个或以上 L-1-2 路由器时，就有可能产生次优路由。在 IPv6 IS-IS 中，也是通过路由渗透，将 L2 区域的路由信息引入 L1 区域。

2. 快速重路由

集团的 IPv6 IS-IS 骨干网络呈日字形结构，这样的好处是每条路径都有备份路径。当主用链路发生故障时，IPv6 IS-IS 会对路由进行重新计算，在路由收敛完成后，流量可以通过备份链路进行传输。在路由收敛期间，数据流量将会被中断。

如果能有一种监控机制，当发现主用链路发生故障，即刻启用备用链路，就可以最大程度地缩短网络故障导致的中断时间。

IPv6 IS-IS 提供快速重路由功能。可以通过 LFA（Loop Free Alternate）算法选取备份下一跳地址。默认情况下，接口参与 LFA 计算，能够被选为备份接口。

配置 IPv6 IS-IS 支持快速重路由功能，通过 LFA 算法选取备份下一跳信息，需要在 IS-IS IPv6 地址簇视图下输入以下命令。

[RR1-isis-1-ipv6]fast-reroute lfa

默认情况下，IPv6 IS-IS 支持快速重路由功能处于关闭状态。

双向转发检测（Bidirectional Forwarding Detection，BFD）是一种全网统一的检测机制，用于快速检测、监控网络中链路或者 IP 路由的转发连通状况。LFA 与 BFD 联动，可以更快速地发现主用链路的故障，从而加快 IPv6 IS-IS 协议的收敛速度。默认情况下，主用链路不使用 BFD 进行链路故障检测。

9.3.5 任务测评

扫描二维码，查看任务测评。

任务测评

9.4 IPv6 BGP

BGP-4 是一种用于不同 AS 之间的动态路由协议，只能管理 IPv4 的路由信息，无法管理其他网络层协议（如 IPv6 等）的路由信息。为了提供对多种网络层协议的支持，

IETF 对 BGP-4 进行了扩展，其中对于 IPv6 协议的支持就形成了 IPv6 BGP。IPv6 BGP 利用 BGP 的多协议扩展属性，来实现在 IPv6 网络中跨自治系统传播 IPv6 路由。本节将围绕骨干网络中的 IPv6 BGP 路由技术部署任务，介绍 IPv6 BGP 协议的工作过程和配置及优化方法。

9.4.1 任务描述

目前集团的骨干网通过两个 AS 连接在一起，已经完成 IPv6 地址的部署实施以及两个 AS 内部的 IPv6 路由协议部署实施。需实现全网互通，还需要部署 IPv6 BGP。图 9-6 所示为集团 IPv6 骨干网 AS 分布图，集团的数据中心属于另外一个 AS。

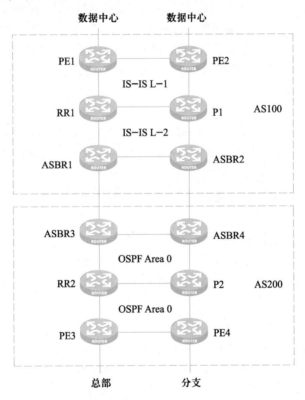

图 9-6 集团 IPv6 骨干网 AS 分布图

本节的任务是在 AS100 和 AS200 中分别完成 BGP 基本配置，将 Loopback 接口、总部网络、分支网络以及数据中心网络发布到 BGP 路由表中。

9.4.2 任务准备

IPv6 BGP 利用 BGP 的多协议扩展属性，来达到在 IPv6 网络中应用的目的。BGP 协议原有的消息机制和路由机制并没有改变，要执行 IPv6 BGP 配置任务，首先需要了解 IPv6 BGP 的新增功能和相关配置命令。

1. 知识准备

为了实现对 IPv6 协议的支持，IPv6 BGP 需要将 IPv6 网络层协议的信息反映到网络层可达性信息（Network Layer Reachability Information，NLRI）和 NEXT_HOP 属性中。

IPv6 BGP 中引入的两个 NLRI 属性分别如下。

- MP_REACH_NLRI：多协议可达 NLRI（Multiprotocol Reachable NLRI），用于发布可达路由及下一跳信息。
- MP_UNREACH_NLRI：多协议不可达 NLRI（Multiprotocol Unreachable NLRI），用于撤销不可达路由。

IPv6 BGP 中的 NEXT_HOP 属性用 IPv6 地址来标识，可以是 IPv6 全局单播或链路本地地址。

2. 任务分解

本节的任务是建立 BGP 路由器之间的关系，以实现路由信息的获取和发布。

（1）通过直接建立邻居关系实现路由信息的传递

首先，在 ASBR3 和 ASBR4 上执行 BGP 基本配置，两者建立 IBGP 邻居关系，且分别与 ASBR1 和 ASBR2 建立 EBGP 邻居关系，以便将来通过 IGP 和 BGP 路由双向引入，实现路由信息的传递和发布。

其配置步骤如下。

步骤 1：配置 IPv6 对等体。

① 启用 BGP，进入 BGP 视图。

② 指定 Router-ID。IPv6 BGP 可以与 IPv4 BGP 共用 Router-ID，但在纯 IPv6 条件下，必须手动指定 Router-ID。

③ 进入 IPv6 地址簇视图。

④ 配置 IPv6 对等体。

步骤 2：发布 BGP 本地 IPv6 路由。

默认情况下，BGP 不通告任何路由。BGP 的路由来源主要是从对等体学习，或者从 IGP 引入。此外，可以通过 network 命令发布本地 IPv6 路由。

步骤 3：指定 IPv6 BGP 连接对等体所使用的接口。

IPv6 BGP 使用 TCP 作为传输层协议，默认情况下，IPv6 BGP 使用到达对等体最佳路由的出接口作为与对等体建立 TCP 连接的源接口。但如果这个源接口连接的链路故障，则原有连接失效，需要重新建立 TCP 连接。当故障恢复时，又需要重新建立连接，造成不必要的开销。为了避免这种情况的发生，一般使用 Loopback 接口建立 IPv6 BGP 连接，来提高连接的可靠性和稳定性。

步骤 4：启用对等体。

（2）通过反射器实现路由信息的传递

建立邻居关系的方法不止一种。在 AS100 中，ASBR1、ASBR2 分别与 ASBR3 和 ASBR4 建立 EBGP 邻居关系，RR1 与其他路由器分别建立 IBGP 邻居关系，将 RR1 配置为反射器，其余路由器配置为客户，通过反射器，可实现路由信息的分享。

9.4.3　任务实施

本节需要首先完成 AS200 BGP 基本配置，包括在 ASBR3 和 ASBR4 上，相互建立 IBGP 邻接关系，以及分别与 ASBR1 和 ASBR2 建立 EBGP 邻居关系。然后在 AS100 中配置反射器，各路由器发布并传递 Loopback0 接口和数据中心网络的路由信息。

1. AS200 IPv6 BGP 配置

在集团 IPv6 骨干网的 AS200 中，ASBR3 与 ASBR4 分别连接 AS 外部路由器，如图 9-7 所示。集团对这个 AS 的路由规划是，将 ASBR3 和 ASBR4 配置为 AS 边界路由器，与 AS100 的 ASBR1 和 ASBR2 分别建立 EBGP 连接，通过 BGP 学习外部 AS 的路由，将来可以通过执行 OSPFv3 和 IPv6 BGP 路由引入，将 AS 外部路由传播到 AS 内部的其他路由器。

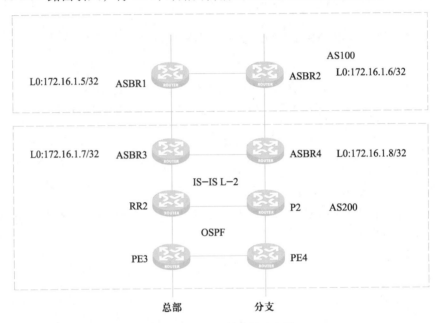

图 9-7　AS200 的边界路由器

（1）ASBR3 配置

ASBR3 位于 AS200，在 ASBR3 上执行 IPv6 BGP 基本配置，需要配置 Router-ID，之后进入 IPv6 地址簇视图，指定邻居关系，并启用邻居，指定与 IBGP 邻居通过 Loopback0 接口建立 TCP 连接。

```
[ASBR3]bgp 200                                                    //创建 BGP 进程并进入 BGP 视图
[ASBR3-bgp-default]router-id 172.16.1.7                            //配置 Router-ID
[ASBR3-bgp-default]address-family ipv6                             //进入 IPv6 地址簇视图
[ASBR3-bgp-default-ipv6]peer 2021:3c5e:2005:db1::57:1 as 100       //配置 AS100 中 ASBR1 为 EBGP 邻居
[ASBR3-bgp-default]address-family ipv6                             //进入 IPv6 地址簇视图
[ASBR3-bgp-default-ipv6]peer 2021:3c5e:2005:db1::8 as 200          //配置 AS200 中 ASBR4 为 IBGP 邻居
[ASBR3-bgp-default]peer 2021:3c5e:2005:db1::8 connect-interface loopback0    //指定使用 Loopback0 接口
与 ASBR4 建立 TCP 连接
[ASBR3-bgp-default]address-family ipv6                             //进入 IPv6 地址簇视图
[ASBR3-bgp-default-ipv6]peer 2021:3c5e:2005:db1::8 enable          //启用 IBGP 邻居 ASBR4
[ASBR3-bgp-default-ipv6]peer 2021:3c5e:2005:db1::57:1 enable       //启用 EBGP 邻居 ASBR1
[ASBR3-bgp-default-ipv6]exit
[ASBR3-bgp-default]exit
[ASBR3]
```

（2）ASBR4 配置

ASBR4 配置与 ASBR3 相似，具体如下。

```
[ASBR4]bgp 200
[ASBR4-bgp-default]router-id 172.16.1.8
[ASBR4-bgp-default]address-family ipv6
[ASBR4-bgp-default-ipv6]peer 2021:3c5e:2005:db1::68:1 as 100
[ASBR4-bgp-default]address-family ipv6
[ASBR4-bgp-default-ipv6]peer 2021:3c5e:2005:db1::7 as 200
[ASBR4-bgp-default]peer 2021:3c5e:2005:db1::7 connect-interface loopback0
[ASBR4-bgp-default]address-family ipv6
[ASBR4-bgp-default-ipv6]peer 2021:3c5e:2005:db1::7 enable
[ASBR4-bgp-default-ipv6]peer 2021:3c5e:2005:db1::68:1 enable
[ASBR4-bgp-default-ipv6]exit
[ASBR4-bgp-default]exit
```

2. AS100 IPv6 BGP 配置

（1）ASBR1 配置

ASBR1 位于 AS100，是反射器 RR1 的客户端。在 ASBR1 上需要启用 BGP，与 ASBR3 建立 EBGP 邻居关系，以便与 AS200 进行路由交换。ASBR1 还需与 RR1 建立 IBGP 邻居关系，RR1 将被配置为反射器，以在 AS100 中传递 BGP 路由信息。此外，还需发布 Loopback0 接口路由信息。Loopback0 接口是 ASBR1 的直连接口，其路由信息可使用 network 命令发布。

```
[ASBR1]bgp 100                                              //创建 BGP 进程，并进入 BGP 配置视图
[ASBR1-bgp-default]router-id 172.16.1.5                     //配置 Router-ID
[ASBR1-bgp-default]address-family ipv6                      //进入 IPv6 地址簇视图
[ASBR1-bgp-default-ipv6]peer 2021:3c5e:2005:db1::57:2 as 200  //指定 ASBR3 为 EBGP 邻居
[ASBR1-bgp-default]address-family ipv6                      //进入 IPv6 地址簇视图
[ASBR1-bgp-default-ipv6]peer 2021:3c5e:2005:db1::3 as 100    //指定 RR1 为 IBGP 邻居
[ASBR1-bgp-default]peer 2021:3c5e:2005:db1::3 connect-interface loopback0    //指定使用 Loopback 接口与
RR1 建立 TCP 连接
[ASBR1-bgp-default]address-family ipv6                      //进入 IPv6 地址簇视图
[ASBR1-bgp-default-ipv6]peer 2021:3c5e:2005:db1::3 enable    //启用 IBGP 邻居 RR1
[ASBR1-bgp-default-ipv6]peer 2021:3c5e:2005:db1::57:2 enable  //启用 EBGP 邻居 ASBR3
[ASBR1-bgp-default-ipv6]network 2021:3c5e:2005:db1::5 128    //发布 Loopback0 接口路由信息
[ASBR1-bgp-default-ipv6]exit
[ASBR1-bgp-default]exit
[ASBR1]
```

（2）ASBR2 配置

ASBR2 也是反射器 RR1 的客户端。在 ASBR2 上需要启用 BGP，并与 ASBR4 建立 EBGP 邻居关系，与 RR1 建立 IBGP 邻居关系，并发布 L0 接口地址，其配置与 ASBR1 相似，具体如下。

```
[ASBR2]bgp 100
[ASBR2-bgp-default]router-id 172.16.1.6
[ASBR2-bgp-default]address-family ipv6
[ASBR2-bgp-default-ipv6]peer 2021:3c5e:2005:db1::68:2 as 200
```

```
[ASBR2-bgp-default]address-family ipv6
[ASBR2-bgp-default-ipv6]peer 2021:3c5e:2005:db1::3 as 100
[ASBR2-bgp-default]peer 2021:3c5e:2005:db1::3 connect-interface loopback0
[ASBR2-bgp-default]address-family ipv6
[ASBR2-bgp-default-ipv6]peer 2021:3c5e:2005:db1::3 enable
[ASBR2-bgp-default-ipv6]peer 2021:3c5e:2005:db1::68:2 enable
[ASBR2-bgp-default-ipv6]network 2021:3c5e:2005:db1::6 128
[ASBR2-bgp-default-ipv6]exit
[ASBR2-bgp-default]exit
[ASBR2]
```

（3）其他反射器客户端配置

路由器 P1、PE1 和 PE2 与 ASBR1 和 ASBR2 一样，也是反射客户端，需要与反射器 RR1 建立 IBGP 邻居关系，并按要求发布路由信息。

① PE1 配置。

在 PE1 上需要启用 BGP，与 RR1 建立 IBGP 邻居关系，并发布 L0 接口地址和与数据中心连接网络信息。PE1 通过 2021:3c5e:2005:db2::33:1 和 2021:3c5e:2005:db2::43:1 两个网段与数据中心相连，两个网段的路由信息都需要发布，具体如下。

```
[PE1]bgp 100                                                  //创建 BGP 进程并进入 BGP 配置视图
[PE1-bgp-default]router-id 172.16.1.1                         //配置 Router-ID
[PE1-bgp-default]address-family ipv6                          //进入 IPv6 地址簇视图
[PE1-bgp-default-ipv6]peer 2021:3c5e:2005:db1::3 as 100       //指定 RR1 为 IBGP 邻居
[PE1-bgp-default]peer 2021:3c5e:2005:db1::3 connect-interface loopback0    //使用 Loopback0 接口与 RR1
建立 TCP 连接
[PE1-bgp-default]address-family ipv6                          //进入 IPv6 地址簇视图
[PE1-bgp-default-ipv6]peer 2021:3c5e:2005:db1::3 enable       //启用邻居 RR1
[PE1-bgp-default-ipv6]network 2021:3c5e:2005:db1::1 128       //发布 Loopback0 接口路由信息
[PE1-bgp-default-ipv6]network 2021:3c5e:2005:db2::33:1 126    //发布与数据中心连接的网络信息
[PE1-bgp-default-ipv6]network 2021:3c5e:2005:db2::43:1 126    //发布与数据中心连接的网络信息
[PE1-bgp-default-ipv6]exit
[PE1-bgp-default]exit
[PE1]
```

② PE2 配置。

在 PE2 上要启用 BGP，与 RR1 建立 IBGP 邻居关系，并发布 L0 接口地址和与数据中心连接网络信息。其配置与 PE1 相似，具体如下。

```
[PE2]bgp 100
[PE2-bgp-default]router-id 172.16.1.2
[PE2-bgp-default]address-family ipv6
[PE2-bgp-default-ipv6]peer 2021:3c5e:2005:db1::3 as 100
[PE2-bgp-default]peer 2021:3c5e:2005:db1::3 connect-interface loopback0
[PE2-bgp-default]address-family ipv6
[PE2-bgp-default-ipv6]peer 2021:3c5e:2005:db1::3 enable
[PE2-bgp-default-ipv6]network 2021:3c5e:2005:db1::2 128
[PE2-bgp-default-ipv6]network 2021:3c5e:2005:db2::34:1 126
[PE2-bgp-default-ipv6]network 2021:3c5e:2005:db2::44:1 126
[PE2-bgp-default-ipv6]exit
[PE2-bgp-default]exit
[PE2]
```

③ P1 配置。

P1 不与数据中心相连。在 P1 上只需要启用 BGP，与 RR1 建立 IBGP 邻居关系，并发布 L0 接口路由信息。其配置与 PE1 相似，具体如下。

```
[P1]bgp 100
[P1-bgp-default]router-id 172.16.1.4
[P1-bgp-default]address-family ipv6
[P1-bgp-default-ipv6]peer 2021:3c5e:2005:db1::3 as 100
[P1-bgp-default]peer 2021:3c5e:2005:db1::3 connect-interface loopback0
[P1-bgp-default]address-family ipv6
[P1-bgp-default-ipv6]peer 2021:3c5e:2005:db1::3 enable
[P1-bgp-default-ipv6]network 2021:3c5e:2005:db1::4 128
[P1-bgp-default-ipv6]exit
[P1-bgp-default]exit
[P1]
```

（4）反射器配置

RR1 作为反射器，需要与其他路由器都建立 IBGP 邻居关系，并将它们配置为反射器客户端，RR1 还需要发布 L0 接口地址。

```
[RR1]bgp 100                                                      //创建 BGP 进程并进入 BGP 配置视图
[RR1-bgp-default]router-id 172.16.1.3                             //配置 Router-ID
[RR1-bgp-default]address-family ipv6                              //进入 IPv6 地址簇视图
[RR1-bgp-default-ipv6]group IPV6RR internal                       //创建名为 IPV6RR 的 IBGP 对等体组
[RR1-bgp-default]address-family ipv6                              //进入 IPv6 地址簇视图
[RR1-bgp-default-ipv6]peer 2021:3c5e:2005:db1::1 group IPV6RR     //将 PE1 加入对等体组 IPV6RR
[RR1-bgp-default]address-family ipv6                              //进入 IPv6 地址簇视图
[RR1-bgp-default-ipv6]peer 2021:3c5e:2005:db1::2 group IPV6RR     //将 PE2 加入对等体组 IPV6RR
[RR1-bgp-default]address-family ipv6                              //进入 IPv6 地址簇视图
[RR1-bgp-default-ipv6]peer 2021:3c5e:2005:db1::4 group IPV6RR     //将 P1 加入对等体组 IPV6RR
[RR1-bgp-default]address-family ipv6                              //进入 IPv6 地址簇视图
[RR1-bgp-default-ipv6]peer 2021:3c5e:2005:db1::5 group IPV6RR     //将 ASBR1 加入对等体组 IPV6RR
[RR1-bgp-default]address-family ipv6                              //进入 IPv6 地址簇视图
[RR1-bgp-default-ipv6]peer 2021:3c5e:2005:db1::6 group IPV6RR     //将 ASBR2 加入对等体组 IPV6RR
[RR1-bgp-default]address-family ipv6                              //进入 IPv6 地址簇视图
[RR1-bgp-default-ipv6]peer IPV6RR connect-interface loopback0     //指定通过 Loopback0 接口与对等体组
IPV6RR 建立 TCP 连接
[RR1-bgp-default]address-family ipv6                              //进入 IPv6 地址簇视图
[RR1-bgp-default-ipv6]peer IPV6RR enable                          //启用对等体组 IPV6RR
[RR1-bgp-default-ipv6]peer IPV6RR reflect-client                  //配置对等体组 IPV6RR 为反射器客户端
[RR1-bgp-default-ipv6]network 2021:3c5e:2005:db1::3 128           //发布 RR1 的 Loopback 接口路由信息
[RR1-bgp-default-ipv6]exit
[RR1-bgp-default]exit
[RR1]
```

（5）验证配置结果

① 查看邻居关系建立情况。

输入 display bgp peer ipv6 命令，查看 RR1 的 BGP 邻居关系建立情况。

```
[RR1]display bgp peer ipv6

BGP local router ID: 172.16.1.3
Local AS number: 100
```

```
Total number of peers：5                    Peers in established state：5

 * - Dynamically created peer
Peer              AS   MsgRcvd   MsgSent OutQ PrefRcv Up/Down   State

2021：3C5E：2005：  100      7        9     0        3 00：01：59 Established
DB1：：1
2021：3C5E：2005：  100      7        9     0        3 00：02：02 Established
DB1：：2
2021：3C5E：2005：  100      7        9     0        1 00：02：00 Established
DB1：：4
2021：3C5E：2005：  100      7        9     0        1 00：02：02 Established
DB1：：5
2021：3C5E：2005：  100      6        9     0        1 00：02：06 Established
DB1：：6
[RR1]
```

RR1 被配置为 AS100 的反射器，它与 AS100 中的所有其他路由器都建立了邻居关系。

② 查看 BGP 路由学习情况。

可在位于 AS200 的 ASBR3 上使用 display bgp routing-table ipv6 peer 命令，查看它从 ASBR1 学到的 AS100 的 BGP 路由。扫描二维码，查看路由学习情况。

路由学习情况

可见，位于 AS200 的 ASBR3 学到了 AS100 中路由器发布的所有路由。

9.4.4　任务反思

1. 直连路由问题

在上一节中，可以发现 PE1 并没有学到 ASBR3 和 ASBR4 互连网段 2021:3c5e:2005:db1::78:0/126 网段的路由，且去往这两台设备 Loopback0 接口的路由并不是最佳路由。

这是因为，2021:3c5e:2005:db1::78:0/126 网段对于 ASBR3 和 ASBR4 都是直连网络，既不会进入 BGP 路由表，也不会进入 IGP 路由表，作为直连路由，需要单独发布，才能被其他 AS 学到。而 ASBR3 的 Loopback0 接口网络是被 ASBR4 从 OSPF 引入 BGP，这样才被 AS100 学到的。要解决这个问题，需要引入直连路由。

（1）在 ASBR3 发布直连路由

若要 ASBR3 与 ASBR4 互连的网络能被位于另一个 AS 的 PE1 学到，就需要在 BGP 视图下发布直连路由，具体如下。

```
[ASBR3]bgp 200                        //进入 BGP 配置视图
[ASBR3-bgp-default]address-family ipv6    //进入 IPv6 地址簇视图
[ASBR3-bgp-default-ipv6]import-route direct  //引入直连路由以在 BGP 中发布
[ASBR3-bgp-default-ipv6]exit
[ASBR3-bgp-default]exit
[ASBR3]
```

（2）在 ASBR4 发布直连路由

ASBR4 配置与 ASBR3 相似，具体如下。

```
[ASBR4]bgp 200
[ASBR4-bgp-default]address-family ipv6
[ASBR4-bgp-default-ipv6]import-route direct
[ASBR4-bgp-default-ipv6]exit
[ASBR4-bgp-default]exit
[ASBR4]
```

再查看 PE1 的路由表，它已经有了 2021:3c5e:2005:db1::78:0/126 的路由。
不仅如此，它还拥有整个骨干网的全部路由信息，使得 PE1 的路由表十分庞大。
扫描二维码，查看路由表。

路由表

2. 路由控制问题

与 IPv4 BGP 一样，IPv6 BGP 与 IGP 之间的路由引入，必须十分慎重。在骨干网上 AS 之
间存在大量的路由条目，如果任其被随意引入 IGP，则势必造成 IGP 路由器的沉重负担，增
加不必要的开销。而 IGP 路由若被随意泄露到 BGP，还会降低 AS 内部的安全性。因此，BGP
与 IGP 之间的路由引入，一般都会添加限制条件，只引入自己需要的路由。

在 AS200 中的 ASBR3 和 ASBR4 上，可以通过执行过滤，控制路由的发布，只发布路由器
的 Loopback 接口，以及与总部和分支相连的网络。

（1）ASBR3 配置

要在 ASBR3 上配置过滤器控制路由发布，首先要定义好前缀列表，确定要发布的路由范
围，接下来在 BGP 中运用前缀列表实施过滤。

① 定义前缀列表以确定要发布的路由范围。

在 ASBR3 上使用 ipv6 prefix-list 命令创建编号为 10 的前缀列表，指定允许与总部和分支
相连的网段、以及每台设备 Loopback0 接口的路由信息可以通过。

```
[ASBR3]ipv6 prefix-list 10 permit 2021:3c5e:2005:db1::0 64 greater-equal 128 less-equal 128   //创建编号为
10 的前缀列表,允许前缀为 2021:3c5e:2005:db1::0 64、掩码为 128,即各路由器 Loopback0 接口的路由信息
通过
[ASBR3]ipv6 prefix-list 10 permit 2021:3c5e:2005:db2::11:0 126   //编号为 10 的前缀列表,允许与总部相连
的网络
[ASBR3]ipv6 prefix-list 10 permit 2021:3c5e:2005:db2::22:0 126   //编号为 10 的前缀列表,允许与总部相连
的网络
[ASBR3]ipv6 prefix-list 10 permit 2021:3c5e:2005:db2::25:0 126   //编号为 10 的前缀列表,允许与分支相连
的网络
[ASBR3]
```

② 在 BGP 中实施过滤。

在 IPv6 地址簇视图下，使用 filter-policy 命令实施过滤。

```
[ASBR3]bgp 200                                          //进入 BGP 配置视图
[ASBR3-bgp-default]address-family ipv6                  //进入 IPv6 地址簇视图
[ASBR3-bgp-default-ipv6]filter-policy prefix-list 10 export   //配置路由策略,符合前缀列表 10 的路由才能发布
[ASBR3-bgp-default-ipv6]exit
[ASBR3-bgp-default]exit
[ASBR3]
```

（2）ASBR4 配置

ASBR4 的配置与 ASBR3 相似，具体如下。

```
[ASBR4]ipv6 prefix-list 10 permit 2021:3c5e:2005:db1::0 64 greater-equal 128 less-equal 128
[ASBR4]ipv6 prefix-list 10 permit 2021:3c5e:2005:db2::11:0 126
[ASBR4]ipv6 prefix-list 10 permit 2021:3c5e:2005:db2::22:0 126
[ASBR4]ipv6 prefix-list 10 permit 2021:3c5e:2005:db2::25:0 126
[ASBR4]bgp 200
[ASBR4-bgp-default]address-family ipv6
[ASBR4-bgp-default-ipv6]filter-policy prefix-list 10 export
[ASBR4-bgp-default-ipv6]exit
[ASBR4-bgp-default]exit
[ASBR4]
```

（3）查看配置结果

这时，再查看 PE1 路由表，可以发现它只获得 ASBR3 和 ASBR4 指定发布的
路由条目，而被过滤掉没有发布的路由条目，它就没有学习到。扫描二维码，查
看配置结果。

配置结果

9.4.5 任务测评

扫描二维码，查看任务测评。

任务测评

第 10 章　数据中心交换网络部署实施

随着云计算虚拟化技术的发展，服务器虚拟化的应用给企业带来了新的活力，然而就像一台计算机，虽然更换了强劲的 CPU，但是如果其他关键配置没有做出相应的改变，那么其瓶颈依然存在，最终无法发挥最优的效率。数据中心也是如此，服务器虚拟化技术的应用给网络带来的影响，使得与其紧密相关的网络资源同样需要进行针对性的调整。交换架构是数据中心网络设备的核心，就像人的心脏一样重要。数据中心作为面向应用的综合业务平台和未来云计算的核心基础架构对网络设备的交换架构提出了更全面、更苛刻的要求：智能弹性架构（Intelligent Resilient Framework，IRF）技术将物理设备虚拟化为逻辑设备供用户使用，通过 IRF 技术形成的虚拟设备具有更高的扩展性、可靠性及性能；通过 VLAN 技术实现广播域的限制和虚拟工作组的划分；通过链路聚合技术实现端口链路的带宽拓展与高可用。本章主要围绕数据中心交换网络的部署和实施展开讨论，主要包括实现网络虚拟化技术、链路聚合技术以及 VLAN 技术的部署实施。

学生通过本章的学习，应达成如下学习目标。

知识目标

- 掌握数据中心交换网络的逻辑架构。
- 了解 IRF 的出现背景与发展。
- 掌握 IRF 的作用、原理和配置使用。

- 掌握 VLAN 的应用。
- 掌握链路聚合的应用。

技能目标

- 掌握多交换机 IRF 堆叠的配置与验证。
- 掌握多交换机 VLAN 划分的配置与验证。

- 掌握链路聚合的配置与验证。
- 掌握数据中心的架构规划。

素质目标

- 激发学生的求知欲。

- 培养学生对交换技术的综合应用。

在数据中心网络中，交换式以太网已成为主流。以太网交换技术包括 IRF 堆叠与级联、链路聚合、环路检测和链路层发现协议等相关技术，IEEE 802.1Q 等 VLAN 相关协议与技术，STP、RSTP 等生成树系列协议。通过这些技术可以实现设备的高可用性、高扩展性、可靠性、流量的控制、负载分担、VLAN 的划分、隔离、互通、环路消除等功能。

本章将围绕 IRF、VLAN、链路聚合 3 种常见技术展开讨论。在本章任务的学习、实践的过程中，需要领会 IRF、VLAN、链路聚合技术在数据中心场景下的应用与配置，达到灵活使用的目的。

10.1　网络虚拟化部署实施

智能弹性架构（Intelligent Resilient Framework，IRF）将实际物理设备虚拟化为逻辑设备供用户使用。目前的 IRF2.0 是一种将多个设备虚拟为单一设备使用的通用虚拟化技术，此技术已经应用于高、中、低端多个系列的交换机设备，通过 IRF2.0 技术形成的虚拟设备具有更高的扩展性、可靠性及性能。建议在学习相关理论的基础上，练习本节案例的配置与验证，掌握交换机 IRF 堆叠的配置方法。

10.1.1　任务描述

如图 10-1 所示为教育集团的数据中心，交换机 S7 与 S8 进行堆叠，S9 与 S10 进行堆叠，

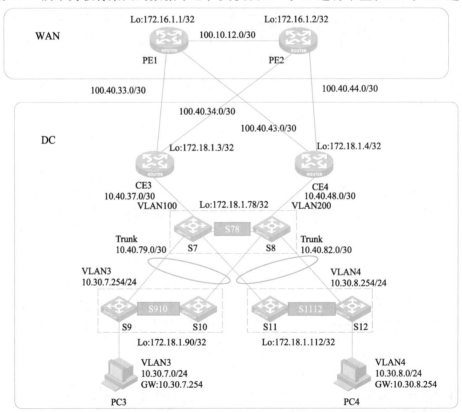

图 10-1　数据中心网络拓扑图

S11 与 S12 进行堆叠。堆叠连接时，采用专用的堆叠线路。为了提高堆叠连接的可靠性，S7 与 S8、S9 与 S10、S11 与 S12 之间都采用两条物理堆叠线路进行连接。将设备堆叠后，此时各堆叠系统可以看成一台设备，不用担心堆叠系统内部环路问题，且在堆叠后进行跨设备的链路聚合，提高各堆叠系统之间链路的可靠性。

10.1.2　任务准备

IRF 的部署实施首先需要理解和掌握 IRF 的基本概念及工作原理。在此基础上需要根据业务需求规划好同一 IRF 系统内设备的成员编号，以及多堆叠系统连接时的 IRF Domain 编号。

1. 知识准备

本任务相关的技术理论主要是 IRF 的基本概念与工作原理，重点掌握 IRF 的可靠性技术与优势。如无特殊说明，下文中的 IRF 指 IRF2.0。

（1）IRF 的基本概念及实现原理

IRF 的核心思想是将多台设备连接在一起，配置后，虚拟化成一台设备。使用这种虚拟化技术可以集合多台设备的硬件资源和软件处理能力，实现多台设备的协同工作、统一管理和不间断维护。

如图 10-2 所示，用户对这台虚拟设备进行管理，来实现对虚拟设备中所有物理设备的管理。这种虚拟设备既具有盒式设备的低成本优点，又具有框式分布式设备的扩展性以及高可靠性优点。

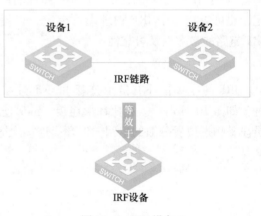

1）IRF 中的设备角色

IRF 中每台设备都称为成员设备。成员设备按照功能不同，分为 Master 和 Slave 两种角色。

- Master：负责管理整个 IRF。
- Slave：作为 Master 的备份设备运行。当 Master 故障时，系统会自动从 Slave 中选举一个新的 Master 接替原 Master 工作。

Master 和 Slave 均由根据成员优先级进行角

图 10-2　IRF 设备

色选举产生。一个 IRF 中同时只能存在一台 Master，其他成员设备都是 Slave。

成员优先级是成员设备的一个属性，主要用于角色选举过程中确定成员设备的角色。优先级越高，当选为 Master 的可能性越大，设备的默认优先级均为 1，所以如果需要指定 Master，可以选择将其优先级数值配置得大一些。

盒式设备虚拟化形成的 IRF 相当于一台框式分布式设备，Master 相当于 IRF 的主用主控板，Slave 相当于备用主控板（同时担任接口板的角色）。

2）IRF 中的端口

- IRF 物理端口：设备上可以用于 IRF 连接的物理端口。IRF 物理端口可能是 IRF 专用接口、以太网接口或者光口（设备上哪些端口可用作 IRF 物理端口与设备的型号有关，请以设备的实际情况为准)。

- IRF 端口：一种专用于 IRF 的逻辑接口，分为 IRF-Port1 和 IRF-Port2，需要和 IRF 物理
端口绑定后才能生效。

3）IRF 其他概念

IRF 域是一个逻辑概念，一个 IRF 对应一个 IRF 域。为了适应各种组网应用，同一个网络中可以部署多个 IRF，IRF 之间使用域编号（Domain ID）以示区别，以保证两个 IRF 互不干扰。

（2）IRF 连接介质

多台设备要形成一个 IRF，需要先将成员设备的 IRF 物理端口进行物理连接。设备支持的 IRF 物理端口的类型不同，使用的连接介质也不同，具体如下。

① 如果使用 IRF 专用接口作为 IRF 物理端口，需要使用 IRF 专用线缆连接 IRF 物理端口。

② 如果使用以太网接口作为 IRF 物理端口，使用交叉网线连接 IRF 物理端口即可。

③ 如果使用光口作为 IRF 物理端口，需要使用光纤连接 IRF 物理端口。

（3）IRF 连接要求

如图 10-3 所示，设备上的 IRF 端口需要进行交叉相连，也就是 IRF-Port1 连接 IRF-Port2 或者 IRF-Port2 连接 IRF-Port1，否则不能形成 IRF。一个 IRF 端口可以与一个 IRF 物理端口绑定，也可以与多个 IRF 物理端口绑定，以提高 IRF 链路的带宽以及可靠性。

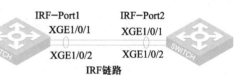

图 10-3　IRF 连接示意图

（4）拓扑连接

IRF 的连接拓扑有链形连接和环形连接两种，如图 10-4 所示。相比环形连接，链形连接对成员设备的物理位置要求更低，主要用于成员设备物理位置分散的组网，但环形连接比链形连接更可靠。

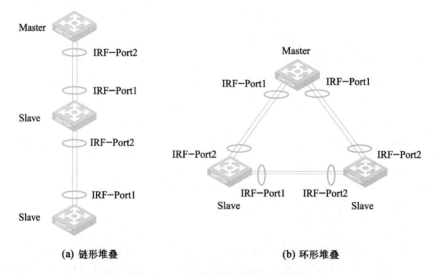

图 10-4　IRF 链形堆叠与环形堆叠

2. 网络规划

在掌握了相关技术理论知识的基础上，要研究根据网络规划方案，明确任务实施时各设备的成员编号、互连端口以及各 IRF 系统的 Domain 编号。

根据网络规划方案，在任务实施阶段将任务分解为以下步骤。

① 按照图 10-5 与表 10-1 连接交换机 S7、S8、S9、S10、S11、S12。

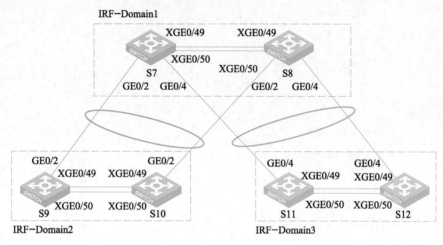

图 10-5 链形堆叠拓扑图

表 10-1 设备互连规划表

设备名与 IRF Domain 编号	物 理 接 口	堆 叠 口	设备优先级	成 员 编 号
S7 IRF Domain 1	XGE_0/49-S8 XGE_0/49	IRF-Port1/1-IRF-Port2/2	默认 1 改为 10	默认 1
	XGE_0/50-S8 XGE_0/50			
	GE0/2-S9 GE0/2	—	—	—
	GE0/4-S11 GE0/4	—	—	—
S8 IRF Domain 1	XGE_0/49-S7 XGE_0/49	IRF-Port2/2-IRF-Port1/1	默认 1	默认 1 改为 2
	XGE_0/50-S7 XGE_0/50			
	GE0/2-S10 GE0/2	—	—	—
	GE0/4-S12 GE0/4	—	—	—
S9 IRF Domain 2	XGE_0/49-S10 XGE_0/49	IRF-Port1/1-IRF-Port2/2	默认 1 改为 10	默认 1
	XGE_0/50-S10 XGE_0/50			
	GE0/2-S7 GE0/2			

续表

设备名与 IRF Domain 编号	物 理 接 口	堆 叠 口	设备优先级	成 员 编 号
S10 IRF Domain 2	XGE_0/49–S9 XGE_0/49	IRF-Port2/2–IRF-Port1/1	默认 1	默认 1 改为 2
	XGE_0/50–S9 XGE_0/50			
	GE0/2–S8 GE0/2	—	—	—
S11 IRF Domain 3	XGE_0/49–S12 XGE_0/49	IRF-Port1/1–IRF-Port2/2	默认 1 改为 10	默认 1
	XGE_0/50–S12 XGE_0/50			
	GE0/4–S7 GE0/4	—	—	—
S12 IRF Domain 3	XGE_0/49–S11 XGE_0/49	IRF-Port2/2–IRF-Port 1/1	默认 1	默认 1 改为 2
	XGE_0/50–S11 XGE_0/50			
	GE0/4–S8 GE0/4	—	—	—

注：IRF-Port 是逻辑堆叠口，在堆叠连接中，要求两台设备逻辑堆叠口交叉互连

② 根据表 10-1，分别配置 S7、S7、S8、S9、S10、S11、S12 的 IRF Domain 编号、成员编号和成员优先级（成员编号修改后需要重启设备才能生效）。

③ 根据图 10-5 与表 10-1，在交换机 S7、S8、S9、S10、S11、S12 上分别建立堆叠口 Port1 与 Port2，并将物理端口绑定到相应堆叠口中，完成交换机堆叠口与物理口的绑定。

④ 保存并重启设备，使设备配置生效。

⑤ 验证堆叠是否成功。

10.1.3　任务实施

任务实施阶段将依次完成配置任务。

1. 拓扑搭建

在 HCL 模拟器界面上，按照图 10-5 连接 6 台设备，且对设备进行命名。

2. 配置 IRF 参数

根据图 10-5 和表 10-1，在 S7~S12 上分别进行相关配置。首先对交换机 S7 与 S8 进行堆叠配置。

（1）配置交换机 S7

设备命名，并更改 IRF Domain 为 1，更改 IRF 优先级为 10。

```
<H3C>system-view                    //进入系统视图,开始配置 IRF
System View：return to User View with Ctrl+Z.
```

```
[H3C]sysname S7                        //设备更名为 S7
[S7]irf domain 1                       //配置设备 IRF Domain 为 1
[S7]irf member 1 priority 10           //配置设备成员编号为 1、优先级为 10
```

(2) 配置交换机 S8

设备命名，并更改 IRF Domain 为 1，更改 IRF 成员编号为 2。

```
<H3C>system-view
System View: return to User View with Ctrl+Z.
[H3C]sysname S8                        //设备更名为 S8
[S8]irf domain 1                       //配置设备 IRF Domain 为 1
[S8]irf member 1 renumber 2            //配置设备成员编号为 2(更改成员编号需要重启才会生效)
Renumbering the member ID may result in configuration change or loss. Continue?[Y/N]:y   //确定
[S8]save                               //保存配置
The current configuration will be written to the device. Are you sure?[Y/N]:y   //确定保存
Please input the file name(*.cfg)[flash:/startup.cfg]
(To leave the existing filename unchanged, press the enter key):              //直接按 Enter 键
Validating file. Please wait...
Saved the current configuration to mainboard device successfully.            //配置保存成功
[S8]quit                               //退出(重启设备需要在用户视图下进行)
<S8>reboot                             //重启
Start to check configuration with next startup configuration file, please wait......DONE!
This command will reboot the device. Continue?[Y/N]:y                        //确定重启
Now rebooting, please wait...
```

3. 配置 IRF 端口

(1) 配置交换机 S7

关闭物理堆叠口，将物理堆叠口与 IRF-Port 绑定，然后开启物理堆叠口。

```
[S7]interface range Ten-GigabitEthernet 1/0/49 Ten-GigabitEthernet 1/0/50
  //批量管理端口 Ten-GigabitEthernet 1/0/49 和 Ten-GigabitEthernet 1/0/50(也就是 X_GE0/49 和 X_
GE0/50 口)
[S7-if-range]shutdown                  //关闭端口
[S7-if-range]quit                      //退出
[S7]irf-port 1/1                       //进入堆叠口 1/1
[S7-irf-port1/1]port group interface Ten-GigabitEthernet 1/0/49  //将 X_GE 1/0/49 加入堆叠口 1/1 中
You must perform the following tasks for a successful IRF setup:
Save the configuration after completing IRF configuration.
Execute the "irf-port-configuration active" command to activate the IRF ports.
[S7-irf-port1/1]port group interface Ten-GigabitEthernet 1/0/50  //将 X_GE 1/0/50 加入堆叠口 1/1 中
[S7-irf-port1/1]quit                   //退出
[S7]interface range Ten-GigabitEthernet 1/0/49 Ten-GigabitEthernet 1/0/50
  //批量管理端口 Ten-GigabitEthernet 1/0/49 和 Ten-GigabitEthernet 1/0/50
[S7-if-range]undo shutdown             //开启端口
[S7-if-range]quit                      //退出
```

(2) 配置交换机 S8

关闭物理堆叠口，将物理堆叠口与 IRF-Port 绑定，然后开启物理堆叠口。

```
[S8]interface range Ten-GigabitEthernet 2/0/49 Ten-GigabitEthernet 2/0/50
  //批量管理端口 Ten-GigabitEthernet 2/0/49 和 Ten-GigabitEthernet 2/0/50
[S8-if-range]shutdown                  //关闭端口
```

```
[S8-if-range]quit            //退出
[S8]irf-port 2/2             //进入堆叠口 2/2
[S8-irf-port2/2]port  group  interface  Ten-GigabitEthernet  2/0/49  //将 X_GE 2/0/49 加入堆叠口 2/2 中
You must perform the following tasks for a successful IRF setup：
Save the configuration after completing IRF configuration.
Execute the "irf-port-configuration active" command to activate the IRF ports.
[S8-irf-port2/2]port  group  interface  Ten-GigabitEthernet  2/0/50  //将 X_GE 2/0/50 加入堆叠口 2/2 中
[S8-irf-port2/2]quit
[S8]interface range Ten-GigabitEthernet 2/0/49 Ten-GigabitEthernet 2/0/50
   //批量管理端口 Ten-GigabitEthernet  2/0/49 和 Ten-GigabitEthernet 2/0/50
[S8-if-range]undo shutdown  //开启端口
[S8-if-range]quit            //退出
```

4. IRF 配置生效

保存配置，激活 IRF 端口，等待设备自动重启（优先级低的从设备会重启，主设备不会重启）。

（1）配置交换机 S7

```
[S7]save                                                         //保存配置
The current configuration will be written to the device. Are you sure? [Y/N]：y   //确定保存
Please input the file name( * . cfg)[flash:/startup. cfg]
(To leave the existing filename unchanged, press the enter key)：
Validating file. Please wait...
Saved the current configuration to mainboard device successfully.
[S7]irf-port-configuration active                               //激活 IRF-Port 配置
```

（2）配置交换机 S8

```
[S8]save                                                        //保存
The current configuration will be written to the device. Are you sure? [Y/N]：y   //确定
Please input the file name( * . cfg)[flash:/startup. cfg]
(To leave the existing filename unchanged, press the enter key)：
flash:/startup. cfg exists, overwrite? [Y/N]：y                  //确定
Validating file. Please wait...
Saved the current configuration to mainboard device successfully.
[S8]irf-port-configuration active                               //激活 IRF-Port 配置
```

以上就是 S7 与 S8 两台设备的堆叠配置过程。请参考以上配置对 S9 与 S10、S11 与 S12 进行堆叠配置。

5. 交换机 S9 的 IRF 配置

```
<H3C>system-view
System View：return to User View with Ctrl+Z.
[H3C]sysname S9                                                 //配置设备名为 S9
[S9]irf domain 2                                               //配置 IRF Domain 为 2
[S9]irf member 1 priority 10                                   //配置设备 IRF 优先级为 10
[S9]interface  range Ten-GigabitEthernet  1/0/49 Ten-GigabitEthernet 1/0/50
   //批量管理端口 Ten-GigabitEthernet  1/0/49 和 Ten-GigabitEthernet 1/0/50
[S9-if-range]shutdown                                          //关闭端口
[S9-if-range]quit                                             //退出
[S9]irf-port 1/1                                              //进入堆叠口 1/1
[S9-irf-port1/1]port  group  interface  Ten-GigabitEthernet  1/0/49  //将 X_GE 1/0/49 加入堆叠口 1/1 中
```

You must perform the following tasks for a successful IRF setup:
Save the configuration after completing IRF configuration.
Execute the "irf-port-configuration active" command to activate the IRF ports.
[S9-irf-port1/1]port group interface Ten-GigabitEthernet 1/0/50 //将 X_GE 1/0/50 加入堆叠口 1/1 中
[S9-irf-port1/1]quit   //退出
[S9]interface range Ten-GigabitEthernet 1/0/49 Ten-GigabitEthernet 1/0/50
　　//批量管理端口 Ten-GigabitEthernet 1/0/49 和 Ten-GigabitEthernet 1/0/50
[S9-if-range]undo shutdown   //开启端口
[S9-if-range]quit   //退出
[S9]save   //保存配置
The current configuration will be written to the device. Are you sure? [Y/N]:y   //确定保存
Please input the file name(*.cfg)[flash:/startup.cfg]
(To leave the existing filename unchanged, press the enter key):
Validating file. Please wait...
Saved the current configuration to mainboard device successfully.
[S9]irf-port-configuration active   //激活 IRF-Port 配置

6. 交换机 S10 的 IRF 配置

```
<H3C>system-view
System View: return to User View with Ctrl+Z.
[H3C]sysname S10                                                                        //配置设备名为 S10
[S10]irf domain 2                                                                        //配置 IRF Domain 为 2
[S10]irf member 1 renumber 2                                                        //配置设备成员编号为 2
Renumbering the member ID may result in configuration change or loss. Continue? [Y/N]:y     //确定
[S10]save                                                                                  //保存配置
The current configuration will be written to the device. Are you sure? [Y/N]:y       //确定保存
Please input the file name( *.cfg)[flash:/startup.cfg]
(To leave the existing filename unchanged, press the enter key):                     //直接按 Enter 键
Validating file. Please wait...
Saved the current configuration to mainboard device successfully.                    //保存成功
[S10]quit                                                                                  //退出
<S10>reboot                                                                                //重启
Start to check configuration with next startup configuration file, please wait......DONE!
This command will reboot the device. Continue? [Y/N]:y                               //确定重启
Now rebooting, please wait...
[S10]interface range Ten-GigabitEthernet 2/0/49 Ten-GigabitEthernet 2/0/50
　　//批量管理端口 Ten-GigabitEthernet 2/0/49 和 Ten-GigabitEthernet 2/0/50
[S10-if-range]shutdown                                                                   //关闭端口
[S10-if-range]quit                                                                         //退出
[S10]irf-port 2/2                                                                          //进入堆叠口 2/2
[S10-irf-port2/2]port group interface Ten-GigabitEthernet 2/0/49   //将 X_GE 2/0/49 加入堆叠口 2/2 中
You must perform the following tasks for a successful IRF setup:
Save the configuration after completing IRF configuration.
Execute the "irf-port-configuration active" command to activate the IRF ports.
[S10-irf-port2/2]port group interface Ten-GigabitEthernet 2/0/50   //将 X_GE 2/0/50 加入堆叠口 2/2 中
[S10-irf-port2/2]quit                                                                      //退出
[S10]interface range Ten-GigabitEthernet 2/0/49 Ten-GigabitEthernet 2/0/50
　　//批量管理端口 Ten-GigabitEthernet 2/0/49 和 Ten-GigabitEthernet 2/0/50
[S10-if-range]undo shutdown                                                              //开启端口
[S10-if-range]quit                                                                         //退出
[S10]save                                                                                   //保存
The current configuration will be written to the device. Are you sure? [Y/N]:y       //确定
Please input the file name( *.cfg)[flash:/startup.cfg]
```

（To leave the existing filename unchanged, press the enter key）:
flash:/startup. cfg exists, overwrite? [Y/N]:y　　　　　　　　　　　//确定
Validating file. Please wait…
Saved the current configuration to mainboard device successfully.
[S10]irf-port-configuration active　　　　　　　　　　　//激活 IRF-Port 配置

7. 交换机 S11 的 IRF 配置

```
<H3C>system-view
System View: return to User View with Ctrl+Z.
[S]sysname S11                                              //设备更名 S11
[S11]irf domain 3                                          //配置 IRF Domain 编号为 3
[S11]irf member 1 priority 10                              //更改 IRF 优先级为 10
[S11]interface  range Ten-GigabitEthernet 1/0/49 Ten-GigabitEthernet 1/0/50
   //批量管理端口 Ten-GigabitEthernet  1/0/49 和 Ten-GigabitEthernet 1/0/50
[S11-if-range]shutdown                                     //关闭端口
[S11-if-range]quit                                         //退出
[S11]irf-port 1/1                                          //进入堆叠口 1/1
[S11-irf-port1/1]port group  interface  Ten-GigabitEthernet  1/0/49   //将 X_GE 1/0/49 加入堆叠口 1/1 中
You must perform the following tasks for a successful IRF setup:
Save the configuration after completing IRF configuration.
Execute the "irf-port-configuration active" command to activate the IRF ports.
[S11-irf-port1/1]port group  interface  Ten-GigabitEthernet  1/0/50   //将 X_GE 1/0/50 加入堆叠口 1/1 中
[S11-irf-port1/1]quit
[S11]interface  range Ten-GigabitEthernet 1/0/49 Ten-GigabitEthernet 1/0/50
   //批量管理端口 Ten-GigabitEthernet  1/0/49 和 Ten-GigabitEthernet 1/0/50
[S11-if-range]undo shutdown                                //关闭端口
[S11-if-range]quit                                         //退出
[S11]save                                                  //保存配置
The current configuration will be written to the device. Are you sure? [Y/N]:y   //确定保存
Please input the file name( * . cfg)[flash:/startup. cfg]
（To leave the existing filename unchanged, press the enter key）:
Validating file. Please wait…
Saved the current configuration to mainboard device successfully.
[S11]irf-port-configuration active                         //激活 IRF-Port 配置
```

8. 交换机 S12 的 IRF 配置

```
<H3C>system-view
System View: return to User View with Ctrl+Z.
[H3C]sysname S12                                           //设备更名为 S12
[S12]irf domain 3                                          //配置 IRF Domain 编号为 3
[S12]irf member 1 renumber 2                               //IRF 成员编号为 2
Renumbering the member ID may result in configuration change or loss. Continue? [Y/N]:y    //确定
[S12]save                                                  //保存配置
The current configuration will be written to the device. Are you sure? [Y/N]:y  //确定
Please input the file name( * . cfg)[flash:/startup. cfg]
（To leave the existing filename unchanged, press the enter key）:              //直接按 Enter 键
Validating file. Please wait…
Saved the current configuration to mainboard device successfully.              //成功
[S12]quit                                                  //退出
<S12>reboot                                                //重启
Start to check configuration with next startup configuration file, please wait……DONE!
```

This command will reboot the device. Continue? [Y/N]:y   //确定
Now rebooting, please wait…
[S12]interface range Ten-GigabitEthernet 2/0/49 Ten-GigabitEthernet 2/0/50
  //批量管理端口 Ten-GigabitEthernet 2/0/49 和 Ten-GigabitEthernet 2/0/50
[S12-if-range]shutdown   //关闭端口
[S12-if-range]quit   //退出
[S12]irf-port 2/2   //进入堆叠口 2/2
[S12-irf-port2/2]port group interface Ten-GigabitEthernet 2/0/49   //将 X_GE 2/0/49 加入堆叠口 2/2 中
You must perform the following tasks for a successful IRF setup:
Save the configuration after completing IRF configuration.
Execute the "irf-port-configuration active" command to activate the IRF ports.
[S12-irf-port2/2]port group interface Ten-GigabitEthernet 2/0/50   //将 X_GE 2/0/50 加入堆叠口 2/2 中
[S12-irf-port2/2]quit
[S12]interface range Ten-GigabitEthernet 2/0/49 Ten-GigabitEthernet 2/0/50
  //批量管理端口 Ten-GigabitEthernet 2/0/49 和 Ten-GigabitEthernet 2/0/50
[S12-if-range]undo shutdown   //关闭端口
[S12-if-range]quit   //退出
[S12]save   //保存
The current configuration will be written to the device. Are you sure? [Y/N]:y   //确定
Please input the file name(*.cfg)[flash:/startup.cfg]
(To leave the existing filename unchanged, press the enter key):
flash:/startup.cfg exists, overwrite? [Y/N]:y   //确定
Validating file. Please wait…
Saved the current configuration to mainboard device successfully.

    IRF 堆叠完成后，为了标识这些堆叠系统，可以将设备进行更名。
    ① S7 与 S8 组成的堆叠系统更名为 S78。

[S7]sysname S78

    ② S9 与 S10 组成的堆叠系统更名为 S910。

[S9]sysname S910

    ③ S11 与 S12 组成的堆叠系统更名为 S1112。

[S11]sysname S1112

    9. 堆叠验证

    （1）查看交换机 S78 的 IRF 信息

```
[S78]display irf
MemberID      Role      Priority    CPU-Mac          Description
 *1           Master    10          2e3b-ce5f-0104   ---
 +2           Standby   1           2e3b-d21d-0204   ---
--------------------------------------------------------------
 * indicates the device is the master.
 + indicates the device through which the user logs in.
The bridge MAC of the IRF is: 2e3b-ce5f-0100
Auto upgrade              : yes
Mac persistent           : 6 min
Domain ID                : 1
```

（2）查看交换机 S910 的 IRF 信息

```
[S910]display irf
MemberID      Role      Priority      CPU-Mac            Description
* +1          Master    10            2e3b-d56e-0304     ---
   2          Standby   1             2e3b-d874-0404     ---
-----------------------------------------------------------------
* indicates the device is the master.
+ indicates the device through which the user logs in.
The bridge MAC of the IRF is：2e3b-d56e-0300
Auto upgrade                    : yes
Mac persistent                  : 6 min
Domain ID                       : 2
```

（3）查看交换机 S1112 的 IRF 信息

```
[S1112]display irf
MemberID      Role      Priority      CPU-Mac            Description
* +1          Master    10            2e3b-db0c-0504     ---
   2          Standby   1             2e3b-df5f-0604     ---
-----------------------------------------------------------------
* indicates the device is the master.
+ indicates the device through which the user logs in.
The bridge MAC of the IRF is：2e3b-db0c-0500
Auto upgrade                    : yes
Mac persistent                  : 6 min
Domain ID                       : 3
```

通过 dispaly irf 命令显示 IRF 的相关信息，包括成员编号、角色、优先级、CPU MAC 地址以及描述信息。

- Member ID：成员设备的编号。如果编号前带＊，表示该设备是 Master 设备；如果编号前带+，表示该设备是用户当前登录的、正在操作的设备。
- Role：成员设备的角色，可能为 Slave（备用设备）、Master（主用设备）和 Domain ID（域编号）。

或者在 S78 中查看以下接口，可以发现在 S78 中任一设备上查看到两台物理设备的端口，如图 10-6 所示。

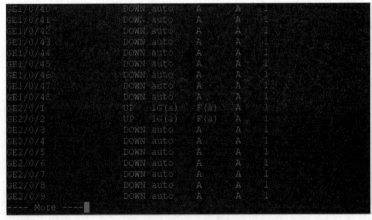

图 10-6　IRF 验证图

10.1.4　任务反思

综上，为满足数据中心核心网络高可靠性的需要，通常网络中会使用双核心或是多核心设备进行组网，提高了网络中设备的冗余度与可靠性，但网络中设备数量增加，不易于维护与管理，而且需要运行其他协议来避免设备之间出现环路，会对网络造成一定程度的占用。为了避免上述问题，可以使用虚拟化网络技术。本任务使用了 IRF 技术，克服了网络中设备数量多所带来的管理与资源占用方面的问题。根据网络规划方案，成功地在逻辑上将多台设备归为一体，便于设备管理与资源的释放，达到了设计要求，且 IRF 技术与后续要学习的链路聚合技术，是目前数据中心组网最常用的技术。

【问题思考】
① IRF 网络虚拟化的概念是什么？
② 拓扑选用时，链形堆叠与环形堆叠哪种连接方式更好？为什么？
③ 可以通过哪些方式来提高堆叠系统的稳定性与可靠性？

10.1.5　任务测评

扫描二维码，查看任务测评。

任务测评

10.2　链路聚合部署实施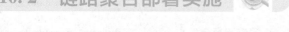

在 10.1 节中介绍了 IRF 的相关知识，并在网络中部署了 IRF，此时网络中 6 台物理设备变成逻辑上的 3 台交换机，可以使用链路聚合技术来提升这 3 台设备之间的链路可靠性。

链路聚合的基本思想是把多个物理接口加入一个逻辑接口中，对于设备它只会认为设备之间通过逻辑接口进行互连。使用链路聚合不仅可以提高链路可靠性，也可以增加设备之间的传输带宽，是现在数据中心组网常见的可靠性技术之一。

10.2.1　任务描述

如图 10-1 所示的数据中心网络拓扑图中，交换机 S7 与 S8、S9 与 S10、S11 与 S12 进行了 IRF 堆叠。3 个堆叠系统处于不同的 IRF-Domain，分别是 Domain1、Domain2、Domain3。利用 IRF 实现交换网络设备的冗余，而 Domain2 与 Domain3 都是接入层设备，需要接入核心层的 Domain1 设备上。在连接时上行可以选择使用链路聚合，来提高链路的可靠性，而此时一个 Domain 其实就是一台逻辑设备，所以可以选择使用分布式链路聚合，进一步提高链路的可靠性。

10.2.2　任务准备

分布式链路聚合的部署实施任务首先需要理解和掌握链路聚合的基本概念及工作原理；其次，在了解 IRF 概念的基础上，理解 IRF 中的分布式链路聚合，从而进一步提高接入层设备上行链路的可靠性；最后，需要掌握关于链路聚合的配置。

1. 知识准备

在本书第 3.3.2 节已经详细介绍了链路聚合的相关原理，本节不再赘述。

2. 任务规划与分解

（1）链路聚合规划方案

通常链路聚合的规划过程如下。

① 确定所选择的聚合模式为静态聚合。

② 根据网络需求确定需要进行聚合的设备。

③ 确定设备上需要聚合的端口。

针对图 10-5，设备已经进行了 IRF 堆叠配置，现在 S78、S910、S1112 都是一个堆叠系统。为了提高设备之间互连链路的可靠性，此时 S910、S1112 都要与 S78 进行分布式链路聚合。聚合端口互连规划见表 10-2。

表 10-2 链路聚合规划配置表

设 备 互 连	互 连 接 口	聚 合 模 式	聚合接口号
S78~S910	GE1/0/2 至 GE1/0/2	静态聚合	Bridge-Aggregation1
	GE2/0/2 至 GE2/0/2	静态聚合	Bridge-Aggregation1
S78~S1112	GE1/0/4 至 GE1/0/4	静态聚合	Bridge-Aggregation2
	GE2/0/4 至 GE2/0/4	静态聚合	Bridge-Aggregation1

（2）任务分解

本实验在 10.1 节的基础上实施与部署。

根据任务规划方案，在任务实施阶段需要完成的工作如下：

① 连线操作。按照图 10-5 在 HCL 仿真软件中搭建拓扑图，并完成各交换机之间线缆的连接操作。

② 根据 10.1 节对设备进行 IRF 配置。

③ 根据链路聚合规划配置表 10-2，在各堆叠系统之间进行分布式链路聚合配置与部署。

④ 验证分布式链路聚合的部署配置结果。

10.2.3 任务实施

任务实施阶段将依次完成 10.2.2 节的分解任务，需要说明的是，本实验分布式链路聚合是基于 IRF 环境实现的，因为堆叠后的物理设备其实就是逻辑上的一台设备，此时分布式链路聚合在逻辑上也只是一台设备与另外一台设备的互连端口进行聚合。

1. 部署链路聚合

在 S78、S910 和 S1112 上创建聚合组，并将各堆叠系统之间互连端口分别加入聚合组。S78 需要同时与 S910、S1112 进行连接，所以 S78 上需要创建两个聚合组。

（1）创建聚合组

在 S78 上，执行以下命令。

```
<S78>system-view
System View: return to User View with Ctrl+Z.
[S78]interface Bridge-Aggregation 1          //创建聚合组 1
[S78-Bridge-Aggregation1]quit                //退出
[S78]interface Bridge-Aggregation 2          //创建聚合组 2
[S78-Bridge-Aggregation1]quit                //退出
```

在 S910 上，执行以下命令。

```
<S910>system-view
System View: return to User View with Ctrl+Z.
[S910]interface Bridge-Aggregation 1          //创建聚合组 1
[S910-Bridge-Aggregation1]quit                //退出
```

在 S1112 上，执行以下命令。

```
<S1112>system-view
System View: return to User View with Ctrl+Z.
[S1112]interface Bridge-Aggregation 2          //创建聚合组 2
[S1112-Bridge-Aggregation1]quit                //退出
```

（2）将端口加入聚合组

在 S78 上将连接 S910 的两个端口 G1/0/2 与 G2/0/2 加入聚合组。

```
[S78]interface  GigabitEthernet  1/0/2                        //进入端口 G1/0/2
[S78-GigabitEthernet1/0/2]port link-aggregation Group 1       //将端口加入聚合组 1
[S78-GigabitEthernet1/0/2]quit                                //退出
[S78]interface  GigabitEthernet  2/0/2                        //进入端口 G2/0/2
[S78-GigabitEthernet2/0/2]port link-aggregation Group 1       //将端口加入聚合组 1
[S78-GigabitEthernet2/0/2]quit
```

在 S78 上将连接 S1112 的两个端口 G1/0/4 与 G2/0/4 加入聚合组。

```
[S78]interface  GigabitEthernet  1/0/4                        //进入端口 G1/0/4
[S78-GigabitEthernet1/0/4]port link-aggregation Group 2       //将端口加入聚合组 2
[S78-GigabitEthernet1/0/4]quit
[S78]interface  GigabitEthernet  2/0/4                        //进入端口 G2/0/4
[S78-GigabitEthernet2/0/4]port link-aggregation Group 2       //将端口加入聚合组 2
[S78-GigabitEthernet2/0/4]quit
```

在 S910 上将连接 S78 的两个端口 G1/0/2 与 G2/0/2 加入聚合组。

```
[S910]interface  GigabitEthernet  1/0/2                        //进入端口 G1/0/2
[S910-GigabitEthernet1/0/2]port link-aggregation Group 1       //将端口加入聚合组 1
[S910-GigabitEthernet1/0/2]quit
```

```
[S910]interface    GigabitEthernet    2/0/2                          //进入端口 G2/0/2
[S910-GigabitEthernet2/0/2]port link-aggregation Group 1             //将端口加入聚合组 1
[S910-GigabitEthernet2/0/1]quit
```

在 S1112 上将连接 S78 的两个端口 G1/0/4 与 G2/0/4 加入聚合组。

```
[S1112]interface    GigabitEthernet    1/0/4                         //进入端口 G1/0/4
[S1112-GigabitEthernet1/0/4]port link-aggregation Group 2           //将端口加入聚合组 2
[S1112-GigabitEthernet1/0/4]quit
[S1112]interface    GigabitEthernet    2/0/4                         //进入端口 G2/0/4
[S1112-GigabitEthernet2/0/4]port link-aggregation Group 2           //将端口加入聚合组 2
[S1112-GigabitEthernet2/0/4]quit
```

2. 验证分布式链路聚合部署

（1）在 S78 上查看链路聚合信息

```
[S78]display link-aggregation verbose
Loadsharing Type: Shar -- Loadsharing, NonS -- Non-Loadsharing
Port: A -- Auto
Port Status: S -- Selected, U -- Unselected, I -- Individual
Flags:   A -- LACP_Activity, B -- LACP_Timeout, C -- Aggregation,
         D -- Synchronization, E -- Collecting, F -- Distributing,
         G -- Defaulted, H -- Expired

Aggregate Interface: Bridge-Aggregation1            //与 Domain2 相连的聚合组
Aggregation Mode: Static
Loadsharing Type: Shar
  Port            Status  Priority Oper-Key
--------------------------------------------------------------------------------
  GE1/0/2         S       32768    1           //端口状态为 S,选中模式,说明端口在聚合组中可以工作
  GE2/0/2         S       32768    1

Aggregate Interface: Bridge-Aggregation2            //与 Domain3 相连的聚合组
Aggregation Mode: Static
Loadsharing Type: Shar
  Port            Status  Priority Oper-Key
--------------------------------------------------------------------------------
  GE1/0/4         S       32768    2
  GE2/0/4         S       32768    2
```

（2）在 S910 上查看聚合组状态

```
[S910]display link-aggregation verbose
Loadsharing Type: Shar -- Loadsharing, NonS -- Non-Loadsharing
Port: A -- Auto
Port Status: S -- Selected, U -- Unselected, I -- Individual
Flags:   A -- LACP_Activity, B -- LACP_Timeout, C -- Aggregation,
         D -- Synchronization, E -- Collecting, F -- Distributing,
         G -- Defaulted, H -- Expired

Aggregate Interface: Bridge-Aggregation1
```

```
Aggregation Mode：Static
Loadsharing Type：Shar
Port              Status   Priority Oper-Key
-----------------------------------------------------------------------------
GE1/0/2           S        32768    1
GE2/0/2           S        32768    1
```

（3）在 S1112 上查看聚合组状态

```
[S1112]display link-aggregation verbose
Loadsharing Type：Shar -- Loadsharing, NonS -- Non-Loadsharing
Port：A -- Auto
Port Status：S -- Selected, U -- Unselected, I -- Individual
Flags：  A -- LACP_Activity, B -- LACP_Timeout, C -- Aggregation,
         D -- Synchronization, E -- Collecting, F -- Distributing,
         G -- Defaulted, H -- Expired

Aggregate Interface：Bridge-Aggregation2
Aggregation Mode：Static
Loadsharing Type：Shar
Port              Status   Priority Oper-Key
-----------------------------------------------------------------------------
GE1/0/4           S        32768    2
GE2/0/4           S        32768    2
```

配置完成后，在各个 IRF 系统的 Master 设备上使用 display link-aggregation verbose 命令可以显示聚合组中包括的端口信息及端口状态。此时，注意端口编号和端口状态是否正确，特别是端口的 status，如果是 S，说明端口被选中，可以在组中正常工作。

10.2.4 任务反思

数据中心网络的可靠性设计可以通过设备冗余和链路冗余来提高网络的可靠性，但是设备冗余与链路冗余带来可靠性提高的同时，也可能会存在单点故障导致设备之间无法连通的问题。而分布式链路聚合恰好可以在构建高可靠性数据中心网络时提供了一个优秀的解决方案，既可以提高链路带宽，又可以为网络提供更可靠的链路连接，在网络设计和实施部署中有着广泛的应用。

在任务实施和部署案例过程中，除了掌握必备的理论知识，还要学会解决问题的思路和框架。任何一个网络部署任务的执行都包括目标、分析、规划设计、实施和验证等环节。在完成任务的过程中，要根据自身实际，不断探索新知，增长技能。

【问题思考】

请思考为什么在 IRF 环境下可以进行跨设备的链路聚合，也就是分布式链路聚合？这样做有什么好处？

10.2.5 任务测评

扫描二维码，查看任务测评。

任务测评

10.3 VLAN 部署实施

在 10.1 节和 10.2 节中介绍了 IRF 与链路聚合的相关知识，并在网络中部署了 IRF 以及分布式链路聚合。但是网络中的这些物理设备以及终端还是处于同一个局域网中，可能会因为广播数据的传递而出现广播风暴，占用网络中的带宽以及设备的处理资源，此时可以通过部署 VLAN 在网络中隔离数据，缩小广播域，减小广播风暴出现的可能性。

10.3.1 任务描述

如图 10-1 所示为数据中心网络拓扑图，交换机 S7 与 S8、S9 与 S10、S11 与 S12 进行了 IRF 堆叠。此时网络中存在 3 台逻辑中的交换机，分别是 S78、S910、S1112。同时也通过分布式链路聚合确保了数据传输链路的可靠性，但是交换机对于单播帧和组播帧、广播帧、未知单播帧的处理方式是不一样的。对于后三者交换机会进行泛洪操作，会导致网络设备消耗一些不必要的处理资源以及带宽，严重情况下可能会出现广播风暴从而导致设备宕机。为了避免这种情况的出现，可以使用 VLAN 技术进行广播域的隔离。

在图 10-1 中，PC3 与 PC4 属于不同网段，规划时也将其放在不同 VLAN 中，PC3 处于 VLAN3，PC4 处于 VLAN4。将两个网段的网关放在 S910 与 S1112 上。S78 与 S910、S1112 连接链路使用 Trunk 放行 VLAN3、VLAN4 通过。隔离广播域的同时可以使用三层交换机实现 VLAN 间的三层互通。

10.3.2 任务准备

VLAN 部署实施任务首先需要理解 VLAN 的基本概念及工作原理；其次要理解 VLAN 的实现方式与应用，从而明白如何使用 VLAN 控制网络中的广播域大小；最后，需要掌握关于 VLAN 的配置。

1. 知识准备

有关 VLAN 的技术原理及 VLAN 的划分内容请参见第 3.4.2 节，本小节将在数据中心部署 VLAN 技术。

2. 任务规划与分解

（1）VLAN 规划方案

① 确定网络中每台设备上的 VLAN 数量以及作用。

② 确定网络中使用的 VLAN 类型。

③ 确定网络中哪些 VLAN 需要跨设备通信。

④ 使用 VLAN 间路由实现 VLAN 间三层互通。

针对如图 10-1 所示的数据中心拓扑图，设备已经进行了 IRF 堆叠配置，S78、S910、S1112 都是一个堆叠系统。此时，S910、S1112 都与 S78 进行了分布式链路聚合，那么现在需要将用户设备 PC3 和 PC4 划分到不同 VLAN 进行广播域的隔离。VLAN 规划见表 10-3。

表 10-3　VLAN 规划配置表

设　　备	端 口 号	所属 **VLAN**	端口的链路类型
S78	Link-agg1	VLAN 1	Trunk 允许 VLAN 5 通过
	Link-agg2	VLAN 1	Trunk 允许 VLAN 6 通过
	GE1/0/1	VLAN 100	Access
	GE2/0/1	VLAN 200	Access
	—	VLAN 5	—
	—	VLAN 6	—
S910	GE1/0/1	VLAN 3	Access
	Link-agg1	VLAN 1	Trunk 允许 VLAN 5 通过
	—	VLAN 5	—
S1112	GE2/0/1	VLAN 4	Access
	Link-agg2	VLAN 1	Trunk 允许 VLAN 6 通过
	—	VLAN 6	—

（2）任务分解

需要先在网络中部署 IRF 与分布式链路聚合。VLAN 3 与 VLAN 4 的作用是分隔两台 PC 的广播域；VLAN 100 与 VLAN 200 的作用是后续需要为 S78 上行端口配置 IP，与路由器进行网络层通信；VLAN 5 与 VLAN 6 的作用是为 S78 与 S910、S78 与 S1112 的网络层互连提供 IP。

根据任务规划方案，在任务实施阶段需要完成的工作如下。

① 连线操作。按照图 10-1 与表 10-4 在 HCL 仿真软件中搭建拓扑图，并完成各交换机之间线缆的连接操作。

② 根据 10.1 节对设备进行 IRF 配置。

③ 根据 10.2 节对设备进行链路聚合配置。

④ 按表 10-3，对于各设备上端口进行 VLAN 的划分与端口链路类型的配置。

⑤ 验证 VLAN 部署的配置结果。

⑥ VLAN 虚接口 IP 地址配置，PC 机 IP 与网关地址配置。

10.3.3　任务实施

1. 链路类型及 VLAN 配置

根据图 10-1 和表 10-3，在各堆叠系统中创建 VLAN，以及划分 VLAN。

（1）创建 VLAN 且划分 VLAN

在 S78 上，执行以下命令。

```
<S78>system-view
System View：return to User View with Ctrl+Z.
［S78］vlan 5 to 6      //创建 VLAN5 到 VLAN6,连续编号的 VLAN 可以使用 to,如 VLAN 1 到 VLAN 10 可以使用
vlan 1 to 10
［S78］vlan 100     //创建 VLAN 100,VLAN 100 是交换机与上行路由器进行网络层互通时使用
［S78-vlan100］port GigabitEthernet   1/0/1        //将接口 GE1/0/1 加入 VLAN
［S78-vlan100］quit
［S78］vlan 200     //创建 VLAN 200,VLAN 200 是交换机与上行路由器进行网络层互通时使用
［S78-vlan200］port   GigabitEthernet   2/0/1        //将接口 GE2/0/1 加入 VLAN
［S78-vlan200］quit
```

在 S910 上，执行以下命令。

```
<S910>system-view
System View：return to User View with Ctrl+Z.
［S910］vlan 3
［S910-vlan3］port   GigabitEthernet   1/0/1
［S910-vlan3］quit
［S910］vlan 5
［S910-vlan5］quit
```

在 S1112 上，执行以下命令。

```
<S1112>system-view
System View：return to User View with Ctrl+Z.
［S1112］vlan 4
［S1112-vlan4］port   GigabitEthernet   2/0/1
［S1112-vlan4］quit
［S1112］vlan 6
［S1112-vlan4］quit
```

（2）配置交换机的端口链路类型

在 S78 上，执行以下命令。

```
［S78］interface   Bridge-Aggregation   1                //进入交换机聚合接口 1
［S78-Bridge-Aggregation1］port link-type trunk          //端口的链路类型配置为 Trunk
Configuring GigabitEthernet1/0/2 done.                  //聚合接口会自动将配置同步到端口下的物理接口上
Configuring GigabitEthernet2/0/2 done.                  //聚合接口会自动将配置同步到端口下的物理接口上
［S78-Bridge-Aggregation1］port trunk permit vlan   5 //配置 Trunk 端口放行 VLAN 5
Configuring GigabitEthernet1/0/2 done.                  //接口同步配置成功
Configuring GigabitEthernet2/0/2 done.                  //接口同步配置成功
［S78-Bridge-Aggregation1］quit                          //退出
［S78］interface   Bridge-Aggregation   2                //进入交换机聚合接口 2
［S78-Bridge-Aggregation2］port link-type trunk          //端口的链路类型配置为 Trunk
Configuring GigabitEthernet1/0/4 done.
Configuring GigabitEthernet2/0/4 done.
［S78-Bridge-Aggregation2］port trunk permit vlan 6    //配置 Trunk 端口放行 VLAN 6
Configuring GigabitEthernet1/0/4 done.
Configuring GigabitEthernet2/0/4 done.
［S78-Bridge-Aggregation2］quit
```

在 S910 上，执行以下命令。

```
［S910］interface   Bridge-Aggregation   1
［S910-Bridge-Aggregation1］port link-type trunk
Configuring GigabitEthernet1/0/2 done.
Configuring GigabitEthernet2/0/2 done.
```

```
[S910-Bridge-Aggregation1]port trunk permit vlan 5
Configuring GigabitEthernet1/0/2 done.
Configuring GigabitEthernet2/0/2 done.
[S910-Bridge-Aggregation1]quit
```

在 S1112 上，执行以下命令。

```
[S1112]interface    Bridge-Aggregation    2
[S1112-Bridge-Aggregation2]port link-type trunk
Configuring GigabitEthernet1/0/4 done.
Configuring GigabitEthernet2/0/4 done.
[S1112-Bridge-Aggregation2]port trunk permit vlan 6
Configuring GigabitEthernet1/0/4 done.
Configuring GigabitEthernet2/0/4 done.
[S1112-Bridge-Aggregation2]quit
```

2. 验证 VLAN 的部署

配置完成后，在各个 S78、S910、S1112 设备上使用 display vlan id 和 display port trunk 命令可以显示 VLAN 中包括的端口信息以及哪些端口是 Trunk 端口，Trunk 放行了哪些端口。

（1）在 S78 上查看 VLAN 信息

```
[S78]display vlan          //展示设备上的所有 VLAN
  Total VLANs：5
  The VLANs include：
  1(default)，5-6，100，200//默认存在 VLAN 1,此外还有手动创建的 VLAN 5、VLAN 6、VLAN 100、VLAN 200
[S78]display vlan 5         //展示 VLAN 5 的信息
  VLAN ID：5
  VLAN type：Static
  Route interface：Not configured
  Description：VLAN 0005
  Name：VLAN 0005
  Tagged ports：             //允许带有 VLAN 5 标签数据通过的端口(放行 VLAN 5 的 Trunk 口)
      Bridge-Aggregation1
      GigabitEthernet1/0/2          GigabitEthernet2/0/2
  Untagged ports：None     //允许 VLAN 5 内的数据不带标签通过的端口(VLAN 5 内的 Access 口)
[S78]display vlan 6
  VLAN ID：6
  VLAN type：Static
  Route interface：Not configured
  Description：VLAN 0006
  Name：VLAN 0006
  Tagged ports：
      Bridge-Aggregation2
      GigabitEthernet1/0/4          GigabitEthernet2/0/4
  Untagged ports：None
[S78]dis vlan 100
  VLAN ID：100
  VLAN type：Static
  Route interface：Not configured
  Description：VLAN 0100
  Name：VLAN 0100
  Tagged ports：    None
  Untagged ports：
```

```
        GigabitEthernet1/0/1
[S78]dis vlan 200
    VLAN ID：200
    VLAN type：Static
    Route interface：Not configured
    Description：VLAN 0200
    Name：VLAN 0200
    Tagged ports：    None
    Untagged ports：
        GigabitEthernet2/0/1
[S78]dis port trunk                    //展示设备上 Trunk
Interface        PVID      VLAN Passing
BAGG1            1         1, 5          //接口        VLAN 标识            允许通过的 VLAN
BAGG2            1         1, 6
GE1/0/2          1         1, 5
GE1/0/4          1         1, 6
GE2/0/2          1         1, 5
GE2/0/4          1         1, 6
```

（2）配置 VLAN 接口地址

在 S910 与 S1112 上配置 VLAN 虚接口 IP 充当 PC 网关。

```
[S910]interface   Vlan-interface   3      //进入 VLAN 3 虚接口，VLAN 虚接口开启需要满足两个条件之一：
VLAN 下有开启的物理接口，VLAN 被 trunk 链路放行
[S910-Vlan-interface3]ip address   10.30.7.254 24      //配置 VLAN 3 虚接口 IP
[S910-Vlan-interface3]quit
S1112
[S1112]interface   Vlan-interface   4              //进入 VLAN 4 虚接口
[S1112-Vlan-interface4]ip address 10.30.8.254 24      //配置 VLAN 4 虚接口 IP
[S1112-Vlan-interface4]quit
```

（3）验证互通性

配置 PC3、PC4 的 IP 地址且验证与各自网关的互通性。

```
<H3C>ping 10.30.7.254
Ping 10.30.7.254 (10.30.7.254)：56 data bytes, press CTRL_C to break
56 bytes from 10.30.7.254：icmp_seq=0 ttl=255 time=2.000 ms
56 bytes from 10.30.7.254：icmp_seq=1 ttl=255 time=0.000 ms
56 bytes from 10.30.7.254：icmp_seq=2 ttl=255 time=1.000 ms
56 bytes from 10.30.7.254：icmp_seq=3 ttl=255 time=1.000 ms
56 bytes from 10.30.7.254：icmp_seq=4 ttl=255 time=1.000 ms

--- Ping statistics for 10.30.7.254 ---
5 packet(s) transmitted, 5 packet(s) received, 0.0% packet loss
round-trip min/avg/max/std-dev = 0.000/1.000/2.000/0.632 ms
```

10.3.4 任务反思

在任务实施和部署案例过程中，除掌握必备的理论知识外，还要养成解决问题的思路。任何一个网络部署任务的执行都包括需求、目标分析、规划设计、实施和验证几个环节。在完成任务的过程中，要不断探索新知，提高自己的技术掌握度与熟练度。

【问题思考】

如果一个端口被配置为 Trunk 端口，PVID 更改为 VLAN 20，那么 VLAN 20 的数据在这个接口会默认被放行吗？

10.3.5 任务测评

扫描二维码，查看任务测评。

任务测评

第11章　数据中心路由与接入部署实施

在数据中心网络中部署 IS-IS 路由协议使内网互通,并且部署 BGP 协议将内网路由信息传递到运营商设备,使用户可以通过网络去访问数据中心内的资源或者将数据传递到外网。本章主要围绕数据中心路由与接入的部署和实施展开讨论,主要包括实现 IS-IS 路由技术以及 MP-BGP 技术的部署实施。

通过本章的学习,应达成如下学习目标。

知识目标

- 掌握 IS-IS 协议作用与使用。
- 了解 IS-IS 路由渗透应用。
- 掌握 BGP 的作用与使用。
- 了解 BGP 选路规则,以及修改 BGP 路由属性。

技能目标

- 掌握 IS-IS 协议基本配置。
- 掌握 IS-IS 路由渗透配置。
- 掌握 BGP 协议基本配置。
- 掌握 BGP 常见属性修改方式。

素质目标

- 激发对路由协议的兴趣与学习激情。
- 培养对不同路由协议的综合应用。

在数据中心网络中，常用 IGP 路由协议包括 OSPF、IS-IS，常用 EGP 路由协议为 BGP。OSPF 与 IS-IS 是基于链路状态算法的路由协议，具有收敛迅速、路由信息计算准确、占用系统开销较小、协议自身安全性高且适用于大规模网络等优点。本章部署目标是 IS-IS 路由协议，在跨 AS、跨设备传递路由信息时，使用 BGP 路由，其丰富的路由属性便于实施者修改进行选路。

本章将在数据中心网络中部署 IS-IS 与 BGP 两种协议使数据中心网络可以实现网络层通信。在本章任务的学习、实践过程中，领会 IS-IS、BGP 协议的应用与配置，从本组网案例中，不断积累案例背景知识，最终达到举一反三，触类旁通的目的。

11.1   IS-IS 路由技术部署实施

中间系统到中间系统（Intermediate System-to-Intermediate System，IS-IS）协议最初是国际标准化组织（International Organization for Standardization，ISO）为它的无连接网络协议（Connection Less Network Protocol，CLNP）设计的一种动态路由协议。

为了提供对 IP 的路由支持，IETF 在 RFC 1195 中对 IS-IS 进行了扩充和修改，使它能够同时应用在 TCP/IP 和 OSI 环境中，称为集成化 IS-IS（Integrated IS-IS 或 Dual IS-IS）。

IS-IS 属于内部网关协议（Interior Gateway Protocol，IGP），用于 AS 内部。它是一种链路状态协议，使用最短路径优先（Shortest Path First，SPF）算法进行路由计算。

11.1.1   任务描述

如图 11-1 所示，在一个数据中心网络中，S910、S1112 作为 PC3、PC4 的网关都与 S78 相连，而 S78 与数据中心网络出口路由器 CE3、CE4 进行连接。此时要让 PC3、PC4 之间进行互通，且与数据中心中其他服务器或设备进行互通，就必须在内网部署路由协议让其计算出路由信息。本节选择使用 IS-IS 协议，让内网实现网络层互通。

11.1.2   任务准备

1. 知识准备

本任务相关的技术理论主要是 IS-IS 的基本概念与工作原理。如无特殊说明，下文中的 IS-IS 指集成化 IS-IS。

（1）IS-IS 概述

为了支持大规模的路由网络，IS-IS 在路由域内采用两级分层结构。一个大的路由域通常被分成一个或多个区域，分成多个区域可以避免因为网络规模较大、链路信息多导致设备资源消耗严重的情况。本节中部署时因为设备较少，所以采用单区域。

① IS-IS 中的 NSAP 地址格式。

② IS-IS 中的 NSAP 地址由以下 3 部分组成。

● 区域地址：长度可变，为 1B~13B。

● System ID：系统 ID，用来唯一标识区域内的 IS，长度固定为 6B。

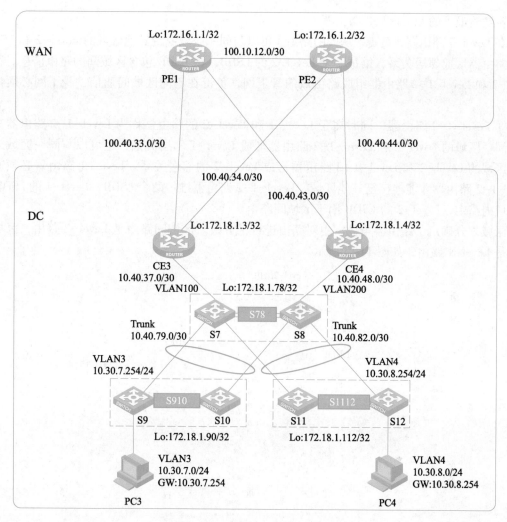

图 11-1　数据中心网络拓扑图

- NSEL：服务类型选择符，长度为 1B。

IS-IS 中的 NSAP 地址格式如图 11-2 所示。

可变长区域地址			6 Bytes	1 Byte
AFI	IDI	High Order DSP	System ID	NSEL

图 11-2　IS-IS 中的 NSAP 地址格式

（2）IS-IS 区域

为了支持大规模的路由网络，IS-IS 在路由域内采用两级分层结构。一个大的路由域通常被分成一个或多个区域（Areas）。一般来说，将 Level-1（L1）路由器部署在区域内，Level-2（L2）路由器部署在区域间，Level-1-2 路由器部署在 Level-1 路由器和 Level-2 路由器中间。

① Level-1 路由器，负责区域内的路由，它只与属于同一区域的 Level-1 和 Level-1-2 路由器形成邻居关系，维护一个 Level-1 的 LSDB，该 LSDB 包含本区域的路由信息，到区域外的

报文转发给最近的 Level-1-2 路由器。

②Level-2 路由器，负责区域间的路由，可以与同一区域或者其他区域的 Level-2 和 Level-1-2 路由器形成邻居关系，维护一个 Level-2 的 LSDB，该 LSDB 包含区域间的路由信息。所有 Level-2 和 Level-1-2 路由器组成路由域的骨干网，负责在不同区域间通信，骨干网必须物理连续。

③Level-1-2 路由器，同时属于 Level-1 和 Level-2 的路由器称为 Level-1-2 路由器，可以与同一区域的 Level-1 和 Level-1-2 路由器形成 Level-1 邻居关系，也可以与同一区域或者其他区域的 Level-2 和 Level-1-2 路由器形成 Level-2 的邻居关系。Level-1 路由器必须通过 Level-1-2 路由器才能连接至其他区域。Level-1-2 路由器维护两个 LSDB，Level-1 的 LSDB 用于区域内路由，Level-2 的 LSDB 用于区域间路由。

区域划分确定了路由器角色，也对路由进行了分级。区域间路由是 Level-2 路由，区域内路由是 Level-1 路由，如图 11-3 所示。

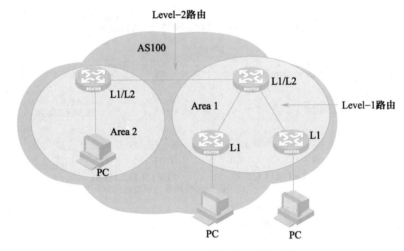

图 11-3　IS-IS 区域划分与路由分级

2. 网络规划

在掌握了相关技术理论知识的基础上，要研究根据网络规划方案，明确任务实施时各设备的区域 ID、系统 ID、建立的邻接关系、以及各设备需要运行 IS-IS 的端口，其规划见表 11-1～表 11-3。

表 11-1　设备 IP 规划表

设　备　名	接　　口	接口 IP
S78	Vlan-interface100	10.40.37.1/30
	Vlan-interface200	10.40.48.1/30
	Vlan-interface5	10.40.79.2/30
	Vlan-interface6	10.40.82.2/30
	Loopback 0	172.18.1.78/32

续表

设 备 名	接　　口	接口 IP
S910	Vlan-interface3	10. 30. 7. 254/24
	Vlan-interface5	10. 70. 79. 1/30
	Loopback 0	172. 18. 1. 90/32
S1112	Vlan-interface6	10. 40. 82. 1/30
	Vlan-interface4	10. 30. 8. 254/24
	Loopback 0	172. 18. 1. 112/32
PC3	—	10. 30. 7. 1/24
PC4	—	10. 30. 8. 1/24
CE3	GE0/1	10. 40. 37. 2/30
	GE5/0	100. 40. 33. 2/30
	GE5/1	100. 40. 34. 2/30
	Loopback 0	172. 18. 1. 3/32
CE4	GE0/1	10. 40. 48. 2/30
	Loopback 0	172. 18. 1. 4/32
	GE5/0	100. 40. 44. 2/30
	GE5/1	100. 40. 43. 2/30

注：Vlan-interface 除了充当 PC 网关外，还可以作为三层交换机进行网络互通时的 IP 接口

表 11-2　设备互连 VLAN 规划表

设　　备	VLAN	接　　口
S78	VLAN 100	GE1/0/1
	VLAN 5	Link-agg 1 Trunk 放行
	VLAN 200	GE2/0/1
	VLAN 6	Link-agg 2 Trunk 放行
S910	VLAN 5	Link-agg 1 Trunk 放行
S1112	VLAN 6	Link-agg 2 Trunk 放行

表 11-3　设备 NET 地址规划

设　　备	NET
S78	10. 1720. 1800. 1078. 00
S910	10. 1720. 1800. 1090. 00
S1112	10. 1720. 1800. 1112. 00
CE3	10. 1720. 1800. 1003. 00
CE4	10. 1720. 1800. 1004. 00

S78 与 S910 连接时采用 Vlan-interface5 接口进行网络层互连, S78 与 S1112 连接时采用 Vlan-interface6 接口进行网络层互连, S78 与 CE3、CE4 连接时分别采用 Vlan-interface100、Vlan-interface200 接口进行网络层互连。

根据网络规划方案, 在任务实施阶段将任务分解为以下步骤。

① 根据图 11-1 与表 11-1、表 11-2 对设备互连 VLAN 并配置 Trunk 链路。

② 根据图 11-1 与表 11-1、表 11-2 对设备 IP 地址进行配置。

③ 在数据中心部署 IS-IS 设备 NET 地址并启用 IS-IS 协议。

④ 验证内网路由是否互相学习成功。

11.1.3   任务实施

任务实施阶段将依次完成 11.1.2 节的配置任务。CE 设备上连接 WAN 的接口 IP 不需要宣告到内网, 将其 IP 配置在接口上即可。

1. 拓扑搭建

本任务续接第 10 章。

2. 配置设备互连 VLAN 及 Trunk 链路

（1）配置 S78

```
[S78]vlan 100
[S78-vlan100]port    GigabitEthernet    1/0/1
[S78-vlan100]quit
[S78]vlan 200
[S78-vlan200]port    GigabitEthernet    2/0/1
[S78-vlan200]quit
[S78]vlan 5
[S78-vlan5]quit
[S78]vlan 6
[S78-vlan6]quit
[S78]interface    Bridge-Aggregation 1
[S78-Bridge-Aggregation1]port trunk permit vlan 5
[S78-Bridge-Aggregation1]quit
[S78]interface    Bridge-Aggregation 2
[S78-Bridge-Aggregation2]port trunk permit vlan 6
[S78-Bridge-Aggregation2]quit
```

（2）配置 S910

```
[S910]vlan 5
[S910-vlan5]quit
[S910]interface    Bridge-Aggregation    1
[S910-Bridge-Aggregation1]port trunk permit vlan 5
[S910-Bridge-Aggregation1]quit
```

（3）配置 S1112

```
[S1112]vlan 6
[S1112-vlan6]quit
```

```
[S1112]interface  Bridge-Aggregation  2
[S1112-Bridge-Aggregation2]port trunk permit vlan 6
[S1112-Bridge-Aggregation2]quit
```

3. 配置设备互连 IP 地址

（1）配置 S78

```
[S78]interface LoopBack0
[S78-LoopBack0]ip address 172.18.1.78 255.255.255.255
[S78-LoopBack0]quit
[S78]interface Vlan-interface100
[S78-Vlan-interface100]ip address 10.40.37.1 255.255.255.252
[S78-Vlan-interface100]quit
[S78]interface Vlan-interface5
[S78-Vlan-interface5]ip address 10.40.79.2 255.255.255.252
[S78-Vlan-interface5]quit
[S78]interface Vlan-interface200
[S78-Vlan-interface200]ip address 10.40.48.1 255.255.255.252
[S78-Vlan-interface200]quit
[S78]interface Vlan-interface6
[S78-Vlan-interface6]ip address 10.40.82.2 255.255.255.252
[S78-Vlan-interface6]quit
```

（2）配置 S910

```
[S910]interface Vlan-interface101
[S910-Vlan-interface101] ip address 10.40.79.1 255.255.255.252
[S910-Vlan-interface101]quit
[S910]interface LoopBack0
[S910-LoopBack0] ip address 172.18.1.90 255.255.255.255
[S910-LoopBack0]quit
```

（3）配置 S1112

```
[S1112]interface LoopBack0
[S1112-LoopBack0]ip address 172.18.1.112 255.255.255.255
[S1112-LoopBack0]quit
[S1112]interface Vlan-interface6
[S1112-Vlan-interface6]ip address 10.40.82.1 255.255.255.252
```

（4）配置 CE3

```
[CE3]interface LoopBack0
[CE3-LoopBack0] ip address 172.18.1.3 255.255.255.255
[CE3-LoopBack0]quit
[CE3]interface GigabitEthernet0/1
[CE3-GigabitEthernet0/1] ip address 10.40.37.2 255.255.255.252
[CE3-GigabitEthernet0/1]quit
[CE3]interface GigabitEthernet5/0
[CE3-GigabitEthernet5/0] ip address 100.40.33.2 255.255.255.252
[CE3-GigabitEthernet5/0]quit
[CE3]interface GigabitEthernet5/1
```

```
[CE3-GigabitEthernet5/1] ip address 100.40.34.2 255.255.255.252
[CE3-GigabitEthernet5/1] quit
```

（5）配置 CE4

```
[CE4] interface LoopBack0
[CE4-LoopBack0] ip address 172.18.1.4 255.255.255.255
[CE4-LoopBack0] quit
[CE4] interface GigabitEthernet0/1
[CE4-GigabitEthernet0/1] ip address 10.40.48.2 255.255.255.252
[CE4-GigabitEthernet0/1] quit
[CE4] interface GigabitEthernet5/0
[CE4-GigabitEthernet5/0] ip address 100.40.44.2 255.255.255.252
[CE4-GigabitEthernet5/0] quit
[CE4] interface GigabitEthernet5/1
[CE4-GigabitEthernet5/1] ip address 100.40.43.2 255.255.255.252
[CE4-GigabitEthernet5/1] quit
```

4. 配置 IS-IS 协议

（1）配置 S78

```
[S78] isis 1                               //开启 IS-IS 协议,进程号为 1
[S78-isis-1] network-entity 10.1720.1800.1078.00   //配置设备的网络实体名称
[S78-isis-1] quit
[S78] interface  Vlan-interface 100        //进入需要将路由信息发布的网段接口
[S78-Vlan-interface100] isis enable        //接口使能 IS-IS 协议
[S78-Vlan-interface100] quit
[S78] interface  Vlan-interface  200
[S78-Vlan-interface200] isis enable
[S78-Vlan-interface200] quit
[S78] interface  Vlan-interface 5
[S78-Vlan-interface5] isis enable
[S78-Vlan-interface5] quit
[S78] interface  Vlan-interface 6
[S78-Vlan-interface6] isis enable
[S78-Vlan-interface6] quit
[S78] interface  LoopBack 0
[S78-LoopBack0] isis enable
[S78-LoopBack0] quit
```

（2）配置 S910

```
[S910] isis 1
[S910-isis-1] network-entity  10.1720.1800.1090.00
[S910-isis-1] quit
[S910] interface  Vlan-interface  5
[S910-Vlan-interface5] isis enable
[S910-Vlan-interface5] quit
[S910] interface  LoopBack  0
[S910-LoopBack0] isis enable
[S910-LoopBack0] quit
[S910] interface  Vlan-interface  3
[S910-Vlan-interface3] isis enable
[S910-Vlan-interface3] quit
```

（3）配置 S1112

```
[S1112]isis 1
[S1112-isis-1]network-entity 10.1720.1800.1112.00
[S1112-isis-1]quit
[S1112]interface Vlan-interface 6
[S1112-Vlan-interface6]isis enable
[S1112-Vlan-interface6]quit
[S1112]interface  LoopBack 0
[S1112-LoopBack0]isis enable
[S1112-LoopBack0]quit
[S1112]interface  Vlan-interface 4
[S1112-Vlan-interface4]isis enable
[S1112-Vlan-interface4]quit
```

（4）配置 CE3

```
[CE3]isis 1
[CE3-isis-1]network-entity 10.1720.1800.1003.00
[CE3-isis-1]quit
[CE3]interface  GigabitEthernet  0/1
[CE3-GigabitEthernet0/1]isis enable
[CE3-GigabitEthernet0/1]quit
[CE3]interface  LoopBack  0
[CE3-LoopBack0]isis enable
[CE3-LoopBack0]quit
```

（5）配置 CE4

```
[CE4]isis 1
[CE4-isis-1]network-entity 10.1720.1800.1004.00
[CE4-isis-1]quit
[CE4]interface GigabitEthernet 0/1
[CE4-GigabitEthernet0/1]isis enable
[CE4-GigabitEthernet0/1]quit
[CE4]interface  LoopBack 0
[CE4-LoopBack0]isis enable
[CE4-LoopBack0]quit
```

5. 验证设备是否通过 IS-IS 学习到路由信息实现内网互通

（1）查看 CE3 设备 IS-IS 路由

```
[CE3]display ip routing-table protocol isis        //查看 IP 路由表中的 IS-IS 路由信息

Summary count：11

ISIS Routing table status：<Active>
Summary count：9

Destination/Mask    Proto   Pre  Cost     NextHop        Interface
10.30.7.0/24        IS_L1   15   30       10.40.37.1     GE0/1    //VLAN 3 内 PC 所在网段路由信息
10.30.8.0/24        IS_L1   15   30       10.40.37.1     GE0/1    //VLAN 4 内 PC 所在网段路由信息
10.40.48.0/30       IS_L1   15   20       10.40.37.1     GE0/1    //设备互连网段路由
10.40.79.0/30       IS_L1   15   20       10.40.37.1     GE0/1    //设备互连网段路由
```

Destination/Mask	Proto	Pre	Cost	NextHop	Interface	
10. 40. 82. 0/30	IS_L1	15	20	10. 40. 37. 1	GE0/1	//设备互连网段路由
172. 18. 1. 4/32	IS_L1	15	20	10. 40. 37. 1	GE0/1	//内网设备环回口路由
172. 18. 1. 78/32	IS_L1	15	10	10. 40. 37. 1	GE0/1	//内网设备环回口路由
172. 18. 1. 90/32	IS_L1	15	20	10. 40. 37. 1	GE0/1	//内网设备环回口路由
172. 18. 1. 112/32	IS_L1	15	20	10. 40. 37. 1	GE0/1	//内网设备环回口路由

ISIS Routing table status : <Inactive>
Summary count : 2

Destination/Mask	Proto	Pre	Cost	NextHop	Interface	
10. 40. 37. 0/30	IS_L1	15	10	0. 0. 0. 0	GE0/1	//本地设备互连网段路由
172. 18. 1. 3/32	IS_L1	15	0	0. 0. 0. 0	Loop0	//本地环回口路由

（2）查看 CE4 设备 IS-IS 路由

[CE4]display ip routing-table protocol isis

Summary count : 11

ISIS Routing table status : <Active>
Summary count : 9

Destination/Mask	Proto	Pre	Cost	NextHop	Interface
10. 30. 7. 0/24	IS_L1	15	30	10. 40. 48. 1	GE0/1
10. 30. 8. 0/24	IS_L1	15	30	10. 40. 48. 1	GE0/1
10. 40. 37. 0/30	IS_L1	15	20	10. 40. 48. 1	GE0/1
10. 40. 79. 0/30	IS_L1	15	20	10. 40. 48. 1	GE0/1
10. 40. 82. 0/30	IS_L1	15	20	10. 40. 48. 1	GE0/1
172. 18. 1. 3/32	IS_L1	15	20	10. 40. 48. 1	GE0/1
172. 18. 1. 78/32	IS_L1	15	10	10. 40. 48. 1	GE0/1
172. 18. 1. 90/32	IS_L1	15	20	10. 40. 48. 1	GE0/1
172. 18. 1. 112/32	IS_L1	15	20	10. 40. 48. 1	GE0/1

ISIS Routing table status : <Inactive>
Summary count : 2

Destination/Mask	Proto	Pre	Cost	NextHop	Interface
10. 40. 48. 0/30	IS_L1	15	10	0. 0. 0. 0	GE0/1
172. 18. 1. 4/32	IS_L1	15	0	0. 0. 0. 0	Loop0

（3）查看 S78 设备 IS-IS 路由

[S78]display ip routing-table protocol isis

Summary count : 11

ISIS Routing table status : <Active>
Summary count : 6

Destination/Mask	Proto	Pre	Cost	NextHop	Interface
10. 30. 7. 0/24	IS_L1	15	20	10. 40. 79. 1	Vlan5
10. 30. 8. 0/24	IS_L1	15	20	10. 40. 82. 1	Vlan6
172. 18. 1. 3/32	IS_L1	15	10	10. 40. 37. 2	Vlan100
172. 18. 1. 4/32	IS_L1	15	10	10. 40. 48. 2	Vlan200
172. 18. 1. 90/32	IS_L1	15	10	10. 40. 79. 1	Vlan5

| 172.18.1.112/32 | IS_L1 | 15 | 10 | | 10.40.82.1 | Vlan6 |

ISIS Routing table status : <Inactive>
Summary count : 5

Destination/Mask	Proto	Pre	Cost	NextHop	Interface
10.40.37.0/30	IS_L1	15	10	0.0.0.0	Vlan100
10.40.48.0/30	IS_L1	15	10	0.0.0.0	Vlan200
10.40.79.0/30	IS_L1	15	10	0.0.0.0	Vlan5
10.40.82.0/30	IS_L1	15	10	0.0.0.0	Vlan6
172.18.1.78/32	IS_L1	15	0	0.0.0.0	Loop0

(4) 查看 S910 设备 IS-IS 路由

[S910]display ip routing-table protocol isis

Summary count : 11

ISIS Routing table status : <Active>
Summary count : 8

Destination/Mask	Proto	Pre	Cost	NextHop	Interface
10.30.8.0/24	IS_L1	15	30	10.40.79.2	Vlan5
10.40.37.0/30	IS_L1	15	20	10.40.79.2	Vlan5
10.40.48.0/30	IS_L1	15	20	10.40.79.2	Vlan5
10.40.82.0/30	IS_L1	15	20	10.40.79.2	Vlan5
172.18.1.3/32	IS_L1	15	20	10.40.79.2	Vlan5
172.18.1.4/32	IS_L1	15	20	10.40.79.2	Vlan5
172.18.1.78/32	IS_L1	15	10	10.40.79.2	Vlan5
172.18.1.112/32	IS_L1	15	20	10.40.79.2	Vlan5

ISIS Routing table status : <Inactive>
Summary count : 3

Destination/Mask	Proto	Pre	Cost	NextHop	Interface
10.30.7.0/24	IS_L1	15	10	0.0.0.0	Vlan3
10.40.79.0/30	IS_L1	15	10	0.0.0.0	Vlan5
172.18.1.90/32	IS_L1	15	0	0.0.0.0	Loop0

(5) 查看 S1112 设备 IS-IS 路由

[S1112]display ip routing-table protocol isis

Summary count : 11

ISIS Routing table status : <Active>
Summary count : 8

Destination/Mask	Proto	Pre	Cost	NextHop	Interface
10.30.7.0/24	IS_L1	15	30	10.40.82.2	Vlan6
10.40.37.0/30	IS_L1	15	20	10.40.82.2	Vlan6
10.40.48.0/30	IS_L1	15	20	10.40.82.2	Vlan6
10.40.79.0/30	IS_L1	15	20	10.40.82.2	Vlan6
172.18.1.3/32	IS_L1	15	20	10.40.82.2	Vlan6
172.18.1.4/32	IS_L1	15	20	10.40.82.2	Vlan6
172.18.1.78/32	IS_L1	15	10	10.40.82.2	Vlan6

| 172.18.1.90/32 | IS_L1 | 15 | 20 | | 10.40.82.2 | Vlan6 |

ISIS Routing table status：<Inactive>
Summary count：3

Destination/Mask	Proto	Pre	Cost	NextHop	Interface
10.30.8.0/24	IS_L1	15	10	0.0.0.0	Vlan4
10.40.82.0/30	IS_L1	15	10	0.0.0.0	Vlan6
172.18.1.112/32	IS_L1	15	0	0.0.0.0	Loop0

　　将 PC 机 IP 与默认网关配置完成后，可以 ping 各设备环回口地址进行网络连通性测试，此时内网已经实现互通。如果需要接入其他分支或访问外网，则需要接入公网，下一节将在网络中部署 BGP 路由将本地路由传递到分支机构。

11.1.4　任务反思

　　综上，为满足数据中心网络互通的需要，通常网络中会使用 IS-IS 协议或 OSPF 协议进行组网，满足大规模网络实现互通的需求。且协议自身所具有的优点，可以在计算路由时减少网络资源的消耗以及提供快速收敛，达到了设计要求。

　　【问题思考】
　　① 集成化 IS-IS 与 IS-IS 协议具有什么区别？
　　② IS-IS 多区域部署时，如何解决跨区域时次优路径问题？
　　③ IS-IS 的 NET 地址与 NASP 地址具有什么区别？

11.1.5　任务测评

　　扫描二维码，查看任务测评。

任务测评

11.2　接入技术部署实施

　　IGP 只作用于本地 AS 内部，而对其他 AS 一无所知，它负责将数据包发到主机所在的网段。EGP 作用于各 AS 之间，只了解 AS 的整体结构，而不了解各个 AS 内部的拓扑结构，它只负责将数据包发到相应的 AS 中，其余工作便交给 IGP 来做。
　　在数据中心内部网络，选择的 IGP 协议 IS-IS 是一种链路状态协议，使用 SPF 算法进行路由计算。那么内部网络需要与其他 AS 通信，就需要使用 EGP 将路由安全可靠地进行传递。BGP-4 是典型的外部网关协议，是现行的 Internet 实施标准，它完成了在 AS 间的路由选择，可以说，BGP 是现代整个网络的支架。本项目中骨干网使用了 MPLS 搭建公网隧道，使用 MP-BGP 用于传递私网路由，本节任务是在 PE1 与 CE3 和 CE4 之间建立 MP-BGP 对等体关系，将数据中心私网通过 MP-BGP 传递出去，并且接收集团园区网路由信息。

11.2.1　任务描述

　　如图 11-1 所示，在一个数据中心的网络中已经使用 IS-IS 协议进行路由互通，需要将数据中心内的路由信息传递到 WAN 设备上，以便通过运营商网络将路由信息安全可靠地发布给其他 AS 或分支中。本节主要研究如何在网络中部署 BGP 传递路由信息，也就是使 PE1 分别与 CE3、CE4 建立 EBGP 对等体，将数据中心网络路由信息分别通过 CE3、CE4 传递到 PE1 上。

11.2.2 任务准备

在网络中部署 BGP 时，需要明确网络中的 IP 版本，因为 BGP 可以支持 IPv4 和 IPv6。支持 IPv4 的 BGP 是 BGPv4，支持 IPv6 的是 BGPv4 Plus。普通 BGP 只能传递 IPv4 路由信息，为了能够承载多个协议的路由信息，RFC2858 对 BGP 进行了扩展，扩展后的 BGP 称为多协议 BGP（MP-BGP）。

MP-BGP 新增了 MP_REACH_NLRI 和 MP_UNREACH_NLRI 两个属性，MP-BGP 路由协议可以传递 BGP MPLS VPN，本节研究且部署的就是 MP-BGP。

1. 知识准备

本任务相关的技术理论主要是 BGP 的基本概念与工作原理。

（1）MP-BGP 与 BGP

相对普通 BGP 路由，MP-BGP 路由更新消息作出了如下改动。

① MP_REACH_NLRI 属性代替原 BGP 更新消息中的 NLRI 及 Next-hop 属性。

② MP_UNREACH_NLRI 属性代替原 BGP 更新消息中的 Withdrawn Routes 属性。

③ 属性部分增加 Extended_Communities。

（2）MP-BGP 路由更新

1）MP_REACH_NLRI 属性

MP_REACH_NLRI 是对原 BGP 更新消息中 NLRI 的扩展，增加了地址簇的描述，以及私网 Label 和 RD，并包含了原 BGP 更新消息中的 Next-hop 属性。

2）MP_UNREACH_NLRI 属性

MP_UNREACH_NLRI 替代了原 BGP 更新消息中的 Withdrawn Routes，可以撤销通过 MP_REACH_NLRI 发布的各种地址簇的路由。

3）BGP 的扩展 community 属性

RT 的本质是每个 VPN 实例表达自己的路由取舍及喜好的方式。它由 Export Target 与 Import Target 两部分构成。

① 在 PE 设备上，发送某一个 VPN 用户的私网路由给其 BGP 邻居时，需要在 MP-BGP 的扩展团体属性区域中增加该 VPN 的 Export Target 属性。

② 在 PE 设备上，需要将收到的 MP-BGP 路由的扩展团体属性中所携带的 RT 属性值，与本地每一个 VPN 的 Import Target 属性值相比较，当这两个值存在交集时，就需要将这条路由添加到该 VPN 的路由表中。

4）RD 路由区分

在 BGP MPLS VPN 的网络中，私网路由的路由前缀的形式不再是普通 IPv4 地址，而是 RD+IPv4 地址，这样可以在路由前缀中直接标识该路由的 VPN 信息。

RD 的作用是用于私网路由的撤销，因为按照 BGP 原理，在撤销路由时不会携带路由的属性值，也就不能携带 RT 属性，PE 在删除路由时无法判断要撤销哪个 VPN 的路由。

2. 任务规划与分解

（1）任务规划

在掌握了相关技术理论知识的基础上，要研究根据网络规划方案，明确任务实施时各设备所处 AS、设备间建立的对等体关系、建立对等体关系时所使用的 IP 地址。

① CE3 与 CE4 处于 AS65535。

② PE1 处于 AS100。

③ PE1 分别与 CE3、CE4 建立 MP-BGP 的 EBGP 对等体。

④ 将数据中心路由发布到 BGP 中。

（2）任务分解

本实验续接 11.1 节。

在任务实施阶段将任务分解为以下步骤。

① 根据图 11-1 和表 11-4 搭建拓扑且将设备 IP 配置完成。

② 确定并配置设备所处 AS，根据 AS 编号判断设备之间的对等体关系。

③ 确定并配合设备之间建立 BGP 对等体的 IP。

④ 使能与对等体交互路由信息的能力。

⑤ 查询路由表验证。

表 11-4　BGP 部署设备 IP 规划表

设　备　名	接　　口	接口 IP
CE3	GE5/0	100. 40. 33. 2/30
	GE5/1	100. 40. 34. 2/30
CE4	GE5/0	100. 40. 44. 2/30
	GE5/1	100. 40. 43. 2/30
PE1	GE5/0	100. 40. 33. 1/30
	GE5/1	100. 40. 43. 1/30
PE2	GE5/0	100. 40. 44. 1/30
	GE5/1	100. 40. 34. 1/30

11.2.3　任务实施

任务实施阶段将依次完成 11.2.2 节的配置任务，PE 设备 IP 地址已经在前面的章节中配置完成。

（1）CE3 配置

CE3 配置与 PE1 建立 EBGP 对等体关系并发布私网路由到 BGP。

```
[CE3]bgp 65535                              //进入 BGP 配置视图
[CE3-bgp-default]peer 100.40.33.1 as 100    //配置 PE1 为 EBGP 邻居
[CE3-bgp-default]address-family ipv4        //进入 IPv4 地址簇视图
```

```
[CE3-bgp-default-ipv4]peer 100.40.33.1 enable          //启用 EBGP 邻居 PE1
[CE3-bgp-default-ipv4]network 10.30.7.0 255.255.255.0  //将 10.30.7.0/24 网段路由发布到 BGP 中
[CE3-bgp-default-ipv4]network 10.30.8.0 255.255.255.0
```

（2）CE4 配置

CE4 配置与 PE1 建立 EBGP 对等体关系并发布私网路由到 BGP。

```
[CE4]bgp 65535
[CE4-bgp-default]peer 100.40.43.1 as-number 100
[CE4-bgp-default]address-family ipv4 unicast
[CE4-bgp-default-ipv4]peer 100.40.43.1 enable
[CE4-bgp-default-ipv4]network 10.30.7.0 255.255.255.0
[CE4-bgp-default-ipv4]network 10.30.8.0 255.255.255.0
```

（3）PE1 配置

```
[PE1]bgp 100                                          //进入 BGP 配置视图
[PE1-bgp-default]ip vpn-instance vpna                 //进入名为 vpna 的 VPN 实例配置视图
[PE1-bgp-default-vpna]peer 100.40.33.2 as 65535       //配置 CE3 为 EBGP 邻居
[PE1-bgp-default-vpna]peer 100.40.43.2 as 65535
[PE1-bgp-default-vpna]address-family ipv4             //进入 IPv4 地址簇视图
[PE1-bgp-default-ipv4-vpna]peer 100.40.33.2 enable    //启用 EBGP 邻居 CE3
[PE1-bgp-default-ipv4-vpna]peer 100.40.43.2 enable
[PE1-bgp-default-ipv4-vpna]quit
[PE1-bgp-default-vpna]quit
[PE1-bgp-default]quit
```

（4）验证

在 PE1 上查看 BGP VPNv4 路由表。

```
[PE1]display  bgp routing-table  vpnv4
    Network         NextHop         MED         LocPrf      PrefVal Path/Ogn
*  >e 10.30.7.0/24  100.40.33.2     30                      0       65535i
*   e               100.40.43.2     30                      0       65535i
*  >e 10.30.8.0/24  100.40.33.2     30                      0       65535i
*   e               100.40.43.2     30                      0       65535i
......
```

此时，可以看到 CE 设备与 PE1 设备建立完成 MP-BGP 协议对等体关系，CE3 与 CE4 设备将内网路由信息发布到 BGP 中传递到运营商设备上，完成内网接入公网需求。与其他机构以及分支的互通可以通过运营商搭建并维护 VPN 来实现。

11.2.4　任务反思

综上，为满足数据中心网络接入的需要，使用 BGP 进行组网，可以满足大规模网络接入的需求，传递大量路由信息，并对这些路由信息进行控制。BGP 并不会计算路由，不消耗设备的计算资源，且是基于 TCP 建立的对等体关系，较为可靠，是大规模路由信息传递的首选协议。

【问题思考】

① IBGP 对等体与 EBGP 对等体的区别是什么？

② EBGP 对等体关系建立时，为何通常使用直连接口地址？

③ IBGP 对等体建立时，为何建议使用 Loopback 接口？

11.2.5　任务测评

扫描二维码，查看任务测评。

任务测评

第 12 章　大型网络联合调试与测试

　　前面根据某教育集团的网络规划（图 12-1）在 HCL 中搭建了教育集团总部园区网络、骨干网以及数据中心网络的仿真拓扑结构。在教育集团园区网实现 VLAN 间通信的单臂路由技术、虚拟冗余路由协议（VRRP）、路由信息协议（RIP）、IPv6 技术以及组播技术等企业园区网络三层技术的部署和实施；在骨干网中实现了 IPv4 和 IPv6 路由协议技术、MPLS VPN 技术的部署和实施；在数据中心网络中实现了 IRF 技术、VLAN 技术、链路聚合技术以及 IPv4 的 IGP 路由协议等二层或三层网络技术的部署和实施。在之前章节中，各部分协议与技术的配置及验证在各任务实施部分已经完成，本章主要对整个网络的连通性与功能性进行测试。

　　通过本章的学习，应达成如下学习目标。

知识目标

- 了解网络测试的目的。
- 掌握网络测试的方法。
- 掌握网络测试命令。
- 了解大型网络联合调试的方法和注意事项。

技能目标

- 掌握园区网络测试的方法和步骤。
- 掌握骨干网络测试的方法和步骤。
- 掌握骨干数据中心测试的方法和步骤。
- 掌握大型网络联合调试的方法和步骤。

素质目标

- 激发求知欲。
- 培养对网络测试和网络联调的基本认知。

本章将围绕园区网、骨干网、数据中心网络 3 部分的网络测试和联合调试展开讨论。在本章任务的学习、实践过程中，领会园区网络、骨干网络、数据中心网络的网络测试方法，并对 3 部分网络进行远程联调，达到能对大型网络进行联合调试与测试的目的。

12.1　网络局部单元测试

12.1.1　园区网络测试

在教育集团园区网络中，设计网络拓扑时采取了冗余链路与设备，避免出现网络中单点故障的可能性，且使用了 VRRP 对网关进行备份，使用动态路由协议自动对路由进行备份。在接入设备上采取双上行链路增加链路的可靠性，且使用 MSTP 避免环路的出现。在汇聚设备上使用链路聚合增加链路间的可靠性与带宽。本小节就对教育集团网络中的连通性与冗余性进行测试。教育集团网络部署如图 12-1 所示。

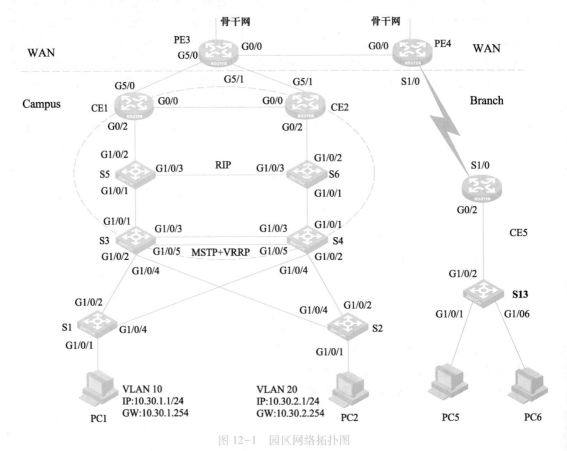

图 12-1　园区网络拓扑图

网络测试用例见表 12-1～表 12-3。

表 12-1 连通性测试用例

测试编号	12. 1. 1. 1	测试时间	
测试项目	PC 设备间互通性	测试人员	
测试分项	PC1 和 PC2 可以互相访问，PC5 与 PC6 可以互相访问		
测试目的	验证部署 VLAN 接口与单臂路由之后不同 VLAN 之间可以互访		
测试方法	① 在 PC1 上执行 ping 10.30.2.1。测试总部 VLAN 10 主机与 VLAN 20 主机互通性 ② 在 PC5 上执行 ping -c 1 10.30.10.1。测试分支 VLAN 90 主机与 VLAN 100 主机互通性		
测试结果	① PC1 执行命令 ping -c 1 10.30.2.1（PC2），测试分别位于 VLAN 10 与 VLAN 20 的 PC 机之间的连通性。结果显示两台主机连通，说明 VLAN 接口成功实现 VLAN 间互通 \<H3C>ping -c 1 10.30.2.1 Ping 10.30.2.1（10.30.2.1）：56 data bytes，press CTRL_C to break 56 bytes from 10.30.2.1：icmp_seq=0 ttl=254 time=3.000 ms --- Ping statistics for 10.30.2.1 --- 1 packet(s) transmitted，1 packet(s) received，0.0% packet loss round-trip min/avg/max/std-dev = 3.000/3.000/3.000/0.000 ms \<H3C>%May 31 12：11：36：574 2021 H3C PING/6/PING_STATISTICS：Ping statistics for 10.30.2.1：1 packet(s) transmitted，1 packet(s) received，0.0% packet loss，round-trip min/avg/max/std-dev = 3.000/3.000/3.000/0.000 ms. ② PC5 上执行命令 ping -c 1 10.30.10.1（PC6），测试分别位于 VLAN 90 和 VLAN 100 的 PC 机之间的连通性。结果显示两台主机连通，说明单臂路由成功实现了 VLAN 间的互通，配置部署成功 \<H3C>ping -c 1 10.30.10.1 Ping 10.30.10.1（10.30.10.1）：56 data bytes，press CTRL_C to break 56 bytes from 10.30.10.1：icmp_seq=0 ttl=254 time=2.000 ms --- Ping statistics for 10.30.10.1 --- 1 packet(s) transmitted，1 packet(s) received，0.0% packet loss round-trip min/avg/max/std-dev = 2.000/2.000/2.000/0.000 ms \<H3C>%May 13 16：27：31：338 2021 H3C PING/6/PING_STATISTICS：Ping statistics for 10.30.10.1：1 packet(s) transmitted，1 packet(s) received，0.0% packet loss，round-trip min/avg/max/std-dev = 2.000/2.000/2.000/0.000 ms. \<H3C>		
测试结论	所测试功能满足该项目要求		

表 12-2 VRRP 冗余测试用例

测试编号	12. 1. 1. 2	测试时间	
测试项目	VRRP 冗余性	测试人员	
测试目的	验证 VRRP 的故障切换机制可以保证单点故障不影响网络畅通		
测试方法	① 在交换机 S3 和 S4 上使用 display vrrp 命令查看 VRRP 的配置结果与主备关系 ② 在 PC1 上使用 ping 命令测试网关连通性，使用-c 1000 参数发送 1000 个 ICMP 数据包，然后将 S3 交换机关机，查看是否在少量丢包后可以恢复访问		

续表

测试结果	① S3 和 S4 交换机使用 display vrrp 命令可查看 VRRP 配置结果与主备关系 • S3 设备查看 VRRP

① S3 和 S4 交换机使用 display vrrp 命令可查看 VRRP 配置结果与主备关系

• S3 设备查看 VRRP

```
[S3]disp vrrp
IPv4 virtual router information:
  Running mode : Standard
  Total number of virtual routers : 2
  Interface        VRID   State    Running  Adver      Auth     Virtual
                                    pri      timer(cs)  type     IP
  ------------------------------------------------------------------------
  Vlan10           10     Master   120      100        None     10. 30. 1. 254
  Vlan20           20     Backup   100      100        None     10. 30. 2. 254
[S3]
```

• S4 设备查看 VRRP

```
<S4>display vrrp
IPv4 virtual router information:
  Running mode : Standard
  Total number of virtual routers : 2
  Interface        VRID   State    Running  Adver      Auth      Virtual
                                    pri      timer(cs)  type      IP
  ------------------------------------------------------------------------
  Vlan10           10     Backup   100      100        None      10. 30. 1. 254
  Vlan20           20     Master   120      100        None      10. 30. 2. 254
```

② 在 PC1 上使用 ping 命令加 -c 1000 参数发送 1000 个 ICMP 数据包后将 S3 交换机关机，少量丢包后可以恢复网络访问

```
<H3C>ping -c 1000 10. 30. 1. 254
Ping 10. 30. 1. 254 (10. 30. 1. 254): 56 data bytes, press CTRL_C to break
56 bytes from 10. 30. 1. 254: icmp_seq=0 ttl=255 time=3. 000 ms
56 bytes from 10. 30. 1. 254: icmp_seq=1 ttl=255 time=2. 000 ms
56 bytes from 10. 30. 1. 254: icmp_seq=2 ttl=255 time=1. 000 ms
56 bytes from 10. 30. 1. 254: icmp_seq=48 ttl=255 time=1. 000 ms
Request time out
Request time out
56 bytes from 10. 30. 1. 254: icmp_seq=51 ttl=255 time=1. 000 ms
56 bytes from 10. 30. 1. 254: icmp_seq=52 ttl=255 time=2. 000 ms
56 bytes from 10. 30. 1. 254: icmp_seq=53 ttl=255 time=2. 000 ms
......
```

测试结论	所测试功能满足该项目要求

表 12-3 **RIP 路由测试用例**

测试编号	12.1.1.3		测试时间	
测试项目	RIP		测试人员	
测试目的	教育集团总部园区网络内部已经实现总部内网互通，且可以自动进行出口路由备份			
测试方法	① PC1 上 ping 出口设备 CE1 与 CE2 设备的环回口，测试内网是否通过 RIP 协议互通 ② 在交换机 S3 上通过 display ip routing-table protocol rip 命令输出由 RIP 学到的路由信息 ③ 将出口设备 CE1 关闭，模拟出口故障 ④ 通过 display ip routing-table 0.0.0.0 命令验证当一台出口路由器故障后，RIP 自动选择最短路径到达目的网络			
测试结果	① PC1 上执行 ping −c 1 172.17.1.1 与 ping −c 1 172.17.1.2 命令 \<H3C\>ping −c 1 172.17.1.1 Ping 172.17.1.1 (172.17.1.1)：56 data bytes，press CTRL_C to break 56 bytes from 172.17.1.1：icmp_seq=0 ttl=253 time=2.000 ms --- Ping statistics for 172.17.1.1 --- 1 packet(s) transmitted，1 packet(s) received，0.0% packet loss round−trip min/avg/max/std−dev = 2.000/2.000/2.000/0.000 ms % May 31 12：25：58：895 2021 H3C PING/6/PING _ STATISTICS：Ping statistics for 172.17.1.1：1 packet(s) transmitted，1 packet(s) received，0.0% packet loss，round−trip min/avg/max/std−dev = 2.000/2.000/2.000/0.000 ms. \<H3C\>ping −c 1 172.17.1.2 Ping 172.17.1.2 (172.17.1.2)：56 data bytes，press CTRL_C to break 56 bytes from 172.17.1.2：icmp_seq=0 ttl=252 time=3.000 ms --- Ping statistics for 172.17.1.2 --- 1 packet(s) transmitted，1 packet(s) received，0.0% packet loss round−trip min/avg/max/std−dev = 3.000/3.000/3.000/0.000 ms % May 31 12：26：01：432 2021 H3C PING/6/PING _ STATISTICS：Ping statistics for 172.17.1.2：1 packet(s) transmitted，1 packet(s) received，0.0% packet loss，round−trip min/avg/max/std−dev = 3.000/3.000/3.000/0.000 ms.			

② 交换机 S3 上通过 display ip routing-table protocol rip 命令显示路由表协议

[S3]display ip routing-table protocol rip

Summary count ：23

RIP Routing table status ：\<Active\>

Summary count ：19

Destination/Mask	Proto	Pre Cost	NextHop	Interface
0.0.0.0/0	RIP	100 2	10.20.35.2	GE1/0/1
10.20.12.0/30	RIP	100 2	10.20.35.2	GE1/0/1
10.20.15.0/30	RIP	100 1	10.20.35.2	GE1/0/1
10.20.26.0/30	RIP	100 2	10.20.35.2	GE1/0/1
			10.30.1.253	Vlan10
			10.30.2.253	Vlan20
10.20.46.0/30	RIP	100 1	10.30.1.253	Vlan10
			10.30.2.253	Vlan20

续表

测试结果	10. 20. 56. 0/30　　RIP　　100 1　　　　10. 20. 35. 2　　GE1/0/1 172. 17. 1. 1/32　　RIP　　100 2　　　　10. 20. 35. 2　　GE1/0/1 172. 17. 1. 2/32　　RIP　　100 3　　　　10. 20. 35. 2　　GE1/0/1 　　　　　　　　　　　　　　　　　　　10. 30. 1. 253　　Vlan10 　　　　　　　　　　　　　　　　　　　10. 30. 2. 253　　Vlan20 172. 17. 1. 4/32　　RIP　　100 1　　　　10. 30. 1. 253　　Vlan10 　　　　　　　　　　　　　　　　　　　10. 30. 2. 253　　Vlan20 172. 17. 1. 5/32　　RIP　　100 1　　　　10. 20. 35. 2　　GE1/0/1 172. 17. 1. 6/32　　RIP　　100 2　　　　10. 20. 35. 2　　GE1/0/1 　　　　　　　　　　　　　　　　　　　10. 30. 1. 253　　Vlan10 　　　　　　　　　　　　　　　　　　　10. 30. 2. 253　　Vlan20 RIP Routing table status ：<Inactive> Summary count ：4 Destination/Mask　　Proto　　Pre Cost　　　NextHop　　　　Interface 10. 20. 35. 0/30　　RIP　　100 0　　　　0. 0. 0. 0　　　GE1/0/1 10. 30. 1. 0/24　　RIP　　100 0　　　　0. 0. 0. 0　　　Vlan10 10. 30. 2. 0/24　　RIP　　100 0　　　　0. 0. 0. 0　　　Vlan20 172. 17. 1. 3/32　　RIP　　100 0　　　　0. 0. 0. 0　　　Loop0 ［S3］ 　　③ 将出口设备 CE1 关闭，模拟出口故障。S3 上执行 display ip routing-table 0. 0. 0. 0 命令验证当一台出口路由器故障后，RIP 自动选择最短路径到达目的网络：一条是 S3→S4→S6→CE2，另外一条是 S3→S5→S6→CE2 <S3>display ip routing-table 0. 0. 0. 0 Summary count ：4 Destination/Mask　　Proto　　Pre　Cost　　　NextHop　　　　Interface 0. 0. 0. 0/0　　　RIP　　100　3　　　　10. 20. 35. 2　　GE1/0/1 　　　　　　　　　　　　　　　　　　　10. 30. 1. 253　　Vlan10 　　　　　　　　　　　　　　　　　　　10. 30. 2. 253　　Vlan20 0. 0. 0. 0/32　　Direct　　0　0　　　　127. 0. 0. 1　　InLoop0 <S3>
测试结论	所测试功能满足该项目要求

12.1.2　骨干网络测试

骨干网络用于实现不同区域或地区网络的高速连接。大型网络或不同的运营商都有自己的骨干网。骨干网对路由协议的要求极高，不仅需要能够快速收敛，可靠稳定地工作，还要能适应骨干网上设备众多、拓扑结构复杂等特点，满足 QoS 服务质量、负载均衡等性能需求，实现高速传输。

OSPF 和 IS-IS 是骨干网上应用较多的两种 IGP，两者都是基于链路状态路由选择算法的路由协议，有很多相似之处，但又各具特色。本项目集团骨干网建设任务中，通过 OSPF 和 IS-IS 路由协议的部署实施，在 OSPF 和 IS-IS 连接的边界，实施双向路由引入，实现 AS 内部的网络互通。

要实现在 AS 之间进行信息传递，还需要使用另外一类路由协议 EGP。EGP 负责在 AS 间实现路由交换，这样可以减少 AS 内路由的数量，有利于路由管理。本项目使用的 EGP 是边界网关协议（BGP）。

本项目中骨干网负责的是数据中心网络与教育集团园区网络的远程接入，骨干网拓扑如图 12-2 所示，在项目实施过程中，对教育集团园区网与数据中心网络部署了 MPLS VPN 接入。在前面章节中以上协议与 VPN 技术已经部署完成，本小节对以上所提到的协议与 VPN 进行测试与验证。

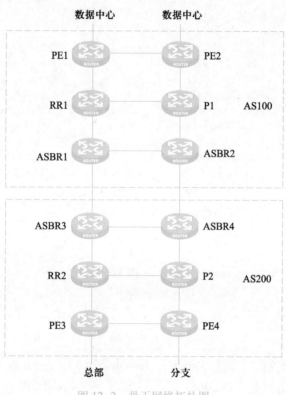

图 12-2 骨干网络拓扑图

网络测试用例见表 12-4。

表 12-4 骨干网路由协议与跨域 VPN 部署测试用例

测试编号	12.1.2.1	测试时间	
测试项目	骨干网路由协议与跨域 VPN 部署测试	测试人员	
测试目的	骨干网上部署了 OSPF、IS-IS、BGP 等路由协议，本项目重点测试 3 种路由协议是否运行正常，是否可以传递路由信息		
测试方法	① RR2-P2-ASBR3-ASBR4 运行了 IS-IS 协议，同时 RR2-P2-PE3-PE4 又运行了 OSPF 协议，在 RR2 与 P2 设备上查看 IS-IS 邻居与 OSPF 邻居 ② PE1-PE2-RR1-P1-ASBP1-ASBR2 运行了 IS-IS 协议，在 RR1-P1 上查看 IS-IS 邻居关系 ③ PE1-PE2-RR1-P1-ASBP1-ASBR2 之间建立 IPv4 IBGP 对等体，用来传递 AS100 内的路由信息，可以在 PE1 上查看 BGP 路由来验证 BGP 是否部署完成		

测试方法	④ 骨干网配置了跨域 MPLS VPN，PE1-ASBR1-ASBR3-PE3 建立了 VPNv4 BGP 对等体关系。通过查看 PE1 与 PE3 上 MPLS 的 LSP 来验证是否完成标签下发，通过查看 PE1 与 PE3 的 VPN 实例路由表来验证园区网与骨干网私网路由信息是否通过 BGP 传递完成 ⑤ 测试骨干网 PE1 与 PE3 设备上的环回口是否可以通信

测试结果	1. 在 RR2 与 P2 设备上查看 IS-IS 邻居与 OSPF 邻居
	① 在 RR2 上查看 IS-IS 邻居
	
	`<RR2>display   isis peer`
	
	Peer information for IS-IS(1)
	------------------------------ 	
	
	System ID：1720. 1600. 1010
	Interface：GE0/0　　　　　　　Circuit Id：　1720. 1600. 1010. 01
	State：Up　　HoldTime：7s　　Type：L2　　　　PRI：64
	
	System ID：1720. 1600. 1007
	Interface：GE0/2　　　　　　　Circuit Id：　1720. 1600. 1009. 02
	State：Up　　HoldTime：28s　　Type：L2　　　　PRI：64
	
	② 在 RR2 上查看 OSPF 邻居
	
	`<RR2>display   ospf peer`
	
	OSPF Process 1 with Router ID 172. 16. 1. 9
	Neighbor Brief Information
	
	Area：0. 0. 0. 0
	Router ID　　Address　　Pri Dead-Time　State　　　　Interface
	172. 16. 1. 10　100. 10. 90. 2　1　32　　Full/DR　　　GE0/0
	172. 16. 1. 11　100. 10. 91. 2　1　37　　Full/DR　　　GE0/1
	
	③ 在 P2 上查看 IS-IS 邻居
	
	`<P2>dis isis peer`
	
	Peer information for IS-IS(1)
	------------------------------ 	
	
	System ID：1720. 1600. 1009
	Interface：GE0/0　　　　　　　Circuit Id：　1720. 1600. 1010. 01
	State：Up　　HoldTime：26s　　Type：L2　　　　PRI：64
	
	System ID：1720. 1600. 1008
	Interface：GE0/2　　　　　　　Circuit Id：　1720. 1600. 1010. 02
	State：Up　　HoldTime：24s　　Type：L2　　　　PRI：64
	`<P2>`

测试结果	④ 在 P2 上查看 OSPF 邻居
	
	<P2>dis ospf peer
	
	        OSPF Process 1 with Router ID 172.16.1.10
	          Neighbor Brief Information
	
	Area: 0.0.0.0
	Router ID Address Pri Dead-Time State Interface
	172.16.1.9 100.10.90.1 1 37 Full/BDR GE0/0
	
	Area: 0.0.0.10
	Router ID Address Pri Dead-Time State Interface
	172.16.1.12 100.10.102.2 1 34 Full/DR GE0/1
	<P2>

	2. 在 RR1 与 P1 上查看 IS-IS 邻居关系 ① 在 RR1 上查看 IS-IS 邻居

	<RR1>dis isis peer
	
	                Peer information for IS-IS(1)
	                ------------------------------ 	
	
	System ID: 1720.1600.1004
	Interface: GE0/0 Circuit Id: 001
	State: Up HoldTime: 29s Type: L1L2 PRI: --
	
	System ID: 1720.1600.1001
	Interface: GE0/1 Circuit Id: 1720.1600.1003.01
	State: Up HoldTime: 22s Type: L1 PRI: 64
	
	System ID: 1720.1600.1005
	Interface: GE0/2 Circuit Id: 1720.1600.1005.02
	State: Up HoldTime: 9s Type: L2 PRI: 64

	② 在 P1 上查看 IS-IS 邻居关系

	<P1>dis isis peer
	
	                Peer information for IS-IS(1)
	                ------------------------------ 	
	
	System ID: 1720.1600.1003
	Interface: GE0/0 Circuit Id: 001
	State: Up HoldTime: 24s Type: L1L2 PRI: --
	
	System ID: 1720.1600.1002

Interface：GE0/1	Circuit Id： 1720. 1600. 1004. 01
State：Up　　　HoldTime：22s	Type：L1　　　　　PRI：64

System ID：1720. 1600. 1006
Interface：GE0/2	Circuit Id： 1720. 1600. 1006. 02
State：Up　　　HoldTime：8s	Type：L2　　　　　PRI：64

<P1>

3. 在 PE1 上查看 IPv4 路由表中的 BGP 路由，可以发现通过 BGP 学习到骨干网其他设备的环回口路由

［PE1］dis ip routing-table　protocol　bgp

Summary count：13

BGP Routing table status：<Active>

Summary count：6

Destination/Mask	Proto	Pre Cost	NextHop	Interface
172. 16. 1. 7/32	BGP	255 100	172. 16. 1. 6	GE0/0
172. 16. 1. 8/32	BGP	255 0	172. 16. 1. 6	GE0/0
172. 16. 1. 9/32	BGP	255 1010	172. 16. 1. 6	GE0/0
172. 16. 1. 10/32	BGP	255 1000	172. 16. 1. 6	GE0/0
172. 16. 1. 11/32	BGP	255 1060	172. 16. 1. 6	GE0/0
172. 16. 1. 12/32	BGP	255 1010	172. 16. 1. 6	GE0/0

BGP Routing table status：<Inactive>

Summary count：5

Destination/Mask	Proto	Pre Cost	NextHop	Interface
172. 16. 1. 2/32	BGP	255 0	172. 16. 1. 2	GE0/0
172. 16. 1. 3/32	BGP	255 0	172. 16. 1. 3	GE0/2
172. 16. 1. 4/32	BGP	255 0	172. 16. 1. 4	GE0/0
172. 16. 1. 5/32	BGP	255 0	172. 16. 1. 5	GE0/2
172. 16. 1. 6/32	BGP	255 0	172. 16. 1. 6	GE0/0

4. 通过查看 PE1 与 PE3 上 MPLS 的 LSP 来验证是否完成标签下发、通过查看 PE1 与 PE3 的 VPN 实例路由表来验证园区网与骨干网私网路由信息是否通过 BGP 传递完成

① 在 PE1、PE3 上分别查看 MPLS 的 LSP，发现 PE1 与 PE3 环回口地址的 LSP 已经建立完成

<PE1>dis mpls lsp

FEC	Proto	In/Out Label	Interface/Out NHLFE
172. 16. 1. 1/32	LDP	3/-	-
172. 16. 1. 2/32	LDP	1151/3	GE0/0
172. 16. 1. 2/32	LDP	-/3	GE0/0

（左侧栏：测试结果）

172. 16. 1. 3/32	LDP	1147/3	GE0/2
172. 16. 1. 3/32	LDP	–/3	GE0/2
172. 16. 1. 4/32	LDP	1150/1151	GE0/0
172. 16. 1. 4/32	LDP	–/1151	GE0/0
172. 16. 1. 5/32	LDP	1146/1146	GE0/2
172. 16. 1. 5/32	LDP	–/1146	GE0/2
172. 16. 1. 6/32	LDP	1148/1148	GE0/0
172. 16. 1. 6/32	LDP	–/1148	GE0/0
100. 10. 12. 2	Local	–/–	GE0/0
100. 10. 13. 2	Local	–/–	GE0/2

测试结果

```
<PE3>dis mpls lsp
FEC                    Proto     In/Out Label    Interface/Out NHLFE
172. 16. 1. 7/32       LDP       1148/1148       GE0/2
172. 16. 1. 7/32       LDP       –/1148          GE0/2
172. 16. 1. 8/32       LDP       1147/1147       GE0/2
172. 16. 1. 8/32       LDP       –/1147          GE0/2
172. 16. 1. 9/32       LDP       1151/3          GE0/2
172. 16. 1. 9/32       LDP       –/3             GE0/2
172. 16. 1. 10/32      LDP       1150/1151       GE0/2
172. 16. 1. 10/32      LDP       –/1151          GE0/2
172. 16. 1. 11/32      LDP       3/–             –
172. 16. 1. 12/32      LDP       1149/3          GE0/0
172. 16. 1. 12/32      LDP       –/3             GE0/0
100. 10. 112. 2        Local     –/–             GE0/0
100. 10. 91. 1         Local     –/–             GE0/2
```

② 在 PE1 上查看 IPv4 路由表中的 BGP 路由，发现 PE3 上的路由信息已经通过 VPNv4 BGP 路由更新报文传递到 PE1 上

```
[PE1]dis ip routing-table   vpn-instance vpna   protocol bgp


Summary count：19


BGP Routing table status：<Active>
Summary count：19


Destination/Mask   Proto   Pre Cost      NextHop           Interface
……
10. 30. 65. 0/24    BGP     255 0         172. 16. 1. 5     GE0/2
10. 30. 66. 0/24    BGP     255 0         172. 16. 1. 5     GE0/2
100. 20. 11. 0/30   BGP     255 0         172. 16. 1. 5     GE0/2
100. 20. 22. 0/24   BGP     255 0         172. 16. 1. 5     GE0/2
100. 20. 22. 0/30   BGP     255 0         172. 16. 1. 5     GE0/2
172. 17. 1. 1/32    BGP     255 0         172. 16. 1. 5     GE0/2
172. 17. 1. 2/32    BGP     255 0         172. 16. 1. 5     GE0/2
172. 17. 1. 3/32    BGP     255 0         172. 16. 1. 5     GE0/2
```

续表

测试结果	<table><tr><td>172. 17. 1. 4/32</td><td>BGP</td><td>255 0</td><td>172. 16. 1. 5</td><td>GE0/2</td></tr><tr><td>172. 17. 1. 5/32</td><td>BGP</td><td>255 0</td><td>172. 16. 1. 5</td><td>GE0/2</td></tr><tr><td>172. 17. 1. 6/32</td><td>BGP</td><td>255 0</td><td>172. 16. 1. 5</td><td>GE0/2</td></tr></table>

③ 在 PE3 上查看 VPN 实例路由表，发现数据中心私网路由 10. 30. 7. 0/24 与 10. 30. 8. 0/24 已经通过 BGP 传递完成

[PE3]dis ip routing-table vpn-instance vpna   protocol bgp

Summary count：8

BGP Routing table status：<Active>
Summary count：8

Destination/Mask	Proto	Pre Cost	NextHop	Interface
10. 30. 7. 0/24	BGP	255 0	172. 16. 1. 7	GE0/2
10. 30. 8. 0/24	BGP	255 0	172. 16. 1. 7	GE0/2

5. 测试骨干网 PE1 与 PE3 设备是否可以互通
在 PE3 上执行 ping -a 172.16.1.11 172.16.1.1 命令，经过测试，PE1 与 PE3 环回口可以互通

<PE3>ping -a 172. 16. 1. 11 172. 16. 1. 1

Ping 172. 16. 1. 1 (172. 16. 1. 1) from 172. 16. 1. 11：56 data bytes, press CTRL_C to break

56 bytes from 172. 16. 1. 1：icmp_seq = 0 ttl = 249 time = 2. 000 ms

56 bytes from 172. 16. 1. 1：icmp_seq = 1 ttl = 249 time = 2. 000 ms

56 bytes from 172. 16. 1. 1：icmp_seq = 2 ttl = 249 time = 3. 000 ms

56 bytes from 172. 16. 1. 1：icmp_seq = 3 ttl = 249 time = 3. 000 ms

56 bytes from 172. 16. 1. 1：icmp_seq = 4 ttl = 249 time = 2. 000 ms

--- Ping statistics for 172. 16. 1. 1 ---

5 packet(s) transmitted, 5 packet(s) received, 0. 0% packet loss

round-trip min/avg/max/std-dev = 2. 000/2. 400/3. 000/0. 490 ms

<PE3>% May 31 17：24：22：895 2021 PE3 PING/6/PING_STATISTICS：Ping statistics for 172. 16. 1. 1：5 packet(s) transmitted, 5 packet(s) received, 0. 0% packet loss, round-trip min/avg/max/std-dev = 2. 000/2. 400/3. 000/0. 490 ms.

测试结论	所测试功能满足该项目要求

12. 1. 3　数据中心网络测试

数据中心作为面向应用的综合业务平台和未来云计算的核心基础架构，对网络设备的交换架构提出了更全面、更苛刻的要求，要求网络具有更高的可靠性与处理性能。在本项目的数据中心网络中（如图 12-3 所示）采用 IRF 技术将物理设备虚拟化为逻辑设备供用户使用，通过 IRF 技术形成的虚拟设备具有更高的扩展性、可靠性及性能；通过链路聚合技术实现端口链路的带宽拓展与高可用；通过 VLAN 技术实现广播域的限制和虚拟工作组的划分。

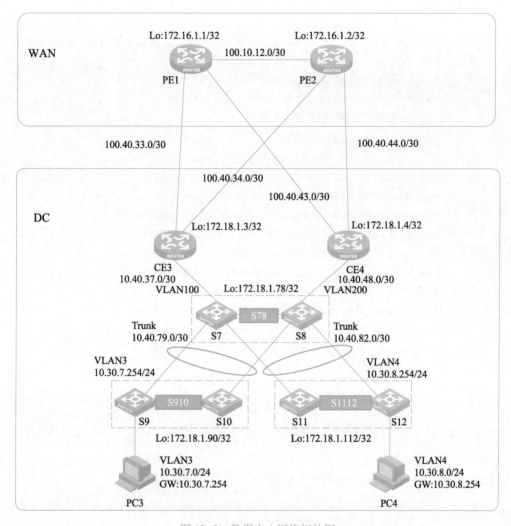

图 12-3　数据中心网络拓扑图

在网络层使用 IS-IS 实现互通，该协议作为动态协议具有自动进行路由备份以及收敛速度快等特点，是目前应用最为广泛的路由协议之一。本小节主要对数据中心网络的链路冗余行、协议部署以及连通性进行测试。

网络测试用例见表 12-5 和表 12-6。

表 12-5　数据中心网络接入层可靠性测试用例

测试编号	12.1.3.1		测试时间	
测试项目	数据中心网络接入层可靠性测试		测试人员	
测试目的	数据中心网络接入层部署了 IRF 技术，且采用分布式链路聚合提高上行链路可靠性。本项目测试目的是断开 S910 设备左边链路，PC 是否可以继续访问网络			
测试方法	① PC3 持续向网络发送数据包 ② 将 S910 设备左侧上行链路断开 ③ 查看 PC3 是否可以继续访问网络			

续表

测试结果	① PC3 执行 ping -c 1000 10.30.8.1 命令后，进入 S910 设备机内端口 G1/0/2 执行 shut-down 命令 [S910]interface GigabitEthernet1/0/2 [S910-GigabitEthernet1/0/2]shutdown ② PC 发送的数据包没有受到影响 <H3C>ping -c 1000 10.30.8.1 Ping 10.30.8.1 (10.30.8.1)：56 data bytes，press CTRL_C to break 56 bytes from 10.30.8.1：icmp_seq=0 ttl=252 time=3.000 ms 56 bytes from 10.30.8.1：icmp_seq=1 ttl=252 time=2.000 ms 56 bytes from 10.30.8.1：icmp_seq=2 ttl=252 time=1.000 ms 56 bytes from 10.30.8.1：icmp_seq=3 ttl=252 time=1.000 ms 56 bytes from 10.30.8.1：icmp_seq=4 ttl=252 time=2.000 ms 56 bytes from 10.30.8.1：icmp_seq=5 ttl=252 time=3.000 ms 56 bytes from 10.30.8.1：icmp_seq=6 ttl=252 time=2.000 ms 56 bytes from 10.30.8.1：icmp_seq=7 ttl=252 time=2.000 ms 56 bytes from 10.30.8.1：icmp_seq=8 ttl=252 time=2.000 ms 56 bytes from 10.30.8.1：icmp_seq=9 ttl=252 time=1.000 ms ……
测试结论	所测试功能满足该项目要求

表 12-6　数据中心网络路由连通性测试

测试编号	12.1.3.2	测试时间	
测试项目	数据中心网络路由连通性测试	测试人员	
测试目的	数据中心网络部署 IS-IS 协议实现内部路由互通，本测试项目主要用于测试、验证数据中心内网 IS-IS 部署以及数据中心内部网络连通性		
测试方法	① 在 S78 上查看 IS-IS 邻居 ② 查看 S910 与 S1112 上的 IS-IS 路由 ③ 使用 PC3 与 PC4 分别访问 CE3 与 CE4 设备		
测试结果	1. 在 S78 上查看 IS-IS 邻居，S79 分别与 CE3、CE4、S910、S1112 建立了 L1 与 L2 邻居关系 <S78>dis isis peer System ID：1720.1800.1003 Interface：Vlan100　　　　　　　Circuit Id：　1720.1800.1078.01 State：Up　　HoldTime：26s　　　Type：L1(L1L2)　　PRI：64 System ID：1720.1800.1003 Interface：Vlan100　　　　　　　Circuit Id：　1720.1800.1078.01 State：Up　　HoldTime：28s　　　Type：L2(L1L2)　　PRI：64 System ID：1720.1800.1004 Interface：Vlan200　　　　　　　Circuit Id：　1720.1800.1078.03 State：Up　　HoldTime：21s　　　Type：L1(L1L2)　　PRI：64		

续表

测试结果	System ID：1720.1800.1004 Interface：Vlan200　　　　　　　　Circuit Id：　1720.1800.1078.03 State：Up　　HoldTime：27s　　　Type：L2(L1L2)　　PRI：64 System ID：1720.1800.1090 Interface：Vlan101　　　　　　　　Circuit Id：　1720.1800.1090.02 State：Up　　HoldTime：7s　　　Type：L1(L1L2)　　PRI：64 System ID：1720.1800.1090 Interface：Vlan101　　　　　　　　Circuit Id：　1720.1800.1090.02 State：Up　　HoldTime：7s　　　Type：L2(L1L2)　　PRI：64 System ID：1720.1800.1112 Interface：Vlan201　　　　　　　　Circuit Id：　1720.1800.1112.02 State：Up　　HoldTime：9s　　　Type：L1(L1L2)　　PRI：64 System ID：1720.1800.1112 Interface：Vlan201　　　　　　　　Circuit Id：　1720.1800.1112.02 State：Up　　HoldTime：9s　　　Type：L2(L1L2)　　PRI：64

2. 查看 S910 与 S1112 上的 IS-IS 路由，发现可以通过 IS-IS 学到其他主机所在网段路由以及一条默认路由

① 查看 S910 的 IS-IS 路由

```
<S910>dis ip routing-table   protocol isis
```

Destination/Mask	Proto	Pre Cost	NextHop	Interface
0.0.0.0/0	IS_L2	15　20	10.40.79.2	Vlan101
10.30.8.0/24	IS_L1	15　30	10.40.79.2	Vlan101
10.40.37.0/30	IS_L1	15　20	10.40.79.2	Vlan101
10.40.48.0/30	IS_L1	15　20	10.40.79.2	Vlan101
10.40.82.0/30	IS_L1	15　20	10.40.79.2	Vlan101
172.18.1.4/32	IS_L1	15　20	10.40.79.2	Vlan101
……				
Destination/Mask	Proto	Pre Cost	NextHop	Interface
10.30.7.0/24	IS_L1	15　10	0.0.0.0	Vlan3
10.40.79.0/30	IS_L1	15　10	0.0.0.0	Vlan101

② 查看 S1112 的 IS-IS 路由

```
<S1112>dis ip   routing-table   protocol isis
```

Destination/Mask	Proto	Pre Cost	NextHop	Interface
0.0.0.0/0	IS_L2	15　20	10.40.82.2	Vlan201
10.30.7.0/24	IS_L1	15　30	10.40.82.2	Vlan201
10.40.37.0/30	IS_L1	15　20	10.40.82.2	Vlan201
10.40.48.0/30	IS_L1	15　20	10.40.82.2	Vlan201
10.40.79.0/30	IS_L1	15　20	10.40.82.2	Vlan201
172.18.1.4/32	IS_L1	15　20	10.40.82.2	Vlan201
……				

续表

测试结果	Destination/Mask Proto Pre Cost NextHop Interface 10.30.8.0/24 IS_L1 15 10 0.0.0.0 Vlan4 10.40.82.0/30 IS_L1 15 10 0.0.0.0 Vlan201 3. 使用 PC3 与 PC4 分别访问 CE3 与 CE4 设备，通过测试发现可以实现 PC 与 CE 设备的互通 ① PC3 访问 CE3 与 CE4 \<H3C>ping -c 1 172.18.1.3 Ping 172.18.1.3（172.18.1.3）：56 data bytes，press CTRL_C to break 56 bytes from 172.18.1.3：icmp_seq=0 ttl=253 time=1.000 ms --- Ping statistics for 172.18.1.3 --- \<H3C>ping -c 1 172.18.1.4 Ping 172.18.1.4（172.18.1.4）：56 data bytes，press CTRL_C to break 56 bytes from 172.18.1.4：icmp_seq=0 ttl=253 time=3.000 ms --- Ping statistics for 172.18.1.4 --- ② PC4 访问 CE3 与 CE4 \<H3C>ping -c 1 172.18.1.3 Ping 172.18.1.3（172.18.1.3）：56 data bytes，press CTRL_C to break 56 bytes from 172.18.1.3：icmp_seq=0 ttl=253 time=2.000 ms --- Ping statistics for 172.18.1.3 --- \<H3C>ping -c 1 172.18.1.4 Ping 172.18.1.4（172.18.1.4）：56 data bytes，press CTRL_C to break 56 bytes from 172.18.1.4：icmp_seq=0 ttl=253 time=2.000 ms --- Ping statistics for 172.18.1.4 ---
测试结论	所测试功能满足该项目要求

　　通过模块化测试发现目前各个网络模块协议以及连通性都已满足项目要求，但模块化测试反应的只是部分网络的功能是否实现，网络部署完成后必然要进行联合调试，下一节将 3 个网络模块（集团园区网络、骨干网、数据中心网络）进行联合测试。

12.2　大型网络联合调试

　　本项目因为配置量较大，考虑在部署时可以拆分以小组形式完成，所以联合调试将在 3 台计算机上拆分为 3 部分（园区网络、骨干网络、数据中心网络）进行联调。

12.2.1　联合调试任务准备

　　拆分后分别在 3 台计算机的仿真软件 HCL 中使用 Remote 进行远程隧道连接。Remote 设备需要在同一局域网内使用，如果不在同一局域网可以通过蒲公英软件将 3 台计算机连接到同一局域网后再进行联调。3 台计算机连通后如图 12-4 所示。

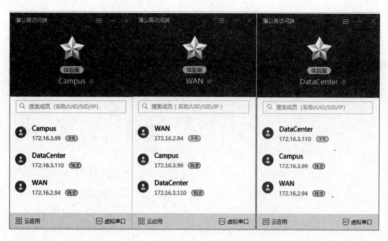

图 12-4　3 台计算机蒲公英访问端联网图

本项目拆分为 3 部分：教育集团园区网 Campus、骨干网 WAN、数据中心网络 DataCenter。

1. 园区网 Campus

网络联调拓扑如图 12-5 所示。

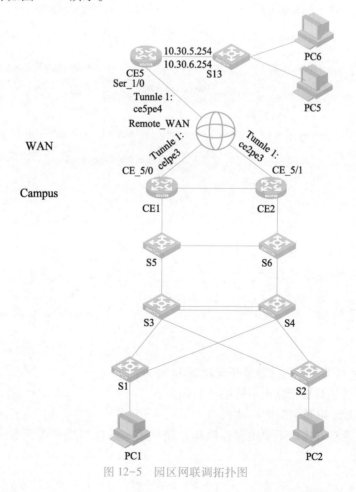

图 12-5　园区网联调拓扑图

2. 骨干网 WAN

网络联调拓扑如图 12-6 所示。

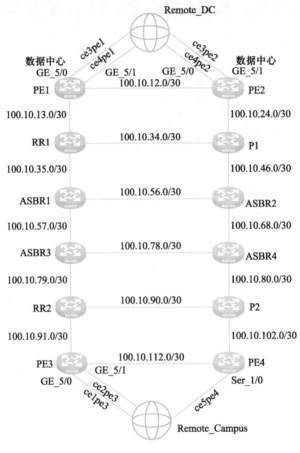

图 12-6 骨干网络联调拓扑图

3. 数据中心网络 DataCenter

网络联调拓扑如图 12-7 所示。

12.2.2 联调注意事项与规划

1. 使用 Remote 设备搭建完拓扑的注意事项

① 远端 IP 是对端计算机的蒲公英显示的 IP 地址。

② 远端工程名是对端计算机中的拓扑名称。

③ 连线时两端的隧道名需要一致。

④ 连线时注意双方接口不要出错，原拓扑使用哪个端口连接对端设备，就用哪个端口连接 Remote 设备。

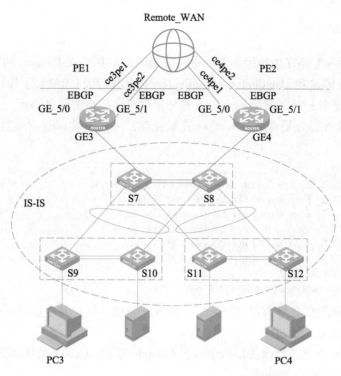

图 12-7 数据中心网络联调拓扑图

⑤ 一个 Remote 可以连接多条隧道，骨干网连接数据中心网络可以使用一台 Remote 连接两个 CE 设备，只要注意隧道名称不同即可。

2. 接口与隧道规划

HCL 联合调试中，接口与隧道的规划见表 12-7～表 12-9。

表 12-7 Campus 隧道规划表

设　备　名	接　口　号	隧　道　名
CE1	GE5/0	ce1pe3
CE2	GE5/1	ce2pe3
CE5	S1/0	ce5pe4

表 12-8 WAN 隧道规划表

设　备　名	接　口　号	隧　道　名
PE3	GE5/0	ce1pe3
PE3	GE5/1	ce2pe3
PE4	S1/0	ce5pe4
PE1	GE5/0	ce3pe1
PE1	GE5/1	ce4pe1
PE2	GE5/0	ce3pe2
PE2	GE5/1	ce4pe2

表 12-9 DataCenter 隧道规划表

设　备　名	接　口　号	隧　道　名
CE3	GE5/0	ce3pe1
CE3	GE5/1	ce3pe2
CE4	GE5/0	ce4pe1
CE4	GE5/1	ce4pe2

12.2.3 联合调试与测试

使用 Remote 设备连接完拓扑后，即可进行联调测试，只要求 Campus 的 10.30.65.0/24 与 10.30.66.0/24 网段传递到 DataCenter，DataCenter 中的 10.30.7.0/24 与 10.30.8.0/24 传递给 Campus，所以在各部分拓扑的重要结点上查看是否存在这些路由信息即可。

步骤 1：要确认各部分是否通过 Remote 完成互连，可以通过 ping 对端直连地址进行测试。 PE4 访问 CE5。

```
[PE4]ping 100.30.25.2
Ping 100.30.25.2 (100.30.25.2): 56 data bytes, press CTRL_C to break
56 bytes from 100.30.25.2: icmp_seq=0 ttl=255 time=34.000 ms
56 bytes from 100.30.25.2: icmp_seq=1 ttl=255 time=33.000 ms
56 bytes from 100.30.25.2: icmp_seq=2 ttl=255 time=35.000 ms
56 bytes from 100.30.25.2: icmp_seq=3 ttl=255 time=35.000 ms
56 bytes from 100.30.25.2: icmp_seq=4 ttl=255 time=35.000 ms
--- Ping statistics for 100.30.25.2 ---
5 packet(s) transmitted,5 packet(s) received, 0% packet loss
```

根据结果可以判断分支与 WAN 已经通过 Remote 完成互连。其他设备同样操作进行直连网段互 ping 测试，验证是否通过 Remote 设备互连。

步骤 2：查看 WAN 的 PE 设备是否学习到 Campus 与 DataCenter 的私网路由。

① 在 PE1 上查看 VPN 路由表。

```
<PE1>dis ip routing-table   vpn-instance vpna
Destination/Mask    Proto    Pre Cost      NextHop         Interface
......
10.30.7.0/24        BGP      255 30        100.40.33.2     GE5/0
10.30.8.0/24        BGP      255 30        100.40.33.2     GE5/0
10.30.65.0/24       BGP      255 0         172.16.1.5      GE0/2
10.30.66.0/24       BGP      255 0         172.16.1.5      GE0/2
......
```

② 在 PE3 上查看 VPN 路由表。

```
<PE3>dis ip routing-table   vpn-instance vpna
......
Destination/Mask    Proto    Pre Cost      NextHop         Interface
......
10.30.7.0/24        BGP      255 0         172.16.1.7      GE0/2
10.30.8.0/24        BGP      255 0         172.16.1.7      GE0/2
10.30.65.0/24       RIP      100 2         100.20.11.2     GE5/0
10.30.66.0/24       RIP      100 3         100.20.11.2     GE5/0
......
```

通过 PE1 与 PE3 上 vpna 的路由表可以看出，此时骨干网 WAN 已经成功通过 Remote 设备与 Campus 以及 DataCenter 互连，并学习到私网路由。

步骤 3：查看 Campus 中的 CE1 与 DataCenter 中的 CE3 是否互相学习到私网路由。

① 在 CE1 上查看路由表。

```
<CE1>dis rip 1 route
......
Peer 100.20.11.1 on GigabitEthernet5/0
```

Destination/Mask	Nexthop	Cost	Tag	Flags	Sec
10. 30. 7. 0/24	100. 20. 11. 1	1	0	RAOF	26
10. 30. 8. 0/24	100. 20. 11. 1	1	0	RAOF	26
……					

根据该表项可以判断，DataCenter 中 PC 所在网段的路由已经成功传递到 Campus。

② 在 CE3 上查看路由表。

```
<CE3>dis bgp routing-table   ipv4
……
     Network              NextHop          MED          LocPrf      PrefVal Path/Ogn
……
*  >e 10. 30. 65. 0/24     100. 40. 33. 1                           100 200?
*  >e 10. 30. 66. 0/24     100. 40. 33. 1                           100 200?
……
```

根据该表项可以判断，Campus 中的路由已经成功传递到 DC 网络。

通过以上步骤验证后发现，Campus、WAN、DataCenter 这 3 部分网络虽然部署在不同的计算机上，依然可以通过蒲公英接入同一局域网后，使用 HCL 中的 Remote 设备进行联合调试。如果拓扑集中在一台计算机上，则无需使用蒲公英与 Remote 设备，直接在设备上查看路由表项即可。这里不再赘述。

本项目在进行联合调试时，务必注意 Remote 设备的配置。拓扑与 Remote 设备连线时，需要注意设备的接口与隧道是否一致。本项目着重点是联调时，设备与 Remote 的连接以及通过哪些现象来判断是否完成要求，最终通过分析各重要结点路由表，发现已经完成需求，将 DataCenter 与 Campus 路由信息互相传递，网络联调完成。

第 13 章　大型网络项目实施总结与反思

　　网络工程是一项复杂的系统性工程，因其自身的特殊性、问题的多样性、建设的原则性、实施的灵活性和管理的复杂性，需要工程技术人员具有全面的综合素质和能力去解决各种问题，并在工程施工过程中时刻注重质量控制，及时总结经验和教训，不断促进项目质量的持续改进。前面所介绍的某教育集团网络工程项目已全部实施完成，围绕着集团对网络业务需求的递增，介绍了集团网络建设从无到有，再到不断完善的演进发展过程。本章将围绕该项目的实施进行总结与反思，通过对现有建成的网络进行综合分析，为网络未来的升级、扩展和优化打下基础，以满足该教育集团在线教育业务发展的需求。

　　通过本章的学习，应达成如下学习目标。

知识目标

- 掌握网络工程集成测试的方法。
- 掌握网络工程文实施文档的主要内容。
- 掌握网络工程项目质量控制方法。

技能目标

- 具有撰写网络工程文档的能力。
- 具有部署和优化网络方案的能力。

素质目标

- 鼓励和激发不断挑战自我的勇气。
- 培养追求卓越，精益求精的精神。

　　网络工程项目的建设是一个循环往复、持续优化的过程。网络项目的实施是网络工程项目周期中的重要环节，网络工程实施的结束并不表示项目的结束。网络工程实施完毕后应当进行系统的试运行工作以及工程文档的整理工作。如果试运行的网络系统满足用户需求和合同要求，就可以进入系统验收环节，最终交付使用。当现有网络不能满足用户的网络需求时，新一轮网络工程项目的建设便悄然开始。

　　针对某教育集团园区网络和分公司网络的建设，本项目主要包括网络的 VLAN 规划与实施、生成树协议的实施、园区内部路由协议及出口静态路由和 NAT 技术的实施、运营商网络动态路由的实施以及网络冗余链路、冗余设备的可靠性实施和网络管理维护实施。整个项目实施下来，包括的知识点较多，本章将对整个项目的实施进行总结、分析，从而为下一个网络工程周期中网络的持续优化和改进提供思路和备选方案。

13.1　配置存档与文档编写

　　没有文档的网络设计只是一个空想，没有文档的网络实施就是运维噩梦的开始。网络工程项目常常要求在极短的时间内写作和整理大量的技术文档，如标书的制作、设计方案和实施方案的撰写等，这项工作往往是衡量一个网络工程师是否成熟的重要标志。文档的简单只能说明网络工程师的能力不足，并不代表设计方案的简单性。一般来说，不同网络集成公司都有其独有的网络工程实施规范模板，本小节简单介绍如何撰写工程实施文档，并提供一个通用的模板供参考。

1. 工程实施文档撰写方法

　　网络工程实施文档属于交付类文档，在工程实施完成后要最终将文档交付给客户，以便于用户后期的网络运行维护参考。网络工程实施文档的规范性和专业性至关重要，一方面有利于网络后期的运行维护，另一方面也有利于组织机构或个人的知识积累，从而提升工作效率。

（1）实施文档撰写流程

　　文档撰写一般遵循明确目的、明确需求、明确对象、搜集信息、编写大纲、填充内容和审核优化几个流程，如图 13-1 所示。

图 13-1　实施文档撰写流程

（2）实施文档撰写过程

　　首先，需要明确文档编写的目的、对象和需求，这将直接影响文档的撰写过程以及交付的结果，因此务必摸清文档撰写的目的和详细需求。如果文档的交付对象是内部实施工程师，那么可加强文档的专业性和针对性；如果文档的交付对象是集成商和最终用户，需要考虑集成商和最终用户的技术水平，适当加强文档的易用性和通俗性。

　　其次，在明确文档目的和对象的前提下，需要搜集文档所需的信息，如在撰写实施文档过程中，可能用到的设备参数、图片素材等。网络实施文档的编写离不开网络工程规划与设计文档，先有规划设计文档，后有实施文档。实施文档相对于设计文档来说，需要更加偏重技术细节，针对不同的对象将实施过程及配置注意事项依次完成。

再次，是大纲的编写，一般来说实施文档都有固定格式或模板，即文档的总体架构基本上已经明确，针对不同项目和不同的交付对象再做微调即可。

然后，在完成大纲的基础上，完成文档内容的填充。需要根据文档结构（大纲）每一部分填充文档内容，这一步是工作量最大、最耗时的环节，也是最重要的环节。撰写质量较好的文档具有专业、规范、工整、简明扼要、可读性高、使用方便、维护方便等特点。

最后，完成文档的审核和优化工作。在组织内部，各种项目文档有统一的管理和要求，文档的发布有一套审核流程。例如，大的网络工程项目的实施方案，在具体实施前需要工程部、产品部、研发部等相关部门审核无误后才会交付使用。

2. 工程实施文档模板

网络工程项目实施过程中，需要对各个设备的配置脚本进行存档，在真实设备上可以通过显示配置文件命令将配置文件复制到文本文件中存档单独保存，也可以复制到实施文档最后一部分作为设备的配置脚本存档。图 13-2 所示给出了一个实施文档的模板，主要包括项目的基

图 13-2　网络工程实施文档模板

本信息、项目进度计划、总体规划设计信息、设备部署信息、二层的 VLAN 规划设计信息、三层的 IP 地址规划和路由协议信息、项目割接方案和设备配置脚本。网络工程师可以在此基础上，修改、删除或添加相关信息。

13.2　项目总结与持续改进

本小节将针对案例实施进行项目的经验总结，并进一步指出在项目实施过程中存在的问题以及持续优化改进的方向。

1. 网络项目案例经验总结

本项目的实施过程中有一些可供借鉴的经验。特别是，当网络工程师实施和维护一些较大型的企业集团或者 ISP 网络时，其网络拓扑结构和网络应用往往都比较复杂，企业用户的需求就不仅仅是网络连通的问题，更多的是要实现各种特定的用户应用需求，还要保证网络通信的高效、可靠。在项目实施和运维过程中，主要需要注意以下几点。

（1）全局的规划与设计是项目成功实施的关键

在网络系统设计上也一定要全局规划，不仅要通盘考虑用户各方面的网络应用需求，还要从计算机网络通信原理上充分考虑，尽可能使各设备之间的通信效率最优、各条通信路径的负载均衡。在通信原理方面，关键是要理解第二层（数据链路层）和第三层（网络层）的通信原理，特别是计算机网络体系结构中各层的报文封装和解封装原理。同一 IP 网段的设备之间是通过计算机网络体系架构中的第二层进行网络连接的，所以它们之间通信无需经过三层设备即可直接交付；而不同 IP 网段的设备之间必须通过第三层进行网络连接，且要配置路由功能。

在通信效率方面需要考虑的因素较多，一方面，各设备间通信路径上各段链路的带宽，以及上下游设备性能要与它们所承载或处理的流量负荷匹配，否则会出现流量溢出或网络拥塞现象，造成数据丢失；另一方面，设备间的通信路径尽可能短。在拓扑结构设计上，在不影响整体网络通信效率的前提下，相邻设备间能直接通信的尽可能让它们直接通信。在不生成二层环路的前提下，在 VLAN 配置方面要注意一个原则，那就是在设备间通信路径的所有设备上必须配置对应 VLAN，否则无法实现同一 VLAN 内用户间的通信。

负载均衡方面也是在较大型计算机网络系统设计的一个重要方面。在接入层和汇聚层可以采用交换机堆叠 IRF 技术来缓解单交换机端口和性能的不足，利用以太网链路聚合技术来提高链路带宽，同时提供链路间的备份；在汇聚层和核心层还可以采用交换机集群、接口备份技术来解决单交换机或单链路性能的不足；在网关位置还可采用 VRRP 冗余网关技术来实现多网关备份和负载均衡。在路由负载均衡方面，可通过各种路由协议的等价路由功能实现路由路径的备份和负载均衡。

（2）精细化权限划分是保证网络安全的基础

在较大型网络中，为保证网络运维的安全，不同用户的权限应当精细化划分。它不仅涉及用户对设备访问权限方面，还涉及用户对资源的访问控制，以及设备对信息接收和发送方面的控制等。

在设备访问方面，需要为不同用户配置不同的访问级别，配置不同的认证方式（包括无认证、密码认证和 AAA 认证等），还可通过 ACL 过滤不允许访问设备的用户。在 H3C 的 V7 平台上还可配置详细的用户规则和资源控制策略，更加精细化地控制用户的访问权限。

在用户分类上，通常是采用划分 VLAN 方式进行，同类用户划分到同一 VLAN 中。如果既要实现用户类别区分，又要实现业务类别区分，此时就要用到 QinQ 技术，这主要应用于集团分支机构或者 ISP 网络中（本书未涉及 QinQ 技术）。另外，还有诸如端口隔离、IP+MAC 地址绑定、ARP 映射表配置、端口安全、802.1X 认证、MAC 认证、Portal 认证等功能都可以实现对应的用户访问权限控制功能。

(3) 故障排除能力是网络工程师的必备素养

在网络实施和运营维护过程中，需要对各种网络故障进行排除，这是检验一个网络工程师技能水平的试刀石。如果一个工程师基本上是照抄别的方案，并没有真正理解为什么要这样配置，更不会思考是否有更好的实现方案，那么，这样的工程师在遇到网络故障时就会束手无策。究其根本原因就在于对计算机网络通信原理、各种技术的原理，以及具体功能的通用配置思路不了解。

当网络故障发生时，首先要对所出现的网络故障进行分类：是通信故障，还是功能实现故障，或者是安全问题。

对于通信故障，相对比较好分析，关键是计算机网络的对等通信原理，即在源端某层始发的报文，最终必须送达到目的端的对应层才能对该报文进行处理。这里涉及协议报头的封装和解封装。除了物理层外，在源端某层始发的报文自上而下的传输过程中，所经过的其他各层均会封装对应层所运行协议的协议头，而到达目的端后，在报文自下而上的传输中，每到达一层会识别对应层的协议头信息，然后在去掉该层的报头后上传到上一层，直到到达与源端始发报文的对应层次，识别该层的协议头信息，对报文进行处理。中间的网络设备（如交换机和路由器）通常只能识别二层和三层协议头部信息。二层通信中主要涉及 VLAN 标签的问题，这就要充分理解 3 种二层交换端口（Access、Trunk 和 Hybrid）类型的帧收发规则，通过分析通信路径中各段链路的帧中 VLAN 标签的添加或移除来验证帧能否准确到达对方主机。对于三层通信方面，就会涉及路由问题。较大型网络中通常采用动态路由协议，它们可以自动地把网络中各网段连接起来，可以通过在各设备上查看 IP 路由表来进行分析，快速实现故障定位。

在功能实现故障方面，主要考虑两方面原因，一是功能配置思路不正确或者不完整，导致功能配置不完全。这要求必须掌握各种功能的通用配置思路和基本配置任务。另一方面，许多不能单独实现某一方案的功能，必须融合其他相关联的功能来实现。这就要求在学习时要把这些相关技术功能进行整理，以点带面式地学习，不能孤立地学习相关的技术。

在安全故障方面，要根据具体的安全问题进行分析，并采用相应的安全功能来解决。例如，发现有非法用户访问设备，则可以为设备配置用户访问权限；发现网络中有非法用户盗用合法 IP 地址发送大量的广播报文，则可以采用 IP+端口绑定，或者配置静态 RP 表项，或者采用端口安全功能进行限制，还可以对可疑用户所连接的交换机设备配置广播流量阈值；发现有非法网关的设备，则可以在网关设备上开启免费 ARP 功能，同时还可以在非网关设备上为合法网关配置静态 ARP 表项等。

2. 网络实施中存在的问题

在某教育集团组网案例的实施中，主要存在以下几个问题。

（1）园区路由协议问题

园区内部 IGP 运行 RIPv2，RIPv2 更新路由采取逐跳方式，且 v2 采取抑制时间来防止环路出现，这些机制都会导致其路由收敛速度较慢。如果园区网络发生震荡，那么可能会需要较久的时间收敛路由，导致用户体验感较差。

RIPv2 更新路由时，会发送全部路由信息，其对带宽占用较大，并且 RIP 存在最大跳数限制，对于网络可扩展性存在影响。

（2）联动机制问题

数据中心 IRF 部署时，未考虑到 IRF 分裂的 MAD 检测和恢复机制。

园区网部署 PIM 没有内在的冗余功能，并且其操作是完全独立于 VRRP，可能会导致 IP 组播流量，VRRP 选择的 Master 路由器不一定转发。

（3）网络环路问题

园区出口浮动备份路由部署，当双链路断开后可能在 CE1 和 CE2 之间出现环路问题。

（4）骨干网跨域 VPN 问题

MPLS 跨域方案当前是 Option A，ASBR 要维护所有 VPN 的路由，并且要为每一个跨域的 VPN 分配一个接口，因此存在可扩展性的问题。

3. 网络持续改进的方向

针对某教育集团网络实施过程中存在的问题，未来主要存在以下几个改进的方向。

（1）动态路由改进

在动态路由方面，不仅要掌握各种动态路由协议的配置和管理方法，还要掌握不同路由协议相互引入的方法，以及路由策略和策略路由在这些动态路由中的配置方法。因为在一个较大型网络中，往往会存在多种路由协议，只有这样才能把整个网络的路由做通，并且是最优的通信路径。

在三层网络中，主要考虑的是路由路径，建议尽可能采用 OSPF、IS–IS 这样的无环路动态路由协议，这样它们可以自动计算各设备间的最优路由路径，不会形成路由环路，收敛速度快且可扩展性较高。

（2）业务的 QoS 设计

在用户服务级别上，可以通过 QoS 功能进行精确控制，包括用户连接的交换机端口限速、用户可使用的上、下行链路速率，以及通过各种优先级映射，使对应的用户具备相应的服务级别、实现报文过滤、流量监管和流量整形等。QoS 策略还可应用于策略路由中。

除了不同用户业务数据流量的区分服务之外，在区分服务的另一方面就是体现在路由信息过滤和用户数据报文的路由控制上，对应的功能就是路由策略和策略路由。路由策略是用于控制设备对路由信息的发送和控制、路由的引入和路由属性的设置，而策略路由则是控制用户数据报文转发路径的选择。

（3）跨域 VPN 优化

在骨干网络中，路由信息会很多，VPN 用户也会很多，而项目中使用的跨域 VPN 方案为 Option A，其特点导致该方案可扩展性受到很大限制。选择 Option B 或者 Option C 则可以解决扩展性问题。

(4) 网络运维的智能化和自动化

如今的网络主要是由人来管理。在网络运维中心，工程师不仅每天监控着成千上万的告警，还要创建故障单来跟踪问题的解决。通过引入软件定义网络 SDN 的思想，采用组件化的软件工程方法精确识别重复的手动任务，把简单且反复出现的手动过程自动化，最终目标是将软件惯例打包为可重用的组件，从而使这些组件能够根据数据驱动的决策点和规则自动触发和执行运维任务。

同时，在网络的规划设计、运维优化过程中，严重依赖于自身对网络拓扑结构以及终端用户移动性和使用习惯的深刻理解。随着这些网络拓扑变得更加复杂密集，工程师越来越难以预测和计算这些使用模型。为了解决这个问题，需要利用来自网络不同区域的所有数据：不仅仅是运维数据，还有网络其他领域的数据。这些数据可以被反馈到模型中，通过模型提取和运算获得深入和可操作的见解，进一步实现智能化运维。

第 14 章　虚拟网络实施与优化

传统数据中心网络架构中，服务器被固定安装在硬件内，如果想扩展用户规模而现有硬件无法负荷，就不得不另外付费进行硬件升级，而且升级后还有一定的局限性。此时为了便于使用，可以采用细腻化技术，提高设备以及网络的资源利用率从而提高数据转发效率以及网络灵活性。VLAN 技术就是虚拟化技术的典型应用，但在网络用户和数据爆炸式增长的情况下，对于网络的需求也在逐渐增加与改变。各种需求也推动着虚拟化技术在网络中的应用与发展。

知识目标

- 了解数据中心技术演变过程。
- 了解虚拟化与云计算的概念。
- 掌握虚拟网络与软件定义网络的概念。

技能目标

- 掌握虚拟网络部署。

素质目标

- 激发学生对虚拟化技术的兴趣与学习激情。
- 培养学生对虚拟网络部署的应用能力。

数据中心如今已成为维系现代社会结构的粘合剂,无论是购物、还是向朋友发送消息,人们每天所做的这些事情都由数据中心提供支持。

自从 20 世纪 50 年代数字计算迈出第一步以来,发生了不可估量的变化。这些年,数据中心的处理能力和存储容量呈指数级增长,支持现代应用程序所需的基础设施也变得越来越复杂。

14.1 数据中心技术演进

如果以数据中心网络架构来划分时代,在 2008 年以前的数据中心网络架构可以称为"经典时代";2008 年到 2011 年之间可以称为"纷争时代",这里用"纷争"是因为在这个时代各个厂商为数据中心推出了各种技术和解决方案;而 2011 年以后可以叫"无限时代",数据中心的性能也逐渐趋向无限。

这 3 个时代的诞生其实就是技术变革的过程,经典时代的传统路由交换技术,纷争、无限时代的虚拟化技术和 SDN,这种演进与技术变革都是因数据量的增加而驱动的。在"经典时代",一个数据中心所容纳的服务器规模在上百台,在"纷争时代",数据中心容纳的服务器在上千台,而在"无限时代",数据中心容纳的服务器则可以做到无限。

14.1.1 虚拟化与云计算

传统数据中心中的计算网络主要由大量的二层接入设备及少量的三层设备组成,是标准的三层结构,如图 14-1 所示。

传统的网络模型在很长一段时间内,支撑了各种类型的数据中心,但随着互联网的发展,新的应用类型及数量急剧增长,仅仅使用传统的网络技术越来越无法适应业务发展的需要。

传统的数据中心内服务器主要用于对外提供业务访问,不同的业务通过安全分区及 VLAN 隔离。一个分区通常集中了该业务所需的计算、网络及存储资源,不同的分区之间或者禁止互访,或者经由核心交换通过三层网络交互,数据中心的网络流量大部分集中于南北向。在这种设计下,不同分区间计算资源无法共享,资源利用率低下的问题越来越突出。

为了解决资源利用率问题,虚拟化技术与云计算管理技术开始登上舞台。

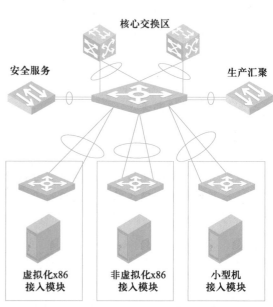

图 14-1 传统数据中心网络

1. 虚拟化

虚拟化是一个广义的术语，是指计算元件在虚拟而不是真实的基础上运行，是一个为了简化管理、优化资源的解决方案。该技术在服务器、网络及存储管理等方面都有着突出的优势，大大降低管理复杂度，提高资源利用率和运营效率，从而有效控制成本。虚拟化技术可以扩大硬件的容量，简化软件的重新配置过程。

2. 虚拟化与云计算

虚拟化是一种技术，云计算是一种使用模式。虚拟化是指将物理的实体，通过软件模式，形成若干虚拟存在的系统，其真实运作还是在实体上，只是划分了若干区域或者时域。

云计算的基础是虚拟化，但虚拟化只是云计算的一部分，云计算其实是在虚拟化出若干资源池以后的应用，但虚拟化并不是只对应云计算。通过虚拟化技术、云计算管理技术等，将各个分区间的资源进行池化，实现数据中心内资源的有效利用。

14.1.2　虚拟网络与软件定义网络

1. 虚拟网络

传统网络中，网络配置慢且不可复制、备份存在位置限制，移动性受限制，严重依赖硬件网络设备。网络安全的配置与网络存在同样的问题，防火墙、路由器、安全策略配置缓慢且同样不可复制、备份。

虚拟化使得 IT 人员在几分钟内即可置备一台服务器，但是却需要数周来配置网络上的各种网络负载，如交换机、路由器、负载平衡和防火墙等，使业务发展速度严重下降，网络虚拟化层抽象了物理网络结构，大大简化了网络的供应和使用。

虚拟网络是所有网络服务（如二层交换、L3 路由、负载平衡和防火墙服务）的实例化，逻辑空间提供创建和部署虚拟应用程序工作负载的能力。虚拟网络能够抽象底层网络硬件，并且只要有 IP 连接，虚拟网络能够在任何网络硬件上运行。

虚拟网络是一种包含至少部分是虚拟网络链接的计算机网络。虚拟网络链接是在两个计算设备间不包含物理连接，而是通过网络虚拟化来实现。

两种最常见的虚拟网络形式为基于协议的虚拟网络（如 VLAN、VPN 和 VPLS 等）和基于虚拟设备的虚拟网络。

但随着大数据、云计算技术的兴起以及虚拟化技术的普及，VLAN 技术的弊端逐渐显现出来，具体如下。

① 传统 VLAN 标签受限于 4096 个（12 bit）标签，当租户数量剧增，又必须隔离租户，传统的 VLAN 满足不了要求。

② 传统 VLAN 无法满足虚拟机动态迁移，虚拟化迁移业务要求迁移后 IP 不变，要求提供一个无障碍接入的网络，所以必须是大二层的网络结构。

基于以上需求，虚拟扩展局域网（Virtual eXtensible Local Area Network，VXLAN）技术被提出。

2. SDN

SDN 是一种新兴的控制与转发分离并直接可编程的网络架构。其核心技术 OpenFlow 通过将网络设备的控制面与数据面分离开来，从而实现网络流量的灵活控制。做法很简单，将所有的报文抽出关键字段，抽象为流（Flow），而所有流都交给 Controller 控制。OpenFlow 就是控制器与网络设备沟通时的语言。

SDN 的核心思想是把网络上所有信息都集中到一个核心控制器（Controller）上处理，控制器可以针对信息编程，直接处理整体网络的逻辑。此时控制器全知全能，它知道这个网络中任何信息，可以实现任何协议。简单来说，就是把现在复杂的传统网络设备全部对上层应用不可见。上层管理层，只需要像配置软件程序一样，对网络进行简单部署，就能够让网络实现所需要的功能，不再需要和以前一样，一个一个去配置网络上所有结点的网络设备。SDN 架构如图 14-2 所示。

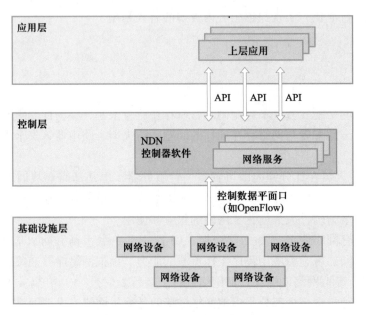

图 14-2　SDN 架构示意图

SDN 带来的好处也是显而易见的，具体如下。

① 转发和控制分离，使硬件通用化，降低设备成本。

② SDN 控制器进行统一管理，实现集中控制，降低网络维护难度，缩减网络部署周期，降低运维成本。

14.1.3　网络智能化演进

虚拟化、云计算、虚拟网络与 SDN，这些理念和技术飞速地推动着网络的发展。

从传统网络到 SDN 网络的演进过程中，对网络的控制与管理，都产生了变化。从传统网络中的单台设备"各自为政"的转控分离，到 SDN 网络中的"大一统"转控分离使得用户在使用网络时有了更好的体验，也使得网络资源的利用率大大提升。

SDN 提供从应用到物理网络的自动映射、资源池化部署和可视化运维，构建以业务为中心的网络业务动态调度能力。即可以独立承担业务呈现/协同的工作，也支持通过标准化的北向接口开放能力与业界主流云平台无缝对接，用户可以根据自身业务发展，灵活部署和调度网络资源，让数据中心网络更敏捷地为云业务服务。通过支持北向对接云平台，南向对接物理交换机、虚拟交换机、防火墙，实现了对网络资源的管理控制及计算、存储等资源的协同发放。

也就是 VXLAN 进行虚拟网络构建，可以在服务器上隔离虚拟机，并且在三层网络上构建虚拟二层网络，连接不同服务器上的虚拟机。而这个 VXLAN 网络上的资源控制与管理，以及灵活的业务调度，如流量的控制与负载分担都由 SDN 控制器实现。SDN 网络架构如图 14-3 所示。

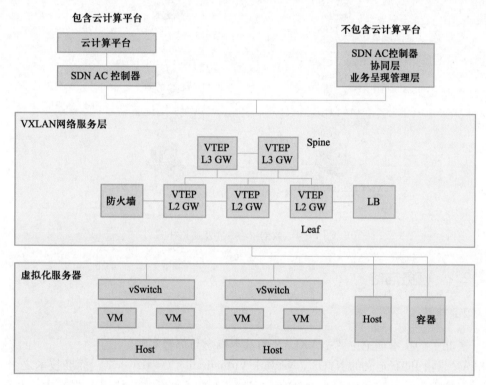

图 14-3　SDN 网络架构图

14.2　虚拟网络部署实践

VXLAN 技术是网络 Overlay 技术的一种实现，对于 Overlay 技术虚拟的、不同于物理网络拓扑的逻辑网络，物理网络的拓扑结构对 Overlay 终端而言是透明的，终端不会感知到物理网络的存在，而仅仅能感知到逻辑网络结构。VXLAN 技术可以基于三层网络结构来构建二层虚拟网络，通过 VLAN 技术可以将处于不同网段网络设备整合在同一个逻辑链路层网络中，那么在数据中心机房中应用 VXLAN 技术，不仅可以提高网络处理性能以及设备资源利用率，还可以让服务器实现跨公网迁移，提高机房服务器容灾能力。

14.2.1　任务描述

如图 14-4 所示，某企业在不同的数据中心有 VM，位于不同私网，此时可以通过部署虚拟网络 VXLAN 来实现不同网络中 VM 之间的互通。

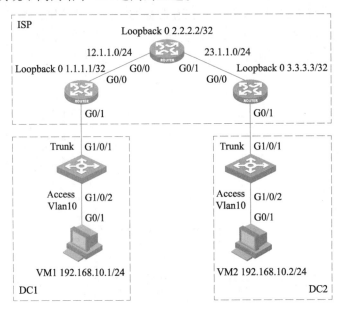

图 14-4　数据中心 VM 互通拓扑图

14.2.2　任务准备

1. 知识准备

本任务相关的技术理论主要是 VXLAN 的基本概念与部署实践。

VXLAN 是由 IETF 定义的 NVO3（Network Virtualization OverLayer 3）标准技术之一，是对传统 VLAN 协议的一种扩展。VXLAN 的特点是将 L2 的以太帧封装到 UDP 报文中，并在 L3 网络中传输。VXLAN 本质上是一种隧道技术，在源网络设备与目的网络设备之间的 IP 网络上建立一条逻辑隧道，将用户报文经过特定的封装后通过这条隧道转发。如图 14-5 所示，从用户的角度来看，接入网络的服务器就像是连接到了一个虚拟二层交换机的不同端口上（三角形虚框表示的数据中心 VXLAN 网络看成一个二层虚拟交换机），可以方便地通信。从服务器的角度来看，VXLAN 为它们将整个数据中心基础网络虚拟成一台巨大的"二层交换机"，所有服务器都连接在这台虚拟二层交换机上，而基础网络内如何转发都是这台"巨大交换机"内部的事情，服务器完全无需关心。

（1）VXLAN 概念术语

① VXLAN 隧道端点（VXLAN Tunnel EndPoint，VTEP）是 VXLAN 网络的边缘设备，用来进行 VXLAN 报文的处理（封包和解包），包括 ARP 请求报文和正常的 VXLAN 数据报文。VTEP 将原始以太网帧通过 VXLAN 封装后发送至对端 VTEP 设备，对端 VTEP 接收到 VXLAN 报文后解封装然后根据原始 MAC 进行转发，VTEP 可以是物理交换机、物理服务器或者其他

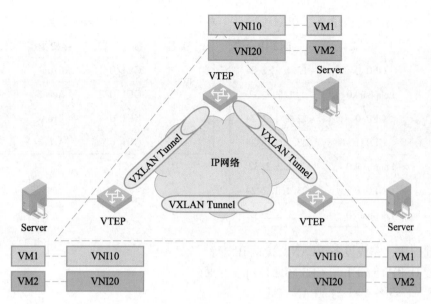

图 14-5　VXLAN 网络示意图

支持 VXLAN 的硬件设备或软件来实现。

② 虚拟网络 ID（Virtual Network ID，VNI）封装在 VXLAN 头部，共 24 bits，支持 16000000 个逻辑网络，一般每个 VNI 对应一个租户。

③ VXLAN 网关用于连接 VXLAN 网络和传统 VLAN 网络，VXLAN 网关实现 VNI 和 VLAN ID 之间的映射，VXLAN 网关实际上也是一台 VTEP 设备。

在这种情况下就构成了网络的大二层，虚拟机在传统网络中迁移，不能跨三层实现平滑迁移，只能在小范围局域网（或同 VLAN 内迁移），为了实现虚拟机大的范围甚至跨地域的动态迁移，要求相关服务器都纳入同一个二层网络，形成更大范围的二层网络，即大二层网络。

（2）相对 VLAN 技术，VXLAN 技术具有的优势

① 解决了 VLAN 数目上限的局限性问题。

② VXLAN 技术通过隧道技术在物理的三层网络中构建虚拟二层网络，VXLAN 网络的终端无法感知到 VXLAN 的通信过程，这样也就使逻辑网络拓扑和物理网络拓扑实现了一定程度的解耦，网络拓扑的配置对物理设备配置的依赖性有所降低，配置更灵活、方便。

③ VLAN 技术仅解决了二层网络广播域分割的问题，而 VXLAN 技术还具有支持多租户的特性，通过 VXLAN 分割，各个租户可以独立组网、通信，地址分配方面和租户之间地址冲突的问题也得到了解决。

2. 网络规划

在掌握了 VXLAN 相关技术理论知识的基础上，要研究根据网络规划方案，明确需要通信的 VM、明确 VXLAN 隧道的 VTEP 先完成公网互通，然后对 VNI 以及 VLANID 进行映射。

根据图 14-4、表 14-1 和表 14-2 完成配置。

表 14-1　VXLAN 部署设备接口 IP 规划表

设备名	接　　口	接口 IP
CE1	GE0/0	12. 1. 1. 1/24
	Loopback0	1. 1. 1. 1/32
CE2	GE0/0	12. 1. 1. 2/24
	GE0/1	23. 1. 1. 1/24
	Loopback0	2. 2. 2. 2/32
CE3	GE0/0	23. 1. 1. 2/24
	Loopback0	3. 3. 3. 3/32

表 14-2　VXLAN 部署设备接口类型以及 VLAN 规划表

设备名	接　　口	接口类型	接口 VLAN
SW1	GE1/0/1	Trunk	VLAN 1
	GE1/0/2	Access	VLAN 10
SW2	GE1/0/1	Trunk	VLAN 1
	GE1/0/2	Access	VLAN 10

① 基础配置，完成设备 VLAN、接口 IP 配置。

② 配置 OSPF 使 CE1 与 CE3 环回口可以互通。

③ 配置 CE 设备 VNI 与 VLAN 绑定。

④ 配置 VXLAN Tunnel。

⑤ 配置 CE 设备私网接口 VLAN 与 VNI 绑定。

⑥ 验证。

14.2.3　任务实施

任务实施阶段将依次完成 14.2.2 节的配置任务。

（1）完成基础配置

这里主要包括设备 VLAN、接口 IP 配置、配置 OSPF 实现 CE 设备互通等工作，具体配置脚本请读者自行完成。

（2）配置 CE1 的 VNI 与 VLAN 绑定

```
[CE1]l2vpn enable
[CE1]vsi 10
[CE1-vsi-10]vxlan 10
[CE1-vsi-10-vxlan-10]quit
[CE1-vsi-10]quit
```

（3）配置 VXLAN Tunnel

```
[CE1]interface tunnel 1 mode vxlan
[CE1-Tunnel1]source 1. 1. 1. 1
[CE1-Tunnel1]destination 3. 3. 3. 3
[CE1-Tunnel1]quit
```

（4）配置 CE 设备私网接口 VLAN 与 VNI 绑定

① CE1 配置。

```
[CE1]int g0/1. 10
[CE1-GigabitEthernet0/1. 10]vlan-type dot1q vid 10
[CE1-GigabitEthernet0/1. 10]xconnect vsi 10
[CE1-GigabitEthernet0/1. 10]quit
```

```
[CE1]vsi 10
[CE1-vsi-10]vxlan 10
[CE1-vsi-10-vxlan-10]tunnel 1
```

② CE3 的配置。

```
[CE3]l2vpn enable
[CE3]vsi
[CE3]vsi 10
[CE3-vsi-10]vxlan 10
[CE3-vsi-10-vxlan-10]quit
[CE3-vsi-10]qu
[CE3]int Tunnel 1 mode vxlan
[CE3-Tunnel1]source 3.3.3.3
[CE3-Tunnel1]destination 1.1.1.1
[CE3-Tunnel1]quit
[CE3]int g0/1.10
[CE3-GigabitEthernet0/1.10]vlan-type dot1q vid 10
[CE3-GigabitEthernet0/1.10]xconnect vsi 10
[CE3-GigabitEthernet0/1.10]quit
[CE3]vsi 10
[CE3-vsi-10]vxlan 10
[CE3-vsi-10-vxlan-10]tunnel 1
```

（5）验证与测试

```
[CE1]display  vxlan  tunnel
Total number of VXLANs：1

VXLAN ID：10, VSI name：10, Total tunnels：1 (1 up, 0 down, 0 defect, 0 blocked)
Tunnel name          Link ID     State     Type       Flood proxy
Tunnel1              0x5000001    UP       Manual      Disabled
```

此时可以看到 CE1 的 VXLAN Tunnel 已经 UP，可以使用 DC1 的 VM 访问 DC2 的 VM 进行验证。

14.2.4 任务反思

综上，为满足数据中心网络间 VM 通信需求，可以使用 VXLAN 技术搭建大二层网络，VXLAN 虚拟网络搭建完成后，如有需求也可以让 DC1 内的 VM 迁移到 DC2 内。

【问题思考】

① 虚拟化与云计算的区别。

② 为什么需要虚拟网络？

③ 为什么需要软件定义网络？

14.2.5 任务测评

扫描二维码，查看任务测评。

任务测评

第15章　SDN技术与仿真应用

　　长期以来，网络技术总是以被动方式进行演变，且大量的技术革新都落地在网络设备本身，如带宽不断提升，从千兆到万兆到 100 Gbit；设备体系架构变化，从交换能力几十 Gbit/s 提升到 Tbit/s 级别以致 100 Tbit/s 级别；组网变化，网络设备的 $N:1$ 集群性质的虚拟化，在一定范围内和一定规模上优化了网络架构，简化了网络设计；大二层网络技术，通过消除环路因素，支持了虚拟化条件下的虚机大范围二层扩散性计算，都是为了性能的不断提升。但随着流量的巨大变化，网络的部署与变更在技术上越来越复杂，网络在应对流量变化上很难有良好的预期性，在当前方式下，一旦完成业务部署，服务器通过网线连入网络，应用流量吞吐对网络的影响就难以控制，网络的调整也就变得相当麻烦。

　　软件定义网络 SDN 的出现和理念演进，开始改变网络被动性的现状，使网络具备较大灵活程度的"定义"能力；这种可定义性是网络主动"处理"流量而不仅仅是被动"承载"流量，并使得网络与计算之间的关系不仅仅是"对接"，而是"交互"。

知识目标

- 了解 SDN 网络概念。
- 了解 SDN 应用场景。
- 掌握 Mininet 的特点与功能。

技能目标

- 掌握 Mininet 部署实践。

素质目标

- 激发学生对 SDN 网络的兴趣与学习激情。
- 培养学生对新技术不断开拓创新的学习能力。

SDN 的思想体现在控制面与实体数据转发层面之间分离，这对网络设备的工作方式产生了深远的影响。原本就不满足于使用网络预先设定好的功能的用户，希望在自己的业务功能不断扩展变化的过程中，可以根据自身需求对网络快速进行调整。而在控制层面分离出来后，更能实现虚拟化的灵活性，使得用户能够进行程序编制，那么基于应用与流量变化的快速响应，便不需要完全依赖于设备供应商的长周期软硬件升级来完成。

SDN 将更多的控制权交给网络用户，除了设计部署、配置变更，还可以进行网络软件的重构。这种网络能够以抽象化的方式解决网络的复杂性问题，解除了用户收支网络功能和特性的紧约束，能够在更高层面研究和满足各项业务需求。

15.1 SDN 网络架构分析

15.1.1 SDN 网络架构

SDN 是一种将网络控制功能与转发功能分离、实现控制可编程的新型网络架构。这种架构将从控制层从网络设备转移到外部计算设备，使得底层的基础设施对于应用和网络服务而言是透明的、抽象的，网络可被视为一个逻辑的或虚拟的实体。SDN 产生的根本原因就是传统网络的管理随着网络规模扩大与应用类型的增加而变得僵硬、滞后。

1. SDN 的基本架构

SDN 采用了集中式的控制平面和分布式的转发平面，两个平面相互分离，控制平面利用控制-转发通信接口对转发平面上的网络设备进行集中式控制，并提供灵活的可编程能力，具备以上特点的网络架构都可以被认为 SDN 网络。

在 SDN 架构中，控制平面通过控制转发通信接口对网络设备进行集中控制，这部分控制信令的流量发生在控制器与网络设备之间，独立于终端间的数据流量，网络设备通过控制信令生成转发表，并据此决定数据流量的处理，不再需要使用复杂的分布式网络协议来进行数据转发，如图 15-1 所示。

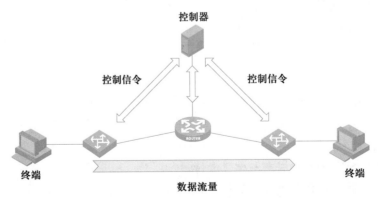

图 15-1 SDN 控制器工作示意图

SDN 并不是一种具体的网络协议，而是一种网络体系框架，这种框架中可以包含多种接口协议。例如，使用 OpenFlow 等南向接口协议实现 SDN 控制器与 SDN 交换机的交互，使用北向 API 实现业务应用与 SDN 控制器的交互。这样就使得基于 SDN 的网络架构更加系统化，具备更好的感知与管控能力，从而推动网络向新的方向发展。

2. ONF 定义的 SDN 架构

ONF 定义的架构共由 4 个平面组成，即数据平面、控制平面、应用平面以及控制管理平面。各平面之间使用不同的接口协议进行交互，如图 15-2 所示。

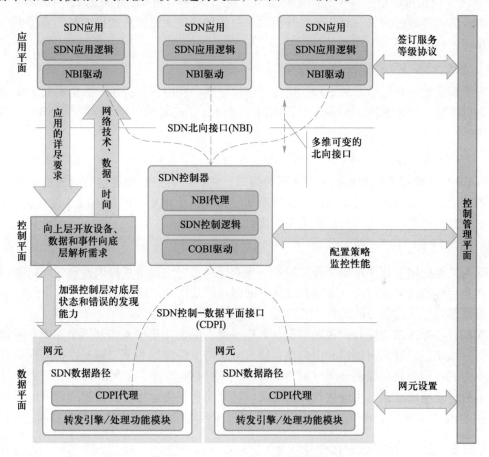

图 15-2　ONF 定义的 SDN 架构示意图

（1）数据平面

数据平面由若干网元组成，每个网元可以包含一个或多个 SDN Datapath。每个 SDN Datapath 是一个逻辑上的网络设备，它没有控制能力，只是单纯用来转发和处理数据，它在逻辑上代表全部或部分的物理资源。一个 SDN Datapath 包含控制数据平面接口代理、转发引擎表和处理功能 3 部分。

（2）控制平面

控制平面即所谓的 SDN 控制器，SDN 控制器是一个逻辑上集中的实体，它主要负责两个任务：一是将 SDN 应用层请求转换到 SDN Datapath，二是为 SDN 应用提供底层网络的抽象模型（可以是状态、事件）。一个 SDN 控制器包含北向接口代理、SDN 控制逻辑以及控制数据平面接口驱动 3 部分。SDN 控制器只是要求逻辑上完整，因此它可以由多个控制器实例组成，也可以是层级式的控制器集群；从地理位置上讲，既可以是所有控制器实例在同一位置，也可以是多个实例分散在不同的位置。

（3）应用平面

应用平面由若干 SDN 应用组成，SDN 应用时用户关注的应用程序。它可以通过北向接口与 SDN 控制器进行交互，即这些应用能够通过可编程方式把需要请求的网络行为提交给控制器。一个 SDN 应用可以包含多个北向接口驱动（使用多种不同的北向 API），同时 SDN 应用也可以对本身的功能进行抽象、封装来对外提供北向代理接口，封装后的接口就形成了更为高级的北向接口。

（4）管理平面

管理平面负责一系列静态的工作，这些工作比较适合在应用、控制、数据平面外实现，如对网元进行配置、指定 SDN Datapath 的控制器，同时负责定义 SDN 控制器以及 SDN 应用能控制的范围。

（5）SDN 控制数据平面接口（CDPI）

SDN CDPI 是控制平面和数据平面之间的接口，它提供的主要功能包括对所有的转发行为进行控制、设备性能查询、统计报告、事件通知。SDN 一个很重要的价值就体现在 CDPI 的实现上，它应该是一个开放的、与厂商无关的接口。

（6）SDN 北向接口（NBI）

SDN NBI 是应用平面和控制平面之间的一系列接口。它主要负责提供抽象的网络视图，并使应用能直接控制网络的行为，其中包含从不同层对网络及功能进行的抽象，这个接口也应该是一个开放的、与厂商无关的接口。

SDN 的核心思想就是要分离控制平面与数据平面，并使用集中式控制器来完成对网络的可编程任务，控制器通过北向接口和南向接口协议分别与上层应用和下层转发设备实现交互。正是这种集中式控制和数据控制分离（解耦）的特点使 SDN 具有了强大的可编程能力，这种强大的可编程性使网络能够真正地被软件所定义，达到简化网络运维、灵活管理调度的目标，同时为了使 SDN 能够实现大规模的部署，就需要通过东西向接口协议支持多控制器间的协同。

15.1.2 数据中心 SDN 场景应用

SDN 的应用场景与 SDN 技术本身的特点有很大的相关性，研究 SDN 的应用场景首先需要对 SDN 技术特点进行分析。SDN 的主要技术特点体现在以下 3 方面。

① SDN 控制与转发分离的特点，使得设备的硬件通用化、简单化，设备的硬件成本可大幅降低。

② SDN 控制逻辑集中的特点，使得 SDN 控制器拥有网络全局拓扑和状态，可实施全局优化，提供网络端到端的部署、保障、检测等手段；同时 SDN 控制器可集中控制不同层次的网络，实现网络的多层多域协同与优化，如分组网络与光网络的联合调度。

③ SDN 网络能力开放化的特点，使得网络可编程，易快捷提供的应用服务，网络不再仅仅是基础设施，更是一种服务，SDN 的应用范围得到了进一步拓展。

数据中心网络的需求主要表现在海量的虚机租户、多路径转发、VM 虚拟机的智能部署和迁移、网络集中自动化管理、数据中心能力开放等几个方面。SDN 控制逻辑集中的特点可充分满足网络集中自动化、多路径转发等方面的要求，SDN 网络能力开放化和虚拟化可充分满足数据中心能力开放、VM 智能部署和迁移、海量虚拟租户的需求。

数据中心的建设和维护一般统一由数据中心运营商或 CP/ISP 维护，具有相对的封闭性，可统一规划、部署和升级改造，SDN 在其中部署的可行性高。数据中心网络是 SDN 目前最为明确的应用场景之一，也是最有前景的应用场景之一，其结构如图 15-3 所示。

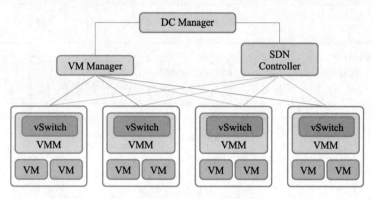

图 15-3　数据中心 SDN 架构图

15.1.3　园区网 SDN 场景应用

爆炸式的移动设备和内容发展以及服务器虚拟化和云服务的出现，推动网络技术向虚拟化方向发展。许多传统网络是通过以太网交换机树形分层建设，这种静态架构已经不适合如今智慧园区网络、数据中心网络、云计算网络的动态计算和存储。一些关键计算趋势驱动新的网络技术发展。

（1）网络虚拟化需求

传统园区网中，随着业务需求多样化，用户被迫建设多张独立的物理网络，网络紧耦合的烟囱式架构具有明显缺点，对网络设备资源造成极大浪费。

（2）用户体验升级需求

随着园区规模变大，以及多方会议、移动办公和实时协同等场景需求的出现，需要园区网具备端到端的业务保障能力，谨防上网策略部署复杂、不同位置接入公司网络上网体验不一致、频繁掉线等问题。

（3）管控效率升级需求

交换机胖模式部署，分散控制不便捷；网络问题需要逐条处理，缺乏统一的管理、控制和协同能力；网络管理界面采用命令行模式，操作复杂，效率低下，无法支持快速上线和灵活扩展。以上问题都是过去碰到的影响管控效率的问题，而随着网络规模的不断扩大，急需对网络的管控效率进行升级。

（4）内网安全防护需求

随着自带办公（Bring Your Own Device，BYOD）设备的普及，终端设备类型和业务需求不断丰富，企业内部网络安全策略部署变得极其复杂，同时也带来内网安全风险。

以上问题，都能在人们提出基于 SDN 的网络架构后，迎刃而解。SDN 架构包括应用层、控制层和基础设施层 3 个层次，如图 15-4 所示。

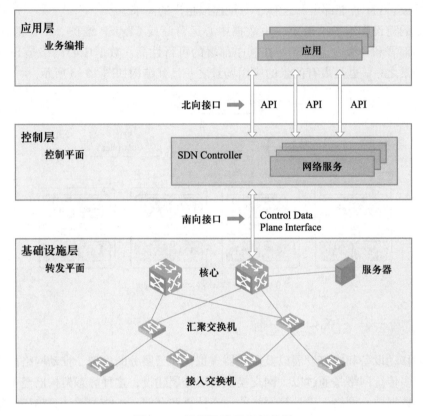

图 15-4　智慧园区 SDN 架构图

- 应用层：存在于云平台中，在 Web 页面中进行编排，将业务部署和网络运维中的不同诉求抽象成网络服务，形成模式化和场景化的应用，并提供服务化接口，南向下发基础设施层。
- 控制层：本地或云端部署控制器平台，实现对网络基础设施的集中管控，并将智能分析器内置其中，北向对接云平台，向应用层提供数据支持，并执行命令下发。
- 基础设施层：园区网中的基础设施层主要指由交换机、无线等设备构成的基础物理网络。交换机作为其中的重要组成部分，可采用一机双模式，在胖、瘦模式之间切换，胖模式即和传统网络联合组网，瘦模式即 SDN 架构模式。

15.1.4　广域网 SDN 场景应用

随着新型业务的快速发展和大规模部署，大型企业的应用架构已经向云计算数据中心转型。实现云计算数据中心互连的传统广域网越来越难以适应新型业务发展的需求。SDN 能够改变传统意义上网络被动承载数据流量的状态，使得网络成为一种可以被应用系统定义、调用的基础资源。随着 SDN 应用范围的不断扩展，SDN 理念也推动了新型广域网应用架构及解决方案的产生。

基于 SDN 思想发展而来的软件定义广域网（Software Defined Wide Area Network，SDWAN）以软件定义网络的理念为核心实现广域网的 SDN 化改造。在架构上，SDWAN 方案充分体现 SDN 架构的基本特征，即转控分离、集中控制及开放接口。符合 SDN 理念的 SDWAN 网络整体架构示意如图 15-5 所示。

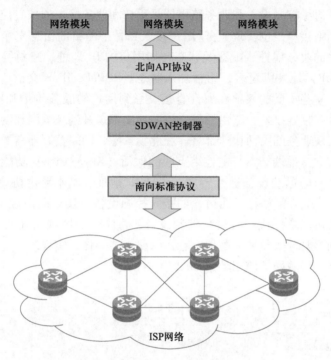

图 15-5　SDWAN 架构图

与 SDN 构建的数据中心网络一样，这种基于 SDN 实现的架构可以给新型广域网带来更多优势，具体如下。

（1）转控分离

实现网络结构重构，简化设备功能和部署过程，降低资本性支出（Capital Expenditure，CAPEX）和运营成本（Operating Express，OPEX），增强网络可扩展性，提高网络性能和可靠性。

（2）集中控制

实现网络资源整合，加快业务部署，加速网络向应用转型，实现网络全局控制和全局调度，进一步优化流量分布，在保障业务质量基础上，进一步提高网络利用率。

（3）开放接口

差异化网络定制成为可能，进一步促进 IT 和 CT 技术融合，使网络快速适应业务需求及发展变化，便于针对具体应用开发网络调度接口，实现网络自动化、流量可视化，进一步简化具体应用网络的运维工作。

在这三大 SDN 特征的基础上，SDWAN 可以借助 SDN 技术及理念构建一个分层、开放、灵活的新型广域网架构。针对运营商、互联网、行业用户及海外等不同业务场景需求，不同的 SDWAN 解决方案可以开发满足不同需求的定制化，场景化功能组件。在利用 SDN 网络开放接口实现业务和底层网络设备对接的基础上，利用场景化的功能组件达成功能与需求的完美契合，实现底层网络有效管控的同时满足具体业务的差异化需求，从而实现最优的业务应用体验。

15.1.5　城域网 SDN 场景应用

城域骨干网中，边缘控制设备和业务路由器是用户和业务接入的核心控制单元，不仅具备丰富的用户接口和网络接口，也实现业务/用户接入到骨干网络的信息交换等功能。边缘控制设备维护了用户相关的业务属性、配置及状态，如用户的 IP 地址、路由寻址的邻接表、动态主机配置协议（DHCP）地址绑定表、组播加入状态、PPPoE /IPoE 会话、QoS 和访问控制列表（ACL）属性等，这些重要的表项和属性直接关系到用户的服务质量和体验。基于 SDN 技术，可以将边缘的接入控制设备中路由转发之外的功能都提升到城域网控制器中实现，并可以采用虚拟化的方式实现业务的灵活快速部署。在此场景中，网络控制器需要支持各种远端设备的自动发现和注册，支持远端结点与主控结点间的保活（Keep Alive）功能，并能够将统筹规划后的策略下发给相应的远端设备进行转发，包括 IP 地址、基本路由协议参数、MPLS/VPN 封装参数、QoS 策略、ACL 策略等，而边缘的接入控制设备只实现用户接入的物理资源配置。同时，多台边缘设备可以虚拟成一台接入控制设备，将同一个城域网（或者分区域）虚拟化成为单独的网元，网络管理人员如同配置一台边缘路由器一样，实现统一配置和业务开通，并进行批量的软件升级。城域网的应用场景如图 15-6 所示。

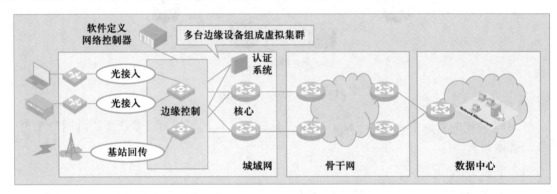

图 15-6　城域网 SDN 应用场景图

15.2　Mininet 安装部署

Mininet 是由斯坦福大学基于 Linux Container 架构开发的一个进程虚拟化网络仿真工具，可以创建一个包含主机、交换机、控制器和链路的虚拟网络，其交换机支持 OpenFlow，具备高度灵活的自定义软件定义网络。

15.2.1　任务描述

启动 Mininet，使用 ryu 脚本创建网络拓扑图，该拓扑图结构如图 15-7 所示，拥有一台控制结点、一台交换机、两台主机

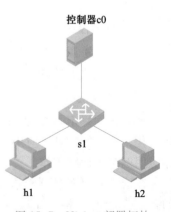

图 15-7　Mininet 部署拓扑

的网络。使用远端终端作为控制器，管理该拓扑中的 s1 与 h1 和 h2。

15.2.2 任务准备

1. 知识准备

（1）Mininet 的作用

① 为 OpenFlow 应用程序提供一个简单、便宜的网络测试平台。

② 启用复杂的拓扑测试，无需连接物理网络。

③ 具备拓扑感知和 OpenFlow 感知的 CLI，用于调试或运行网络范围的测试。

④ 支持任意自定义拓扑，主机数可达 4096，并包括一组基本的参数化拓扑。

⑤ 提供用户网络创建和实验的可拓展 Python API。

（2）Mininet 的主要特性

① 支持 OpenFlow、Open vSwitch 等软定义网络部件。

② 方便多人协同开发。

③ 支持系统级的还原测试。

④ 支持复杂拓扑、自定义拓扑。

⑤ 提供 Python API。

⑥ 很好的硬件移植性（Linux 兼容），结果有更好的说服力。

⑦ 高扩展性，支持超过 4096 台主机的网络结构。

（3）Mininet 部分命令

Mininet 部分命令见表 15-1。

表 15-1 Mininet 部分命令

命　　令	说　　明
mininet> help	获取帮助列表
mininet > nodes	查看 Mininet 中结点的状态
mininet >net	显示网络拓扑
mininet >dump	显示每个结点的接口设置和表示每个结点的进程的 PID
mininet > pingall	在网络中的所有主机之间执行 ping 测试
mininet> hl ping h2	h1 和 h2 结点之间执行 ping 测试
mininet > h1 ifconfig	查看 h1 的 IP 等信息
mininet > xterm hl	打开 h1 的终端
mininet> exit	退出 Mininet 登录

2. 网络规划

① 在 VMware Workstation 中准备一台 Ubuntu 虚拟机。

② 在虚拟机中安装 Mininet+ryn。

③ 启动 Mininet，使用 ryu 中的脚本创建网络拓扑图，该拓扑结构如图 15-7 所示。

④ 验证。

15.2.3　任务实施

① 在 VMware Workstation 中安装 Ubuntu（16.04.7-desktop 版本）虚拟机，修改虚拟机软件更新源为国内服务器。

② Mininet 安装及配置。

```
root@ Mininet：~# apt-get install git                              //安装 git
root@ Mininet：~# git clone http://github. com/mininet/mininet. git    //安装 Mininet
root@ Mininet：~# cd mininet/util                                 //进入 mininet/util
root@ Mininet：~/mininet/util# ./install. sh  -n3v                //执行 install. sh 文件
root@ Mininet：~/mininet/util# mn                                 //创建默认拓扑
mininet> pingall                                                 //测试默认拓扑是否可以互通
*** Ping：testing ping reachability
h1 -> h2
h2 -> h1
*** Results：0% dropped (2/2 received)
root@ Mininet：~/mininet/util#wget https：//bootstrap. pypa. io/pip/3.5/get-pip. py   //安装 pip
root@ Mininet：~/mininet/util#python3 get-pip. py                 //使用 pip 管理 python
```

打开新的终端窗口。

```
root@ Mininet：~# cd mininet/util                                 //进入用户家目录下的 mininet/util
root@ Mininet：~/mininet/util#git clone https：//github. com/osrg/ryu. git   //使用 git 方式下载 ryu
root@ Mininet：~/mininet/util# cd ryu                             //进入 ryu 目录
root@ Mininet：~/mininet/util/ryu#pip3 install -r tools/pip-requires   //安装 ryu 依赖关系，如果报错，重新安装即可
root@ Mininet：~/mininet/util/ryu#python3 setup. py install       //执行 setup. py 文件安装 ryu 模块
root@ Mininet：~# cd ryu/app                                      //进入 ryu/app 目录
root@ Mininet：~/mininet/util/ryu/ryu/app# ryu-manager example_switch_13. py    //运行控制器
```

再打开新的终端运行 mininet。

③ 运行默认拓扑且使用远端终端作为控制器。

```
root@ Mininet：~/mininet# mn --controller=remote
```

④ 验证。

```
mininet> pingall
*** Ping：testing ping reachability
h1 -> h2
h2 -> h1
*** Results：0% dropped (2/2 received)
```

15.2.4　任务反思

综上所述，Mininet 作为网络仿真器可以很方便地创建一个支持 SDN 的网络，可以借此灵活地为网络添加新功能并进行相关测试，然后轻松部署到真实的硬件环境中。Mininet 便于使

用 SDN 网络与搭建 SDN 网络。

【问题思考】

① SDN 的核心思想是什么？

② ONF 定义的 SDN 架构是什么？

③ Mininet 的作用是什么？

15. 2. 5　任务测评

扫描二维码，查看任务测评。

任务测评

参考文献

［1］余文．从 SDN 到智慧网络，中间有着一个"先知"［EB/OL］．科技看门道，https://www.h3c.com/cn/d_201905/1178118_30008_0.htm，2019：5.

［2］黄彦．计算机网络［M］.5 版．北京：中国铁道出版社，2020.

［3］张建勋．计算机网络实验指导及习题集［M］.北京：中国铁道出版社，2020.

［4］刘丹宁，田果，韩士良．路由与交换技术［M］.北京：人民邮电出版社，2017.

［5］张纯容，施晓秋，刘军，等．网络互连技术［M］.北京：电子工业出版社，2015.

［6］新华三大学．路由交换技术详解与实践［M］.北京：清华大学出版社，2017.

［7］新华三集团．技术白皮书及产品文档［EB/OL］.http://www.h3c.com.

［8］新华三集团．知了社区［EB/OL］.https://zhiliao.h3c.com/.

［9］闫长江，吴东君，熊怡．SDN 原理解析——转控分离的 SDN 架构［M］.北京：人民邮电出版社，2016.

［10］张晨．云数据中心网络与 SDN［M］.北京：机械工业出版社，2018.

［11］黄辉，施晓秋，彭达卫．软件定义网络技术［M］.北京：高等教育出版社，2020.

［12］金可仲，沈谦，武勇，等．网络测试自动化［M］.北京：高等教育出版社，2019.